概 率 统 计

（第五版）

同 济 大 学
概率统计教研组 编著

同济大学 出版社
TONGJI UNIVERSITY PRESS
·上海·

内 容 提 要

本书是在原《概率统计》第四版的基础上,根据作者多年的教学改革实践修订而成,内容包括随机事件与概率、离散型随机变量及其分布、连续型随机变量及其分布、随机变量的数学特征、随机变量序列的极限、现代概率论基础简介、数理统计的基本概念、参数估计、假设检验、回归分析与方差分析.书中各章附有相当数量的习题,书末附有习题的参考答案,供读者查阅.本书在教育部制定的教学大纲的基础上,紧扣硕士研究生入学考试大纲,并以此规范概率统计中的术语与记号.

本书以提高读者解题能力与解决实际问题能力为出发点,从实例引入抽象的基本概念,从抽象的数学定理又回到具体的应用问题,有助于读者较快地掌握近代的概率统计知识.本书可作为高等院校本科生(包括理工类与经济类)"概率论与数理统计"课程的教材或参考书,也可作为广大概率统计应用人员的工具性参考书.

图书在版编目(CIP)数据

概率统计/同济大学概率统计教研组编著.--5 版.--上海:同济大学出版社,2013.5(2023.9 重印)

ISBN 978-7-5608-5133-4

Ⅰ.①概… Ⅱ.①同… Ⅲ.① 概率论—研究生—入学考试—自学参考资料 ② 数理统计—研究生—入学考试—自学参考资料 Ⅳ.O21

中国版本图书馆 CIP 数据核字(2013)第 061699 号

概率统计(第五版)

同济大学概率统计教研组 编著

责任编辑 陈佳蔚 责任校对 徐春莲 封面设计 潘向蓁

出版发行	同济大学出版社 www.tongjipress.com.cn	
	(地址:上海市四平路 1239 号 邮编:200092 电话:021-65985622)	
经 销	全国各地新华书店	
印 刷	大丰科星印刷有限责任公司	
开 本	710mm×960mm 1/16	
印 张	18.25	
印 数	59 201—62 300	
字 数	365000	
版 次	2013 年 5 月第 5 版	
印 次	2023 年 9 月第 13 次印刷	
书 号	ISBN 978-7-5608-5133-4	
定 价	30.00 元	

前　言

  由于概率统计学科应用的广泛性,因此这门课程在高等教育中越来越受到重视.但是,它与其他传统的数学课程(初等数学、高等数学、线性代数等)在处理方法和解决问题上有着本质的不同.很多学生很难掌握其随机数学的那种思维方式.克服这个困难不是简单地加强课堂教学便能奏效的,更重要的还需通过实践,通过学习处理具体应用问题来解决.生活中、社会上,概率统计问题无处不在,无时不有.学生如果能用概率统计的眼光去观察,去思考,就能加深对这门课程的理解,得到事半功倍的效果.

  在原书的基础上,第五版对概率论部分没有作大的变动,仅仅做了些局部的修正;对数理统计的点估计部分增加了一些不同类型的习题,以适应新的变化与新的要求.编者认为,在大学本科阶段,点估计是数理统计中最重要的内容.

  书中若有疏漏与错误之处,恳请专家读者批评指正与建议.

  第五版的修订工作由何迎晖执笔.

编　者

2013 年清明

第四版前言

随着我国高等院校规模的扩大,学生数目的膨胀,在大中城市里,高等教育正走在普及化的道路上,需要在本科阶段学习概率统计知识的学生越来越多.然而,教学大纲与相应的考研要求并没有因此而有所降低.

在新的形势下,具体教学实践中产生了一个新问题.一方面,相当一部分学生出于今后攻读硕士、博士研究生的考虑,不满足简单基础知识的学习,他们中间的优秀者自然合理地希望通过本科阶段的努力学习能顺利地达到硕士研究生入学考试的要求.另一方面,也有为数不少的学生迟迟不能从传统数学方法的束缚中解脱出来以适应随机数学的思维方式,他们总觉得概率统计这门随机数学课程很难理解,因而只满足于达到教学大纲的最低要求.从理论上说,解决这个问题最简单的答案是"因材施教".然而,在同一课堂上,这恰是"知易行难"的.

在第四版的修订工作中,我们试图从教材的角度对解决这个令人困惑的问题作一些探索.这个思想实际上已经渗透在第二版和第三版的编写之中.单纯满足一部分学生要求的教材是不可取的,我们力求在二者之间寻找一个适当的平衡点.当然,效果如何还有待于教学实践来检验.为此,真诚地希望使用本书的老师与学生提出宝贵的意见.

第四版的修订工作由何迎晖执笔.

编　者

2009 年清明

第三版前言

跨入新世纪以来,随着高等院校招生规模的扩大,我国高等教育正经历着从精英教育向大众教育的转变过程.社会各界对提高教育质量的要求日益高涨.教材质量直接影响到高等学校教学水平的提高.为了使近代的概率统计知识成为广大本科生(包括理工类与经济类)和概率统计应用人员手中的一个重要数学工具,本书再次作了修订.

在保持原书风格与体系的基础上,第三版遵循以下思路进行修订:(1)突出概率论是本科段教学的重点;(2)明确随机变量是概率论的研究对象;(3)强调分布是随机变量的核心;(4)深化随机变量相互独立性在多个随机变量中的作用;(5)强化随机变量数字特征的应用;(6)增加前、后知识点的联系.愿读者通过阅读本书能学以致用,不仅提高解题能力,而且提高解决实际问题的能力.

书中不妥之处,敬请读者指正.

第三版的修订工作由何迎晖执笔.

编　者

2004 年元旦

第二版前言

1997 年原国家教委把概率统计课程纳入全国硕士研究生入学统一考试内容,此举极大地促进了概率统计的教学工作,同时也推动了本书的修订工作.

第二版在保持原书特色的基础上力图贯彻下列思想:(1) 突出概率论中随机变量分布这一核心内容;(2) 在不脱离现有本科生实际数学水平的基础上,以离散型随机变量为对象,严格叙述并论证概率论中的基本理论;(3) 在内容安排上,适当注意概率统计在经济类与管理类专业中的应用;(4) 与硕士研究生入学统一考试大纲相衔接,并以此规范概率统计中的术语与记号;(5) 与硕士研究生的后续课程——"随机过程"与"应用统计"相衔接;(6) 为了使读者今后深入学习概率统计知识,增加第六章介绍现代概率论基础的一些常识,供课外选读.

根据我们教学实践估计,如果使用本书作教材,只进行概率论部分(前五章)教学约需 32 学时;按大部分专业的考研要求,进行概率统计(前五章及第七、八、九章)教学约需 60 学时.

这些年来,承蒙使用本书师生的厚爱,收到了各种修改意见.我们在此谨表谢意,同时也欢迎读者今后继续赐教.

第二版完成之际正值新旧世纪之交.若本书在客观上成为 21 世纪的教材,则纯属巧合,而非编者主观努力的成果.

第二版的修订工作由何迎晖执笔.

编　者

2000 年元旦

第一版前言

概率论与数理统计是随机数学的两个分支,它们在各个领域中都有极其广泛的应用.目前,概率论与数理统计已经成为绝大多数工科专业大学生的一门重要的基础理论课程.

为了便于读者掌握概率论与数理统计的基本概念与基本理论,初步掌握处理随机现象的基本思想与方法,提高运用概率统计方法分析和解决实际问题的能力,本书在内容处理上作了如下安排:(1)以实际例子引进概率统计的基本概念;(2)强调概率统计在工程技术上的应用;(3)以离散型随机变量为对象讲清概率论中的基本概念与基本性质,以连续型随机变量为背景强调概率论的计算与应用;(4)对随机变量的分布强调值域这个容易被忽视的概念;(5)按国家标准采用规范的概率统计术语.

本书是我们教研组全体任课老师历年教学工作的一个总结.油印讲义在教学中曾使用了多次.现根据 1992 年国家教委下达的"高等工业学校概率论与数理统计课程教学基本要求"作了进一步的修订.本书可作为高等工业学校概率论与数理统计课程的教材或教学参考书.

本书由王金宝(第一、二章),钱志坚(第三、四章),钱伟民(第五、六章)与庄勇荣(第七、八章)编写初稿,由何迎晖统稿并写第二稿,最后由潘承毅修改、润色、定稿.在编写过程中,闵华玲、蒋凤瑛等老师提供了许多宝贵的意见与帮助,在此向他们致谢.

限于编者的水平,本书的不足之处,衷心希望读者批评指正.

编 者

1992 年 10 月

目　　录

第一章　随机事件与概率

概率论是研究随机现象的统计规律性的一个数学分支.本章介绍概率论中的基本概念——随机事件与随机事件的概率,并进一步讨论随机事件的关系与运算,以及概率的性质与初等计算方法.

§1.1　随机事件

在自然界与人类的社会活动中常常会出现各种各样的现象.例如,一枚硬币向上抛起后必然会落地;在相同的大气压与温度下,气罐内的分子对罐壁的压力是个常数.这类现象的共同特点是,在确定的试验条件下,它们必然会发生,称这类现象为**确定性现象**.另一类现象则不然.例如,将一枚硬币上抛,着地时究竟是正面向上还是反面向上,这在上抛前是无法断言的.但是,人们从长期实践中知道,多次重复上抛同一枚硬币,出现正面向上的可能性占一半左右,这类在个别试验中呈现不确定的结果而在大量重复试验中结果呈现某种规律性的现象称为**随机现象**,这种规律性称为**统计规律性**.为研究随机现象的统计规律性作准备,本节介绍随机试验、样本空间与随机事件等概念.

一、随机试验

在客观世界中,随机现象是极为普遍的.例如,某地的年降雨量,河流某处的年最高水位,相同条件下生产的电子元件的寿命,某交通道口中午 1h 内汽车流量,等等.为了对随机现象的统计规律性进行研究,有时要做一些试验.这里所说的试验,必须具有以下 3 个特点:

（ⅰ）试验可以在相同的条件下重复地进行;

（ⅱ）试验的所有可能结果在试验前已经明确,并且不止 1 个;

（ⅲ）试验前不能确定试验后会出现哪一个结果.

在概率论中,称具有上述 3 个特点的试验为**随机试验**,简称为**试验**.

下面给出一些随机试验的例子:

例 1.1　上抛 1 枚硬币并观察硬币着地时向上的面,这是一个试验.

例 1.2　观察某交通道口中午 1h 内汽车流量(单位:辆),这是一个试验.可能出现的试验结果可以是非负整数中的任意一个,但试验前无法确定究竟会出现哪一个非负整数.

例 1.3　从某厂生产的相同型号的灯泡中抽取 1 只,测试它的寿命(即正常工作的小时数). 这是一个试验. 可能出现的试验结果可以是非负实数中的任意一个, 但试验前无法确定究竟会出现哪一个非负实数.

在实际生活中还存在许多随机试验的例子. 例如, 彩票的开奖, 质检部门对产品的质量检查, 等等.

二、样本空间

要研究一个随机试验, 首先要弄清楚这个试验所有可能的结果. 每一个可能出现的结果称为**样本点**, 记作 ω(必要时带有下标或上标). 全体样本点组成的集合称为**样本空间**, 记作 Ω. 换句话说, 样本空间是试验的所有可能结果所组成的集合. 这个集合中的元素就是样本点.

例 1.1(续) 在例 1.1 中, 样本空间 $\Omega = \{$正面, 反面$\}$, 它由两个样本点组成.

例 1.2(续) 在例 1.2 中, 样本空间 $\Omega = \{0, 1, 2, \cdots\}$, 它是 1 个数集, 由可列无限个①样本点组成.

例 1.3(续) 在例 1.3 中, 样本空间 $\Omega = [0, \infty)$, 它是 1 个数集, 由不可列无限个样本点组成.

从这 3 个例子中可以看到, 样本空间可以是数集, 也可以不是数集; 样本空间可以是有限集, 也可以是无限集.

有时候, 为了数学上处理的方便, 可以把样本空间作适当的扩大. 例如, 在例 1.3 中, 灯泡寿命实际上不会超过某个足够大的正数, 但我们仍取样本空间为 $[0, \infty)$, 必要时甚至还可以取样本空间为 $(-\infty, \infty)$. 在例 1.2 中也作了类似的扩大.

三、随机事件

当我们通过随机试验来研究随机现象时, 常常不是关心某一个样本点在试验后是否出现, 而是关心满足某些条件的样本点在试验后是否出现. 例如, 在例 1.2 中, 要通过对该道口汽车流量的观察来决定是否需要扩建道口. 假定超过 600 辆便认为需要扩建. 这时, 我们关心的便是试验结果是否大于 600. 满足这一条件的样本点组成了样本空间的 1 个子集. 称 1 个随机试验的样本空间的子集为**随机事件**, 简称为**事件**. 随机事件通常用大写字母 $A, B, C, \cdots$ 表示. 仅含 1 个样本点的随机事件称为**基本事件**. 在例 1.1 中, 有 2 个基本事件: $\{$正面$\}$ 和 $\{$反面$\}$; 在例 1.2 与例 1.3 中, 分别有无限多个基本事件.

在试验后, 如果出现随机事件 A 中所包含的某个样本点, 那么, 称**事件 A 发生**; 否则, 就称**事件 A 不发生**. 在例 1.2 中, 设 A 表示"流量大于 600", 在试验后事件 A 可能发生, 也可能不发生. 如果试验结果是 689, 那么, 便认为事件 A 发生.

样本空间 Ω 是其自身的 1 个子集, 因而也是 1 个事件. 由于样本空间 Ω 包含所有

---

① 可列无限个的含义是: 这无限个元素可以按某种次序排成一列. 例如, 自然数有可列无限个.

的样本点,因此,每次试验后,必定有 Ω 中的 1 个样本点出现,即 Ω 必然发生.称 Ω 为**必然事件**.空集 $\varnothing$ 永远是样本空间的 1 个子集,因而也是 1 个事件.由于空集 $\varnothing$ 不包含任何一个样本点,因此每次试验后 $\varnothing$ 必定不发生.称 $\varnothing$ 为**不可能事件**.必然事件 Ω 与不可能事件 $\varnothing$ 是两个特殊的随机事件.

四、随机事件之间的关系与运算

在一个样本空间中,可以有许多随机事件,希望通过对较简单的事件的了解去掌握较复杂的事件.为此,需要研究事件之间的关系与事件之间的运算.

由于事件是一个集合,因此,事件之间的关系与事件之间的运算应该按照集合论中集合之间的关系与集合之间的运算来规定.

给定一个随机试验,Ω 是它的样本空间,下列事件 A,B,C 与 $A_i(i = 1,2,\cdots)$ 都是 Ω 的子集.

(1) 如果 $A \subset B$(或 $B \supset A$),那么,称事件 B **包含**事件 A.它的含义是:事件 A 发生必定导致事件 B 发生.图 1.1 给出了这种包含关系的一个几何表示.

在例 1.3 中,事件 A 表示"灯泡寿命不超过 200h",事件 B 表示"灯泡寿命不超过 300h".于是,$A \subset B$(或 $B \supset A$).

图 1.1 $A \subset B$

图 1.2 $A \cup B$

(2) 如果 $A \subset B$ 且 $B \subset A$,即 $A = B$,那么称事件 A 与事件 B **相等**.

(3) 事件 $A \cup B = \{\omega : \omega \in A$ 或 $\omega \in B\}$ 称为事件 A 与事件 B 的**和事件**(或**并事件**).它的含义是:当且仅当事件 A 与事件 B 中至少有 1 个发生时,事件 $A \cup B$ 发生.图 1.2 给出了这种运算的一个几何表示.

例如,在某建筑工地上,事件 A 表示"缺少水泥",事件 B 表示"缺少黄砂".于是,和事件 $A \cup B$ 表示"缺少水泥或黄砂".

一般地,用 $\bigcup\limits_{i=1}^{n} A_i$ 表示 n 个事件 $A_1,\cdots,A_n$ 的和事件;用 $\bigcup\limits_{i=1}^{\infty} A_i$ 表示可列无限个事件 $A_1,A_2,\cdots$ 的和事件.

(4) 事件 $A \cap B = \{\omega : \omega \in A$ 且 $\omega \in B\}$ 称为事件 A 与事件 B 的**积事件**(或**交事件**).它的含义是:当且仅当事件 A 与事件 B 同时发生时,事件 $A \cap B$ 发生.积事件也可以记作 AB.图 1.3 给出了这种运算的一个几何表示.

例如,某输油管长 10km.事件 A 表示"前 5km 油管正常工作",事件 B 表示"后 5km 油管正常工作".于是,积事件 $A \cap B$ 表示"整个输油管正常工作".

一般地，用 $\bigcap\limits_{i=1}^{n} A_i$ 表示 n 个事件 $A_1,\cdots,A_n$ 的积事件；用 $\bigcap\limits_{i=1}^{\infty} A_i$ 表示可列无限个事件 $A_1,A_2,\cdots$ 的积事件.

图 1.3　$A\cap B$

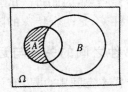

图 1.4　$A-B$

(5) 事件 $A-B=\{\omega:\omega\in A\ \text{且}\ \omega\notin B\}$ 称为事件 A 与事件 B 的**差事件**. 它的含义是：当且仅当事件 A 发生且事件 B 不发生时，事件 $A-B$ 发生. 图 1.4 给出了这种运算的一个几何表示.

例如，某种圆柱形零件的长度与外径都合格时才算合格. 事件 A 表示"长度合格"，事件 B 表示"外径合格". 于是，差事件 $A-B$ 表示"长度合格但外径不合格".

(6) 如果 $A\cap B=\varnothing$，那么称事件 A 与事件 B **互不相容**（或**互斥**）. 它的含义是：事件 A 与事件 B 在 1 次试验后不会同时发生. 图 1.5 给出了这种运算的一个几何表示.

如果一组事件（可以由无限个事件组成）中任意两个事件都互不相容，那么，称这组事件**两两互不相容**.

例如，在例 1.3 中，事件 A 表示"灯泡寿命不超过 200h"，事件 B 表示"灯泡寿命至少为 300h". 于是 $AB=\varnothing$，即 A 与 B 互不相容. 如果事件 C 表示"灯泡寿命在 (200h, 300h) 内"，那么，A,B,C 构成一个两两互不相容的事件组. 又如，任意 2 个基本事件总是互不相容；任意一组基本事件总是两两互不相容.

图 1.5　$A\cap B=\varnothing$

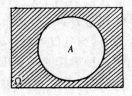

图 1.6　$\overline{A}$

(7) 事件 $\Omega-A$ 称为事件 A 的**对立事件**（或**逆事件**，或**余事件**），记作 $\overline{A}=\Omega-A$. 它的含义是：当且仅当事件 A 不发生时，事件 $\overline{A}$ 发生. 于是 $A\cap\overline{A}=\varnothing$，$A\cup\overline{A}=\Omega$. 由于 A 也是 $\overline{A}$ 的对立事件，因此称事件 A 与 $\overline{A}$ **互逆**（或**互余**）. 图 1.6 给出了这种运算的一个几何表示.

例如，某建筑物在经历一场地震后，事件 A 表示"建筑物倒塌". 于是，事件 $\overline{A}$ 表示"建筑物幸存".

按差事件与对立事件的定义，差事件也可以表示成 $A-B=A\overline{B}$.

与集合论中集合的运算一样，事件之间的运算满足下述定律：

（ⅰ）**交换律**　　$A \cup B = B \cup A, A \cap B = B \cap A$；

（ⅱ）**结合律**　　$A \cup (B \cup C) = (A \cup B) \cup C,$

　　　　　　　　　$A \cap (B \cap C) = (A \cap B) \cap C$；

（ⅲ）**分配律**　　$A \cup (B \cap C) = (A \cup B) \cap (A \cup C),$

　　　　　　　　　$A \cap (B \cup C) = (A \cap B) \cup (A \cap C)$；

（ⅳ）**德·摩根**（De Morgan）**法则**　　$\overline{A \cup B} = \overline{A} \cap \overline{B}, \overline{A \cap B} = \overline{A} \cup \overline{B}$.

这些定律都可以推广到任意多个事件.

例 1.4　某城市的供水系统由甲、乙两个水源与三部分管道 1,2,3 组成（图 1.7）. 每个水源都足以供应城市的用水. 设事件 A_i 表示"第 i 号管道正常工作"，$i = 1, 2, 3$. 于是，"城市能正常供水"可表示为

$$(A_1 \cup A_2) \cap A_3 ；$$

由德·摩根法则可知，"城市断水"可表示为

图 1.7　供水系统示意图

$$\overline{(A_1 \cup A_2) \cap A_3} = \overline{(A_1 \cup A_2)} \cup \overline{A_3} = (\overline{A_1} \cap \overline{A_2}) \cup \overline{A_3}.$$

例 1.5　某工程队承包建造了 3 幢楼房，设事件 A_i 表示"第 i 幢楼房经验收合格"，$i = 1, 2, 3$. 试用 A_1, A_2, A_3 表示下列事件：

（1）第 1 幢楼房合格；

（2）只有第 1 幢楼房合格；

（3）恰有 1 幢楼房合格；

（4）至少有 1 幢楼房合格；

（5）至多有 1 幢楼房合格.

解　事件 $\overline{A_i}$ 表示"第 i 幢楼房经验收不合格"，$i = 1, 2, 3$.

（1）A_1. 这时，第 2、第 3 幢楼房可能合格，也可能不合格.

（2）"只有第 1 幢楼房合格"包含了"第 2、第 3 幢楼房不合格"的意思，因此，这个事件可以表示成 $A_1 \overline{A_2} \overline{A_3}$.

（3）"恰有 1 幢楼房合格"没有指明究竟哪一幢楼房合格，因此，这个事件可以表示成

$$A_1 \overline{A_2} \overline{A_3} \cup \overline{A_1} A_2 \overline{A_3} \cup \overline{A_1} \overline{A_2} A_3.$$

$A_1 \overline{A_2} \overline{A_3}, \overline{A_1} A_2 \overline{A_3}, \overline{A_1} \overline{A_2} A_3$ 这 3 个事件构成 1 个两两互不相容的事件组.

（4）"至少有 1 幢楼房合格"可以看成 A_1, A_2, A_3 这 3 个事件中至少有 1 个发生，因此这个事件可以表示成 $A_1 \cup A_2 \cup A_3$. A_1, A_2, A_3 这 3 个事件不构成 1 个两两互不相容的事件组. 另一方面，"至少有 1 幢楼房合格"的对立事件是"3 幢楼房全不合格"，因此，所求事件也可以表示成 $\overline{A_1 A_2 A_3}$. 由德·摩根法则知道

$$\overline{\overline{A_1}\,\overline{A_2}\,\overline{A_3}} = \overline{\overline{A_1}} \cup \overline{\overline{A_2}} \cup \overline{\overline{A_3}} = A_1 \cup A_2 \cup A_3.$$

（5）"至多有 1 幢楼房合格"是下列 2 个互不相容的事件的和事件："恰有 1 幢楼房合格"与"3 幢楼房全不合格"，因此，所求事件可以表示成

$$A_1\overline{A_2}\,\overline{A_3} \cup \overline{A_1}A_2\overline{A_3} \cup \overline{A_1}\,\overline{A_2}A_3 \cup \overline{A_1}\,\overline{A_2}\,\overline{A_3}.$$

由例 1.5（4）看出，事件的表达一般不唯一."至少有 1 幢楼房合格"还可以表示成

$$\bigcup_{i=1}^{3} \{恰有\ i\ 幢楼房合格\} = A_1\overline{A_2}\,\overline{A_3} \cup \overline{A_1}A_2\overline{A_3} \cup \overline{A_1}\,\overline{A_2}A_3$$

$$\cup\ \overline{A_1}A_2A_3 \cup A_1\overline{A_2}A_3 \cup A_1A_2\overline{A_3} \cup A_1A_2A_3.$$

这是七个两两互不相容的事件之并.

§1.2　等可能概型

在一次试验后，随机事件 A 可能发生，也可能不发生.随机事件发生的可能性的大小用区间 $[0,1]$ 中的一个数来刻画，这个数称为**概率**.事件 $A,B,C,\cdots$ 的概率分别记作 $P(A),P(B),P(C),\cdots$.作为事件的 2 个特殊情况：必然事件 Ω 与不可能事件 $\varnothing$，自然应该合理地规定

$$P(\Omega) = 1, \quad P(\varnothing) = 0.$$

如何计算概率？这是本章以下内容讨论的主题.本节讨论最简单的情形 —— **等可能概型**，即样本空间中的每个样本点在一次试验后以相等的可能性出现.

一、古典型概率

上抛 1 枚硬币，观察硬币着地时向上的面.假定这枚硬币质地均匀，因此"出现正面"与"出现反面"的可能性是相等的.从常识上知道，这两个事件的概率都应该是 $\frac{1}{2}$.

1 个口袋中装有 5 只外形相同的球，分别编有号码 $1,\cdots,5$.现在从这个口袋中任取 1 只，取到偶数号码的球的概率有多大？由于样本空间 $\Omega = \{\omega_1,\cdots,\omega_5\}$，这 5 个样本点在 1 次试验后出现的可能性都相等."取到偶数号码的球"这一事件 $A = \{\omega_2, \omega_4\}$.从常识上知道，$P(A) = \frac{2}{5}$.

一般地，称具有下列 2 个特征的随机试验的数学模型为**古典概型**：

（ⅰ）试验的样本空间 Ω 是个有限集，不妨记作 $\Omega = \{\omega_1,\cdots,\omega_n\}$；

（ⅱ）每个样本点在 1 次试验后以相等的可能性出现，即

$$P(\{\omega_1\}) = \cdots = P(\{\omega_n\}).$$

古典概型是概率论发展初期的主要研究对象. 在古典概型中, 如果事件 A 中包含 n_A 个样本点, 那么规定

$$P(A) = \frac{n_A}{n}.$$

用这种方法算得的概率称为**古典(型)概率**.

例 1.6 把 1 枚均匀硬币连抛两次. 设事件 A 表示"出现 2 个正面", 事件 B 表示 "出现 2 个相同的面". 试求 $P(A)$ 与 $P(B)$.

解 把 1 枚硬币连抛 2 次看作 1 次试验, 依次出现的向上的面看作 1 个样本点. 样本空间 $\Omega = \{$正正, 先正后反, 先反后正, 反反$\}$, 这是 1 个古典概型. 因此, $n = 4$. 由 $A = \{$两正$\}$ 知道 $n_A = 1$, 因此, $P(A) = \dfrac{1}{4}$; 由 $B = \{$两正, 两反$\}$ 知道, $n_B = 2$, 因此, $P(B) = \dfrac{2}{4} = \dfrac{1}{2}$.

在例 1.6 中, 如果取样本空间 $\Omega^* = \{$两正, 一正一反, 两反$\}$, 那么, 就不能按古典概率公式来计算了, 因为各个样本点出现的可能性不相等.

使用古典概率计算公式, 要涉及计数运算. 当样本空间中元素较多时, 需要用初等数学中有关"计数法"(例如排列组合)的知识.

我们来定义一个记号, 它是组合数的推广. 规定

$$\binom{n}{r} = \begin{cases} \dfrac{n(n-1)\cdots(n-r+1)}{r!}, & r = 1, 2, \cdots; \\ 1, & r = 0. \end{cases}$$

其中, n 是自然数. 容易验证, 当 $r > n$ 时, $\dbinom{n}{r} = 0$. 当 $r \leqslant n$ 时, $\dbinom{n}{r}$ 恰是从 n 个不同元素中取出 r 个元素的所有组合的个数.

例 1.7 1 个盒子中装有 10 只晶体管, 其中 3 只是不合格品. 从这个盒子中依次随机地取[①] 2 只晶体管. 在下列两种情形下分别求出两只晶体管中恰有 1 只是不合格品的概率:

(1) **有放回抽样** 第一次取出 1 只晶体管, 作测试后放回盒子中, 第二次再从盒子中取 1 只晶体管;

(2) **无放回抽样** 第一次取出 1 只晶体管, 作测试后不放回盒子中, 第二次再从盒子中取 1 只晶体管.

解 设事件 A 表示"2 只晶体管中恰有 1 只是不合格品". 从盒子中依次取 2 只晶

---

① "随机地取"的含义是, 保证盒子中每只晶体管以相等的可能性被取到.

体管,每一种取法视作 1 个基本事件. 由于样本空间中仅含有限个元素,且晶体管被随机地取出,每个基本事件发生的概率都相等,因此,这是一个古典概型.

(1) 第一次取时有 10 只晶体管可供抽取,由于取后放回,因此,第二次取时仍有 10 只晶体管可供抽取. 按照计数法的乘法原理,一共有 10×10 种取法,即 $n = 10 \times 10$.

对于事件 A,第一次取到合格品且第二次取到不合格品的取法共有 7×3 种;第一次取到不合格品且第二次取到合格品的取法共有 3×7 种. 于是,$n_A = 7 \times 3 + 3 \times 7$. 按照古典概率的计算公式,得

$$P(A) = \frac{7 \times 3 + 3 \times 7}{10 \times 10} = 0.42.$$

(2) 第一次取时有 10 只晶体管可供抽取,由于取后不放回,因此,第二次取时只有 9 只晶体管可供抽取. 按照计数法的乘法原理,一共有 10×9 种取法,即 $n = 10 \times 9$.

对于事件 A,第一次取到合格品且第二次取到不合格品的取法共有 7×3 种,第一次取到不合格品且第二次取到合格品的取法共有 3×7 种. 于是,$n_A = 7 \times 3 + 3 \times 7$. 按照古典概率的计算公式,得

$$P(A) = \frac{7 \times 3 + 3 \times 7}{10 \times 9} = \frac{42}{90} = 0.47.$$

在概率论中,当考虑的事件与抽样次序无关时,无放回抽样也可以看作一次取出若干个样品. 例如,在例 1.7 中,不放回地取 2 只晶体管也可以看作随机地一次取出 2 只晶体管. 由计数法的组合公式知道,共有 $\binom{10}{2}$ 种取法,即 $n = \binom{10}{2}$. 对于事件 A,取到 1 个合格品、1 个不合格品的取法有 $\binom{7}{1} \cdot \binom{3}{1}$ 种. 于是 $n_A = \binom{7}{1} \cdot \binom{3}{1}$. 按照古典概率的计算公式,得

$$P(A) = \frac{\binom{7}{1} \cdot \binom{3}{1}}{\binom{10}{2}} = \frac{21}{45} = 0.47.$$

这表明用两种不同观点来看待无放回抽样所得到的概率是一样的. 注意,这两种不同观点下的样本点及样本空间是不同的.

例 1.8 把甲、乙、丙 3 名学生依次随机地分配到 5 间宿舍中去,假定每间宿舍最多可住 8 人. 试求这 3 名学生住在不同宿舍的概率.

解 由于每名学生都可能分配到这 5 间宿舍中的任意一间,因此共有 $5 \times 5 \times 5 = 5^3$ 种分配方案,即 $n = 5^3$. 设事件 A 表示"这 3 名学生住在不同的宿舍里". 对学生甲有 5 种分配方案;甲分配之后,为了使甲、乙不住同一宿舍,对学生乙只有 4 种分配

方案;类似地,对学生丙只有 3 种分配方案. 于是,$n_A = 5 \times 4 \times 3$. 由此得到

$$P(A) = \frac{5 \times 4 \times 3}{5^3} = \frac{12}{25} = 0.48.$$

在例 1.8 中,如果要求这 3 名学生中至少有 2 名住在同一宿舍中的概率,那么,由于这个事件是事件 A 的对立事件 $\overline{A}$,因此,从直观上知道,这个概率为

$$P(\overline{A}) = 1 - P(A) = 1 - 0.48 = 0.52.$$

理论上可以证明这个公式是正确的. 因为当 A 包含 n_A 个样本点时,$\overline{A}$ 必定包含 $n - n_A$ 个样本点,因此

$$P(\overline{A}) = \frac{n - n_A}{n} = 1 - \frac{n_A}{n} = 1 - P(A).$$

通过考虑对立事件来解决问题是概率论中的常用方法.

二、几何型概率

为了说明下面将要讨论的数学模型,首先考察几个简单的例子.

某十字路口自动交通信号灯的红绿灯周期为 60s,其中,由南至北方向红灯时间为 15s. 试求随机到达(由南至北)该路口的一辆汽车恰遇红灯的概率. 从直观上看,这个概率应该是 $\frac{15}{60} = 0.25$.

一片面积为 S 的树林中有一块面积为 S_0 的空地,一架飞机随机地向这片树林空投一只包裹. 假定包裹不会投出这片树林之外. 试求包裹落在空地上的概率. 从直观上看,这个概率应该是 $\frac{S_0}{S}$.

已知在 10ml 自来水中有 1 个大肠杆菌. 今从中随机地取出 2ml 自来水放在显微镜下观察. 试求发现大肠杆菌的概率. 从直观上看,这个概率应该是 $\frac{2}{10} = 0.2$.

在上述问题中,样本空间 Ω 分别是一维区间、二维区域、三维区域,它们通常用长度、面积、体积来度量大小. 另一方面,这 3 个例子中的样本点还是等可能出现的. 这里,"等可能性"的确切含义是:当 A 是样本空间的 1 个子集时,$P(A)$ 与 A 的位置及形状均无关,而只与 A 的长度(或面积,或体积)成正比.

一般地,假定样本空间 Ω 是某个区域(可以是一维的,也可以是二维、三维的),每个样本点等可能地出现,我们规定事件 A 的概率为

$$P(A) = \frac{m(A)}{m(\Omega)}.$$

这里,$m(\cdot)$ 在一维情形下表示长度,在二维情形下表示面积,在三维情形下表示体积. 用这种方法得到的概率称为为 **几何(型)概率**.

例 1.9 在单位圆 O 的一条直径 MN 上随机地取一点 Q,试求过 Q 点且与 MN

垂直的弦的长度超过 1 的概率.

解 样本空间 Ω 是直径 MN，$m(\Omega) = 2$.设事件 A 表示"过 Q 点且与 MN 垂直的弦的长度超过 1".事件 A 也可以等价地表示为"弦心距 $|OQ| < \sqrt{1^2 - \left(\dfrac{1}{2}\right)^2}$

$= \dfrac{\sqrt{3}}{2}$".因此，$m(A) = \dfrac{\sqrt{3}}{2} \times 2 = \sqrt{3}$.按照几何概率的计算公式，有

$$P(A) = \frac{m(A)}{m(\Omega)} = \frac{\sqrt{3}}{2} = 0.866.$$

例 1.10 甲、乙两艘轮船都要在某个泊位停靠 6h(小时)，假定它们在一昼夜的时间段中随机地到达.试求这两艘船中至少有一艘在停靠泊位时必须等待的概率.

解 把一昼夜这一时间段以小时为单位记作 $[0,24)$.设 x,y 分别表示甲、乙两艘船到达泊位的时刻(单位:小时).于是，(x,y) 表示一个样本点.样本空间 $\Omega = \{(x, y) : 0 \leqslant x < 24, 0 \leqslant y < 24\}$，$m(\Omega) = 24^2$.

图 1.8　例 1.10 中 Ω 与 A 的示意图

设事件 A 表示"这两艘船中至少有一艘在停靠泊位时必须等待".事件 A 也可以等价地表示为"这两艘船到达泊位的时间差不超过 6h"，即 $A = \{(x,y) : |x - y| \leqslant 6\}$，$m(A) = 24^2 - (24 - 6)^2$(图 1.8).按照几何概率的计算公式，有

$$P(A) = \frac{m(A)}{m(\Omega)} = \frac{24^2 - (24 - 6)^2}{24^2}$$

$$= \frac{7}{16} = 0.437\,5.$$

与古典概率的情形一样，求对立事件的概率可用以下公式:

$$P(\overline{A}) = 1 - P(A).$$

读者不妨自己证明这个公式作为练习.按照这个公式可以得到，在例 1.10 中，这两艘船在停靠泊位时不需要等待的概率为

$$P(\overline{A}) = 1 - 0.437\,5 = 0.562\,5.$$

在例 1.10 中，如果事件 B 表示"甲、乙两艘船同时到达该泊位"，那么，由 $B = \{(x,y) : x = y\}$ 得到 $m(B) = 0$，从而 $P(B) = 0$.但是，生活常识告诉我们，B 是可能发生的，即 $B \neq \varnothing$.这表明:概率为零的事件不一定是不可能事件.类似地，概率为 1 的事件不一定是必然事件.

§1.3 频率与概率

概率是随机事件发生的可能性大小的一种量度,度量的方式是否符合实际应该由实践来检验.例如,前面多次提到的上抛一枚均匀硬币的随机试验,按古典概率算得"出现正面"这一随机事件 A 的概率为 $P(A) = 0.5$. 如果把这枚均匀硬币上抛 $10\,000$ 次,那么,出现正面(即事件 A 发生)的次数是否会是 $5\,000$ 次左右呢?称

$$f_n(A) \triangleq \frac{n_A^{①}}{n}$$

为事件 A 在 n 次重复试验中出现的**频率**,其中 n_A 表示事件 A 在 n 次重复试验中出现的次数,即**频数**.换句话说,事件 A 的概率是否会与 $10\,000$ 次重复试验中 A 出现的频率大致相等呢?历史上不少人做了试验,得到了许多数据,限于篇幅,下面列出三组数据(表 1.1).

表 1.1

试验者	试验次数 n	出现正面的频数 n_A	出现正面的频率 $f_n(A)$
蒲丰(Buffon)	4040	2048	0.5069
K·皮尔逊(K. Pearson)	12000	6019	0.5016
K·皮尔逊	24000	12012	0.5005

从这三组数据可以看出,当试验次数 n 较大时,频率 $f_n(A)$ 的值在 0.5 附近,并且随着 n 的增大它逐渐稳定到 0.5 这个数值上.因而,概率 $P(A) = 0.5$ 的确反映了上抛一枚均匀硬币时出现正面这一事件发生的可能性的大小.

人们经过长期的实践发现,虽然一个随机事件在一次试验后可能发生也可能不发生,但是在大量重复试验中这个事件发生的频率却具有**稳定性**,这种稳定性正是统计规律性的反映.频率的稳定性提供了一般地定义事件概率的一个客观基础.

频率的稳定性不断被人类的实践活动所证实.例如,英语中英文字母出现的频率也具有稳定性.E, T, O 之类的字母出现的频率较高,而 J, Q, Z 之类的字母出现的频率较低.这个规律对于电脑键盘的设计、信息的编码(常用字母用较短的码)、密码的破译等都是十分有用的.对于其他文字也有类似的规律.近年来有人通过对汉字出现频率的研究探索《红楼梦》的续集的作者,获得了一些有意义的结果.

频率的稳定性在理论上已经被证明,有关内容将在 §5.1 中作介绍.

对于任意一个事件 A,n 次重复试验中事件 A 发生的频率 $f_n(A)$ 随着 n 的增大将稳定到某个常数,这个常数表现为事件 A 的一种属性.称这个常数为事件 A 的**概率的**

---

① 记号"$\triangleq$"表示"规定等号左边相当于等号右边".

统计定义.在具体问题中,按统计定义来求出概率是不现实的.因此,在实际应用时,往往就简单地把频率当作概率来使用.

例 1.11 为了设计某路口向左转弯的汽车候车道,在每天交通最繁忙的时间(上午 9 时)观测等候车辆数,共观测了 60 次(天),得数据如表 1.2.

表 1.2

等候车辆数	0	1	2	3	4	5	6	总和
出现的次(天)数	4	16	20	14	3	2	1	60
频 率	$\frac{4}{60}$	$\frac{16}{60}$	$\frac{20}{60}$	$\frac{14}{60}$	$\frac{3}{60}$	$\frac{2}{60}$	$\frac{1}{60}$	1

试求上午 9 时在该路口至少有 5 辆汽车在等候左转弯的概率.

解 设事件 A 表示"至少有 5 辆汽车在等候左转弯".在 60 次观测中,事件 A 发生的频率为

$$f_{60}(A) = \frac{2+1}{60} = \frac{1}{20} = 0.05.$$

实际工作者认为至少有 5 辆汽车在等候左转弯的概率为 0.05.

以频率取代概率在社会科学(如经济类学科)中已被广泛地使用,即使当试验次数 n 不大时,也是如此.

§1.4 概率的公理化定义与性质

古典概率与几何概率都是在等可能性的基础上建立起来的,因而它们的定义与使用都有很大的局限性.概率的统计定义涉及频率的稳定性,由此计算概率往往涉及大量的重复试验,这是很不现实的.简单地把频率作为概率,虽然也不失为一种较有效的方法,但是它有随机波动性.例如,两人各抛同一枚硬币 10 000 次,一人发现了 5 002 次正面,另一人发现了 5 010 次正面,那么,在 0.5002 与 0.5010 这两个频率中究竟用哪一个作为概率呢?

人们经过研究发现,不论是古典概率还是几何概率或频率都具有下列 3 条基本性质:

（ⅰ）**非负性** 对于任意一个事件 $A,P(A) \geqslant 0$;

（ⅱ）**规范性** $P(\Omega) = 1$;

（ⅲ）**可加性** 当事件 A,B 互不相容时:$P(A \bigcup B) = P(A) + P(B)$.

下面仅就古典概率进行验证,对于几何概率与频率(把 $P(\cdot)$ 理解成 $f_n(\cdot)$)的情形请读者自己验证.由古典概率的定义可见非负性与规范性成立.设事件 A 中包含

n_A 个元素,事件 B 包含 n_B 个元素.由于 $AB = \varnothing$,因此,$A \bigcup B$ 中包含 $n_A + n_B$ 个元素.于是,按古典概率的计算公式

$$P(A \bigcup B) = \frac{n_A + n_B}{n} = \frac{n_A}{n} + \frac{n_B}{n} = P(A) + P(B),$$

用数学归纳法不难把可加性推广到任意有限个两两互不相容的事件组上去,即当事件 $A_1,\cdots,A_n$ 两两互不相容时,有

$$P(\bigcup_{i=1}^{n} A_i) = \sum_{i=1}^{n} P(A_i).$$

在上述 3 条性质的基础上,数学家采用抽象化的方法给出了概率的一般定义.

定义 1.1(概率的公理化定义) 给定一个随机试验,Ω 是它的样本空间,对于任意一个事件 A,规定一个实数,记作 $P(A)$.如果 $P(\cdot)$ 满足下列 3 条公理,那么就称 $P(A)$ 为事件 A 的**概率**.

公理 1 非负性 对于任意一个事件 A,$P(A) \geqslant 0$;

公理 2 规范性 $P(\Omega) = 1$;

公理 3 可列可加性 当可列无限个事件 $A_1,A_2,\cdots$ 两两互不相容时,

$$P(A_1 \bigcup A_2 \bigcup \cdots) = P(A_1) + P(A_2) + \cdots.$$

下面将从这 3 条公理出发来推导概率的一些重要性质.

性质(ⅰ) $P(\varnothing) = 0$.

证 在公理 3 中,取 $A_i = \varnothing, i = 1,2,\cdots$.于是,由可列可加性推得

$$P(\varnothing) = P(\bigcup_{i=1}^{\infty} A_i) = \sum_{i=1}^{\infty} P(A_i) = \sum_{i=1}^{\infty} P(\varnothing).$$

由公理 1 知道,实数 $P(\varnothing) \geqslant 0$.因此,由上式推得 $P(\varnothing) = 0$.

性质(ⅱ)(有限可加性) 当 n 个事件 $A_1,\cdots,A_n$ 两两互不相容时,

$$P(A_1 \bigcup \cdots \bigcup A_n) = P(A_1) + \cdots + P(A_n).$$

证 在公理 3 中,取 $A_i = \varnothing, i = n+1, n+2, \cdots$.于是,$A_1,\cdots,A_n,A_{n+1},\cdots$ 是可列无限个两两互不相容的事件.由可列可加性及性质(ⅰ)推得

$$P(\bigcup_{i=1}^{n} A_i) = P(\bigcup_{i=1}^{\infty} A_i) = \sum_{i=1}^{\infty} P(A_i)$$

$$= \sum_{i=1}^{n} P(A_i) + \sum_{i=n+1}^{\infty} P(\varnothing) = \sum_{i=1}^{n} P(A_i).$$

性质(ⅲ) 对于任意一个事件 A,$P(\overline{A}) = 1 - P(A)$.

证 在性质(ⅱ)中,取 $n = 2, A_1 = A, A_2 = \overline{A}$.于是,由 $A\overline{A} = \varnothing$ 及 $A \bigcup \overline{A} = \Omega$ 推得

$$1 = P(\Omega) = P(A \bigcup \overline{A}) = P(A) + P(\overline{A}),$$

即 $P(\overline{A}) = 1 - P(A)$.

性质(ⅳ) 当事件 A, B 满足 $A \subset B$ 时，

$$P(B-A) = P(B) - P(A), \quad P(A) \leqslant P(B).$$

证 在性质(ⅱ)中，取 $n=2, A_1 = A, A_2 = B - A$. 由 $A \subset B$ 知道, $A \bigcap (B-A) = \varnothing$ 及 $A \bigcup (B-A) = B$. 于是，由有限可加性推得

$$P(B) = P(A) + P(B-A),$$

即 $P(B-A) = P(B) - P(A)$. 由公理 1 知道, $P(B-A) \geqslant 0$, 因此 $P(A) \leqslant P(B)$.

性质(ⅴ) 对于任意一个事件 $A, P(A) \leqslant 1$.

证 在性质(ⅳ)中，取 $B = \Omega$. 于是，由公理 2 推得

$$P(A) \leqslant P(\Omega) = 1.$$

性质(ⅵ) 对任意两个事件 A 和 $B, P(B-A) = P(B) - P(AB)$.

证 由于 $B - A = B - AB$, 且 $AB \subset B$, 因此，由性质(ⅳ)推得 $P(B-A) = P(B-AB) = P(B) - P(AB)$.

性质(ⅶ)(加法公式) 对任意两个事件 A 和 B,

$$P(A \bigcup B) = P(A) + P(B) - P(AB).$$

证 由于 $A \bigcup B = A \bigcup (B-A)$, 且 $A \bigcap (B-A) = \varnothing$, 因此，由有限可加性及性质(ⅵ)推得

$$P(A \bigcup B) = P(A) + P(B-A) = P(A) + P(B) - P(AB).$$

加法公式可以推广到更多个事件上. 例如，对于任意 3 个事件 A, B, C, 有

$$P(A \bigcup B \bigcup C) = P(A) + P(B) + P(C) - P(AB) - P(BC) - P(CA) + P(ABC).$$

一般地，对于任意 n 个事件 $A_1, \cdots, A_n$, 用数学归纳法可以证明

$$P\left(\bigcup_{i=1}^{n} A_i\right) = \sum_{i=1}^{n} P(A_i) - \sum_{1 \leqslant i < j \leqslant n} P(A_i A_j) + \sum_{1 \leqslant i < j < k \leqslant n} P(A_i A_j A_k)$$

$$- \cdots + (-1)^{n-1} P(A_1 \cdots A_n).$$

适当地运用概率的性质有助于计算较为复杂的事件的概率.

例 1.12 某种饮料浓缩液每箱装 12 听，不法商人在每箱中放入 4 听假冒货，今质检人员从一箱中抽取 3 听进行检测，问查出假冒货的概率为多少？

解 设事件 A 表示"抽取的 3 听中至少有 1 听是假冒货". 下面介绍两种不同的方法.

方法 1 记事件 A_i 表示"抽取的 3 听中恰有 i 听是假冒货". 由古典概率的计算公式得到

$$P(A_1) = \frac{\binom{4}{1}\binom{8}{2}}{\binom{12}{3}} = \frac{112}{220}, \quad P(A_2) = \frac{\binom{4}{2}\binom{8}{1}}{\binom{12}{3}} = \frac{48}{220}, \quad P(A_3) = \frac{\binom{4}{3}\binom{8}{0}}{\binom{12}{3}} = \frac{4}{220}.$$

由于事件 A_1, A_2, A_3 两两互不相容,且 $A = A_1 \bigcup A_2 \bigcup A_3$,因此,由概率的有限可加性推得

$$P(A) = P(A_1) + P(A_2) + P(A_3) = \frac{164}{220} = 0.745.$$

方法 2 事件 A 的逆事件 $\overline{A}$ 表示"抽取的 3 听中没有 1 听是假冒货".由古典概率的计算公式得到

$$P(\overline{A}) = \frac{\binom{4}{0}\binom{8}{3}}{\binom{12}{3}} = \frac{56}{220}.$$

于是

$$P(A) = 1 - P(\overline{A}) = \frac{164}{220} = 0.745.$$

例 1.13 已知 $P(A) = 0.3, P(B) = 0.6$,试在下列两种情形下分别求出 $P(A - B)$ 与 $P(B - A)$.

(1) 事件 A, B 互不相容;

(2) 事件 A, B 有包含关系.

解 (1) 由于 $AB = \varnothing$,因此,$A - B = A, B - A = B$.于是

$$P(A - B) = P(A) = 0.3, \quad P(B - A) = P(B) = 0.6.$$

(2) 由于 $P(A) < P(B)$,因此,由性质(iv)推得必定是 $A \subset B$.于是,

$$P(A - B) = P(\varnothing) = 0, \quad P(B - A) = P(B) - P(A) = 0.3.$$

前述概率的性质实际上给出了一些概率的计算公式.这些公式不仅有助于计算复杂随机事件的概率,而且也是下面进一步学习概率知识的基础.

§1.5 条件概率与随机事件的独立性

在大千世界中,事物是互相联系、互相影响的,这对随机事件也不例外.在同一试验中,一个事件发生与否对其他事件发生的可能性的大小究竟是如何影响的?这便是本节将要讨论的内容.

一、条件概率

首先来考察一个简单的例子.

某家电商店库存有甲、乙两联营厂生产的相同牌号的冰箱 100 台. 甲厂生产的 40 台中有 5 台次品；乙厂生产的 60 台中有 10 台次品. 今工商质检队随机地从库存的冰箱中抽检 1 台. 试求抽检到的 1 台是次品（记为事件 A）的概率有多大？其答案是 $P(A) = \dfrac{15}{100}$. 如果商店有意让质检队从甲厂生产的冰箱中抽检 1 台，那么，这 1 台是次品的概率有多大？由于样本空间不再是全部库存的冰箱，而是缩小到甲厂生产的冰箱，因此，这个概率为 $\dfrac{5}{40}$. 这两个概率不相同是容易理解的，因为在第二个问题中所抽到的次品必是甲厂生产的，这比第一个问题多了 1 个"附加条件". 设事件 B 表示"抽到的产品是甲厂生产的". 第二个问题可以看作是，在"已知 B 发生"的附加条件下，求事件 A 的概率. 这个概率便是下面将要研究的条件概率，记作 $P(A \mid B)$，它表示"在已知 B 发生的条件下，事件 A 的概率". 前面已经算得 $P(A \mid B) = \dfrac{5}{40}$，仔细观察后发现，$P(A \mid B)$ 与 $P(B)$，$P(AB)$ 之间有如下关系：

$$P(A \mid B) = \frac{5}{40} = \frac{\dfrac{5}{100}}{\dfrac{40}{100}} = \frac{P(AB)}{P(B)}.$$

上述关系式虽然是在特殊情形下得到的，但它对一般的古典概率、几何概率与频率（把 $P(\cdot)$ 理解成 $f_n(\cdot)$）都成立. 下面仅就几何概率进行验证. 假定样本空间 Ω 是某个区域（可以是一维的，也可以是二维、三维的），每个样本点等可能地出现. 按几何概率的计算公式，有

$$P(B) = \frac{m(B)}{m(\Omega)}, \quad P(AB) = \frac{m(AB)}{m(\Omega)};$$

在已知 B 发生的条件下（相当于样本空间从 Ω 缩小到 B），事件 A 的概率为

$$P(A \mid B) = \frac{m(AB)}{m(B)}.$$

于是

$$P(A \mid B) = \frac{P(AB)}{P(B)}.$$

在这个关系式的基础上，我们给出一般的定义.

定义 1.2 给定一个随机试验，Ω 是它的样本空间. 对于任意 2 个事件 A，B，其中，$P(B) > 0$，称

$$P(A \mid B) \triangleq \frac{P(AB)}{P(B)}$$

为在已知事件 B 发生的条件下事件 A 的**条件概率**.

可以验证,条件概率 $P(\cdot \mid B)$ 满足概率的公理化定义中的 3 条公理,即

公理 1′ **非负性** 对于任意一个事件 A,$P(A \mid B) \geqslant 0$;

公理 2′ **规范性** $P(\Omega \mid B) = 1$;

公理 3′ **可列可加性** 当可列无限个事件 $A_1, A_2, \cdots$ 两两互不相容时,

$$P(\bigcup_{i=1}^{\infty} A_i \mid B) = \sum_{i=1}^{\infty} P(A_i \mid B).$$

于是,§1.4 中证明的所有性质对条件概率依然适用. 但要注意,使用计算公式必须在同一条件下进行.

由定义 1.2 可以得到概率的**乘法公式**:当 $P(A) > 0$ 时,$P(AB) = P(A)P(B \mid A)$. 乘法公式可以推广到更多个事件上. 例如,当 $P(AB) > 0$(这保证 $P(A) \geqslant P(AB) > 0$)时,有

$$P(ABC) = P(A)P(B \mid A)P(C \mid AB).$$

一般地,当 $n \geqslant 2$ 且 $P(A_1 \cdots A_{n-1}) > 0$ 时,用数学归纳法可以证明:

$$P(A_1 \cdots A_n) = P(A_1)P(A_2 \mid A_1) \cdots P(A_n \mid A_1 \cdots A_{n-1}).$$

例 1.14 某建筑物按设计要求使用寿命超过 50 年的概率为 0.8,超过 60 年的概率为 0.6. 该建筑物经历了 50 年之后,它将在 10 年内倒塌的概率有多大?

解 设事件 A 表示"该建筑物使用寿命超过 50 年",事件 B 表示"该建筑物使用寿命超过 60 年". 按题意,$P(A) = 0.8$,$P(B) = 0.6$. 由于 $A \supset B$,因此,$P(AB) = P(B) = 0.6$. 所求条件概率为

$$P(\bar{B} \mid A) = 1 - P(B \mid A) = 1 - \frac{P(AB)}{P(A)} = 1 - \frac{0.6}{0.8} = 0.25.$$

例 1.15 设袋中装有 a 个红球和 b 个白球. 每次随机地从袋中取 1 个球,取后把原球放回,并加进与取出球同色的球 c 个,共取了 3 次. 试求 3 个球都是红球的概率.

解 设事件 A_i 表示"第 i 次取到红球",$i = 1, 2, 3$. 于是,

$$P(A_1) = \frac{a}{a+b}, \quad P(A_2 \mid A_1) = \frac{a+c}{a+b+c}, \quad P(A_3 \mid A_1A_2) = \frac{a+2c}{a+b+2c}.$$

由乘法公式推得,所求概率为

$$P(A_1A_2A_3) = P(A_1)P(A_2 \mid A_1)P(A_3 \mid A_1A_2) = \frac{a(a+c)(a+2c)}{(a+b)(a+b+c)(a+b+2c)}.$$

在例 1.15 计算条件概率时,没有使用条件概率的定义式,而是用古典概率公式直接计算,只是把样本空间分别取作 A_1 与 A_1A_2. 在例 1.15 中,当 $c = -1$ 时,模型为无放回抽样;当 $c = 0$ 时,模型为有放回抽样;当 c 较大时,它给出了描述传染病的数学模型,即一旦有人得传染病,周围人群发病的概率将不断增大.

二、随机事件的独立性

在一个随机试验中，A,B 是两个事件. 一般它们是否发生是相互影响的,这表现为 $P(B\mid A)\neq P(B)$ 或 $P(A\mid B)\neq P(A)$.但是,在有些情形下,$P(B\mid A)=P(B)$ 或 $P(A\mid B)=P(A)$ 成立.由定义 1.2 知道,这时,$P(AB)=P(A)P(B)$.

例如,口袋中有 10 只球,其中 3 只是红球,其余是白球.采用有放回抽样的方法,从口袋中随机地摸两次.设事件 A 表示"第一次摸到的球是红球",事件 B 表示"第二次摸到的球是红球",由古典概率计算公式知道

$$P(A)=P(B)=0.3,\quad P(AB)=\frac{3\times3}{10\times10}=0.09.$$

于是
$$P(B\mid A)=\frac{P(AB)}{P(A)}=0.3=P(B).$$

这时,等式
$$P(AB)=P(A)P(B)$$

成立.从直观上也可以知道,在作有放回抽样时,A 发生对 B 发生的概率是不会有影响的.

定义 1.3 对于任意两个事件 A,B,如果等式 $P(AB)=P(A)P(B)$ 成立,那么,**称事件 A 与 B 相互独立**.

不难证明下面的定理成立.

定理 1.1 如果 $P(A)>0$,那么,事件 A 与 B 相互独立的充分必要条件是 $P(B\mid A)=P(B)$;如果 $P(B)>0$,那么,事件 A 与 B 相互独立的充分必要条件是 $P(A\mid B)=P(A)$.

从直观上考虑,下列定理应该成立.

定理 1.2 下列 4 个命题是等价的:

（ⅰ）事件 A 与 B 相互独立;

（ⅱ）事件 A 与 $\overline{B}$ 相互独立;

（ⅲ）事件 $\overline{A}$ 与 B 相互独立;

（ⅳ）事件 $\overline{A}$ 与 $\overline{B}$ 相互独立.

证 这里仅证明（ⅰ）与（ⅱ）的等价性,其余留给读者作练习.当（ⅰ）成立时,$P(AB)=P(A)P(B)$.由概率的性质知道:

$$P(A\overline{B})=P(A-B)=P(A-AB)=P(A)-P(AB)$$
$$=P(A)-P(A)P(B)=P(A)[1-P(B)]=P(A)P(\overline{B}).$$

即 A 与 $\overline{B}$ 相互独立.利用 $\overline{\overline{B}}=B$,可以由（ⅱ）推得（ⅰ）成立. **证毕**

事件的相互独立性可以推广到更多个事件上.

定义 1.4 对于任意 3 个事件 A,B,C,如果 4 个等式

$$P(AB) = P(A)P(B), \quad P(BC) = P(B)P(C), \quad P(CA) = P(C)P(A),$$

$$P(ABC) = P(A)P(B)P(C)$$

都成立,那么,称事件 **A**,**B**,**C** 相互独立.

这里我们作四点说明:

(1) 在定义 1.4 中,如果 A,B,C 只满足前 3 个等式,称事件 **A**,**B**,**C** 两两独立.这表明相互独立蕴含了两两独立.但是,两两独立不能保证相互独立(例 1.16).

(2) 对于 n 个事件 $A_1,\cdots,A_n$,当且仅当对任意一个 $k = 2,\cdots,n$,任意的 $1 \leqslant i_1 < \cdots < i_k \leqslant n$,等式

$$P(A_{i_1} \cdots A_{i_k}) = P(A_{i_1}) \cdots P(A_{i_k})$$

成立时,称事件 **A₁,⋯,Aₙ** 相互独立.这里要求成立的等式总数为

$$\binom{n}{2} + \binom{n}{3} + \cdots + \binom{n}{n} = (1+1)^n - \binom{n}{0} - \binom{n}{1} = 2^n - n - 1.$$

(3) 对于多个事件的相互独立性,可以证明类似于定理 1.2 的结论依然成立.

(4) 在具体应用问题中,独立性可以根据实际情况来判定.

例 1.16 口袋里装有 4 只球,其中 1 只是红球,1 只是白球,1 只是黑球,另 1 只球在球面的 3 个不同部分分别涂上红色、白色与黑色.从口袋中随机地取 1 只球.设事件 A 表示"摸到的球涂有红色",事件 B 表示"摸到的球涂有白色",事件 C 表示"摸到的球涂有黑色". 由于

$$P(A) = P(B) = P(C) = \frac{2}{4} = \frac{1}{2}, \quad P(AB) = P(BC) = P(CA) = \frac{1}{4},$$

$$P(ABC) = \frac{1}{4}.$$

因此,3 个事件 A,B,C 两两独立,但 A,B,C 不相互独立.

例 1.17 已知每个人的血清中含有肝炎病毒的概率为 0.4%,且他们是否含有肝炎病毒是相互独立的.今混合 100 个人的血清.试求混合后的血清中含有肝炎病毒的概率.

解 事件"混合后的血清中含有肝炎病毒"等价于"100 个人中至少有一人的血清中含有肝炎病毒".设事件 A_i 表示"第 i 个人的血清中含有肝炎病毒",$i = 1,2,\cdots,$ 100.按德·摩根法则与事件的相互独立性,所求概率为

$$P(A_1 \bigcup \cdots \bigcup A_{100}) = P(\overline{A_1 \cdots A_{100}}) = 1 - P(\overline{A_1} \cdots \overline{A_{100}}) = 1 - \prod_{i=1}^{100} P(\overline{A_i})$$

$$= 1 - \prod_{i=1}^{100} [1 - P(A_i)] = 1 - (1 - 0.004)^{100} = 0.33.$$

例 1.17 表明,虽然每个人的血清中含有肝炎病毒的概率都很小,但是把许多人的血清混合后其中含有肝炎病毒的概率却较大.换句话说,小概率事件有时会产生大效应.在实际问题中,必须对此引起足够的重视.

三、独立性在可靠性问题中的应用

可靠性问题的内容是很丰富的,这里仅仅介绍一些最简单的方法,它可以告诉我们如何应用独立性概念来解决一些串、并联系统的可靠性问题.一个产品(或一个元件,或一个系统)的可靠性可以用**可靠度**来刻画.所谓"可靠度",指的是产品能正常工作(即在规定的时间内和规定的条件下完成规定功能)的概率.

在以下讨论中,假定一个系统中的各个元件能否正常工作都是相互独立的.

例 1.18(串联系统)　设一个系统由 n 个元件串联而成,第 i 个元件的可靠度为 $p_i, i = 1, \cdots, n$. 试求这个串联系统的可靠度.

解　设事件 A_i 表示"第 i 个元件正常工作", $i = 1, \cdots, n$. 由于"串联系统能正常工作"等价于"这 n 个元件都正常工作",因此,所求的可靠度为

$$P(A_1 \cdots A_n) = \prod_{i=1}^{n} P(A_i) = \prod_{i=1}^{n} p_i.$$

例 1.19(并联系统)　设一个系统由 n 个元件并联而成,第 i 个元件的可靠度为 $p_i, i = 1, \cdots, n$. 试求这个并联系统的可靠度.

解　设事件 A_i 表示"第 i 个元件正常工作", $i = 1, \cdots, n$. 由于"并联系统能正常工作"等价于"这 n 个元件中至少有 1 个元件正常工作",因此,所求的可靠度为

$$P(A_1 \bigcup \cdots \bigcup A_n) = 1 - P(\overline{A}_1 \cdots \overline{A}_n) = 1 - \prod_{i=1}^{n} P(\overline{A}_i) = 1 - \prod_{i=1}^{n} (1 - p_i).$$

例 1.20(混联系统)　设一个系统由 4 个元件组成,其连接方式如图 1.9 所示,每个元件的可靠度都是 p. 试求这个混联系统的可靠度.

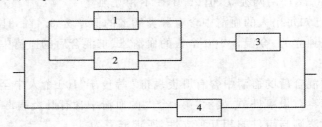

图 1.9　混联系统

解　元件 1 与 2 组成一个并联的子系统甲,由例 1.19 知道,这个子系统甲的可靠度为 $1 - (1 - p)^2 = (2p - p^2)$. 把子系统甲视作一个新的元件,它与元件 3 组成一个串联的子系统乙,由例 1.18 知道,子系统乙的可靠度为 $(2p - p^2)p$. 整个系统由子

系统乙(把它视作一个新的元件)与元件 4 并联而成,由例 1.19 知道,整个混联系统的可靠度为

$$1-[1-(2p-p^2)p](1-p) = p+2p^2-3p^3+p^4.$$

比较复杂的是**桥式系统**,我们把它放在 §1.6 中作介绍.

四、贝努利概型与二项概率

甲、乙、丙 3 名射手向同一个目标射击.把每个射手的射击看作是 1 个试验,共有 3 个试验.假定每个射手射中目标与否是相互独立的,我们就说这 3 个试验是相互独立的.一般地,假定 n 个试验的试验结果是相互独立的,便称这 n 个**试验相互独立**.

如果在 1 个试验中只关心某个事件 A 是否发生,那么,称这个试验为**贝努利 (Bernoulli)试验**,相应的数学模型称为**贝努利概型**.通常记 $P(A)=p$,其中 $0<p<1$.于是,$P(\overline{A})=1-p$.如果把贝努利试验独立地重复做 n 次,这 n 个试验合在一起称为 **n 重贝努利试验**.在 n 重贝努利试验中,主要研究事件 A 发生的次数.

设事件 B_k 表示"n 重贝努利试验中事件 A 恰发生了 k 次".$k=0,1,\cdots,n$.通常记 $P(B_k)$ 为 $P_n(k)$.由于 n 个试验是相互独立的,因此,事件 A 在指定的 k 个试验中发生,且在其余 $(n-k)$ 个试验中不发生(例如在前 k 次试验中发生,且在后 $(n-k)$ 次试验中不发生)的概率为

$$\underbrace{p\cdots p}_{k个}\underbrace{(1-p)\cdots(1-p)}_{(n-k)个} = p^k(1-p)^{n-k}.$$

由于这种指定的方式有 $\binom{n}{k}$ 种,且它们是两两互不相容的,因此

$$P_n(k) = \binom{n}{k}p^k(1-p)^{n-k}, \quad k=0,1,\cdots,n.$$

把全体 $P_n(k)$ 相加后得到

$$\sum_{k=0}^{n}P_n(k) = \sum_{k=0}^{n}\binom{n}{k}p^k(1-p)^{n-k} = [(1-p)+p]^n = 1.$$

通常称 $P_n(k)$ 为**二项概率**,因为它恰是 $[(1-p)+p]^n$ 的二项式展开中第 k 项,$k=0,1,\cdots,n$.

例 1.21 抛起一枚均匀硬币 6 次,假定这 6 次上抛是相互独立的.试求恰出现 3 次正面向上的概率.

解 这是典型的贝努利试验,$n=6$,$p=\dfrac{1}{2}$,$k=3$.因此,所求概率为

$$P_6(3) = \binom{6}{3}\left(\frac{1}{2}\right)^3\left(1-\frac{1}{2}\right)^3 = \frac{5}{16} = 0.3125.$$

例 1.22 在规划一条河流的洪水控制系统时,需要研究出现特大洪水的可能性.假定该处每年出现特大洪水的概率都是 0.1,且特大洪水的出现是相互独立的,试求今后 10 年内至少出现两次特大洪水的概率.

解 由于每年中我们只关心"出现特大洪水(记作 A)"与"不出现特大洪水(记作 $\overline{A}$)"这两种情况,因此可以把它视作贝努利试验,$n = 10, p = P(A) = 0.1$. 由 $\sum_{k=0}^{10} P_{10}(k) = 1$,得所求概率为

$$P_{10}(2) + \cdots + P_{10}(10) = 1 - P_{10}(0) - P_{10}(1)$$
$$= 1 - \binom{10}{0} 0.1^0 \times (1-0.1)^{10} - \binom{10}{1} 0.1^1 \times (1-0.1)^9$$
$$= 1 - 0.35 - 0.39 = 0.26.$$

例 1.23 甲、乙两名棋手进行比赛.已知甲的实力较强,每盘棋获胜的概率为 0.6.假定每盘棋的胜负是相互独立的,且不会出现和棋.在下列 3 种情形下,试求甲最终获胜的概率:

(1) 采用三盘比赛制;

(2) 采用五盘比赛制;

(3) 采用九盘比赛制.

解 由于每盘比赛只有"甲胜(记作 A)"与"甲负(记作 $\overline{A}$)"两种结果,因此,可以把它视作贝努利试验,$p = 0.6$.

(1) $n = 3$,所求概率为

$$P_3(2) + P_3(3) = \binom{3}{2} 0.6^2 \times 0.4^1 + \binom{3}{3} 0.6^3 \times 0.4^0 = 0.648.$$

(2) $n = 5$,所求概率为

$$P_5(3) + P_5(4) + P_5(5) = \binom{5}{3} 0.6^3 \times 0.4^2 + \binom{5}{4} 0.6^4 \times 0.4^1 + \binom{5}{5} 0.6^5 \times 0.4^0$$
$$= 0.682\,56.$$

(3) $n = 9$,所求概率为

$$\sum_{k=5}^{9} P_9(k) = \sum_{k=5}^{9} \binom{9}{k} 0.6^k \times 0.4^{9-k} = 0.734.$$

这个例子告诉我们,采用多盘比赛制对强手有利.

在上述例子中,有些读者会提出另一种思考方式.采用五盘比赛制时,事件{甲最终获胜}是两两互不相容的 3 个事件{甲 3∶2 胜},{甲 3∶1 胜}与{甲 3∶0 胜}之并,因此甲最终获胜的概率是上述 3 个事件发生的概率之和.下面举例说明解决此类问

题的一般途径.

例 1.24 独立重复地做贝努利试验,每次试验后事件 A 发生的概率为 p. 试求第 k 次试验恰出现第 r 次 A 发生的概率.

解 这个概率不能理解成 $P_k(r)$,因为它要求最后一次试验结果必须是"A 发生". 设 $A_1 = \{$前 $k-1$ 次试验中事件 A 恰发生了 $r-1$ 次$\}$,$P(A_1) = P_{k-1}(r-1)$;$A_2 = \{$最后一次试验中事件 A 发生$\}$,$P(A_2) = p$. 于是,由乘法公式得到,所求概率为

$$P(A_1 A_2) = P(A_1)P(A_2) = P_{k-1}(r-1) \cdot p$$

$$= \binom{k-1}{r-1} p^{r-1}(1-p)^{(k-1)-(r-1)} \cdot p = \binom{k-1}{r-1} p^r (1-p)^{k-r}.$$

在例 1.23(2) 中,甲 $3:2$ 胜的概率为 $\binom{4}{2} 0.6^3 \times 0.4^2 = 0.207\,36$(取例 1.24 中 $k = 5, r = 3$);甲 $3:1$ 胜的概率为 $\binom{3}{2} 0.6^3 \times 0.4 = 0.259\,2$(取例 1.24 中 $k = 4, r = 3$);甲 $3:0$ 胜的概率为 $0.6^3 = 0.216$. 三者相加,其和不变.

贝努利试验与二项概率是应用相当广泛的数学工具,它虽然比较简单,但是能解决许多实际问题.

§1.6　全概率公式与贝叶斯公式

首先来考察一个例子.

例 1.25 某商店有 100 台相同型号的冰箱待售,其中 60 台是甲厂生产的,25 台是乙厂生产的,15 台是丙厂生产的. 已知这 3 个厂生产的冰箱质量不同,它们的不合格率依次为 $0.1, 0.4, 0.2$. 一位顾客从这批冰箱中随机地取了 1 台.

(1) 试求顾客取到不合格冰箱的概率;

(2) 顾客开箱测试后发现冰箱不合格,但这台冰箱的厂标已经脱落,试问这台冰箱是甲厂、乙厂、丙厂生产的概率各为多少?

从题目给出的条件中,虽然无法确定取出的 1 台冰箱是哪个工厂生产的,但这台冰箱必定是 3 个工厂中的 1 个工厂生产的. 基于这个简单事实,便可引出解决这类问题最方便的方法,这就是下面将要介绍的两个公式 —— 全概率公式与贝叶斯 (Bayes) 公式.

定义 1.5 如果 n 个事件 $A_1, \cdots, A_n$ 满足下列两个条件:

（ⅰ）$A_1, \cdots, A_n$ 两两互不相容;

（ⅱ）$A_1 \bigcup \cdots \bigcup A_n = \Omega$.

那么,称这 n 个事件 $A_1 \cdots, A_n$ 构成样本空间 Ω 的一个**划分**(或构成一个**完备事件组**).

例如,当 $n = 2$ 时,A 与 $\overline{A}$ 便构成样本空间 Ω 的一个划分.

定理 1.3 设 n 个事件 $A_1, \cdots, A_n$ 构成样本空间 Ω 的一个划分, B 是一个事件. 当 $P(A_i) > 0 (i = 1, \cdots, n)$ 时,

（ⅰ）（**全概率公式**） $P(B) = \sum_{i=1}^{n} P(A_i) P(B \mid A_i)$；

（ⅱ）（**贝叶斯公式**） 当 $P(B) > 0$ 时,

$$P(A_i \mid B) = \frac{P(A_i) P(B \mid A_i)}{\sum_{l=1}^{n} P(A_l) P(B \mid A_l)}, \quad i = 1, \cdots, n.$$

图 1.10　定理 1.3 的证明

证　图 1.10 给出了证明思路的一个几何表示.

（ⅰ）由于 $B = B \cap \Omega = B \cap (\bigcup_{i=1}^{n} A_i) = \bigcup_{i=1}^{n} (A_i B)$, 且 $A_1 B, \cdots, A_n B$ 是 n 个两两互不相容的事件（即 B 与 $A_1, A_2, \cdots, A_n$ 中的 1 个事件且只有 1 个事件同时发生）, 因此

$$P(B) = \sum_{i=1}^{n} P(A_i B) = \sum_{i=1}^{n} P(A_i) P(B \mid A_i).$$

（ⅱ）由条件概率的定义与全概率公式得到

$$P(A_i \mid B) = \frac{P(A_i B)}{P(B)} = \frac{P(A_i) P(B \mid A_i)}{\sum_{l=1}^{n} P(A_l) P(B \mid A_l)}. \qquad \textbf{证毕}$$

例 1.25 的解　设事件 A_1, A_2, A_3 分别表示"顾客取到的冰箱是甲厂、乙厂、丙厂生产的". A_1, A_2, A_3 构成样本空间的一个划分, 且

$$P(A_1) = 0.60, \quad P(A_2) = 0.25, \quad P(A_3) = 0.15.$$

(1) 设事件 B 表示"顾客取到的冰箱不合格". 按题意

$$P(B \mid A_1) = 0.1, \quad P(B \mid A_2) = 0.4, \quad P(B \mid A_3) = 0.2.$$

于是, 由全概率公式知道

$$P(B) = 0.60 \times 0.1 + 0.25 \times 0.4 + 0.15 \times 0.2 = 0.19.$$

(2) 按题意, 要求的 3 个概率分别是 $P(A_1 \mid B), P(A_2 \mid B)$ 和 $P(A_3 \mid B)$. 由贝叶斯公式知道

$$P(A_1 \mid B) = \frac{0.60 \times 0.1}{0.60 \times 0.1 + 0.25 \times 0.4 + 0.15 \times 0.2} = \frac{0.06}{0.19} = 0.316,$$

$$P(A_2 \mid B) = \frac{0.25 \times 0.4}{0.60 \times 0.1 + 0.25 \times 0.4 + 0.15 \times 0.2} = \frac{0.10}{0.19} = 0.526,$$

$$P(A_3 \mid B) = \frac{0.15 \times 0.2}{0.60 \times 0.1 + 0.25 \times 0.4 + 0.15 \times 0.2} = \frac{0.03}{0.19} = 0.158.$$

进一步,顾客还可以得出结论,这台无厂标的不合格冰箱很可能是乙厂生产的,因为在 3 个条件概率中 $P(A_2 \mid B)$ 最大.

当一个较复杂的事件是由多种"原因"产生的样本点构成时,往往可以考虑用全概率公式计算它的概率.当已知试验结果而要追查"原因"时,使用贝叶斯公式常常是有效的.下面举一个稍微复杂一点的例子.

例 1.26 某种仪器由甲、乙、丙 3 个部件组装而成.假定各部件的质量互不影响,且优质品率都是 0.8.如果 3 个部件全是优质品,那么,组装后的仪器一定合格;如果有两个优质品,那么仪器合格的概率为 0.9;如果仅有 1 个优质品,那么,仪器合格的概率为 0.5;如果 3 个全不是优质品,那么仪器合格的概率为 0.2.

(1) 试求仪器的不合格率;

(2) 已知某台仪器不合格,试求它的 3 个部件中恰有 1 个不是优质品的概率.

解 设事件 A_i 表示"仪器由 i 个优质品组装",$i = 0,1,2,3$. A_0, A_1, A_2, A_3 构成样本空间的一个划分.由二项概率公式知道

$$P(A_i) = P_3(i) = \binom{3}{i} 0.8^i \times 0.2^{3-i}, \quad i = 0,1,2,3.$$

由此算得

$$P(A_0) = 0.008, \quad P(A_1) = 0.096,$$

$$P(A_2) = 0.384, \quad P(A_3) = 0.512.$$

(1) 设事件 B 表示"仪器不合格".按题意,有

$$P(B \mid A_0) = 0.8, \quad P(B \mid A_1) = 0.5,$$

$$P(B \mid A_2) = 0.1, \quad P(B \mid A_3) = 0.$$

于是,由全概率公式推得

$$P(B) = \sum_{i=0}^{3} P(A_i)P(B \mid A_i)$$
$$= 0.008 \times 0.8 + 0.096 \times 0.5 + 0.384 \times 0.1 + 0 = 0.0928.$$

(2) 由贝叶斯公式推得,所求概率为

$$P(A_2 \mid B) = \frac{0.384 \times 0.1}{0.0928} = 0.414.$$

在例 1.26 中,还可以进一步算出

$$P(A_0 \mid B) = 0.069, \quad P(A_1 \mid B) = 0.517, \quad P(A_3 \mid B) = 0.$$

这表明,发现某台仪器不合格时,它由两个非优质品部件组装而成的可能性最大.

例 1.27 某厂生产的产品不合格率为 0.1%,但是没有适当的仪器进行检验. 有人声称发明了一种仪器可以用来检验,误判的概率仅 5%,即把合格品判为不合格品的概率为 0.05,把不合格品判为合格品的概率也是 0.05.试问能否采用该人发明的仪器?

解 设事件 A 表示"随机地取 1 件产品为不合格品",事件 B 表示"随机地取 1 件产品被仪器判为不合格品",按题意,有

$$P(A) = 0.001, \quad P(\overline{A}) = 0.999,$$

$$P(\overline{B} \mid A) = 0.05, \quad P(B \mid \overline{A}) = 0.05.$$

按贝叶斯公式,被仪器判为不合格品的产品实际上也确是不合格品的概率为

$$P(A \mid B) = \frac{P(A)P(B \mid A)}{P(A)P(B \mid A) + P(\overline{A})P(B \mid \overline{A})}$$

$$= \frac{0.001 \times 0.95}{0.001 \times 0.95 + 0.999 \times 0.05} = 0.02.$$

厂长考虑到产品的成本较高,不敢采用这台新发明的仪器,因为被仪器判为不合格品的产品中实际上有 98% 的产品是合格的.

最后,应用全概率公式来解决一类特殊的系统可靠性问题.

例 1.28(桥式系统) 设一个系统由 5 个元件组成,连接的方式如图 1.11 所示,每个元件的可靠度都是 p,每个元件是否正常工作是相互独立的.试求这个桥式系统的可靠度.

解 从图 1.11 可以看出,只要 4 条通路中至少有 1 条正常工作,这个桥式系统就正常工作,但用这种算法解题比较繁复.下面用全概率公式来解.

设事件 B 表示"整个桥式系统正常工作",事件 A 表示"元件 5 正常工作". 于是,A 与 $\overline{A}$ 构成样本空间的 1 个划分,且 $P(A) = p, P(\overline{A}) = 1 - p$.

图 1.11 桥式系统

当 A 发生时,不妨把桥式系统视作图 1.12 所示的混联系统,它的可靠度为

$$P(B \mid A) = [1 - (1-p)^2]^2 = (2p - p^2)^2;$$

当 A 不发生时,不妨把桥式系统视作图 1.13 所示的混联系统,它的可靠度为

$$P(B \mid \overline{A}) = 1 - (1 - p^2)^2 = 2p^2 - p^4.$$

图 1.12 A 发生时的桥式系统

图 1.13 A 不发生时的桥式系统

于是,由全概率公式推得整个桥式系统的可靠度为

$$P(B) = P(A)P(B \mid A) + P(\overline{A})P(B \mid \overline{A})$$
$$= p(2p - p^2)^2 + (1 - p)(2p^2 - p^4)$$
$$= 2p^2 + 2p^3 - 5p^4 + 2p^5.$$

全概率公式是计算较复杂的随机事件概率的一个有力工具. 对样本空间 Ω 的划分可以从有限个事件 $A_1, A_2, \cdots, A_n$ 推广到无限个事件 $A_1, A_2, \cdots$, 这时, 全概率公式可以表达成

$$P(B) = \sum_{i=1}^{\infty} P(A_i)P(B \mid A_i).$$

对贝叶斯公式也可以作类似的推广(见习题 2.22(3)).

习 题

1.1　用集合的形式写出下列随机试验的样本空间 Ω 与随机事件 A:

(1) 掷一颗骰子,观察向上一面的点数;事件 A 表示"出现奇数点".

(2) 对一个目标进行射击,一旦击中便停止射击,观察射击的次数;事件 A 表示"射击不超过 3 次".

(3) 把单位长度的一根细棒折成 3 段,观察各段的长度(记作 x, y, z);事件 A 表示"3 段细棒能构成 1 个三角形".

1.2　化简下列各式:

(1) $AB \bigcup A\overline{B}$;

(2) $(A \bigcup B) \bigcup (\overline{A} \bigcup \overline{B})$;

(3) $(\overline{A \bigcup B}) \bigcap (A - \overline{B})$.

1.3　某建筑倒塌(记为事件 A)的原因有以下 3 个:地震(记为事件 A_1)、台风(记为事件 A_2)与暴雨(记为事件 A_3).已知台风时必定有暴雨.试以简明的形式用 A_1, A_2, A_3 来表示事件 A.

1.4　电炉上安装了 4 个温控器.在使用过程中,只要有两个温控器显示的温度不低于临界温

度 t_0,电炉就断电.事件 A 表示"电炉断电".4 个温控器显示的温度按递增顺序记作 $T_{(i)}$,$i=1,2$,3,4,即

$$T_{(1)} \leqslant T_{(2)} \leqslant T_{(3)} \leqslant T_{(4)}.$$

试问,4 个事件 $\{T_{(i)} \geqslant t_0\}$ $(i=1,2,3,4)$ 中,哪一个恰等于 A?

1.5 掷两颗骰子,试求出现的点数之和大于 9 的概率.

1.6 已知 N 件产品中有 M 件是不合格品,今从中随机地抽取 n 件.试求

(1) n 件中恰有 k 件不合格品的概率;

(2) n 件中至少有 1 件不合格品的概率.

这里假定 $k \leqslant M$ 且 $n-k \leqslant N-M$.

1.7 一个口袋里装有 10 只球,分别编上号码 $1,\cdots,10$,随机地从这个口袋里取 3 只球.试求

(1) 最小号码是 5 的概率;

(2) 最大号码是 5 的概率.

1.8 一份试卷上有 6 道题.某位学生在解答时由于粗心,随机地犯了 4 处不同的错误.试求

(1) 这 4 处错误发生在最后一道题上的概率;

(2) 这 4 处错误发生在不同题上的概率;

(3) 至少有 3 道题全对的概率.

1.9 在单位圆内随机地取一点 Q,试求以 Q 为中点的弦长超过 1 的概率.

1.10 在长度为 T 的时间段内,有两个长短不等的信号随机地进入接收机.长信号持续时间为 $t_1 (\ll T)$,短信号持续时间为 $t_2 (\ll T)$.试求这两个信号互不干扰的概率.

1.11 设 A,B 是两个事件,已知 $P(A)=0.5$,$P(B)=0.7$,$P(A \bigcup B)=0.8$.试求 $P(A-B)$ 与 $P(B-A)$.

1.12 设 A,B,C 是 3 个事件,已知 $P(A)=P(B)=P(C)=0.3$,$P(AB)=0.2$,$P(BC)=P(CA)=0$.试求,A,B,C 中至少有 1 个发生的概率与 A,B,C 全不发生的概率.

1.13 设 A,B 是两个事件,已知 $P(A)=0.3$,$P(B)=0.6$.试在下列两种情形下分别求出 $P(A \mid B)$ 与 $P(\overline{A} \mid \overline{B})$.

(1) 事件 A,B 互不相容;

(2) 事件 A,B 有包含关系.

1.14 一个盒子中装有 10 只晶体管,其中有 3 只是不合格品.现在作不放回抽样:接连取 2 次,每次随机地取 1 只.试求下列事件的概率.

(1) 2 只都是合格品;

(2) 1 只是合格品,1 只是不合格品;

(3) 至少有 1 只是合格品.

1.15 某商店出售晶体管,每盒装 100 只,且已知每盒混有 4 只不合格品.商店采用"缺一赔十"的销售方式:顾客买 1 盒晶体管,如果随机地取 1 只发现是不合格品,商店要立刻把 10 只合格的晶体管放在盒子中,不合格的那只晶体管不再放回.顾客在 1 个盒子中随机地先后取 3 只进行测试,试求他发现全是不合格品的概率.

1.16 设 A,B 是两个相互独立的事件,已知 $P(A)=0.3$,$P(A \bigcup B)=0.65$.试求 $P(B)$.

1.17 试证

(1) 必然事件 Ω 与不可能事件 $\varnothing$ 分别与任一事件 A 相互独立;

(2) 当 $P(B) = 0$ 时,事件 B 与任意一个事件 A 相互独立;

(3) 当 $P(B) = 1$ 时,事件 B 与任意一个事件 A 相互独立.

1.18 设情报员能破译一份密码的概率为 0.6.试问,至少要使用多少名情报员才能使破译一份密码的概率大于 95%?假定各情报员能否破译这份密码是相互独立的.

1.19 把 1 枚硬币独立地掷 2 次.事件 A_i 表示"掷第 i 次时出现正面", $i = 1,2$;事件 A_3 表示"正、反面各出现 1 次".试证, A_1, A_2, A_3 两两独立,但不相互独立.

1.20 有 $2n$ 个元件,每个元件的可靠度都是 p.试求下列两个系统的可靠度.假定每个元件是否正常工作是相互独立的.

(1) 每 n 个元件串联成一个子系统,再把这两个子系统并联;

(2) 每两个元件并联成一个子系统,再把这 n 个子系统串联.

1.21 设每个元件的可靠度为 0.96.试问,至少要并联多少个元件才能使系统的可靠度大于 0.9999?假定每个元件是否正常工作是相互独立的.

1.22 5 名篮球运动员独立地投篮,每个运动员投篮的命中率都是 80%.他们各投 1 次.试求

(1) 恰有 4 次命中的概率;

(2) 至少有 4 次命中的概率;

(3) 至多有 4 次命中的概率.

1.23 某地区患肝炎的人占 1%.试问该地区某所学校中一个 65 人的班级里至少有两人患肝炎的概率有多大?假定他们是否患肝炎是相互独立的.

1.24 某厂生产的钢琴中有 70% 可以直接出厂,剩下的钢琴经调试后,其中 80% 可以出厂, 20% 被定为不合格品不能出厂.现该厂生产了 $n(\geqslant 2)$ 架钢琴,假定各架钢琴的质量是相互独立的.试求

(1) 任意 1 架钢琴能出厂的概率;

(2) 恰有 2 架钢琴不能出厂的概率;

(3) 全部钢琴都能出厂的概率.

1.25 某年级有甲、乙、丙 3 个班级,各班人数分别占年级总人数的 $\frac{1}{4}, \frac{1}{3}, \frac{5}{12}$,已知甲、乙、丙 3 个班级中集邮人数分别占该班总人数的 $\frac{1}{2}, \frac{1}{4}, \frac{1}{5}$.试求

(1) 从该年级中随机地选取 1 个人,此人为集邮者的概率;

(2) 从该年级中随机地选取 1 个人,发现此人为集邮者,此人属于乙班的概率.

1.26 甲、乙、丙 3 门高炮同时独立地各向敌机发射 1 枚炮弹,它们命中敌机的概率都是 0.2.飞机被击中 1 弹而坠毁的概率为 0.1,被击中 2 弹而坠毁的概率为 0.5,被击中 3 弹必定坠毁.

(1) 试求飞机坠毁的概率;

(2) 已知飞机坠毁,试求它在坠毁前只有命中 1 弹的概率.

1.27 已知甲袋中装有 a 只红球, b 只白球;乙袋中装有 c 只红球, d 只白球.试求下列事件的概率:

(1) 合并两只口袋,从中随机地取 1 只球,该球是红球;

(2) 随机地取 1 只袋,再从该袋中随机地取 1 只球,该球是红球;

(3) 从甲袋中随机地取出 1 只球放入乙袋,再从乙袋中随机地取出一只球,该球是红球.

1.28 无线电通讯中,由于随机干扰,当发送信号"·"时,收到信号为"·"、"不清"与"——"的

概率分别是 0.7,0.2 与 0.1;当发送信号"——"时,收到信号为"——"、"不清"与"·"的概率分别是 0.9,0.1 与 0.如果整个发报过程中,"·"与"——"分别占 60% 与 40%,那么,当收到信号"不清"时,原发信号为"·"与"——"的概率分别有多大?

1.29 口袋里装有 $a+b$ 枚硬币,其中 b 枚硬币是废品(两面都是国徽).从口袋中随机地取出 1 枚硬币,并把它独立地抛 n 次,结果发现向上的一面全是国徽.试求这枚硬币是废品的概率.

1.30 一个盒子装有 6 只乒乓球,其中 4 只是新球.第一次比赛时随机地从盒子中取出 2 只乒乓球,使用后放回盒子.第二次比赛时,又随机地从盒子中取出 2 只乒乓球.

(1) 试求第二次取出的球全是新球的概率;

(2) 已知第二次取出的球全是新球,试求第一次比赛时取的球恰含一个新球的概率.

第二章　　离散型随机变量及其分布

在第一章中,我们在随机试验的样本空间的基础上研究了随机事件及其概率.但是,样本空间未必是数集,不便于用传统的数学方法来处理.从本章开始,我们将通过随机变量来研究随机现象.随机变量是近代概率论的研究对象.由于随机变量本质上把样本空间转化成一个数集,因此可以借助于微积分等数学工具全面、深刻地揭示随机现象的统计规律性.在概率论中,描述随机变量取值的统计规律性的各种表达形式统称为**分布**.随机变量的分布是随机变量的核心内容.

本章介绍简单而直观的一类随机变量 —— 离散型随机变量.

§2.1　　随机变量

通过第一章的学习,读者可能已经发现,许多随机试验的结果都与实数密切联系.例如,抛 1 颗骰子出现的点数,抽样检查产品时发现的不合格品的个数,建筑物的寿命,n 重贝努利试验中事件 A 发生的次数,等等,在这类随机试验中样本空间 Ω 是一个数集.但是,还存在许多随机试验,它们的试验结果从表面上看并不与实数相联系.例如,向上抛起 1 枚硬币,观察它落地时向上的面.在这种情形下,样本空间 Ω 是一个一般的集合,而不是一个数集.尽管如此,我们还是可以人为地把试验结果与实数建立起一个对应关系.例如,约定在硬币反面标上数字"0",在硬币正面标上数字"1".这样,样本空间{反面,正面}便转化成一个数集{0,1}.当然,我们也可以任意指定另外两个不同的实数来建立对应关系.这里取数字"0","1"仅仅是因为它们比较简单,因而数学上比较容易处理的缘故.

从数学上看,上述对应关系犹如一个"函数",把它记作 $X(\omega)$,即对于样本空间 Ω 中的任意一个元素 ω,它对应的"函数值"为 $X(\omega)$.在上述例子中:

$$X(\omega) = \begin{cases} 0, & \omega = 反面; \\ 1, & \omega = 正面. \end{cases}$$

对于样本空间 Ω 本身就是一个数集的试验,我们可以理解成这样一个"函数":

$$X(\omega) = \omega, \quad 对一切 \omega \in \Omega,$$

其中,$\Omega \subset (-\infty, \infty)$.

定义 2.1　给定一个随机试验,Ω 是样本空间.如果对 Ω 中的每一个样本点 ω,有一个实数 $X(\omega)$ 与它对应,那么,就把这个定义域为 Ω 的单值实值函数 $X = X(\omega)$ 称为(**一维**)**随机变量**.

定义 2.1 把随机变量 $X = X(\omega)$ 称作一个函数. 这个函数与以前在高等数学中遇到的函数是有区别的. 普通函数的自变量取实数值,而随机变量这个函数的自变量是样本点,它可以是一个实数(当样本空间为数集时),也可以不是实数(当样本空间不是数集时). 但是,随机变量取的值是实数,它的**值域**(即随机变量的取值范围)是一个数集,且这个值域与样本空间构成了对应关系. 我们把随机变量 X 的值域记作 Ω_X, $\Omega_X \subset (-\infty, \infty)$. 今后常用大写字母 $X, Y, Z, \cdots$ 来表示随机变量.

站在试验前的立场看,我们不知道试验结果将出现样本空间 Ω 中的哪个样本点,即不知道随机变量将会取值域 Ω_X 中的哪一个数. 从这个意义上说,随机变量的取值是随机的. 概率论的一个基本任务就是研究随机变量取值的统计规律性.

引进随机变量之后,随机事件及其概率可以通过随机变量来表达. 例如,某厂生产的灯泡按国家标准合格品的使用寿命应不小于 1000h. 设事件 A 表示"从该厂产品中随机地取出 1 只灯泡,发现它是不合格品". 由于 $\Omega = [0, \infty)$,因此可用随机变量 X 表示"随机地取出 1 只灯泡的寿命",这时 $\Omega_X = \Omega = [0, \infty)$. 随机事件 A 可以表示成

$$\{0 \leqslant X < 1000\} \quad 或 \quad \{X \in [0, 1000)\}.$$

相应的概率 $P(A)$ 可以表示成

$$P(0 \leqslant X < 1000) \quad 或 \quad P(X \in [0, 1000)).$$

这里,为了简化记号,把 $P(\cdot)$ 中的随机事件省略了花括号. 事件 A 也可以表示成 $\{X < 1000\}, \{X \in (-\infty, 1000)\}$ 等,因为在概率论中,对样本空间 Ω(或值域 Ω_X)之外的情形是不关心的,因此,它们实质上与事件 $\{X \in [0, 1000)\}$ 相同. 在明确样本空间 Ω(或值域 Ω_X)的前提下,就不会引起误解.

前面我们已对上抛硬币的试验引进了随机变量 $X, \Omega_X = \{0, 1\}$. 设事件 A 表示"出现正面",那么

$$A = \{X = 1\}, \quad P(A) = P(X = 1) = \frac{1}{2}.$$

事件 $\{X \geqslant 1\}, \{X^2 = 1\}, \cdots$ 实质上与事件 $\{X = 1\}$ 相同.

一般地,对实数轴上任意一个集合 S,如果 S 对应的样本点构成一个事件 A,即

$$\{\omega : X(\omega) \in S\} = A,$$

那么便用 $\{X \in S\}$ 来表示事件 A,用 $P(X \in S)$ 来表示事件 A 的概率 $P(A)$. 这里要注意,集合 S 不一定是一个区间. 在本课程范围内,S 常常取作一个区间(包括单点集)或若干区间之并.

随机变量的引进是概率论发展史上的一个重大突破,它使我们能够以更有效的方式来研究随机现象的统计规律性.

§2.2　概率函数

为了便于读者由浅入深地掌握研究随机变量取值的**统计规律性**（即**分布**）的方法，这里先介绍一维离散型随机变量的分布的表现形式 —— 概率函数.

如果 1 个随机变量只可能取有限个或可列无限个值（即它的值域是 1 个有限集或可列无限集），那么，便称这个随机变量为（**一维**）**离散型随机变量**. 例如，投掷 1 颗骰子出现的点数，某交通道口中午 1h 内汽车的流量，n 重贝努利试验中事件 A 发生的次数，我国 1 年内发生 3 级以上地震的次数，等等，它们都是离散型随机变量. 顺便指出，当某个随机变量的值域为一个区间时，它不是离散型随机变量，因为我们无法将这个区间中的值按一定的次序一一列出. 例如，冰箱的使用寿命，排队等候的时间，等等，它们都不是离散型随机变量.

要掌握一个离散型随机变量取值的统计规律（即分布），除了必须知道它的值域外，还应该知道它取各个可能值的概率. 设随机变量 X 的值域为 $\Omega_X = \{a_1, a_2, \cdots\}$[①].

对于每一个 $i = 1, 2, \cdots, X$ 取值为 a_i（即事件 $\{X = a_i\}$）的概率为

$$P(X = a_i) = p_i.$$

按照概率的定义与性质，$p_1, p_2, \cdots$ 自然应该满足下列两个条件：

（ⅰ）$p_i \geqslant 0, i = 1, 2, \cdots$；

（ⅱ）$\sum_i p_i = 1.$

其中，"$\sum_i p_i$" 表示对一切 p_i 求和. 当满足这两个条件时，称

表 2.1

X	a_1	a_2	$\cdots$
P_r	p_1	p_2	$\cdots$

$$P(X = a_i) = p_i, \quad i = 1, 2, \cdots$$

为随机变量 X 的**概率（质量）函数**（或**分布律**，或**概率分布**）. 随机变量 X 的概率函数常常用表 2.1 来表示. 一般，$p_i = 0$ 的项不必列出. 另外，为了便于计算概率，通常把 X 的各种取值按从小到大的次序排列.

例 2.1　某位足球运动员罚点球命中的概率为 0.8. 今给他 4 次罚球的机会，一旦命中即停止罚球. 假定各次罚球是相互独立的. 记随机变量 X 为这位运动员罚球的次数. X 的值域 $\Omega_X = \{1, 2, 3, 4\}, P(X = 1) = 0.8$. 由于事件 $\{X = 2\}$ 表示"第一次罚球不中且第二次罚球命中"，因此，$P(X = 2) = 0.2 \times 0.8 = 0.16$. 类似地，$P(X = 3) = 0.2^2 \times 0.8 = 0.032$. 由于事件 $\{X = 4\}$ 表示"前三次都不中"，因此，$P(X = 4) = 0.2^3 = 0.008. X$ 的概率函数见表 2.2.

---

① $\{a_1, a_2, \cdots\}$ 既表示有限集，也表示可列无限集. 今后类似的情形（如 $\sum_i p_i$）不再一一指明.

利用概率函数可以求出任意一个事件的概率. 在例2.1中,如果要求"他罚偶数次"的概率,那么,这个概率为

表 2.2

X	1	2	3	4
P_r	0.8	0.16	0.032	0.008

$$P(X \in \{2,4\}) = P(X=2) + P(X=4) = 0.16 + 0.008 = 0.168.$$

一般地,对任意一个实数轴上的集合 S,有

$$P(X \in S) = \sum_{i:a_i \in S} P(X = a_i) = \sum_{i:a_i \in S} p_i.$$

这个公式表明,知道了一个随机变量的概率函数,便能算出任意一个概率 $P(X \in S)$. 正因为如此,概率函数也称为**离散型随机变量的分布**. 在例2.1中,

$$P(X > 3) = P(X=4) = 0.008, \quad P(X < -1) = P(\varnothing) = 0,$$

$$P(1 \leqslant X < 3) = P(X=1) + P(X=2) = 0.96.$$

上述计算公式本质上由概率的加法公式推出,因为诸事件 $\{X = a_i\}(i = 1,2,\cdots)$ 是两两互不相容的.

由例 2.1 得到的概率函数也可以计算条件概率:

$$P(X \leqslant 3 \mid X \geqslant 2) = \frac{P(\{X \leqslant 3\} \bigcap \{X \geqslant 2\})}{P(X \geqslant 2)} = \frac{P(X=2) + P(X=3)}{1 - P(X=1)}$$

$$= \frac{0.16 + 0.032}{1 - 0.8} = 0.96.$$

由此看出用随机变量表达随机事件的优点以及概率函数的重要性.

§2.3　常用离散型随机变量

由于概率函数刻画了一个离散型随机变量取值的统计规律性,因此,随机变量按其概率函数的不同可以是多种多样的. 下面介绍几种常用的离散型随机变量.

在 n 重贝努利试验中,设随机变量 X 表示 n 次试验中事件 A 发生的次数. 易见, $\Omega_X = \{0,1,\cdots,n\}$,由二项概率 $P_n(k)$ 推得,X 的概率函数为

$$P(X=k) = \binom{n}{k} p^k (1-p)^{n-k}, \quad k = 0,1,\cdots,n.$$

称这个随机变量 X 服从参数为 n,p 的**二项分布**,记作 $X \sim B(n,p)$,其中,$0 < p < 1$.

二项分布的部分概率函数值可以查表得到,见附表二. 例如,当 $X \sim B(8,0.3)$ 时,查附表二得到

$$P(X = 4) = 0.1361,$$

$$P(X \leqslant 1) = P(X = 0) + P(X = 1) = 0.0576 + 0.1977 = 0.2553.$$

表 2.3

X	0	1
P_r	$1-p$	p

在二项分布中,当 $n = 1$ 时,称 X 服从参数为 p 的 **0 — 1 分布**,记作 $X \sim B(1, p)$. 这时,$\Omega_X = \{0,1\}$,X 的概率函数为

$$P(X = k) = p^k(1-p)^{1-k}, \quad k = 0,1,$$

也可以用表 2.3 的形式来表示.

凡是样本空间 Ω 仅由两个样本点构成的试验(贝努利试验)都可以用服从 0 — 1 分布的随机变量来刻画,如产品质量的优劣、婴儿的性别、天气的晴雨等.

产品的抽样检查是经常遇到的一类实际问题. 假定在 N 件产品中有 M 件不合格品,即这批产品的不合格率 $p = \dfrac{M}{N}$. 从这批产品中随机地抽取 n 件作检查,发现有 X 件是不合格品. 由习题 1.6(1) 知道,X 的概率函数为

$$P(X = k) = \frac{\dbinom{M}{k}\dbinom{N-M}{n-k}}{\dbinom{N}{n}}, \quad k = 0,1,\cdots,n.^{①}$$

称这个随机变量 X 服从参数为 N, M, n 的**超几何分布**. 在例 1.7 中曾经提及,这种抽样检查方法实质上等价于无放回抽样. 如果采用有放回抽样的检查方法,那么,这等价于 n 重贝努利试验,即 n 件被检查产品中不合格品数 $X \sim B(n, p)$,其中,$p = \dfrac{M}{N}$. 利用高等数学知识可以证明(见习题 2.12 提示):当 $M = Np$ 时,有

$$\lim_{N \to \infty} \frac{\dbinom{M}{k}\dbinom{N-M}{n-k}}{\dbinom{N}{n}} = \binom{n}{k}p^k(1-p)^{n-k}.$$

在实际应用时,只要 $N \geqslant 10n$,就用二项分布来近似地描述产品抽样检查中的不合格品个数.

例 2.2 从积累的资料看,某条流水线生产的产品中,一级品率为 90%. 今从某天生产的 1000 件产品中,随机地抽取 20 件作检查. 试求

(1) 恰有 18 件一级品的概率;

(2) 一级品不超过 18 件的概率.

解 设 X 表示"20 件产品中一级品的个数". 由于 $1000 \geqslant 10 \times 20$,因此,可以近

---

① 严格地说,$\max\{0, n+M-N\} \leqslant k \leqslant \min\{n, M\}$.

似地认为 $X \sim B(20,0.9)$.

(1) 所求概率为
$$P(X=18) = \binom{20}{18} 0.9^{18} \times 0.1^2 = 0.285.$$

(2) 所求概率为
$$P(X \leqslant 18) = 1 - P(X > 18) = 1 - P(X=19) - P(X=20)$$
$$= 1 - 0.270 - 0.122 = 0.608.$$

例 2.3 分析病史资料表明,因患感冒而最终导致死亡(相互独立)的比例占 0.2%. 试求,目前正在患感冒的 1000 个病人中:

(1) 最终恰有 4 个人死亡的概率;

(2) 最终死亡人数不超过 2 个人的概率.

解 设 X 表示"1000 个患感冒的病人中最终死亡的人数". $X \sim B(1000, 0.002)$.

(1) 所求概率为
$$P(X=4) = \binom{1000}{4} 0.002^4 \times 0.998^{996};$$

(2) 所求概率为
$$P(X \leqslant 2) = \sum_{k=0}^{2} \binom{1000}{k} 0.002^k \times 0.998^{1000-k}.$$

要算出例 2.3 中两个概率的值是较麻烦的. 下面的泊松定理实质上给出了一种近似计算公式.

定理 2.1(泊松定理) 设 $\lambda = np_n > 0, 0 < p_n < 1$. 对于任意一个非负整数 k,
$$\lim_{n \to \infty} \binom{n}{k} p_n^k (1-p_n)^{n-k} = \mathrm{e}^{-\lambda} \cdot \frac{\lambda^k}{k!}.$$

证 由 $p_n = \dfrac{\lambda}{n}$ 推得

$$\binom{n}{k} p_n^k (1-p_n)^{n-k} = \frac{n(n-1)\cdots(n-k+1)}{k!} \left(\frac{\lambda}{n}\right)^k \left(1-\frac{\lambda}{n}\right)^{n-k}$$
$$= \frac{\lambda^k}{k!} \left(1-\frac{\lambda}{n}\right)^n \left(1-\frac{\lambda}{n}\right)^{-k} \left[1 \times \left(1-\frac{1}{n}\right) \times \cdots \times \left(1-\frac{k-1}{n}\right)\right].$$

对于任意一个固定的非负整数 k,
$$\lim_{n \to \infty} \left(1-\frac{\lambda}{n}\right)^n = \lim_{n \to \infty} \left(1-\frac{\lambda}{n}\right)^{\frac{n}{\lambda} \cdot \lambda} = \mathrm{e}^{-\lambda}, \quad \lim_{n \to \infty} \left(1-\frac{\lambda}{n}\right)^{-k} = 1,$$
$$\lim_{n \to \infty} \left[1 \times \left(1-\frac{1}{n}\right) \times \cdots \times \left(1-\frac{k-1}{n}\right)\right] = 1.$$

这就证明了

$$\lim_{n \to \infty} \binom{n}{k} p_n^k (1 - p_n)^{n-k} = \mathrm{e}^{-\lambda} \frac{\lambda^k}{k!}.$$

证毕

定理 2.1 中的极限值满足

$$\sum_{k=0}^{\infty} \mathrm{e}^{-\lambda} \frac{\lambda^k}{k!} = \mathrm{e}^{-\lambda} \sum_{k=0}^{\infty} \frac{\lambda^k}{k!} = \mathrm{e}^{-\lambda} \mathrm{e}^{\lambda} = 1,$$

因此,可以把它们看作某个随机变量 X 的概率函数值,即

$$P(X = k) = \mathrm{e}^{-\lambda} \frac{\lambda^k}{k!}, \quad k = 0, 1, 2, \cdots.$$

称这个随机变量 X 服从参数为 λ 的**泊松分布**,记作 $X \sim P(\lambda)$,其中,$\lambda > 0$.

服从泊松分布的随机变量是很多的.例如,某交通道口中午 1h 内汽车的流量,我国 1 年内发生的 3 级以上地震的次数,公共汽车站等候的乘客数,显微镜下某个区域内细菌的个数,1 年内战争爆发的次数,等等,都可以用泊松分布来描写.

泊松分布的概率函数值可以查表得到,见附表三.例如,当 $X \sim P(3)$ 时,查附表三中"$\lambda = 3.0$"这一列,得到

$$P(X = 5) = 0.1008;$$

按列逐数相加得到

$$P(X \leqslant 1) = P(X = 0) + P(X = 1) = 0.0498 + 0.1494 = 0.1992,$$
$$P(X > 13) = P(X = 14) + P(X = 15) + \cdots$$
$$= 0.000003 + 0.000001 + 0 = 0.000004.$$

泊松定理告诉我们,二项概率可以用泊松公布的概率函数值来近似.当 $n \geqslant 10$,$p \leqslant 0.1$ 时,近似效果还是比较理想的.表 2.4 给出了按两种分布计算的若干概率值.

表 2.4   二项分布与泊松分布的概率函数值比较

分布 参数值 k 值	$B(n,p)$				$P(\lambda)$
	$n = 10$	$n = 20$	$n = 40$	$n = 100$	$\lambda = np = 1$
	$p = 0.1$	$p = 0.05$	$p = 0.025$	$p = 0.01$	
0	0.349	0.358	0.369	0.366	0.368
1	0.387	0.377	0.372	0.370	0.368
2	0.194	0.189	0.186	0.185	0.184
3	0.057	0.060	0.060	0.061	0.061
4	0.011	0.013	0.014	0.015	0.015
$\geqslant 5$	0.002	0.003	0.005	0.003	0.004

例 2.3(续)   现在,$n = 1000$,$p = 0.002$,因此,$\lambda = np = 2$.

(1) 查附表三中"$\lambda = 2.0$"这一列,得到 $P(X = 4) = 0.0902$.

(2) 查附表三中"$\lambda = 2.0$"这一列,得到

$$P(X \leqslant 2) = P(X = 0) + P(X = 1) + P(X = 2)$$

$$= 0.1353 + 0.2707 + 0.2707 = 0.6767.$$

泊松分布的应用是很广泛的.下面再举一个例子.

例 2.4 某物业服务公司负责 10000 户居民的房屋维修工作.假定每户居民是否报修是相互独立的,且一个时段内报修的概率都是 0.04%.另外,一户居民住房的维修只需 1 名修理工来处理.在某个时段报修的居民数 $X \sim B(10000, 0.0004)$.按泊松定理,可以近似地认为 $X \sim P(4)$.试问

(1) 该物业服务公司至少需要配备多少名维修工人,才能使居民报修后得到及时修理的概率不低于 99%?这里不考虑维修的时间长短.

(2) 如果该物业服务公司现有 4 名修理工,那么,居民报修后不能得到及时维修的概率有多大?

(3) 如果该物业服务公司现有的 4 名修理工采用承包的方式:每两个人负责 5000 户居民房屋的维修,那么,居民报修后不能得到及时维修的概率有多大?

解 以下涉及的概率计算都是通过查附表三进行的.

(1) 设该物业服务公司至少需要配备 n 名维修工人.由

$$\begin{cases} P(X \leqslant n) \geqslant 0.99, \\ P(X \leqslant n-1) < 0.99, \end{cases}$$

解得 $n = 9$,即该物业服务公司至少需要配备 9 名维修工人.

(2) 所求概率为

$$P(X > 4) = 1 - P(X \leqslant 4)$$

$$= 1 - (0.0183 + 0.0733 + 0.1465 + 0.1954 + 0.1954) = 0.3711.$$

(3) 以 5000 户居民为一组,共有两组.记事件 A_i 表示"第 i 组居民报修后不能得到及时修理",$i = 1, 2$.A_1 与 A_2 相互独立.所求概率为

$$P(A_1 \bigcup A_2) = P(\overline{\overline{A_1}\overline{A_2}}) = 1 - P(\overline{A_1}\overline{A_2})$$

$$= 1 - P(\overline{A_1})P(\overline{A_2}).$$

设第一组在某个时段报修的居民数为 Y,$Y \sim B(5000, 0.0004)$.按泊松定理,可以近似地认为 $Y \sim P(2)$,因此

$$P(\overline{A_1}) = P(Y \leqslant 2) = 0.1353 + 0.2707 + 0.2707 = 0.6767.$$

同样,$P(\overline{A_2}) = 0.6767$.因此

$$P(A_1 \bigcup A_2) = 1 - 0.6767 \times 0.6767 = 0.5421.$$

把这个结果与(2)中算得的概率作比较,我们可以得出结论:"承包不是一个万全之策".

在例2.1中，记那名足球运动员罚点球命中的概率为$p(0<p<1)$，且不限制他罚球的次数，只是一旦命中即停止．以X表示首次命中时的罚球次数，那么，X为随机变量，它的概率函数为

$$P(X=k)=p(1-p)^{k-1}, \quad k=1,2,\cdots.$$

称这个随机变量X服从参数为p的**几何分布**.[①]

几何分布可以按例1.24来理解，取$r=1$．几何分布也是独立重复地做贝努利试验产生的，只是试验次数预先不能确定，它是1个取正整数值的随机变量．但是，在几何分布中，事件A只出现1次，且在最后一次贝努利试验中发生．

例2.5 设X服从参数为p的几何分布．试证

$$P(X>s+t \mid X>s)=P(X>t),$$

其中，s,t是任意非负整数．

证 由几何分布的概率函数得到

$$\begin{aligned}
P(X>t) &= P(X=t+1)+P(P=t+2)+\cdots \\
&= p(1-p)^t+p(1-p)^{t+1}+\cdots=(1-p)^t.
\end{aligned}$$

因此，

$$\begin{aligned}
P(X>s+t \mid X>s) &= \frac{P(X>s+t,X>s)}{P(X>s)}=\frac{P(X>s+t)}{P(X>s)} \\
&= \frac{(1-p)^{s+t}}{(1-p)^s}=(1-p)^t=P(X>t).
\end{aligned}$$

这个例子反映了几何分布的一种特性．在概率论中它称为**无记忆性**.

古典概型可以用具有下列概率函数的随机变量X（表2.5）来描写．称这个随机变量X服从集合$\{a_1,\cdots,a_n\}$上的（**离散型**）**均匀分布**．离散型均匀分布的基本特征是：样本空间（或值域）是一个有限集，且每种试验结果以相等的概率出现．这恰刻画了古典概型的特性．

表 2.5

X	a_1	$\cdots$	a_n
P_r	$\dfrac{1}{n}$	$\cdots$	$\dfrac{1}{n}$

§2.4 二维随机变量及其分布

一维随机变量本质上是样本空间中的每个样本点与一个实数之间的对应关系．如果每个样本点与一对有序实数之间有某种对应关系，那么，就是二维随机向量．一般地，如果每个样本点与一组（含n个）有序实数之间有某种对应关系，那么，就是n维随机向量．本节主要讨论二维随机向量取值的统计规律性（即分布）．对于n维随

[①] 有些书上，几何分布定义为$P(X=k)=p(1-p)^k$，$k=0,1,2,\cdots$．与我们的定义作比较，相当于把随机变量X平移1个单位．

向量,这些内容同样适用,读者可以自行推广.

一、联合概率函数

在实际问题中,有时会遇到一个试验结果需要用 2 个随机变量来表示的情形. 例如,为了确定某个十字道口信号灯(红绿灯)的时间间隔长短分配,需要考察该道口纵横两个方向的汽车流量. 这可以用一对有序的随机变量来描写.

定义 2.2 给定一个随机试验,Ω 是它的样本空间. 如果对 Ω 中的每一个样本点 ω,有一对有序实数 $(X(\omega),Y(\omega))$ 与它对应,那么,就把这样一个定义域为 Ω,取值为有序实数 $(X,Y)=(X(\omega),Y(\omega))$ 的变量称为**二维随机变(向)量**.

如果一个二维随机变量只可能取有限个或可列无限个向量值(即它的值域是一个二维有限集或可列无限集),那么,我们便称这个随机变量为**二维离散型随机变量**. 不失一般性,假定 (X,Y) 的值域 $\Omega_{(X,Y)}=\{(a_i,b_j):i=1,2,\cdots,j=1,2,\cdots\}$. 称

$$P(X=a_i,Y=b_j) \triangleq P(\{X=a_i\}\bigcap\{Y=b_j\})=p_{ij},\quad i,j=1,2,\cdots$$

为二维随机变量 (X,Y) 的概率(质量)函数(或分布律,或(概率)分布),或者称它为随机变量 X 与 Y[①]的**联合概率(质量)函数**(或**联合分布律**,或**联合(概率)分布**). 按照概率的定义与性质,$p_{ij}(i,j=1,2,\cdots)$ 应该满足下列两个条件:

(i) $p_{ij}\geqslant0,\quad i,j=1,2,\cdots$;

(ii) $\sum_i\sum_j p_{ij}=1$.

X 与 Y 的联合概率函数常用表 2.6 的格式表示.

表 2.6

X \ Y	b_1	b_2	$\cdots$
a_1	p_{11}	p_{12}	$\cdots$
a_2	p_{21}	p_{22}	$\cdots$
$\vdots$	$\vdots$	$\vdots$	$\vdots$

为了整齐,必要时,应写出 $p_{ij}=0$ 的项. 另外,联合概率函数中的 $P(X=a_i,Y=b_j)$ 也可以记作 $P((X,Y)=(a_i,b_j))$.

用联合概率函数可以计算概率:对平面上任意一个集合 D,

$$P((X,Y)\in D)=\sum_{(i,j):(a_i,b_j)\in D}\sum P(X=a_i,Y=b_j)=\sum_{(i,j):(a_i,b_j)\in D}\sum p_{ij}.$$

事件 $\{(X,Y)\in D\}$ 常可通过关于 X 与 Y 的一个或若干个不等式来表达.

---

① 按一维随机变量的定义,二维随机变量的每一个分量是一维随机变量.

例 2.6　一个口袋中装有 5 只球,其中 4 只是红球,1 只是白球,采用无放回抽样,接连摸两次,每次 1 个.设

$$X = \begin{cases} 1, & \text{第一次摸到红球,} \\ 0, & \text{第一次摸到白球;} \end{cases} \qquad Y = \begin{cases} 1, & \text{第二次摸到红球,} \\ 0, & \text{第二次摸到白球.} \end{cases}$$

试求

(1) X 与 Y 的联合概率函数;

(2) $P(X \geqslant Y)$.

解　现在, $\Omega_X = \Omega_Y = \{0, 1\}$, $\quad \Omega_{(X,Y)} = \{(0,0), (0,1), (1,0), (1,1)\}$.

(1) 由概率的乘法公式,得

$$P(X = 0, Y = 0) = P(X = 0)P(Y = 0 \mid X = 0) = \frac{1}{5} \times 0 = 0,$$

$$P(X = 0, Y = 1) = P(X = 0)P(Y = 1 \mid X = 0) = \frac{1}{5} \times 1 = \frac{1}{5},$$

$$P(X = 1, Y = 0) = P(X = 1)P(Y = 0 \mid X = 1) = \frac{4}{5} \times \frac{1}{4} = \frac{1}{5},$$

$$P(X = 1, Y = 1) = P(X = 1)P(Y = 1 \mid X = 1) = \frac{4}{5} \times \frac{3}{4} = \frac{3}{5}.$$

因此, X 与 Y 的联合概率函数如表 2.7 所示.

(2) 由于事件 $\{X \geqslant Y\} = \{(X,Y) \in D\}$,其中

$$D = \{(0,0), (1,0), (1,1)\},$$

因此,

$$P(X \geqslant Y) = P(X = 0, Y = 0) + P(X = 1, Y = 0)$$

$$+ P(X = 1, Y = 1) = 0 + \frac{1}{5} + \frac{3}{5} = \frac{4}{5}.$$

表 2.7

X＼Y	0	1
0	0	$\frac{1}{5}$
1	$\frac{1}{5}$	$\frac{3}{5}$

表 2.8

X＼Y	0	1
0	$\frac{1}{25}$	$\frac{4}{25}$
1	$\frac{4}{25}$	$\frac{16}{25}$

在例 2.6 中,如果采用有放回抽样,那么, X 与 Y 的联合概率函数如表 2.8 所示.读者不妨作为练习自行推导.

二、边缘概率函数

既然二维随机变量 (X,Y) 由两个随机变量 X, Y 构成,那么, X 与 Y 分别作为一维随机变量的分布是什么呢?

设 (X,Y) 的概率函数为

$$P(X = a_i, Y = b_j) = p_{ij}, \quad i, j = 1, 2, \cdots.$$

X 的值域为 $\Omega_X = \{a_1, a_2, \cdots\}$. 按概率的可加性,

$$P(X = a_i) = P(\bigcup_j \{X = a_i, Y = b_j\})$$

$$= \sum_j P(X = a_i, Y = b_j) = \sum_j p_{ij} \triangleq p_i., \quad i = 1, 2, \cdots.$$

因此,X 的概率函数如表 2.9 所示.称这个概率函数为 X 的**边缘概率(质量)函数**(或**边缘分布律**,或**边缘(概率)分布**).

类似地,Y 的值域为 $\Omega_Y = \{b_1, b_2, \cdots\}$. 按概率的可加性,有

表 2.9

X	a_1	a_2	$\cdots$
P_r	$p_1. = \sum\limits_j p_{1j}$	$p_2. = \sum\limits_j p_{2j}$	$\cdots$

$$P(Y = b_j) = P(\bigcup_i \{X = a_i, Y = b_j\})$$

$$= \sum_i P(X = a_i, Y = b_j)$$

$$= \sum_i p_{ij} \triangleq p_{.j}, \quad j = 1, 2, \cdots.$$

表 2.10

Y	b_1	b_2	$\cdots$
P_r	$p_{.1} = \sum\limits_i p_{i1}$	$p_{.2} = \sum\limits_i p_{i2}$	$\cdots$

因此,Y 的概率函数如表 2.10 所示.称这个概率函数为 Y 的边缘概率函数.

例 2.6(续) 我们已经得到了 X 与 Y 的联合概率函数.把表 2.11 中的概率按同行、同列分别相加,得到 $p_{.j}$ 与 $p_i.$(表 2.11).

表 2.11

X \ Y	0	1	$p_i.$
0	0	0.2	0.2
1	0.2	0.6	0.8
$p_{.j}$	0.2	0.8	1

因此,X 与 Y 的边缘概率函数分别如表 2.12 和表 2.13 所示.

表 2.12

X	0	1
P_r	0.2	0.8

表 2.13

Y	0	1
P_r	0.2	0.8

顺便指出,X 与 Y 虽然概率函数相同(称为 X 与 Y **同分布**),但不能由此误认为"$X = Y$".随机事件 $\{X = Y\}$ 的概率为

$$P(X = Y) = P(X = 0, Y = 0) + P(X = 1, Y = 1) = 0 + 0.6 = 0.6.$$

如果采用有放回抽样,类似地可以得到 X 与 Y 同分布,它们的边缘概率函数如表 2.14 所示.与无放回抽样的情形相比较,它们虽然联合概率函数完全不同,但是边缘概率函数却是一致的.这表明边缘概率函数不能唯一确定联合概率函数.

表 2.14

X	0	1
P_r	$\frac{1}{25} + \frac{4}{25} = \frac{1}{5}$	$\frac{4}{25} + \frac{16}{25} = \frac{4}{5}$

表 2.15

X \ Y	b_1	b_2
a_1	0.1	x
a_2	y	0.4

例 2.7 设二维随机变量 (X, Y) 的概率函数如表 2.15 所示.已知 $P(X = a_2 \mid Y = b_2) = \frac{2}{3}$.试求常数 x, y 的值.

解 由 $0.1 + x + y + 0.4 = 1$ 及

$$P(X = a_2 \mid Y = b_2) = \frac{P(X = a_2, Y = b_2)}{P(Y = b_2)} = \frac{0.4}{x + 0.4} = \frac{2}{3},$$

求得 $x = 0.2, y = 0.3$.

这个例子表明,从联合概率函数出发,不仅能求出一般随机事件的概率,还能得到条件概率.

§2.5 随机变量的独立性与条件分布

二维随机变量 $(X(\omega), Y(\omega))$ 与同一个样本点 ω 对应,因而不能把二维随机变量 (X, Y) 看成是两个随机变量 X 与 Y 的简单组合,而应该把 (X, Y) 看成一个整体.二维随机变量 (X, Y) 的概率函数不仅给出作为一维随机变量 X, Y 取值的统计规律性(即边缘分布),而且还蕴含着 X 与 Y 之间的统计联系.这方面的内容便是本节讨论的主题.

一、随机变量的独立性

考察例 2.6 中有放回抽样的情形,发现 X, Y 的联合概率函数与边缘概率函数之间有如下关系:对一切 $i, j = 0, 1$,

$$P(X = i, Y = j) = P(X = i) P(Y = j)$$

成立,这表明事件 $\{X = i\}$ 与 $\{Y = j\}$ 是相互独立的.由此引进随机变量独立性的概念.

定义 2.3 设随机变量 X 与 Y 的联合概率函数为

$$P(X = a_i, Y = b_j) = p_{ij}, \quad i, j = 1, 2, \cdots.$$

如果联合概率函数恰为两个边缘概率函数的乘积,即

$$p_{ij} = p_{i.} \, p_{.j}, \quad 对一切 i,j = 1,2,\cdots,$$

那么,称**随机变量** X **与** Y **相互独立**.

在例 2.6 中有放回抽样的情形下,X 与 Y 相互独立,实际上,这两个随机变量的取值之间是互不影响的.这正是随机变量相互独立性概念的直观意义.在例 2.6 中无放回抽样的情形下,X 与 Y 不独立,因为

$$P(X = 0, Y = 0) = 0,$$

$$P(X = 0)P(Y = 0) = 0.2 \times 0.2 \neq 0.$$

随机变量的独立性与事件的独立性之间有着更一般的联系.

定理 2.2 随机变量 X 与 Y 相互独立的充分必要条件是:对实数轴上任意两个集合 S_1, S_2,总有

$$P(X \in S_1, Y \in S_2) = P(X \in S_1)P(Y \in S_2).^{①}$$

证 先证必要性.不失一般性,假定

$$S_1 = \{a_1, \cdots, a_k\}, \quad S_2 = \{b_1, \cdots, b_l\}.$$

于是,由 $p_{ij} = p_{i.} \, p_{.j}$ 推得

$$P(X \in S_1, Y \in S_2) = \sum_{i=1}^{k} \sum_{j=1}^{l} p_{ij} = \sum_{i=1}^{k} \sum_{j=1}^{l} p_{i.} \, p_{.j}$$

$$= \left(\sum_{i=1}^{k} p_{i.} \right) \left(\sum_{j=1}^{l} p_{.j} \right) = P(X \in S_1)P(X \in S_2).$$

再证充分性.对 (X, Y) 的任意一个取值 $(a_i, b_j), i,j = 1,2,\cdots,$ 令 $S_1 = \{a_i\}, S_2 = \{b_j\}$,于是,由

$$P(X \in \{a_i\}, Y \in \{b_j\}) = P(X \in \{a_i\})P(Y \in \{b_j\})$$

推得 $p_{ij} = p_{i.} \, p_{.j}$.这表明 X 与 Y 相互独立. 证毕

在数理统计中,经常出现 n 个随机变量的相互独立性.这里对此略加说明.

定义 2.4 如果随机变量 $X_1, \cdots, X_n$ 的联合概率函数恰为 n 个边缘概率函数的乘积,即对 X_i 的值域 Ω_{X_i} 中任意一个值 $x_i, i = 1, \cdots, n$,总有

$$P(X_1 = x_1, \cdots, X_n = x_n) = \prod_{i=1}^{n} P(X_i = x_i),$$

---

① 定理 2.2 实质上给出了随机变量独立性的另一种定义形式.这种定义形式可以推广到一切非离散型随机变量.

那么,称 **n 个随机变量** $X_1,\cdots,X_n$ **相互独立**.

定理 2.2 也可以推广到 n 个随机变量的相互独立性. 因此,当 $X_1,\cdots,X_n$ 相互独立时,这 n 个随机变量中任意 k 个也是相互独立的,$2 \leqslant k \leqslant n-1$. 特殊地,$n$ 个随机变量相互独立保证它们两两独立.

最后还要指出,当一个随机向量的全体分量相互独立时,作为一维随机变量的各个分量的边缘概率函数唯一确定这个随机向量的概率函数. 从定义 2.3 及定义 2.4 中可以清楚地看出这一点.

二、条件概率函数

一般情形下,随机变量 (X,Y) 中的两个随机变量的取值是相互影响的(即 X 与 Y 不相互独立). 现在通过条件概率来考察这种影响. 设 X 与 Y 的联合概率函数为

$$P(X = a_i, Y = b_j) = p_{ij}, \quad i,j = 1,2,\cdots.$$

如果已知事件 $\{Y = b_j\}$ 发生,其中 j 固定,那么,条件概率

$$P(X = a_i \mid Y = b_j) = \frac{P(X = a_i, Y = b_j)}{P(Y = b_j)} = \frac{p_{ij}}{p_{\cdot j}}, \quad i = 1,2,\cdots.$$

这些概率 $\dfrac{p_{1j}}{p_{\cdot j}}, \dfrac{p_{2j}}{p_{\cdot j}},\cdots$ 满足作为概率函数的两个条件:

（ⅰ） $\dfrac{p_{ij}}{p_{\cdot j}} \geqslant 0, i = 1,2,\cdots$;

（ⅱ） $\displaystyle\sum_i \frac{p_{ij}}{p_{\cdot j}} = \frac{1}{p_{\cdot j}} \sum_i p_{ij} = 1.$

由此引出了下列定义:

定义 2.5 设随机变量 (X,Y) 的概率函数为

$$P(X = a_i, Y = b_j) = p_{ij}, \quad i,j = 1,2,\cdots,$$

对任意一个固定的 $j, j = 1,2,\cdots$,称

$$P(X = a_i \mid Y = b_j) = \frac{p_{ij}}{p_{\cdot j}}, \quad i = 1,2,\cdots$$

为已知 $\{Y = b_j\}$ 发生的条件下 X(记作"$X \mid Y = b_j$")的**条件概率(质量)函数**(或**条件分布律**,或**条件(概率)分布**). 类似地,对任意一个固定的 $i, i = 1,2,\cdots$,称

$$P(Y = b_j \mid X = a_i) = \frac{p_{ij}}{p_{i\cdot}}, \quad j = 1,2,\cdots$$

为已知 $\{X = a_i\}$ 发生的条件下 Y(记作"$Y \mid X = a_i$")的条件概率(质量)函数(或条件分布律,或条件(概率)分布).

这里要注意,随着固定下标 j(或 i)的不同,相应地有多种不同的 X(或 Y)的条

件概率函数. 但是, 当 X 与 Y 相互独立时, 由定理 1.1 推得

$$P(X = a_i \mid Y = b_j) = P(X = a_i), \quad \text{对一切 } i, j = 1, 2, \cdots,$$

因此, X (或 Y) 的一切条件概率函数都与其边缘概率函数相同. 条件概率函数的表格形式见例 2.8.

例 2.8　设随机向量 (X, Y) 的联合概率函数如表 2.16 所示.

表 2.16

X ＼ Y	1	2	3	$p_{i.}$
1	$\dfrac{1}{4}$	$\dfrac{1}{8}$	$\dfrac{1}{8}$	$\dfrac{1}{2}$
2	$\dfrac{1}{12}$	$\dfrac{1}{12}$	$\dfrac{1}{6}$	$\dfrac{1}{3}$
3	$\dfrac{1}{18}$	$\dfrac{1}{18}$	$\dfrac{1}{18}$	$\dfrac{1}{6}$
$p_{.j}$	$\dfrac{7}{18}$	$\dfrac{19}{72}$	$\dfrac{25}{72}$	1

试求

(1) 已知事件 $\{Y = 1\}$ 发生时 X 的条件概率函数;

(2) 已知事件 $\{X = 2\}$ 发生时 Y 的条件概率函数.

解　按条件概率函数的定义, 得到

(1) 所求的 X 的条件概率函数 $\left(\text{其中 } P(Y = 1) = p_{.1} = \dfrac{7}{18}\right)$ 见表 2.17.

表 2.17

$X \mid Y = 1$	1	2	3
P_r	$\dfrac{p_{11}}{p_{.1}} = \dfrac{9}{14}$	$\dfrac{p_{21}}{p_{.1}} = \dfrac{3}{14}$	$\dfrac{p_{31}}{p_{.1}} = \dfrac{2}{14}$

(2) 所求的 Y 的条件概率函数 $\left(\text{其中 } P(X = 2) = p_{2.} = \dfrac{1}{3}\right)$ 见表 2.18.

表 2.18

$Y \mid X = 2$	1	2	3
P_r	$\dfrac{p_{21}}{p_{2.}} = \dfrac{1}{4}$	$\dfrac{p_{22}}{p_{2.}} = \dfrac{1}{4}$	$\dfrac{p_{23}}{p_{2.}} = \dfrac{1}{2}$

由条件概率函数可以计算条件概率. 在例 2.8(1) 中:

$$P(X > \sqrt{2} \mid Y = 1) = P(X = 2 \mid Y = 1) + P(X = 3 \mid Y = 1)$$

$$= \frac{3}{14} + \frac{2}{14} = \frac{5}{14}.$$

一般情形(相互独立的情形除外)下,由边缘概率函数不能唯一地确定联合概率函数.但是,如果知道了一个随机变量的边缘概率函数,以及已知这个随机变量取任意一个固定值时另一个随机变量的条件概率函数,那么,可以唯一地确定联合概率函数.下面用一个例子来说明.

例 2.9 某地公安部门经过调查后发现,交通事故由助动车造成的(记为"$X = 1$")占 $\frac{1}{2}$,由汽车造成的(记为"$X = 2$")占 $\frac{1}{3}$,由其他原因造成的(记为"$X = 3$")占 $\frac{1}{6}$.由助动车造成的交通事故引起轻伤的(记为"$Y = 1$")占 $\frac{1}{2}$,引起重伤的(记为"$Y = 2$")与死亡的(记为"$Y = 3$")各占 $\frac{1}{4}$.由汽车造成的交通事故引起轻伤的与重伤的各占 $\frac{1}{4}$,引起死亡的占 $\frac{1}{2}$.由其他原因造成的交通事故引起轻伤、重伤、死亡的比例相同.试求 X 与 Y 的联合概率函数.

解 由题设,X 的边缘概率函数如表 2.19 所示.

表 2.19

X	1	2	3
P_r	$\frac{1}{2}$	$\frac{1}{3}$	$\frac{1}{6}$

已知 $\{X = 1\}$,$\{X = 2\}$,$\{X = 3\}$ 发生时 Y 的条件概率函数分别如表 2.20—表 2.22 所示.

表 2.20

$Y \mid X = 1$	1	2	3
P_r	$\frac{1}{2}$	$\frac{1}{4}$	$\frac{1}{4}$

表 2.21

$Y \mid X = 2$	1	2	3
P_r	$\frac{1}{4}$	$\frac{1}{4}$	$\frac{1}{2}$

表 2.22

$Y \mid X = 3$	1	2	3
P_r	$\frac{1}{3}$	$\frac{1}{3}$	$\frac{1}{3}$

于是,由

$$P(X = i, Y = j) = P(X = i)P(Y = j \mid X = i), \quad i,j = 1,2,3$$

推得所求的联合概率函数恰是例 2.8 中已知的概率函数(表 2.16).

§2.6 随机变量函数的分布

一般地说,随机变量的函数仍是一个随机变量,如何从已知的随机变量的分布来求出它的函数的分布是本节讨论的内容.

一、一维随机变量函数的概率函数

在实际问题中会遇到要求一个随机变量的函数(假定它也是一个随机变量)的分布问题. 例如,地震时房屋的倒塌数为 X;函数 $y = g(x)$ 反映了房屋倒塌数 x 与带来的经济损失 y 之间的函数关系. 我们希望通过已知的 X 的分布来求出随机变量 $Y = g(X)$ 的分布. 对这类问题的解决方法,下面将通过一个例子来说明.

例 2.10 设随机变量 X 的概率函数如表 2.23 所示.

试求下列随机变量的概率函数:

(1) $Y = \sin X$;

(2) $Z = \cos X$.

表 2.23

X	$-\dfrac{\pi}{2}$	0	$\dfrac{\pi}{2}$
P_r	0.2	0.3	0.5

解 (1) 由于 X 的值域 $\Omega_X = \left\{ -\dfrac{\pi}{2}, 0, \dfrac{\pi}{2} \right\}$,因此,$Y$ 的值域 $\Omega_Y = \{-1, 0, 1\}$. 于是

$$P(Y = -1) = P(\sin X = -1) = P\left(X = -\dfrac{\pi}{2} \right) = 0.2,$$

$$P(Y = 0) = P(\sin X = 0) = P(X = 0) = 0.3,$$

$$P(Y = 1) = P(\sin X = 1) = P\left(X = \dfrac{\pi}{2} \right) = 0.5.$$

即 Y 的概率函数如表 2.24 所示.

(2) Z 的值域为 $\Omega_Z = \{0.1\}$,且

$$P(Z = 0) = P(\cos X = 0) = P\left(X \in \left\{ -\dfrac{\pi}{2}, \dfrac{\pi}{2} \right\} \right)$$

$$= P\left(X = -\dfrac{\pi}{2} \right) + P\left(X = \dfrac{\pi}{2} \right)$$

$$= 0.2 + 0.5 = 0.7,$$

$$P(Z = 1) = P(\cos X = 1) = P(X = 0) = 0.3.$$

即 Z 的概率函数如表 2.25 所示.

表 2.24

Y	-1	0	1
P_r	0.2	0.3	0.5

表 2.25

Z	0	1
P_r	0.7	0.3

从这个例子中可以总结出一般方法如下:当 X 的概率函数为

$$P(X = a_i) = p_i, \quad i = 1, 2, \cdots$$

时,随机变量 $Y = g(X)$ 的概率函数如表 2.26 所示.

表 2.26

Y	$g(a_1)$	$g(a_2)$	$\cdots$
P_r	p_1	p_2	$\cdots$

如果有若干个 $g(a_i)$ 的值相等,那么,必须把相应的概率 p_i 相加后合并成一项.

二、二维随机变量函数的概率函数

在实际问题中,有时会遇到要求两个随机变量的函数(假定它也是一个随机变量)的分布问题.例如,地震时房屋的倒塌数为 X,人口的死亡数为 Y;函数 $z = g(x, y)$ 反映了房屋倒塌数 x,人口的死亡数 y 与带来的经济损失 z 之间的函数关系.希望通过已知的 X 与 Y 的联合分布来求随机变量 $Z = g(X, Y)$ 的分布.对于这类问题,解决的方法原则上与一维的情形完全相同.

设 (X, Y) 的概率函数为

$$P(X = a_i, Y = b_j) = p_{ij}, \quad i, j = 1, 2, \cdots.$$

随机变量 $Z = g(X, Y)$ 的概率函数如表 2.27 所示.如果有若干个 $g(a_i, b_j)$ 的值相等,那么,必须把相应的概率 p_{ij} 相加后合并成一项.

表 2.27

Z	$\cdots$	$g(a_i, b_j)$	$\cdots$
P_r	$\cdots$	p_{ij}	$\cdots$

例 2.11 设二维随机变量 (X, Y) 的两个边缘概率函数分别如表 2.28 和表 2.29 所示.

表 2.28

X	0	1
P_r	$\frac{1}{2}$	$\frac{1}{2}$

表 2.29

Y	-1	0	1
P_r	$\frac{1}{6}$	$\frac{1}{3}$	$\frac{1}{2}$

已知 X 与 Y 相互独立,试求下列随机变量的概率函数:

(1) $Z = X + Y^2$;

(2) $U = \max(X, Y)$.

解 X 与 Y 的联合概率函数如表 2.30 所示.

表 2.30

X \ Y	-1	0	1
0	$\frac{1}{2} \times \frac{1}{6} = \frac{1}{12}$	$\frac{1}{2} \times \frac{1}{3} = \frac{1}{6}$	$\frac{1}{2} \times \frac{1}{2} = \frac{1}{4}$
1	$\frac{1}{2} \times \frac{1}{6} = \frac{1}{12}$	$\frac{1}{2} \times \frac{1}{3} = \frac{1}{6}$	$\frac{1}{2} \times \frac{1}{2} = \frac{1}{4}$

（1）表 2.31 后两行构成 Z 的概率函数.

表 2.31

(X,Y)	$(0,0)$	$(0,-1)(0,1)(1,0)$	$(1,-1)(1,1)$
Z	0	1	2
P_r	$\dfrac{1}{6}$	$\dfrac{1}{12}+\dfrac{1}{4}+\dfrac{1}{6}=\dfrac{1}{2}$	$\dfrac{1}{12}+\dfrac{1}{4}=\dfrac{1}{3}$

（2）表 2.32 后两行构成 U 的概率函数.

表 2.32

(X,Y)	$(0,-1)(0,0)$	$(0,1)(1,-1)(1,0)(1,1)$
U	0	1
P_r	$\dfrac{1}{12}+\dfrac{1}{6}=\dfrac{1}{4}$	$\dfrac{1}{4}+\dfrac{1}{12}+\dfrac{1}{6}+\dfrac{1}{4}=\dfrac{3}{4}$

上面介绍的概念与方法对于多个随机变量依然适用. 下面介绍两条有用的定理：

定理 2.3 设 $X_1,\cdots,X_n$ 是**独立同分布**的随机变量（即 $X_1,\cdots,X_n$ 相互独立，且它们同分布），且 $X_i \sim B(1,p)$，$i=1,\cdots,n$. 记 $Y=X_1+\cdots+X_n$. 那么，$Y \sim B(n,p)$.

证 由于每一个 X_i 的值域都是 $\{0,1\}$，$i=1,\cdots,n$. 因此，Y 的值域 $\Omega_Y=\{0,1,\cdots,n\}$. 事件 $\{Y=k\}$ 表示 $\{X_1,\cdots,X_n$ 中恰有 k 个是 1，$n-k$ 个是 $0\}$，且 $P(X_i=1)=p$，$i=1,\cdots,n$. 因此可以把它看作是 n 重贝努利试验. 按二项概率计算公式：

$$P(Y=k)=\binom{n}{k}p^k(1-p)^{n-k}, \quad k=0,1,\cdots,n.$$

这表明 $Y \sim B(n,p)$. 证毕

定理 2.4（分布的可加性） 设 X 与 Y 相互独立.

（ⅰ）当 $X \sim B(m,p)$，$Y \sim B(n,p)$ 时，$X+Y \sim B(m+n,p)$；

（ⅱ）当 $X \sim P(\lambda_1)$，$Y \sim P(\lambda_2)$ 时，$X+Y \sim P(\lambda_1+\lambda_2)$.

证 （ⅰ）由于分布刻画了随机变量取值的统计规律性，因此，按定理 2.3，不妨设 $X=U_1+\cdots+U_m$，$Y=U_{m+1}+\cdots+U_{m+n}$，其中，$U_1,\cdots,U_{m+n}$ 是独立同分布的随机变量，且 $U_i \sim B(1,p)$，$i=1,\cdots,m+n$. 于是[①]，$X+Y=\sum_{i=1}^{m+n}U_i \sim B(m+n,p)$.

（ⅱ）由于 X 与 Y 的值域都是 $\{0,1,2,\cdots\}$，因此，$X+Y$ 的值域仍是 $\{0,1,2,\cdots\}$. 对任意一个 $k=0,1,2,\cdots$，

---

① $X=U_1+U_2+\cdots+U_m$ 与 $Y=U_{m+1}+U_{m+2}+\cdots+U_{m+n}$ 的独立性见定理 2.5.

$$P(X+Y=k) = P(\bigcup_{i=0}^{k}\{X=i,Y=k-i\}) = \sum_{i=0}^{k}P(X=i,Y=k-i)$$

$$= \sum_{i=0}^{k}P(X=i)P(Y=k-i) = \sum_{i=0}^{k}\left(e^{-\lambda_1}\frac{\lambda_1^i}{i!}e^{-\lambda_2}\frac{\lambda_2^{k-i}}{(k-i)!}\right)$$

$$= e^{-(\lambda_1+\lambda_2)}\frac{1}{k!}\sum_{i=0}^{k}\binom{n}{k}\lambda_1^i\lambda_2^{k-i} = e^{-(\lambda_1+\lambda_2)}\frac{(\lambda_1+\lambda_2)^k}{k!}.$$

这表明 $X+Y \sim P(\lambda_1+\lambda_2)$.　　　　　　　　　　　　　　　　**证毕**

定理 2.4 可以推广到 n 个相互独立的随机变量之和.

例 2.12　设 X 与 Y 相互独立,且 $X \sim P(\lambda_1)$,$Y \sim P(\lambda_2)$.试求 $P(X=k \mid X+Y=n)$,其中 k,n 都是整数,且 $0 \leqslant k \leqslant n$.

解　由分布的可加性定理知道,$X+Y \sim P(\lambda_1+\lambda_2)$.于是

$$P(X=k \mid X+Y=n) = \frac{P(X=k,X+Y=n)}{P(X+Y=n)}$$

$$= \frac{P(X=k,Y=n-k)}{P(X+Y=n)} = \frac{P(X=k)P(Y=n-k)}{P(X+Y=n)}$$

$$= \frac{e^{-\lambda_1}\dfrac{\lambda_1^k}{k!}e^{-\lambda_2}\dfrac{\lambda_2^{n-k}}{(n-k)!}}{e^{-(\lambda_1+\lambda_2)}\dfrac{(\lambda_1+\lambda_2)^n}{n!}} = \binom{n}{k}\left(\frac{\lambda_1}{\lambda_1+\lambda_2}\right)^k\left(1-\frac{\lambda_1}{\lambda_1+\lambda_2}\right)^{n-k}.$$

这个结果表明,已知事件 $\{X+Y=n\}$ 发生时,X 的条件分布是二项分布 $B(n,p)$,其中,$p=\dfrac{\lambda_1}{\lambda_1+\lambda_2}$.

最后介绍一条判别随机变量函数相互独立性的充分性准则.

定理 2.5　设 $X_1,\cdots,X_n$ 是相互独立的随机变量.对于任意一个整数 $m,1 \leqslant m \leqslant n-1$,随机变量 $g(X_1,\cdots,X_m)$ 与 $h(X_{m+1},\cdots,X_n)$ 相互独立,其中函数 g,h 都是单值函数[①].

证　为了不使记号过于复杂,下面仅就 $n=2,m=1$ 进行证明.按习惯,记 $(X_1,X_2)=(X,Y)$,且设

$$P(X=a_i,Y=b_j)=p_{ij}, \quad i,j=1,2,\cdots.$$

不失一般性,假定 $g(a_1),g(a_2),\cdots$ 两两不相等,$h(b_1),h(b_2),\cdots$ 两两不相等.于是,对任意的 $i,j=1,2,\cdots$,总有

$$P(g(X)=g(a_i),h(Y)=h(b_j)) = P(X=a_i,Y=b_j) = P(X=a_i)P(Y=b_j)$$

$$= P(g(X)=g(a_i))P(h(Y)=h(b_j)).$$

---

① 函数 g,h 不仅可以取实数值,还可以取任意有限维向量值.

由独立性的定义推得 $g(X)$ 与 $h(Y)$ 相互独立.   证毕

定理 2.5 的逆定理不成立. 例如, 由 X^2 与 Y^2 相互独立不能得到 X 与 Y 相互独立.

例 2.13   设 X 与 Y 的联合概率函数如表 2.33 所示. 由于 $P(X=1,Y=1) \neq P(X=1)P(Y=1)$, 因此, X 与 Y 不相互独立. X^2 与 Y^2 的联合概率函数如表 2.34 所示. 因此 X^2 与 Y^2 相互独立.

表 2.33

X＼Y	-1	0	1
-1	0.25	0	0
0	0	0.25	0.25
1	0	0.25	0

表 2.34

X²＼Y²	0	1
0	0.25	0.25
1	0.25	0.25

这里

$$P(X^2=0, Y^2=0) = P(X=0, Y=0) = 0.25,$$

$$P(X^2=0, Y^2=1) = P(X=0, Y=1) = 0.25,$$

$$P(X^2=1, Y^2=0) = P(X=1, Y=0) = 0.25,$$

$$P(X^2=1, Y^2=1) = P(X=-1, Y=-1) = 0.25.$$

在涉及多个随机变量的情形 (例如数理统计) 中, 定理 2.5 有着广泛的应用.

习　题

2.1   表 2.35 与表 2.36 所示的是概率函数吗? 为什么?

(1)

表 2.35

X	1	2	3	4
P_r	0.2	0.3	0.4	0.2

(2)

表 2.36

X	1	0	1	3
P_r	0.1	0.2	0.3	0.4

2.2   试确定常数 c, 使得下列函数成为概率函数:

(1) $P(X=k) = ck$, $k=1,\cdots,n$;

(2) $P(X=k) = c\dfrac{\lambda^k}{k!}$, $k=1,2,\cdots$, 其中 $\lambda > 0$.

2.3 把一个表面涂有红色的立方体等分成 1000 个小立方体.从这些小立方体中随机地取一个,它有 X 个面涂有红色.试求 X 的概率函数.

2.4 已知随机变量 X 的概率函数如表 2.37 所示.

表 **2.37**

X	-2	-1	0	1	2	4
P_r	0.2	0.1	0.3	0.1	0.2	0.1

试求关于 t 的一元二次方程 $3t^2 + 2Xt + (X+1) = 0$ 有实数根的概率.

2.5 某人投篮命中率为 40%.假定各次投篮是否命中相互独立.设 X 表示他首次投中时累计已投篮的次数.试求 X 的概率函数,并由此计算 X 取奇数的概率.

2.6 设随机变量 $X \sim B(n,p)$,已知 $P(X=1) = P(X=n-1)$.试求 p 与 $P(X=2)$ 的值.

2.7 在一次试验中事件 A 发生的概率为 p,把这个试验独立重复地做两次.在下列两种情形下分别求 p 的值:

(1) 已知事件 A 至多发生 1 次的概率与事件 A 至少发生 1 次的概率相等;

(2) 已知事件 A 至多发生 1 次的条件下事件 A 至少发生 1 次的概率为 $\dfrac{1}{2}$.

2.8 设随机变量 $X \sim B(n,p)$.试求 X 取奇数的概率.〔提示:利用初等数学中的二项式定理先计算 X 取偶数的概率与 X 取奇数的概率之差.〕

2.9 已知某商店每周销售的电视机台数 X 服从参数为 6 的泊松分布.试问,周初至少应进货多少才能保证该周不脱销的概率不小于 0.99.假定上周没有库存,且本周不再进货.

2.10 某地有 3000 个人参加了人寿保险,每人交纳保险金 10 元,1 年内死亡时家属可以从保险公司领取 2000 元.假定该地 1 年内人口死亡率为 0.1%,且死亡是相互独立的.试求保险公司 1 年内赢利不少于 10000 元的概率.

2.11 某流水生产线上每个产品不合格的概率为 $p(0 < p < 1)$.各产品合格与否相互独立,当出现 1 个不合格产品时即停机检修.设开机后第一次停机时已生产的产品个数为 X.试求

(1) $P(X > 10)$;

(2) $P(X > 15 \mid X > 5)$.

试用语言表达上述两个概率的实际意义.〔提示:利用几何分布的无记忆性.〕

2.12 试证,当 $M = Np$ 时,

$$\lim_{N \to \infty} \frac{\dbinom{M}{k}\dbinom{N-M}{n-k}}{\dbinom{N}{n}} = \dbinom{n}{k} p^k (1-p)^{n-k}.$$

〔提示:把左端分子与分母中的组合数展开成关于 N 的多项式.〕

2.13 某台仪器由 3 只不太可靠的元件组成,第 i 个元件出故障的概率 $p_i = \dfrac{1}{i+2}$,$i = 1,2,3$.假定各元件是否出故障是相互独立的.设 X 表示该仪器中出故障的元件数.试求 X 的概率函数.

2.14 把一颗骰子独立地上抛 2 次.设 X 表示第 1 次出现的点数,Y 表示 2 次出现点数的最大

值.试求

(1) X 与 Y 的联合概率函数;

(2) $P(X = Y)$ 与 $P(X^2 + Y^2 < 10)$;

(3) X,Y 的边缘概率函数;

(4) 已知事件 $\{Y = 4\}$ 发生时 X 的条件概率函数;

(5) 已知事件 $\{X = 4\}$ 发生时 Y 的条件概率函数.

2.15 两名水平相当的棋手奕棋 3 盘.设 X 表示某名棋手获胜的盘数,Y 表示他输赢盘数之差的绝对值.假定没有和棋,且每盘结果是相互独立的.试求

(1) X 与 Y 的联合概率函数;

(2) X,Y 的边缘概率函数.

2.16 一个箱子中装有 100 件同类产品,其中一、二、三等品分别有 $70,20,10$ 件.现从中随机地抽取 1 件.记

$$X_i = \begin{cases} 1, & \text{如果抽到 } i \text{ 等品,} \\ 0, & \text{如果抽到非 } i \text{ 等品,} \end{cases} \quad i = 1,2,3.$$

试求 X_1 与 X_2 的联合概率函数.

2.17 设 X 与 Y 独立同分布,它们都服从 $0-1$ 分布 $B(1,0.3)$.试求 X 与 Y 的联合概率函数.

2.18 已知随机变量 X 与 Y 的联合概率函数如表 2.38 所示.

表 2.38

X \ Y	1	2	3
1	$\frac{1}{6}$	$\frac{1}{9}$	$\frac{1}{18}$
2	$\frac{1}{3}$	α	β

试问,当 α,β 取何值时 X 与 Y 相互独立?

2.19 已知随机变量 X,Y 的概率函数分别如表 2.39 与表 2.40 所示.

表 2.39

X	-1	0	1
P_r	$\frac{1}{4}$	$\frac{1}{2}$	$\frac{1}{4}$

表 2.40

Y	0	1
P_r	$\frac{1}{2}$	$\frac{1}{2}$

已知 $P(XY = 0) = 1$.

(1) 试求 X 与 Y 的联合概率函数;

(2) X 与 Y 是否相互独立?为什么?

2.20 设 $X \sim B(1,p_1),Y \sim B(1,p_2)$.试证,$X$ 与 Y 相互独立的充分必要条件是 $P(X = 1,Y = 1) = P(X = 1)P(Y = 1)$.

2.21 在例 1.16 中,设

$$X = \begin{cases} 1, & A \text{ 发生}, \\ 0, & A \text{ 不发生}; \end{cases} \qquad Y = \begin{cases} 1, & B \text{ 发生}, \\ 0, & B \text{ 不发生}; \end{cases} \qquad Z = \begin{cases} 1, & C \text{ 发生}, \\ 0, & C \text{ 不发生}. \end{cases}$$

试证,X,Y,Z 两两独立但不相互独立.[提示:利用上题结论及例 1.16 的计算结果.]

2.22 某班车起点站上客人数 X 服从参数为 λ 的泊松分布.每位乘客在中途下车的概率为 p,且中途下车与否相互独立.假定中途无人上车.随机变量 Y 表示中途下车的人数,$0 \leqslant k \leqslant n$.

(1) 试求已知起点站发车有 n 个乘客时,中途有 k 位乘客下车的概率 $P(Y = k \mid X = n)$;

(2) 试求 $P(X = n, Y = k)$;

(3) 试证,Y 服从参数为 λp 的泊松分布.$\left[\text{提示}: P(Y = k) = \sum\limits_{n=k}^{\infty} P(X = n) P(Y = k \mid X = n). \right]$

2.23 已知 X 服从集合 $\{1,2\}$ 上的均匀分布,当事件 $\{X = k\}$ 发生时 $(k = 1, 2)$,$Y \sim B\left(k, \dfrac{1}{3}\right)$.试求 X 与 Y 的联合概率函数.

2.24 已知随机变量 X 服从集合 $\{-2,-1,0,1,2\}$ 上的均匀分布.试求 $Y = X^2$ 与 $Z = |X|$ 的概率函数.

2.25 已知随机变量 $X \sim B(n,p)$.试求 $Y = n - X$ 的概率函数,并由此证明 $n - X \sim B(n,1-p)$.

2.26 设 X 与 Y 的联合概率函数如表 2.41 所示.

表 2.41

X \ Y	−2	−1	0	1	4
0	0.2	0	0.1	0.2	0
1	0	0.2	0.1	0	0.2

(1) 分别求出 $U = \max\{X,Y\}$,$V = \min\{X,Y\}$ 的概率函数;

(2) 试求 U 与 V 的联合概率函数.

2.27 设随机变量 X 与 Y 独立同分布,且都服从 0—1 分布 $B(1,p)$.记随机变量

$$Z = \begin{cases} 1, & \text{如果 } X + Y \text{ 为零或偶数}; \\ 0, & \text{如果 } X + Y \text{ 为奇数}. \end{cases}$$

(1) 试求 Z 的概率函数;

(2) 试求 X 与 Z 的联合概率函数;

(3) 当 p 取何值时,X 与 Z 相互独立?

2.28 设随机变量 X_1, X_2, X_3, X_4 独立同分布,它们都服从 0—1 分布 $B(1,0.4)$.记随机变量

$$Z = \begin{vmatrix} X_1 & X_2 \\ X_3 & X_4 \end{vmatrix}.$$

试求 Z 的概率函数.$\left[\text{提示}: Y_1 \triangleq X_1 X_4 \text{ 与 } Y_2 \triangleq X_2 X_3 \text{ 独立同分布,先求出 } Y_1, Y_2 \text{ 的概率函数.} \right]$

2.29 设 $X_1, \cdots, X_n$ 是相互独立的随机变量,且每一个 $X_i \sim B(1,p)$,$i = 1, \cdots, n$.试求随机变量 $\bar{X} \triangleq \dfrac{1}{n} \sum_{i=1}^{n} X_i$ 的概率函数.[提示:由定理 2.3 知道,$Y \triangleq \sum_{i=1}^{n} X_i \sim B(n,p)$,然后求 $\bar{X} = Y/n$ 的概率函数.]

2.30 已知 N 件产品中有 M 件是不合格品,今采用无放回抽样,每次随机地抽 1 件,共抽了 n 次,记

$$X_i = \begin{cases} 1, 第\ i\ 次抽到不合格品, \\ 0, 第\ i\ 次抽到合格品, \end{cases} \quad i = 1, \cdots, n.$$

(1) 试证,随机变量 $\sum_{i=1}^{n} X_i$ 服从参数为 N, M, n 的超几何分布;

(2) 试证,X_1 与 X_2 的联合概率函数如表 2.42 所示.

表 2.42

X_1 \ X_2	0	1
0	$\dfrac{(N-M)(N-M-1)}{N(N-1)}$	$\dfrac{(N-M)M}{N(N-1)}$
1	$\dfrac{M(N-M)}{N(N-1)}$	$\dfrac{M(M-1)}{N(N-1)}$

第三章　　连续型随机变量及其分布

在实际问题中,常常会遇到这样一些随机变量,它们的值域是一个区间(或若干个区间的并),称这类随机变量为**连续型随机变量**[①]. 例如,要考察某种型号的电子元件的寿命,它的值域为$[0,\infty)$,这是一个区间,因此,这个寿命是连续型随机变量. 对于连续型随机变量,我们不可能把它的取值一一列出,因而不能简单地用表格形式(即概率函数)来研究它的统计规律性,如何描述连续型随机变量取值的统计规律性,这是本章讨论的主题.

§3.1　分布函数

在研究一个随机变量时,我们常常关心的不是它取某个值的概率,而是它落在某个区间内的概率. 例如,学生在考试前他并不关心他将考 95 分的概率,而是关心他将考 90 分以上的概率. 一般地,对于一个随机变量 X,常常需要知道 $P(a < X \leqslant b)$ 的值,其中 $a < b$. 由 $\{X \leqslant a\} \subset \{X \leqslant b\}$ 推得

$$P(a < X \leqslant b) = P(X \leqslant b) - P(X \leqslant a),$$

因此,当对任意一个 $x(-\infty < x < \infty)$,已知 $P(X \leqslant x)$ 的值时,由上式便能算得 $P(a < X \leqslant b)$ 的值. 由此引入下列定义:

定义 3.1　给定一个随机变量 X,称定义域为 $(-\infty,\infty)$ 的实值函数

$$F(x) = P(X \leqslant x), \quad -\infty < x < \infty$$

为随机变量 X 的**分布函数**,有时也记作 $F_X(x)$.

分布函数对任意一个随机变量(不论是否为离散型)都是按定义 3.1 规定的,且对任意的 $-\infty < a < b < \infty$,总有

$$P(a < X \leqslant b) = F(b) - F(a).$$

例 3.1　设随机变量 X 的概率函数

表 3.1

X	-1	1	2
P_r	0.5	0.2	0.3

如表 3.1 所示. 按照分布函数的定义,X 的分布函数 $F(x)$ 在任意一个 x 处的值等于"不大于 x 的各种取值所对应的概率之和",即

---

① 从数学上严格地说,连续型随机变量必须具有按定义 3.3 规定的密度函数.

$$F(x) = \begin{cases} 0, & x < -1; \\ 0.5, & -1 \leqslant x < 1; \\ 0.5 + 0.2 = 0.7, & 1 \leqslant x < 2; \\ 0.5 + 0.2 + 0.3 = 1, & x \geqslant 2. \end{cases}$$

它的图像见图 3.1.

图 3.1　例 3.1 的分布函数 $F(x)$

如果要求 $P(-1 < x \leqslant 3)$，用 §2.2 中的方法可以算得概率为 $0.2 + 0.3 = 0.5$. 现在用分布函数 $F(x)$ 同样可以得到

$$P(-1 < X \leqslant 3) = F(3) - F(-1) = 1 - 0.5 = 0.5.$$

由分布函数的定义，并参照图 3.1，得到下列结果.

定理 3.1（分布函数的性质）　设 $F(x)$ 是随机变量 $X^{①}$ 的分布函数.

（ⅰ）$0 \leqslant F(x) \leqslant 1$；

（ⅱ）$F(x)$ 是单调不减的，即当 $x_1 < x_2$ 时，$F(x_1) \leqslant F(x_2)$；

（ⅲ）$\lim\limits_{x \to -\infty} F(x) = 0, \lim\limits_{x \to \infty} F(x) = 1$；

（ⅳ）$F(x)$ 在 $(-\infty, \infty)$ 上每一点处至少右连续.

由于 $F(x)$ 的值是一个概率，因此（ⅰ）成立. 当 $x_1 < x_2$ 时，由

$$F(x_2) - F(x_1) = P(x_1 < X \leqslant x_2) \geqslant 0$$

推得（ⅱ）成立.（ⅲ）与（ⅳ）的证明超出了本书的要求.

设离散型随机变量 X 的概率函数为

$$P(X = a_i) = p_i, \quad i = 1, 2, \cdots,$$

那么，X 的分布函数（参见例 3.1）为

$$F(x) = \sum_{i:a_i \leqslant x} P(X = a_i) = \sum_{i:a_i \leqslant x} p_i, \quad -\infty < x < \infty.$$

---

① 今后，在不指明随机变量是离散型还是连续型时，所有的叙述对一切（包括既非离散型，也非连续型）随机变量都适用.

这个分布函数 $F(x)$ 在每一个 $x = a_i$ 处间断,且间断点处的跳跃度[1] $F(a_i) - F(a_i - 0) = p_i = P(X = a_i)$.

一般地,对任意一个随机变量 X 与任意一个实数 x_0,

$$P(X = x_0) = F(x_0 + 0) - F(x_0 - 0) = F(x_0) - F(x_0 - 0).$$

证明超出了本书的要求.

现在考察分布函数在其连续点处的概率性质. 由上式及函数连续的定义可得下列结论.

定理 3.2 对任意一个随机变量 X,X 的分布函数 $F(x)$ 在 $x = x_0$ 处连续的充分必要条件是 $P(X = x_0) = 0$.

对于离散型随机变量,定理 3.2 是不难理解的,因为它的分布函数的连续点都在这个随机变量的值域之外(图 3.1).

对于二维随机变量,也可以引进分布函数这个概念.

定义 3.2 给定一个随机变量 (X, Y),称定义域为整个平面的二元实值函数

$$F(x, y) = P(X \leqslant x, Y \leqslant y), \quad -\infty < x, y < \infty$$

为随机变量 (X, Y) 的分布函数,或称为 X 与 Y 的**联合分布函数**.

按照分布函数的定义:

$$F(x, y) = P((X, Y) \in D_{xy}),$$

其中,区域 D_{xy} 如图 3.2 所示.

图 3.2 $F(x, y)$ 的几何解释

一般地,对任意的 $-\infty < a < b < \infty, -\infty < c < d < \infty$,

$$P(a < X \leqslant b, c < Y \leqslant d) = F(b, d) - F(b, c) - F(a, d) + F(a, c).$$

按照分布函数的几何解释,读者可以自行证明这个结果.

定理 3.3(联合分布函数的性质) 设 $F(x, y)$ 是随机变量 (X, Y) 的分布函数.

(i) $0 \leqslant F(x, y) \leqslant 1$;

---

[1] 由于 $F(x)$ 是单调不减的,因此这些间断点都是第一类(跳跃)间断点.

（ii）固定一个自变量的值时，$F(x,y)$作为一元函数关于另一个自变量是单调不减的；

（iii）对任意固定一个y，$\lim\limits_{x\to-\infty}F(x,y)=0$；对任意固定一个$x$，$\lim\limits_{y\to-\infty}F(x,y)=0$；$\lim\limits_{\substack{x\to-\infty\\y\to-\infty}}F(x,y)=0$；$\lim\limits_{\substack{x\to\infty\\y\to\infty}}F(x,y)=1$；

（iv）固定一个自变量的值时，$F(x,y)$作为一元函数关于另一个自变量至少右连续；

（v）对任意的$-\infty<x_1<x_2<\infty,-\infty<y_1<y_2<\infty$：
$$F(x_2,y_2)-F(x_2,y_1)-F(x_1,y_2)+F(x_1,y_1)\geqslant 0.$$

定理 3.3 中前 4 条性质与一维的情形相类似，性质（v）成立是因为不等式左端恰是概率$P(x_1<X\leqslant x_2,y_1<Y\leqslant y_2)$.

对分布函数，我们作以下一些说明：

（1）对于离散型随机变量，虽然从原则上说可以利用分布函数来计算事件的概率，但实际上这并不方便，一般应尽可能利用概率函数来计算事件的概率.

（2）分布函数的性质（定理 3.1）刻画了分布函数的特征性质，即，如果某个函数$F(x)$具有定理 3.1 给出的 4 条性质，那么，它必定是某个随机变量的分布函数. 例如，当$F_1(x),F_2(x)$都是分布函数时，只要$c_1,c_2\geqslant 0,c_1+c_2=1,c_1F_1(x)+c_2F_2(x)$也是一个分布函数，因为不难验证它具有定理 3.1 的 4 条性质. 同样，定理 3.3 刻画了联合分布函数的特征性质.

（3）对于n维随机变量$(X_1,\cdots,X_n)$，它的分布函数定义为
$$F(x_1,\cdots,x_n)=P(X_1\leqslant x_1,\cdots,X_n\leqslant x_n),\quad -\infty<x_1,\cdots,x_n<\infty.$$

由于分布函数刻画了随机变量取值的统计规律性，因此它也是分布的表达形式之一.

§3.2　概率密度函数

本节从分布函数出发来研究一维连续型随机变量取值的统计规律性（即分布）. 这类随机变量的值域常常是一个区间（或若干区间的并）.

先来考察一个连续型随机变量的例子.

例 3.2　设随机变量X在区间$[0,1]$上取值，这是一个连续型随机变量. 当$0\leqslant a\leqslant 1$时，概率$P(0\leqslant X\leqslant a)$与$a^2$成正比. 试求$X$的分布函数$F(x)$.

解　当$x<0$时：
$$F(x)=P(X\leqslant x)=P(\varnothing)=0;$$

当$x\geqslant 1$时：
$$F(x)=P(X\leqslant x)=P(\Omega)=1;$$

当 $0 \leqslant x \leqslant 1$ 时，由 $F(1) = 1, P(X < 0) = 0$ 及

$$F(x) = P(X \leqslant x) = P(X < 0) + P(0 \leqslant X \leqslant x) = kx^2,$$

得到 $k = 1$. 因此，X 的分布函数（图 3.3）为

$$F(x) = \begin{cases} 0, & x < 0; \\ x^2, & 0 \leqslant x < 1; \\ 1, & x \geqslant 1. \end{cases}$$

在例 3.2 中可以看到，这个分布函数 $F(x)$ 处处连续，且除了个别点（$x = 1$）外处处可导，且

$$F'(x) = \begin{cases} 2x, & 0 < x < 1; \\ 0, & x \leqslant 0 \text{ 或 } x > 1. \end{cases}$$

把 $F(x)$ 表达成 $F(x) = \int_{-\infty}^{x} f(t)\mathrm{d}t$，其中取非负值的函数

$$f(x) = \begin{cases} 2x, & 0 < x < 1; \\ 0, & \text{其余}. \end{cases}$$

图 3.3　例 3.2 的分布函数 $F(x)$

定义 3.3　给定一个连续型随机变量 X，如果存在一个定义域为 $(-\infty, \infty)$ 的非负实值函数 $f(x)$，使得 X 的分布函数 $F(x)$ 可以表达成

$$F(x) = \int_{-\infty}^{x} f(t)\mathrm{d}t, \quad -\infty < x < \infty,$$

那么，称 $f(x)$ 为连续型随机变量 X 的（**概率**）**密度函数**.[①]

密度函数 $f(x)$ 与分布函数 $F(x)$ 之间的关系见图 3.4. 现在，$F(x) = P(X \in (-\infty, x])$ 恰是 $f(x)$ 在区间 $(-\infty, x]$ 上的积分.

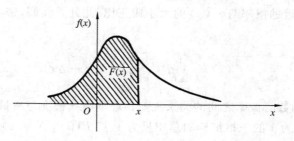

图 3.4　$f(x)$ 与 $F(x)$ 关系的几何解释

---

① 密度函数不唯一，它允许在个别点上取不同的值，但是它们的分布函数都相同，因而不影响我们研究分布.

按照分布函数的特征性质,密度函数必须满足下列两个条件:

(ⅰ) $f(x) \geqslant 0, -\infty < x < \infty$;

(ⅱ) $\int_{-\infty}^{\infty} f(x)\mathrm{d}x = 1$.

这两个条件刻画了密度函数的特征性质,即,如果某个实值函数 $f(x)$ 具有这两条性质,那么,它必定是某个连续型随机变量的密度函数.例如,当 $f_1(x), f_2(x)$ 都是密度函数时,只要 $c_1, c_2 \geqslant 0, c_1 + c_2 = 1$,则 $c_1 f_1(x) + c_2 f_2(x)$ 也是一个密度函数,因为不难验证它是满足上述两个条件的.

由分布函数与密度函数的性质可以得到下列结论:

定理 3.4(连续型随机变量的性质) 设 X 是任意一个连续型随机变量,$F(x)$ 与 $f(x)$ 分别是它的分布函数与密度函数.

(ⅰ) $F(x)$ 是连续函数,且当 $f(x)$ 在 $x = x_0$ 处连续时,$F'(x_0) = f(x_0)$;

(ⅱ) 对任意一个常数 $c, -\infty < c < \infty, P(X = c) = 0$;

(ⅲ) 对任意两个常数 $a, b, -\infty < a < b < \infty$,

$$P(a < X \leqslant b) = \int_a^b f(x)\mathrm{d}x.$$

证 由高等数学知识可以证明(ⅰ)成立,由(ⅰ)及定理 3.2 推得(ⅱ)成立.由密度函数的定义得到

$$P(a < X \leqslant b) = F(b) - F(a)$$

$$= \int_{-\infty}^b f(x)\mathrm{d}x - \int_{-\infty}^a f(x)\mathrm{d}x = \int_a^b f(x)\mathrm{d}x. \qquad \textbf{证毕}$$

根据微分中值定理和定理 3.4,密度函数的取值与概率存在如下关系:

$$P(x < X \leqslant x + \Delta x) = F(x + \Delta x) - F(x) \approx f(x)\Delta x,$$

即 X 取值于 x 邻近的概率与 $f(x)$ 的大小成正比.此处需强调,密度函数取值本身不是概率,由

$$f(x) \approx \frac{1}{\Delta x} P(x < X \leqslant x + \Delta x)$$

可以看出,密度函数与概率之间的关系犹如物理学中线密度与质量之间的关系.在例 3.2 中,如果长度为 1 的一根细棒的总质量为 1,把 $P(0 \leqslant X \leqslant a)$ 看作是区间 $[0, a]$ 上 1 段细棒的质量,$0 \leqslant a \leqslant 1$,那么,$f(x)$ 便是这根细棒质量的线密度.

另外,由定理 3.4(ⅱ),连续型随机变量取单个值的概率为零,因此,定理 3.4(ⅲ)可推广成

$$P(a < X \leqslant b) = P(a \leqslant X \leqslant b) = P(a \leqslant X < b) = P(a < X < b)$$

$$= \int_a^b f(x)\mathrm{d}x.$$

更一般地,对于实数轴上任意一个集合 S,有

$$P(X \in S) = \int_S f(x)\mathrm{d}x.$$

这里 S 可以是若干个区间的并. 这个公式表明,知道了一个随机变量的密度函数,便能算出任意一个概率 $P(X \in S)$. 正因为如此,密度函数也称为**连续型随机变量的分布**. 在例 3.2 中,

$$P\left(X > \frac{1}{2}\right) = \int_{\frac{1}{2}}^{\infty} f(x)\mathrm{d}x = \int_{\frac{1}{2}}^{1} 2x\mathrm{d}x + \int_{1}^{\infty} 0\mathrm{d}x = \frac{3}{4};$$

$$P\left(-1 \leqslant X < \frac{1}{3}\right) = \int_{-1}^{0} 0\mathrm{d}x + \int_{0}^{\frac{1}{3}} 2x\mathrm{d}x = \frac{1}{9},$$

$$P\left(-1 \leqslant X < \frac{1}{2} \,\Big|\, X \geqslant \frac{1}{3}\right) = \frac{P\left(\frac{1}{3} \leqslant X < \frac{1}{2}\right)}{P\left(X \geqslant \frac{1}{3}\right)} = \frac{\int_{\frac{1}{3}}^{\frac{1}{2}} 2x\mathrm{d}x}{\int_{\frac{1}{3}}^{1} 2x\mathrm{d}x} = \frac{\frac{5}{36}}{\frac{8}{9}} = \frac{5}{32}.$$

与离散型随机变量计算概率的方法作比较,现在用积分取代加法.

§3.3   常用连续型随机变量

由于密度函数刻画了一个连续型随机变量取值的统计规律性,因此,随机变量按其密度函数的不同可以是多种多样的. 下面介绍几种常用的连续型随机变量.

设连续型随机变量 X 的密度函数为

$$f(x) = \begin{cases} c, & a < x < b; \\ 0, & \text{其余}. \end{cases}$$

由 $\int_{-\infty}^{\infty} f(x)\mathrm{d}x = 1$ 推得,必定有 $c = \dfrac{1}{b-a}$. 通常称这个随机变量 X 服从区间 (a,b) 上的(**连续型**)**均匀分布**,记作 $X \sim R(a,b)$. 一维情形下的几何型概率可以用连续型均匀分布来描述. 连续型均匀分布的分布函数为

$$F(x) = \begin{cases} 0, & x < a; \\ \int_a^x \dfrac{1}{b-a}\mathrm{d}x = \dfrac{x-a}{b-a}, & a \leqslant x < b; \\ 1, & x \geqslant b. \end{cases}$$

在随机模拟技术中,服从均匀分布 $R(0,1)$ 的随机变量是最基本的一类随机变

量,可参阅例 3.13.

例 3.3   根据历史资料分析,某地连续两次强地震之间相隔的时间 X(单位:年)是一个随机变量,它的分布函数为

$$F(x) = \begin{cases} 1 - e^{-0.1x}, & x \geqslant 0; \\ 0, & x < 0. \end{cases}$$

现在该地刚发生了一次强地震.试求

(1) 今后 3 年内再次发生强地震的概率;

(2) 今后 3 年至 5 年内再次发生强地震的概率.

解   (1) 所求概率为

$$P(X \leqslant 3) = F(3) = 1 - e^{-0.1 \times 3} = 0.26;$$

(2) 所求概率为

$$\begin{aligned} P(3 < X \leqslant 5) &= F(5) - F(3) \\ &= (1 - e^{-0.1 \times 5}) - (1 - e^{-0.1 \times 3}) = 0.13. \end{aligned}$$

例 3.3 中的随机变量是连续型,它的密度函数为

$$f(x) = \begin{cases} 0.1 e^{-0.1x}, & x > 0; \\ 0, & \text{其余.} \end{cases}$$

例 3.3 中的概率也可以通过对 $f(x)$ 积分来求得.一般地,如果随机变量 X 的密度函数为

$$f(x) = \begin{cases} \lambda e^{-\lambda x}, & x > 0; \\ 0, & \text{其余.} \end{cases}$$

那么称这个随机变量 X 服从参数为 λ 的**指数分布**,记作 $X \sim E(\lambda)$,其中,$\lambda > 0$. 指数分布的分布函数为

$$F(x) = \begin{cases} 1 - e^{-\lambda x}, & x \geqslant 0; \\ 0, & x < 0. \end{cases}$$

同离散型中几何分布一样,指数分布也具有无记忆性,即当 $X \sim E(\lambda)$ 时,有

$$P(X > s + t \mid X > s) = P(X > t),$$

其中,$s, t > 0$. 由于这个特性,指数分布在可靠性问题中被广泛地应用,许多优质电子产品的寿命常常服从指数分布.

如果随机变量 X 的密度函数为

$$f(x) = \frac{1}{\sqrt{2\pi}\sigma} e^{\frac{(x-\mu)^2}{2\sigma^2}}, \quad -\infty < x < \infty,$$

那么称这个随机变量 X 服从参数为 μ, σ^2 的**正态分布**(或**高斯**(Gauss)**分布**),记作 X

$\sim N(\mu,\sigma^2)$,其中,$-\infty < \mu < \infty, \sigma > 0$.

服从正态分布的随机变量统称为**正态随机变量**.

正态分布 $N(\mu,\sigma^2)$ 的密度函数 $f(x)$ 的图像见图 3.5.密度函数 $f(x)$ 具有下列性质:

(ⅰ)$f(x)$ 关于 $x = \mu$ 对称;

(ⅱ)$f(x)$ 在 $x = \mu$ 处有最大值 $f(\mu) = \dfrac{1}{\sqrt{2\pi}\sigma}$;

(ⅲ)当 $|x| \nearrow \infty$ 时,$f(x) \searrow 0$.

图 3.5　正态分布 $N(\mu,\sigma^2)$ 的密度函数

图 3.5 还给出了参数 σ^2 的一个几何解释:当 σ^2 较大时,密度函数曲线平坦;当 σ^2 较小时,曲线陡峭.在第四章中还将证明,μ 恰是 X 的均值(即数学期望)$E(X)$,σ^2 恰是 X 的方差 $D(X)$;σ 恰是 X 的标准差 $\sqrt{D(X)}$.

正态分布在理论上与实际应用中都是一个极其重要的分布,高斯在研究误差理论时曾用它来刻画误差的分布.经验表明,当一个变量受到大量微小的、独立的随机因素影响时,这个变量一般服从或近似服从正态分布.例如,某地区男性成年人的身高,自动机床生产的产品尺寸,材料的断裂强度,某地区的年降雨量,等等.

参数 $\mu = 0$ 且 $\sigma^2 = 1$ 的正态分布 $N(0,1)$ 称为**标准正态分布**,它的密度函数为

$$\varphi(x) \triangleq \frac{1}{\sqrt{2\pi}}\mathrm{e}^{-\frac{x^2}{2}}, \quad -\infty < x < \infty;$$

它的分布函数记作 $\Phi(x)$,即

$$\Phi(x) \triangleq \int_{-\infty}^{x} \frac{1}{\sqrt{2\pi}}\mathrm{e}^{-\frac{t^2}{2}}\mathrm{d}t, \quad -\infty < x < \infty.$$

由于 $N(0,1)$ 的密度函数是一个偶函数,因此,由 $\Phi(x) + \Phi(-x) = 1$ 推得

$$\Phi(-x) = 1 - \Phi(x), \quad \Phi(0) = 0.5.$$

当 $x > 0$ 时,$\Phi(x)$ 的值可以查附表四得到.

例3.4 设 $X \sim N(0,1)$. 查附表四得到

$P(X \leqslant 1.2) = \Phi(1.2) = 0.8849$;

$P(X \leqslant -1.2) = \Phi(-1.2) = 1 - \Phi(1.2) = 0.1151$;

$P(1.2 \leqslant X < 3) = \Phi(3) - \Phi(1.2) = 0.9987 - 0.8849 = 0.1138$;

$$P(|X| < 2) = P(-2 < X < 2) = \Phi(2) - \Phi(-2)$$
$$= \Phi(2) - [1 - \Phi(2)] = 2\Phi(2) - 1$$
$$= 2 \times 0.9772 - 1 = 0.9544.$$

从例3.4最后一个概率计算过程可得如下公式:当 $X \sim N(0,1)$ 且 $x \geqslant 0$ 时,有

$$P(|X| < x) = P(-x < X < x) = 2\Phi(x) - 1;$$

$$P(|X| \geqslant x) = 1 - (2\Phi(x) - 1) = 2 - 2\Phi(x).$$

当 $X \sim N(\mu, \sigma^2)$ 时,由于 X 的分布函数

$$F(x) = \int_{-\infty}^{x} \frac{1}{\sqrt{2\pi}\sigma} \exp\left\{-\frac{(t-\mu)^2}{2\sigma^2}\right\} \mathrm{d}t$$

$$\left(\diamondsuit u = \frac{t-\mu}{\sigma}\right) \qquad = \int_{-\infty}^{\frac{x-\mu}{\sigma}} \frac{1}{\sqrt{2\pi}} \exp\left\{-\frac{u^2}{2}\right\} \mathrm{d}u = \Phi\left(\frac{x-\mu}{\sigma}\right),$$

因此

$$P(a < X \leqslant b) = \Phi\left(\frac{b-\mu}{\sigma}\right) - \Phi\left(\frac{a-\mu}{\sigma}\right).$$

这个公式称为**正态概率计算公式**.

例3.5 设 $X \sim N(1,4)$,查附表四得到

$$P(1.2 < X \leqslant 4) = \Phi\left(\frac{4-1}{2}\right) - \Phi\left(\frac{1.2-1}{2}\right) = \Phi(1.5) - \Phi(0.1)$$

$$= 0.9332 - 0.5398 = 0.3934;$$

$$P(X \leqslant 0) = P(-\infty < X \leqslant 0) = \Phi\left(\frac{0-1}{2}\right) - 0 = \Phi(-0.5) = 1 - \Phi(0.5)$$

$$= 1 - 0.6915 = 0.3085;$$

$$P(X \geqslant 4) = P(4 \leqslant X < \infty) = 1 - \Phi\left(\frac{4-1}{2}\right)$$

$$= 1 - \Phi(1.5) = 1 - 0.9332 = 0.0668.$$

这里用到了 $\Phi(-\infty) = 0, \Phi(\infty) = 1$.

例3.6 某人上班所需的时间(单位:分)$X \sim N(50, 100)$. 已知上班时间为早晨

8时,他每天7时出门.试求

(1) 某天迟到的概率;

(2) 某周(以 5 天计)最多迟到 1 次的概率.

解 (1) 某天迟到的概率为

$$P(X > 60) = 1 - \Phi\left(\frac{60-50}{10}\right) = 1 - \Phi(1) = 1 - 0.84 = 0.16.$$

(2) 设 1 周内迟到次数为 Y. 离散型随机变量 $Y \sim B(5, 0.16)$. 所求概率为

$$P(Y \leqslant 1) = P_5(0) + P_5(1) = 0.84^5 + 5 \times 0.16 \times 0.84^4 = 0.82.$$

当 $X \sim N(0,1)$ 时,附表四对 $x \geqslant 0$,给出了 $\Phi(x)$ 的值. 反过来,给定 $p, 0 < p < 1$,也可以从附表四中查得 u_p,使得 $\Phi(u_p) = p$,即

$$P(X \leqslant u_p) = \int_{-\infty}^{u_p} \varphi(x) \mathrm{d}x = p.$$

称 u_p 为标准正态分布的 **p 分位数**(图 3.6),$u_p = \Phi^{-1}(p)$.

图 3.6 $N(0,1)$ 的 p 分位数 u_p 的几何解释

当 $0.5 \leqslant p < 1$ 时,u_p 可以直接查表得到. 例如,当 $p = 0.975$ 时,$u_{0.975} = 1.96$. 当 $p < 0.5$ 时,由 $\Phi(x)$ 的性质知道

$$u_p = -u_{1-p}.$$

例如,当 $p = 0.01$ 时,$u_{0.01} = -u_{0.99} = -2.326$. 有时候,需要对给定的 $\alpha(0 < \alpha < 1)$ 求出常数 c,使得

$$P(|X| > c) = \alpha.$$

由于 $P(X > c) = \dfrac{\alpha}{2}$,即 $\Phi(c) = 1 - P(X > c) = 1 - \dfrac{\alpha}{2}$,因此,$c = u_{1-\frac{\alpha}{2}}$. 例如,当 $\alpha = 0.1$ 时,$c = u_{0.95} = 1.645$.

§3.4 二维随机变量及其分布

如果一个二维随机变量的值域是平面上的一个区域,那么称它为**二维连续型随机变(向)量**.类似地有 n **维连续型随机变(向)量**.本节主要研究二维连续型随机变量取值的统计规律性(即分布).对于 n 维连续型随机变量,这些内容同样适用,读者可以自行推广.

一、联合密度函数

类似于一维随机变量的密度函数,给出下列定义:

定义 3.4 给定二维连续型随机变量 (X,Y),如果存在一个定义域为整个平面的二元非负实值函数 $f(x,y)$,使得 (X,Y) 的分布函数 $F(x,y)$ 可以表达成

$$F(x,y) = \int_{-\infty}^{x} \int_{-\infty}^{y} f(u,v) \mathrm{d}u \mathrm{d}v, \quad -\infty < x,y < \infty,$$

那么称 $f(x,y)$ 为连续型随机变量 (X,Y) 的**(概率)密度函数**(或**分布**),或者称它为随机变量 X 与 Y 的**联合(概率)密度函数**(或**联合分布**).

按照联合分布函数的特征性质,联合密度函数必须满足下列两个条件:

(ⅰ) $f(x,y) \geqslant 0, -\infty < x,y < \infty$;

(ⅱ) $\int_{-\infty}^{\infty} \int_{-\infty}^{\infty} f(x,y) \mathrm{d}x \mathrm{d}y = 1.$

这两个条件刻画了联合密度函数的特征性质.

定理 3.5(连续型随机向量的性质) 设 (X,Y) 是任意一个二维连续型随机变量,$F(x,y)$ 与 $f(x,y)$ 分别是它的分布函数与密度函数.

(ⅰ) $F(x,y)$ 为连续函数,且在 $f(x,y)$ 的连续点处,

$$\frac{\partial^2}{\partial x \partial y} F(x,y) = f(x,y);$$

(ⅱ) 对任意一条平面曲线 L,$P((X,Y) \in L) = 0$;

(ⅲ) 对任意一个平面上的集合 D,

$$P((X,Y) \in D) = \iint_D f(x,y) \mathrm{d}x \mathrm{d}y.$$

严格证明这条定理超出了本课程的要求,但是定理的结论与一维的情形相类似.设 (X,Y) 的密度函数为

$$f(x,y) = \begin{cases} \dfrac{1}{G \text{ 的面积}}, & (x,y) \in G; \\ 0, & \text{其余}. \end{cases}$$

其中,G 是平面上某个区域,称这个随机变量 (X,Y) 服从区域 G 上的**二维(连续型)均匀分布**.

例 3.7 设 (X,Y) 服从区域 G 上的均匀分布,其中,$G = \{(x,y): |x| \leqslant 1, |y| \leqslant 1\}$,试求一元二次方程 $t^2 + Xt + Y = 0$ 无实数根的概率,并求出分布函数 $F(x,y)$.

解 由于 G 的面积为 4,因此,(X,Y) 的密度函数

$$f(x,y) = \begin{cases} \dfrac{1}{4}, & (x,y) \in G; \\ 0, & \text{其余.} \end{cases}$$

于是,所求概率(图 3.7)为

$$P(X^2 - 4Y < 0) = P((X,Y) \in D) = \iint\limits_D f(x,y)\mathrm{d}x\mathrm{d}y = \int_{-1}^{1} \mathrm{d}x \int_{x^2/4}^{1} \frac{1}{4}\mathrm{d}y = \frac{11}{24}.$$

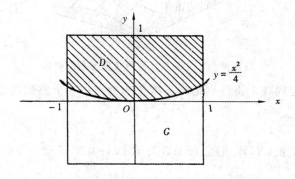

图 3.7　例 3.7 中的区域 G 与 D

分布函数 $F(x,y)$ 要用二元分段函数来表达:xOy 平面被 4 条直线($x = \pm 1$,$y = \pm 1$)分成 9 部分,由定义 3.4 分别求得

$$F(x,y) = \begin{cases} 0, & x < -1 \text{ 或 } y < -1; \\ \dfrac{1}{4}(x+1)(y+1), & -1 \leqslant x < 1 \text{ 且 } -1 \leqslant y < 1; \\ \dfrac{1}{2}(x+1), & -1 \leqslant x < 1 \text{ 且 } y \geqslant 1; \\ \dfrac{1}{2}(y+1), & x \geqslant 1 \text{ 且 } -1 \leqslant y < 1; \\ 1, & x \geqslant 1 \text{ 且 } y \geqslant 1. \end{cases}$$

如果随机变量 (X,Y) 的密度函数为

$$f(x,y) = \frac{1}{2\pi\sigma_1\sigma_2\sqrt{1-\rho^2}} \exp\left\{ -\frac{1}{2(1-\rho^2)} \left[\frac{(x-\mu_1)^2}{\sigma_1^2} \right.\right.$$

$$\left.\left. -2\rho\frac{(x-\mu_1)(y-\mu_2)}{\sigma_1\sigma_2} + \frac{(y-\mu_2)^2}{\sigma_2^2} \right] \right\}, \quad -\infty < x, y < \infty,$$

那么称这个随机变量(X,Y)服从参数为$\mu_1,\mu_2,\sigma_1^2,\sigma_2^2,\rho$的**二维正态分布**,记作$(X,Y)$ $\sim N(\mu_1,\mu_2,\sigma_1^2,\sigma_2^2,\rho)$,其中,$-\infty<\mu_1,\mu_2<\infty,\sigma_1,\sigma_2>0,|\rho|<1$.图3.8给出了它的密度函数所表示的一个曲面$z=f(x,y)$.

图 3.8   二维正态分布的密度函数的图像

定理3.6与定理3.7将分别给出二维正态分布中5个参数的意义.

二、边缘密度函数

设二维随机变量(X,Y)的分布函数为$F(x,y)$.对任意一个x,

$$P(X\leqslant x)=P(X\leqslant x,-\infty<Y<\infty)=F(x,\infty)^{①},$$

按分布函数的定义,称

$$F_X(x)\triangleq F(x,\infty),\quad -\infty<x<\infty$$

为X的**边缘分布函数**.类似地,称

$$F_Y(y)\triangleq F(\infty,y),\quad -\infty<y<\infty$$

为Y的边缘分布函数.

设(X,Y)是连续型随机变量,它的密度函数为$f(x,y)$,由于随机变量X的值域是(X,Y)的值域在x轴上的投影,因此,X是连续型随机变量,对任意一个x,由定理3.5(ⅲ)推得

$$F_X(x)=P(X\leqslant x,-\infty<Y<\infty)$$

$$=\int_{-\infty}^{x}\left\{\int_{-\infty}^{\infty}f(x,y)\mathrm{d}y\right\}\mathrm{d}x.$$

---

① 直观上,$P(X\leqslant x,-\infty<Y<\infty)=\lim\limits_{y\to\infty}P(X\leqslant x,Y\leqslant y)=\lim\limits_{y\to\infty}F(x,y)=F(x,\infty)$.

于是,按密度函数的定义,称

$$f_X(x) = \int_{-\infty}^{\infty} f(x,y)\,\mathrm{d}y, \quad -\infty < x < \infty$$

为 X 的**边缘(概率)密度函数**(或**边缘分布**).类似地,称

$$f_Y(y) = \int_{-\infty}^{\infty} f(x,y)\,\mathrm{d}x, \quad -\infty < y < \infty$$

为 Y 的边缘(概率)密度函数(或边缘分布).

定理 3.6 设 $(X,Y) \sim N(\mu_1,\mu_2,\sigma_1^2,\sigma_2^2,\rho)$.那么,$X$ 的边缘分布为 $N(\mu_1,\sigma_1^2)$,Y 的边缘分布为 $N(\mu_2,\sigma_2^2)$.

证 在边缘密度函数 $f_X(x)$ 的计算公式中,对被积函数 $f(x,y)$ 中的积分变量 y 作变换: $v = \dfrac{y-\mu_2}{\sigma_2}$,$\mathrm{d}v = \dfrac{1}{\sigma_2}\mathrm{d}y$,并记 $u = \dfrac{x-\mu_1}{\sigma_1}$,得到

$$f_X(x) = \int_{-\infty}^{\infty} \frac{1}{2\pi\sigma_1\sqrt{1-\rho^2}} \exp\left\{-\frac{u^2 - 2\rho uv + v^2}{2(1-\rho^2)}\right\} \mathrm{d}v$$

$$= \frac{1}{\sqrt{2\pi}\sigma_1} e^{-\frac{u^2}{2}} \int_{-\infty}^{\infty} \frac{1}{\sqrt{2\pi}\sqrt{1-\rho^2}} \exp\left\{-\frac{(v-\rho u)^2}{2(1-\rho^2)}\right\} \mathrm{d}v = \frac{1}{\sqrt{2\pi}\sigma_1} \exp\left\{-\frac{(x-\mu_1)^2}{2\sigma_1^2}\right\},$$

其中,最后一个等式成立是因为被积函数恰是 $N(\rho u,(1-\rho^2))$ 的密度函数,因此积分值为 1.上式表明 $X \sim N(\mu_1,\sigma_1^2)$;类似地,可以推得 $Y \sim N(\mu_2,\sigma_2^2)$. **证毕**

定理 3.6 又一次说明随机向量的分布不能由它们的边缘分布唯一确定,因为当 ρ 取不同值时,尽管 X,Y 的边缘分布相同,但是它们的联合分布却不同.

例 3.8 设 X 与 Y 的联合密度函数为

$$f(x,y) = \begin{cases} 2xy, & (x,y) \in G; \\ 0, & \text{其余}. \end{cases}$$

其中,区域 G 如图 3.9 所示,试求 X,Y 的边缘密度函数.

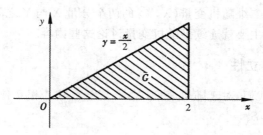

图 3.9 例 3.8 中的区域 G

解 当 $0 < x < 2$ 时,

$$f_X(x) = \int_{-\infty}^{\infty} f(x,y)\mathrm{d}y = \int_0^{x/2} 2xy\,\mathrm{d}y = \frac{x^3}{4}.$$

因此,X 的边缘密度函数为

$$f_X(x) = \begin{cases} \dfrac{x^3}{4}, & 0 < x < 2; \\ 0, & \text{其余}. \end{cases}$$

当 $0 < y < 1$ 时,

$$f_Y(y) = \int_{-\infty}^{\infty} f(x,y)\mathrm{d}x = \int_{2y}^{2} 2xy\,\mathrm{d}x = 4y(1-y^2).$$

因此,Y 的边缘密度函数为

$$f_Y(y) = \begin{cases} 4y(1-y^2), & 0 < y < 1; \\ 0, & \text{其余}. \end{cases}$$

如果要求边缘分布函数 $F_X(x)$,可以先求出边缘密度函数 $f_X(x)$,然后按公式 $F_X(x) = \int_{-\infty}^{x} f_X(t)\mathrm{d}t$ 计算. 在例 3.8 中,由 X 的边缘密度函数 $f_X(x)$ 得到边缘分布函数

$$F_X(x) = \int_{-\infty}^{x} f_X(t)\mathrm{d}t = \begin{cases} 0, & x < 0; \\ \dfrac{x^4}{16}, & 0 \leqslant x < 2; \\ 1, & x \geqslant 2. \end{cases}$$

类似地可以求得 $F_Y(y)$.

§3.5　随机变量的独立性与条件分布

我们已经知道,二维随机变量(X,Y)的两个分量 X 与 Y 之间一般存在统计规律性方面的联系,本节主要就连续型随机变量讨论这些内容.

一、随机变量的独立性

定理 2.2 告诉我们,对于随机变量(X,Y),当 X 与 Y 相互独立时,对于任意两个实数轴上的集合 S_1, S_2,

$$P(X \in S_1, Y \in S_2) = P(X \in S_1)P(Y \in S_2).$$

当 $S_1 = (-\infty, x]$,$S_2 = (-\infty, y]$ 时,上式成为

$$P(X \leqslant x, Y \leqslant y) = P(X \leqslant x)P(Y \leqslant y).$$

这就导致下列随机变量独立性的一般定义.

定义 3.5 如果随机变量 X 与 Y 的联合分布函数恰为两个边缘分布函数的乘积,即

$$F(x,y) = F_X(x)F_Y(y), \quad \text{对一切} -\infty < x,y < \infty,$$

那么就称**随机变量 X 与 Y 相互独立**.

可以证明,在离散型的情况下,定义 3.5 与定义 2.3 等价;在连续型的情形下,定义 3.5 等价于 X 与 Y 的联合密度函数等于它们边缘密度函数的乘积,即

$$f(x,y) = f_X(x)f_Y(y)$$

在 $f(x,y), f_X(x), f_Y(y)$ 的一切公共连续点上成立.

例 3.8 中的随机变量 X 与 Y 不相互独立,因为当取 $S_1 = [0,1], S_2 = \left[0, \dfrac{1}{2}\right]$ 时,

$$P(X \in S_1) = \int_0^1 \frac{1}{4} x^3 \mathrm{d}x = \frac{1}{16}, \quad P(Y \in S_2) = \int_0^{\frac{1}{2}} 4y(1-y^2)\mathrm{d}y = \frac{7}{16},$$

$$P(X \in S_1, Y \in S_2) = \int_0^1 \mathrm{d}x \int_0^{\frac{x}{2}} 2xy \mathrm{d}y = \frac{1}{16},$$

$$P(X \in S_1, Y \in S_2) \neq P(X \in S_1)P(Y \in S_2).$$

定理 3.7 设 $(X,Y) \sim N(\mu_1, \mu_2, \sigma_1^2, \sigma_2^2, \rho)$. 那么,$X$ 与 Y 相互独立的充分必要条件为 $\rho = 0$.

证 当 $\rho = 0$ 时,由二维正态分布的定义及定理 3.6 推得

$$f(x,y) = f_X(x)f_Y(y)$$

对一切 $-\infty < x,y < \infty$ 都成立,因此,X 与 Y 相互独立. 反之,当 X 与 Y 相互独立时,由于

$$f(\mu_1, \mu_2) = \frac{1}{2\pi\sigma_1\sigma_2\sqrt{1-\rho^2}},$$

$$f_X(\mu_1) = \frac{1}{\sqrt{2\pi}\sigma_1}, \quad f_Y(\mu_2) = \frac{1}{\sqrt{2\pi}\sigma_2},$$

且 $f(x,y), f_X(x), f_Y(y)$ 在一切点都连续,因此,从

$$\frac{1}{2\pi\sigma_1\sigma_2\sqrt{1-\rho^2}} = \frac{1}{\sqrt{2\pi}\sigma_1} \cdot \frac{1}{\sqrt{2\pi}\sigma_2}$$

解得 $\rho = 0$. 证毕

由定理 3.7 看出,二维正态分布中的参数 ρ 反映了两个分量之间的联系,它恰是

两个分量 X 与 Y 的相关系数(见 §4.3).

对于 n 维随机变量,随机变量独立性的一般定义如下:

定义 3.6 如果随机变量 $X_1,\cdots,X_n$ 的联合分布函数恰为 n 个边缘分布函数的乘积,即

$$F(x_1,\cdots,x_n) = \prod_{i=1}^{n} F_{X_i}(x_i), \quad -\infty < x_1,\cdots,x_n < \infty,$$

那么就称这 n 个随机变量 $X_1,\cdots,X_n$ 相互独立.

可以证明,在离散型的情形下,定义 3.6 和定义 2.4 等价;在连续型的情形下,定义 3.6 等价于 $X_1,\cdots,X_n$ 的联合密度函数

$$f(x_1,\cdots,x_n) = \prod_{i=1}^{n} f_{X_i}(x_i)$$

在 $f(x_1,\cdots,x_n), f_{X_1}(x_1),\cdots,f_{X_n}(x_n)$ 的一切公共连续点上成立.

最后,我们还要指出,定理 2.5 不仅对离散型而且对连续型随机变量也成立,严格证明超出本课程的要求.

二、条件密度函数

在连续型的情况下,讨论"已知事件 $\{Y=y\}$ 发生时 X 的分布"要复杂一些,例如,上海地区身高(记作 Y)为 y 的男性成人,他们的体重 X 的分布直观上是存在的,用概率 $P(X \leqslant x \mid Y=y)$ 来表示似乎也是自然的.但由于 $P(Y=y)=0$,因此,不能简单地定义条件分布函数为 $P(X \leqslant x \mid Y=y)$.这里先从客观存在的条件密度函数进行讨论.由于连续型随机变量的密度函数相当于离散型随机变量的概率函数,因此,仿照条件概率函数给出如下定义:

定义 3.7 设 (X,Y) 的密度函数为 $f(x,y)$,对任意一个固定的 y,当 $f_Y(y)>0$ 时,称

$$f_{X|Y}(x \mid y) \triangleq \frac{f(x,y)}{f_Y(y)}, \quad -\infty < x < \infty$$

为已知 $\{Y=y\}$ 发生时 X 的**条件(概率)密度函数**(或条件分布).类似地,对任意一个固定的 x,当 $f_X(x)>0$ 时,称

$$f_{Y|X}(y \mid x) \triangleq \frac{f(x,y)}{f_X(x)}, \quad -\infty < y < \infty$$

为已知 $\{X=x\}$ 发生时 Y 的条件(概率)密度函数(或条件分布).

$f_{X|Y}(x \mid y)$ 与 $f_{Y|X}(y \mid x)$ 满足作为密度函数的两个要求:

(ⅰ) $f_{X|Y}(x \mid y) \geqslant 0$;

(ⅱ) $\displaystyle\int_{-\infty}^{\infty} f_{X|Y}(x \mid y)\mathrm{d}x = \frac{\displaystyle\int_{-\infty}^{\infty} f(x,y)\mathrm{d}x}{f_Y(y)} = 1.$

与条件密度函数(作为一个密度函数)相应的分布函数

$$F_{X|Y}(x \mid y) \triangleq \int_{-\infty}^{x} f_{X|Y}(u \mid y)\mathrm{d}u = \int_{-\infty}^{x} \frac{f(u,y)}{f_Y(y)}\mathrm{d}u, \quad -\infty < x < \infty;$$

$$F_{Y|X}(y \mid x) \triangleq \int_{-\infty}^{y} f_{Y|X}(v \mid x)\mathrm{d}v = \int_{-\infty}^{y} \frac{f(x,v)}{f_X(x)}\mathrm{d}v, \quad -\infty < y < \infty$$

称为**条件分布函数**. 同样,对于离散型随机变量,与条件概率函数(作为一个概率函数)相应的分布函数也称为条件分布函数.

本书涉及的条件密度函数与条件分布函数都是一元函数.

对条件密度函数的定义 3.7 作一个直观解释. 按照 §3.2 中密度函数的概率意义:

$$f_{X|Y}(x \mid y)\Delta x \approx P(x < X \leqslant x + \Delta x \mid Y = y).$$

为了避免条件概率中的 $P(Y = y) = 0$,把上式右端理解成

$$\lim_{\varepsilon \to 0^+} P(x < X \leqslant x + \Delta x \mid y - \varepsilon < Y \leqslant y + \varepsilon),$$

于是,由条件概率的定义得到

$$f_{X|Y}(x \mid y)\Delta x \approx \lim_{\varepsilon \to 0^+} \frac{P(x < X \leqslant x + \Delta x, y - \varepsilon < Y \leqslant y + \varepsilon)}{P(y - \varepsilon < Y \leqslant y + \varepsilon)}$$

$$\approx \lim_{\varepsilon \to 0^+} \frac{f(x,y)\Delta x \cdot 2\varepsilon}{f_Y(y) \cdot 2\varepsilon} = \frac{f(x,y)}{f_Y(y)}\Delta x.$$

上式两边消去 Δx 后便是定义 3.7 中所规定的条件密度.

随着条件 $\{Y = y\}$(或 $\{X = x\}$)的不同,相应地有多种不同的 X(或 Y)的条件密度函数. 但是,当 X 与 Y 相互独立时,由于

$$f_{X|Y}(x \mid y) = \frac{f(x,y)}{f_Y(y)} = \frac{f_X(x)f_Y(y)}{f_Y(y)} = f_X(x),$$

因此,X(或 Y)的一切条件密度函数与其边缘密度函数相同,关于条件分布函数的结论是类似的.

例 3.9 在例 3.8 中,试求

(1) 已知事件 $\left\{Y = \frac{1}{2}\right\}$ 发生时 X 的条件密度函数;

(2) $f_{Y|X}(y \mid x), \quad 0 < x < 2.$

解 (1) 现在 $f_Y\left(\frac{1}{2}\right) = 4 \times \frac{1}{2} \times \left(1 - \frac{1}{4}\right) = \frac{3}{2} > 0$. 在已知事件 $\left\{Y = \frac{1}{2}\right\}$ 发生的条件下,X 的值域为区间 $(1,2)$(即直线 $y = \frac{1}{2}$ 在区域 G 内的线段在 x 轴上的投影),且当 $1 < x < 2$ 时,有

$$f_{X|Y}\left(x\,\bigg|\,\frac{1}{2}\right)=\frac{f\left(x,\frac{1}{2}\right)}{f_Y\left(\frac{1}{2}\right)}=\frac{2x\times\frac{1}{2}}{\frac{3}{2}}=\frac{2}{3}x.$$

从而,所求条件密度函数为

$$f_{X|Y}\left(x\,\bigg|\,\frac{1}{2}\right)=\begin{cases}\dfrac{2}{3}x, & 1<x<2;\\[2mm] 0, & \text{其余}.\end{cases}$$

顺便得到,相应的条件分布函数为

$$F_{X|Y}\left(x\,\bigg|\,\frac{1}{2}\right)=\begin{cases}0, & x<1;\\[2mm] \displaystyle\int_1^x\frac{2}{3}t\mathrm{d}t=\frac{1}{3}(x^2-1), & 1\leqslant x<2;\\[2mm] 1, & x\geqslant 2.\end{cases}$$

(2) 当 $0<x<2$ 时,$f_X(x)=x^3/4>0$. 在已知事件$\{X=x\}$发生的条件下,Y 的值域为区间$\left(0,\dfrac{x}{2}\right)$,且当 $0<y<\dfrac{x}{2}$ 时,有

$$f_{Y|X}(y\mid x)=\frac{f(x,y)}{f_X(x)}=\frac{2xy}{\dfrac{x^3}{4}}=\frac{8y}{x^2}.$$

从而,所求条件密度函数为(当 $0<x<2$ 时)

$$f_{Y|X}(y\mid x)=\begin{cases}\dfrac{8y}{x^2}, & 0<y<\dfrac{x}{2};\\[2mm] 0, & \text{其余}.\end{cases}$$

顺便得到,相应的条件分布函数为(当 $0<x<2$ 时)

$$F_{Y|X}(y\mid x)=\begin{cases}0, & y<0;\\[2mm] \displaystyle\int_0^y\frac{8t}{x^2}\mathrm{d}t=\frac{4y^2}{x^2}, & 0\leqslant y<\dfrac{x}{2};\\[2mm] 1, & y\geqslant\dfrac{x}{2}.\end{cases}$$

由条件密度函数可以计算条件概率. 在例 3.9(1) 中:

$$P\left(\frac{3}{2}<X\leqslant 3\mid Y=\frac{1}{2}\right)=\int_{\frac{3}{2}}^3 f_{X|Y}\left(x\,\bigg|\,\frac{1}{2}\right)\mathrm{d}x=\int_{\frac{3}{2}}^2\frac{2}{3}x\mathrm{d}x=\frac{7}{12};$$

由条件分布函数也可以计算条件概率,上述条件概率为

$$P\left(\frac{3}{2}<X\leqslant 3\,\bigg|\,Y=\frac{1}{2}\right)=F_{X|Y}\left(3\,\bigg|\,\frac{1}{2}\right)-F_{X|Y}\left(\frac{3}{2}\,\bigg|\,\frac{1}{2}\right)=\frac{7}{12}.$$

对于二维正态分布,所有条件分布都是一维正态分布,具体结论见习题 3.18.

与离散型的情况相类似,如果知道了一个随机变量的边缘密度函数,以及已知这个随机变量取任一个固定值时另一个随机变量的条件密度函数,那么,可以唯一地确定联合密度函数.

例 3.10   设随机变量 $X \sim R(0,1)$. 当已知 $X = x$ 时,$Y \sim R(0,x)$,其中,$0 < x < 1$,试求 (X,Y) 的密度函数.

解   由所给条件得到

$$f_X(x) = \begin{cases} 1, & 0 < x < 1; \\ 0, & \text{其余}. \end{cases}$$

当 $0 < x < 1$ 时,

$$f_{Y|X}(y \mid x) = \begin{cases} \dfrac{1}{x}, & 0 < y < x; \\ 0, & \text{其余}. \end{cases}$$

因此,由 $f(x,y) = f_X(x) f_{Y|X}(y \mid x)$ 推得(注意分段函数的乘法)

$$f(x,y) = \begin{cases} \dfrac{1}{x}, & (x,y) \in G; \\ 0, & \text{其余}. \end{cases}$$

其中,区域 $G = \{(x,y) : 0 < y < x < 1\}$.

§3.6   随机变量函数的分布

在 §2.6 中曾经研究了离散型随机变量 $g(X)$ 与 $g(X,Y)$ 的分布.本节就连续型的情形进行讨论.

一、一维随机变量函数的密度函数

已知 X 的密度函数为 $f(x)$,如何求得随机变量 $Y = g(X)$ 的密度函数?下面将通过解决一个具体的例子来给出处理这类问题的一般方法.

例 3.11   设电流(单位:A)X 通过一个电阻值为 3Ω 的电阻器,且 $X \sim R(5,6)$. 试求在该电阻器上消耗的功率 $Y = 3X^2$ 的分布函数 $F_Y(y)$ 与密度函数 $f_Y(y)$.

解   由于 X 的值域 $\Omega_X = (5,6)$,因此,$Y = 3X^2$ 的值域 $\Omega_Y = (75,108)$. Y 是一个连续型随机变量.X 的密度函数为

$$f(x) = \begin{cases} 1, & 5 < x < 6; \\ 0, & \text{其余}. \end{cases}$$

当 $75 < y < 108$ 时,Y 的分布函数为

$$F_Y(y) = P(Y \leqslant y) = P(3X^2 \leqslant y) = P\left(-\sqrt{\frac{y}{3}} \leqslant X \leqslant \sqrt{\frac{y}{3}}\right)$$

$$= \int_{-\sqrt{\frac{y}{3}}}^{\sqrt{\frac{y}{3}}} f(x) \mathrm{d}x = \int_{5}^{\sqrt{\frac{y}{3}}} 1 \mathrm{d}x = \sqrt{\frac{y}{3}} - 5.$$

因此

$$F_Y(y) = \begin{cases} 0, & y < 75; \\ \sqrt{\dfrac{y}{3}} - 5, & 75 \leqslant y < 108; \\ 1, & y \geqslant 108. \end{cases}$$

对 $F_Y(y)$ 求导,得到 Y 的密度函数为

$$f_Y(y) = \begin{cases} \dfrac{1}{2\sqrt{3y}}, & 75 < y < 108; \\ 0, & \text{其余}. \end{cases}$$

下面给出求 $Y = g(X)$ 的分布函数与密度函数的一般步骤.

步骤 1 由 X 的值域 Ω_X 确定 Y 的值域 Ω_Y.

步骤 2 对任意一个 $y \in \Omega_Y$,求出

$$F_Y(y) = P(Y \leqslant y) = P(g(X) \leqslant y) = P(X \in S_y) = \int_{S_y} f(x) \mathrm{d}x,$$

其中,$S_y = \{x: g(x) \leqslant y\}$ 是一个或若干个与 y 有关的区间的并.

步骤 3 按分布函数的性质写出 $F_Y(y)$, $-\infty < y < \infty$.

步骤 4 通过求导得到 $f_Y(y)$, $-\infty < y < \infty$.

再举一些例子来说明上述方法.

例 3.12 已知 X 的密度函数为

$$f(x) = \frac{1}{\pi(1+x^2)}, \quad -\infty < x < \infty.$$

试求 $Y = \mathrm{e}^{-X}$ 的密度函数 $f_Y(y)$.

解 由于 $\Omega_X = (-\infty, \infty)$,因此 $\Omega_Y = (0, \infty)$. 对任意一个 $y > 0$:

$$F_Y(y) = P(Y \leqslant y) = P(\mathrm{e}^{-X} \leqslant y) = P(X \geqslant -\ln y) = \int_{-\ln y}^{\infty} \frac{1}{\pi(1+x^2)} \mathrm{d}x.$$

由于这里只要求出密度函数,因此,由高等数学中积分上限函数的求导公式[①],对 $F_Y(y)$ 直接求导得到

---

① $\dfrac{\mathrm{d}}{\mathrm{d}y} \displaystyle\int_{\alpha(y)}^{\beta(y)} f(x) \mathrm{d}x = f[\beta(y)]\beta'(y) - f[\alpha(y)]\alpha'(y).$

$$f_Y(y) = \begin{cases} \dfrac{1}{\pi(1 + \ln^2 y)y}, & y > 0; \\ 0, & \text{其余.} \end{cases}$$

例 3.13 设随机变量 X 的分布函数 $F(X)$ 连续且单调增加. 试证, 随机变量 $Y = F(X) \sim R(0,1)$.

证 由于 $F(x)$ 单调增加, 因此反函数 $F^{-1}(x)$ 存在. $Y = F(X)$ 的值域 $\Omega_Y = (0, 1)$. 当 $0 < y < 1$ 时,

$$F_Y(y) = P(Y \leqslant y) = P(F(X) \leqslant y)$$

$$= P(X \leqslant F^{-1}(y)) = F(F^{-1}(y)) = y.$$

因此

$$f_Y(y) = \begin{cases} 1, & 0 < y < 1; \\ 0, & \text{其余.} \end{cases}$$

这表明 Y 服从区间 $(0,1)$ 上的均匀分布.

例 3.13 中, 除去"单调增加"的条件, 结论依然成立, 但证明需用较深的高等数学知识. 在随机模拟技术中, 利用例 3.13, 可以产生服从各种分布的随机变量供使用.

下面讨论正态随机变量的线性函数的分布.

定理 3.8 当 $X \sim N(\mu, \sigma^2)$ 时, $Y = kX + c \sim N(k\mu + c, k^2\sigma^2)$, 其中 k, c 是常数, 且 $k \neq 0$. 特殊地, $\dfrac{X - \mu}{\sigma} \sim N(0,1)$.

证 后一结论是前一结论的特例, 其中, $k = \dfrac{1}{\sigma}, c = -\dfrac{\mu}{\sigma}$. 下面就 $k > 0$ 给出证明, $k < 0$ 的情形留给读者作练习.

由于 $\Omega_X = (-\infty, \infty)$, 因此 $\Omega_Y = (-\infty, \infty)$. 对任意一个 y,

$$F_Y(y) = P(Y \leqslant y) = P(kX + c \leqslant y) = P\left(X \leqslant \frac{y - c}{k}\right)$$

$$= \int_{-\infty}^{\frac{y-c}{k}} \frac{1}{\sqrt{2\pi}\sigma} e^{-\frac{(x-\mu)^2}{2\sigma^2}} \, dx.$$

通过求导得到

$$f_Y(y) = \frac{1}{\sqrt{2\pi}\sigma} \exp\left\{-\frac{1}{2\sigma^2}\left(\frac{y-c}{k} - \mu\right)^2\right\} \frac{1}{k}$$

$$= \frac{1}{\sqrt{2\pi}k\sigma} \exp\left\{-\frac{[y - (k\mu + c)]^2}{2(k\sigma)^2}\right\}, \quad -\infty < y < \infty,$$

这表明 $Y \sim N(k\mu + c, k^2\sigma^2)$. **证毕**

通过第四章的学习,我们将会看到, $\dfrac{X-\mu}{\sigma}$ 实际上是 X 的标准化随机变量 X^* ,定理 3.8 表明,正态随机变量的线性函数依然服从正态分布.

二、二维随机变量函数的密度函数

已知 (X,Y) 的密度函数为 $f(x,y)$,如何求得随机变量 $Z=g(X,Y)$ 的密度函数?虽然从原则上说一维情形下的方法依然有效,但具体实施时会遇到计算上的麻烦.下面重点讨论 $Z=X+Y$ 的分布.

例 3.14 设 X 与 Y 相互独立,且都服从指数分布 $E(\lambda)$.试求 $Z=X+Y$ 的密度函数.

解 X 与 Y 的联合密度函数为

$$f(x,y)=f_X(x)f_Y(y)=\begin{cases}\lambda^2\mathrm{e}^{-\lambda(x+y)}, & x>0,y>0;\\ 0, & \text{其余}.\end{cases}$$

$Z=X+Y$ 的值域 $\Omega_z=(0,\infty)$,当 $z>0$ 时,

$$F_Z(z)=P(Z\leqslant z)=P(X+Y\leqslant z)=P((X,Y)\in D_z)=\iint\limits_{D_z}f(x,y)\mathrm{d}x\mathrm{d}y,$$

其中, $D_z=\{(x,y):x,y>0\text{ 且 }x+y\leqslant z\}$ (图 3.10).

图 3.10 例 3.14 中的积分区域 D_z

从而,当 $z>0$ 时,有

$$F_Z(z)=\int_0^z\mathrm{d}x\int_0^{z-x}\lambda^2\mathrm{e}^{-\lambda(x+y)}\mathrm{d}y=\int_0^z(\lambda\mathrm{e}^{-\lambda x}-\lambda\mathrm{e}^{-\lambda z})\mathrm{d}x=1-\mathrm{e}^{-\lambda z}-\lambda z\mathrm{e}^{-\lambda z}.$$

通过求导得到 Z 的密度函数为

$$f_Z(z)=\begin{cases}\lambda^2 z\mathrm{e}^{-\lambda z}, & z>0;\\ 0, & \text{其余}.\end{cases}$$

例 3.15 设 X 与 Y 相互独立, $X\sim R(0,1)$, $Y\sim E(1)$.试求 $Z=X+Y$ 的密度函数.

解 X 与 Y 的联合密度函数为

$$f(x,y) = \begin{cases} 1 \cdot e^{-y}, & 0 < x < 1, y > 0; \\ 0, & \text{其余}. \end{cases}$$

$Z = X + Y$ 的值域 $\Omega_z = (0, \infty)$. 当 $z > 0$ 时,有

$$F_Z(z) = P(Z \leqslant z) = P(X + Y \leqslant z) = P((X,Y) \in D_z) = \iint\limits_{D_z} f(x,y) \mathrm{d}x\mathrm{d}y,$$

其中, $D_z = \{(x,y) : 0 < x < 1, y > 0 \text{ 且 } x + y \leqslant z\}$(图 3.11). 由于 $z < 1$ 与 $z > 1$ 时积分区域 D_z 的形状不同,因此,需要分别讨论.

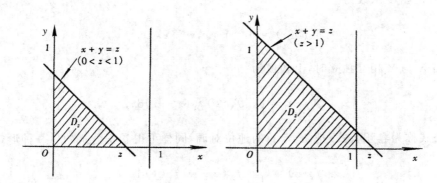

图 3.11 例 3.15 中的积分区域 D_z

当 $0 < z < 1$ 时:

$$F_Z(z) = \int_0^z \mathrm{d}x \int_0^{z-x} e^{-y} \mathrm{d}y = \int_0^z (1 - e^{-(z-x)}) \mathrm{d}x = z + e^{-z} - 1;$$

当 $z > 1$ 时:

$$F_Z(z) = \int_0^1 \mathrm{d}x \int_0^{z-x} e^{-y} \mathrm{d}y = \int_0^1 (1 - e^{-(z-x)}) \mathrm{d}x = 1 - (e-1)e^{-z}.$$

通过求导得到 Z 的密度函数:

$$f_Z(z) = \begin{cases} 1 - e^{-z}, & 0 < z < 1; \\ (e-1)e^{-z}, & z > 1; \\ 0, & \text{其余}. \end{cases}$$

一般地,当 X 与 Y 的联合密度函数为 $f(x,y)$ 时, $Z = X + Y$ 的分布函数为

$$F_Z(z) = P(Z \leqslant z) = P(X + Y \leqslant z) = \iint\limits_{x+y \leqslant z} f(x,y) \mathrm{d}x\mathrm{d}y$$

$$= \int_{-\infty}^{\infty} \left\{ \int_{-\infty}^{z-x} f(x,y) \mathrm{d}y \right\} \mathrm{d}x.$$

对花括号内的积分作变换 $u = x + y(\mathrm{d}u = \mathrm{d}y)$，得到

$$\int_{-\infty}^{z-x} f(x,y) \mathrm{d}y = \int_{-\infty}^{z} f(x,u-x) \mathrm{d}u.$$

于是

$$F_Z(z) = \int_{-\infty}^{\infty} \left\{ \int_{-\infty}^{z} f(x,u-x) \mathrm{d}u \right\} \mathrm{d}x = \int_{-\infty}^{z} \left\{ \int_{-\infty}^{\infty} f(x,u-x) \mathrm{d}x \right\} \mathrm{d}u.$$

从而，Z 的密度函数为

$$f_Z(z) = \int_{-\infty}^{\infty} f(x,z-x) \mathrm{d}x.$$

当 X 与 Y 相互独立时，上式成为

$$f_Z(z) = \int_{-\infty}^{\infty} f_X(x) f_Y(z-x) \mathrm{d}x.$$

这个公式称为**卷积公式**. 把 X 与 Y 的地位对调，同样可得卷积公式的另一种形式

$$f_Z(z) = \int_{-\infty}^{\infty} f_X(z-y) f_Y(y) \mathrm{d}y.$$

由于在绝大多数问题中，$f_X(x)$，$f_Y(y)$ 是分段函数，因此，具体使用卷积公式并不带来方便. 当然，如果 $f_X(x)$，$f_Y(y)$ 是连续函数，那么，应用卷积公式直接求得密度函数比较方便.

定理 3.9（正态分布的可加性） 设 X 与 Y 相互独立，当 $X \sim N(\mu_1, \sigma_1^2)$，$Y \sim N(\mu_2, \sigma_2^2)$ 时，$X + Y \sim N(\mu_1 + \mu_2, \sigma_1^2 + \sigma_2^2)$.

证 X, Y 的边缘密度函数分别为

$$f_X(x) = \frac{1}{\sqrt{2\pi}\sigma_1} \exp\left\{ -\frac{1}{2\sigma_1^2}(x-\mu_1)^2 \right\},$$

$$f_Y(y) = \frac{1}{\sqrt{2\pi}\sigma_2} \exp\left\{ -\frac{1}{2\sigma_2^2}(y-\mu_2)^2 \right\}.$$

按卷积公式，对任意一个 z，$-\infty < z < \infty$，$Z = X + Y$ 的密度函数

$$f_Z(z) = \int_{-\infty}^{\infty} f_X(x) f_Y(z-x) \mathrm{d}x$$

$$= \int_{-\infty}^{\infty} \frac{1}{2\pi\sigma_1\sigma_2} \exp\left\{ -\frac{1}{2}\left[\frac{(x-\mu_1)^2}{\sigma_1^2} + \frac{(z-x-\mu_2)^2}{\sigma_2^2} \right] \right\} \mathrm{d}x$$

$$= \frac{1}{2\pi\sigma_1\sigma_2}\int_{-\infty}^{\infty} \exp\left\{-\frac{1}{2}\left[\left(\frac{1}{\sigma_1^2}+\frac{1}{\sigma_2^2}\right)x^2 - 2\left(\frac{\mu_1}{\sigma_1^2}+\frac{z-\mu_2}{\sigma_2^2}\right)x\right.\right.$$

$$\left.\left. + \left(\frac{\mu_1^2}{\sigma_1^2}+\frac{(z-\mu_2)^2}{\sigma_2^2}\right)\right]\right\}\mathrm{d}x.$$

由习题 3.11 提供的积分公式得到

$$f_Z(z) = \frac{1}{\sqrt{2\pi}\sqrt{\sigma_1^2+\sigma_2^2}}\exp\left\{-\frac{[z-(\mu_1+\mu_2)]^2}{2(\sigma_1^2+\sigma_2^2)}\right\}.$$

这恰是 $N(\mu_1+\mu_2, \sigma_1^2+\sigma_2^2)$ 的密度函数. **证毕**

定理 3.9 可以推广到 n 个相互独立的正态随机变量之和.

对略微复杂的函数 $g(X,Y)$(如 $X-Y, XY, X/Y, X^2+Y^2$ 等),用例 3.15 给出的一般方法也可以解决.计算过程的关键是确定区域 $D_z = \{(x,y):g(x,y)\leqslant z\}$ 并求出重积分.

例 3.16 设二维随机变量 (X,Y) 的密度函数为

$$f(x,y) = \begin{cases} 1, & 0 < x < 1 \text{ 且 } 0 < y < 2x; \\ 0, & \text{其余}. \end{cases}$$

试求 $Z = 2X - Y$ 的密度函数.

解 二维随机变量 (X,Y) 的值域

$$\Omega_{(X,Y)} = \{(x,y):0 < x < 1, 0 < y < 2x\}$$

介于两条直线 $2x-y=0$ 与 $2x-y=2$ 之间(见图 3.12),因此 Z 的值域 $\Omega_Z = (0, 2)$.当 $0 < z < 2$ 时,有

$$F_Z(z) = P(Z\leqslant z) = P(2X-Y\leqslant z) = P((X,Y)\in D_z)$$

$$= \iint_{D_z} f(x,y)\mathrm{d}x\mathrm{d}y = \iint_{D_z}\mathrm{d}x\mathrm{d}y = 1 - \left(1-\frac{z}{2}\right)^2.$$

图 3.12 例 3.16 中的积分区域 D_z

通过求导,得到 Z 的密度函数为

$$f_Z(z) = \begin{cases} 1 - \dfrac{z}{2}, & 0 < z < 2; \\ 0, & \text{其余}. \end{cases}$$

在可靠性问题中,常常会遇到串并联系统. 设两个元件的寿命分别为 X,Y,假定它们相互独立. 当这两个元件并联时,系统的寿命为 $U = \max(X,Y)$;当这两个元件串联时,系统的寿命 $V = \min(X,Y)$. 如果 X,Y 的分布函数分别为 $F_X(x), F_Y(y)$,那么,U 的分布函数为

$$F_U(u) = P(U \leqslant u) = P(\max(X,Y) \leqslant u)$$
$$= P(X \leqslant u, Y \leqslant u) = P(X \leqslant u)P(Y \leqslant u) = F_X(u)F_Y(u);$$

V 的分布函数为

$$F_V(v) = P(V \leqslant v) = P(\min(X,Y) \leqslant v)$$
$$= 1 - P(\min(X,Y) > v) = 1 - P(X > v, Y > v)$$
$$= 1 - P(X > v)P(Y > v) = 1 - [1 - F_X(v)][1 - F_Y(v)].$$

这两个结论可推广到 n 个元件的串联系统与并联系统.

例 3.17　设 X 与 Y 是独立同分布的随机变量,它们都服从区间 $(0, \theta)$ 上的均匀分布,$\theta > 0$,试求 $U = \max(X,Y)$ 与 $V = \min(X,Y)$ 的密度函数.

解　均匀分布 $R(0, \theta)$ 的分布函数为

$$F(x) = \begin{cases} 0, & x < 0; \\ \dfrac{x}{\theta}, & 0 \leqslant x < \theta; \\ 1, & x \geqslant \theta. \end{cases}$$

U 的值域 $\Omega_U = (0, \theta)$. 当 $0 < u < \theta$ 时,有

$$F_U(u) = F_X(u)F_Y(u) = \frac{u}{\theta} \cdot \frac{u}{\theta} = \frac{u^2}{\theta^2}.$$

于是,U 的密度函数为

$$f_U(u) = \begin{cases} \dfrac{2u}{\theta^2}, & 0 < u < \theta; \\ 0, & \text{其余}. \end{cases}$$

V 的值域 $\Omega_V = (0, \theta)$. 当 $0 < v < \theta$ 时,有

$$F_V(v) = 1 - [1 - F_X(v)][1 - F_Y(v)]$$

$$= 1 - \left(1 - \frac{v}{\theta}\right)\left(1 - \frac{v}{\theta}\right) = 1 - \left(1 - \frac{v}{\theta}\right)^2.$$

于是,V 的密度函数为

$$f_V(v) = \begin{cases} \dfrac{2(\theta - v)}{\theta^2}, & 0 < v < \theta; \\ 0, & \text{其余}. \end{cases}$$

这里我们还要指出,尽管最大值、最小值分布函数的公式对离散型随机变量也适用,但是,由于涉及较麻烦的分段函数运算,因此还是建议读者使用 §2.6 中给出的方法,即通过求出概率函数来得到分布函数.

习　　题

3.1　设随机变量 X 服从二项分布 $B(2,0.4)$.试求 X 的分布函数,并作出它的图像.

3.2　设 $F(x)$ 是分布函数.验证 $F^2(x)$ 满足定理 3.1 的 4 条特征性质,从而证明 $F^2(x)$ 必定是某个随机变量的分布函数.

3.3　已知随机变量 X 的分布函数为

$$F(x) = \begin{cases} 0, & x < -1; \\ a + b\arcsin x, & -1 \leqslant x < 1; \\ 1, & x \geqslant 1. \end{cases}$$

(1) 当 a,b 取何值时 $F(x)$ 为连续函数?

(2) 当 $F(x)$ 连续时,试求 $P\left(|X| < \dfrac{1}{2}\right)$;

(3) 当 X 是连续型随机变量时,试求 X 的密度函数.

3.4　设随机变量 X 的密度函数为

$$f(x) = \begin{cases} cx^3, & 0 < x < 1; \\ 0, & \text{其余}. \end{cases}$$

试确定常数 c 的值,并由此求出 $P\left(-1 < X < \dfrac{1}{2}\right)$ 与分布函数.

3.5　设 X 服从区间 $(-1,4)$ 上的均匀分布.Y 表示对 X 作 3 次独立重复观测中事件 $\{|X| < 2\}$ 出现的次数.试求 $P(Y=1)$.

3.6　设某种晶体管的寿命(单位:小时)是一个随机变量 X,它的密度函数为

$$f(x) = \begin{cases} 100x^{-2}, & x > 100; \\ 0, & \text{其余}. \end{cases}$$

(1) 试求该种晶体管不能工作 150h 的概率;

(2) 一台仪器中装有 4 只此种晶体管,试求工作 150h 后至少有 1 只失效的概率.假定这 4 只晶体管是否失效是互不影响的.

3.7 设 $X \sim N(-1,16)$. 试求 $P(2 \leqslant X \leqslant 5)$ 与 $P(|X|>3)$.

3.8 设 $X \sim N(0,1)$. 试对下列各种情形分别求出常数 c, 并把它用分位数记号表示.

(1) $P(X < c) = 0.9$;

(2) $P(X > c) = 0.9$;

(3) $P(|X| \leqslant c) = 0.9$;

(4) $P(|X| \geqslant c) = 0.9$.

3.9 设某幢建筑物的使用寿命(单位:年) $X \sim N(50,100)$.

(1) 试求它能被使用 60 年的概率;

(2) 已知这幢建筑物已经被使用了 30 年, 试求它还能被使用 30 年的概率.

3.10 利用高等数学中的积分公式 $\int_0^\infty e^{-x^2} dx = \dfrac{\sqrt{\pi}}{2}$ 验证

$$\int_{-\infty}^\infty \frac{1}{\sqrt{2\pi}\sigma} \exp\left\{-\frac{(x-\mu)^2}{2\sigma^2}\right\} dx = 1.$$

3.11 利用正态分布 $N\left(\dfrac{b}{a}, \dfrac{1}{a}\right)$ 的密度函数 $(a > 0)$ 证明:

$$\int_{-\infty}^\infty \exp\left\{-\frac{1}{2}(ax^2 - 2bx + c)\right\} dx = \sqrt{\frac{2\pi}{a}} \exp\left\{-\frac{ac - b^2}{2a}\right\}.$$

3.12 对二维正态分布 $N(\mu_1, \mu_2, \sigma_1^2, \sigma_2^2, \rho)$ 的密度函数 $f(x,y)$, 验证

$$\int_{-\infty}^\infty \int_{-\infty}^\infty f(x,y) dx dy = 1.$$

3.13 设 (X,Y) 的密度函数为

$$f(x,y) = \begin{cases} c(6 - x - y), & 0 < x < 2, \quad 2 < y < 4; \\ 0, & \text{其余}. \end{cases}$$

试确定常数 c 的值, 并由此求出 $P(X+Y<4)$ 与 $P(X<1 \mid X+Y<4)$.

3.14 设 (X,Y) 服从区域 G 上的均匀分布, 其中 G 由直线 $y = -x$, $y = x$ 与 $x = 2$ 所围成. 试求

(1) X 与 Y 的联合密度函数;

(2) X,Y 的边缘密度函数;

(3) X 与 Y 相互独立吗? 为什么?

(4) $f_{X|Y}(x \mid 1)$ 与 $f_{X|Y}(x \mid y)$, 其中 $|y| < 2$;

(5) $P(X \leqslant \sqrt{2} \mid Y = 1)$.

3.15 设 X 与 Y 的联合密度函数为

$$f(x,y) = \begin{cases} 2e^{-(x+2y)}, & x > 0, y > 0; \\ 0, & \text{其余}. \end{cases}$$

(1) X 与 Y 相互独立吗? 为什么?

(2) 试求 $P(X < 1, Y > 2)$;

(3) 试求 $f_{X|Y}(x \mid 1)$ 与 $f_{X|Y}(x \mid y)$, 其中 $y > 0$;

(4) 试求 X 与 Y 的联合分布函数.

3.16 设随机变量 $X \sim E(1)$. 当已知 $X = x$ 时, $Y \sim R(0,x)$, 其中, $x > 0$. 试求 X 与 Y 的联合密度函数.

3.17 设 X 与 Y 相互独立,X 服从集合 $\{1,2,3\}$ 上的离散型均匀分布,即 $P(X=k)=\dfrac{1}{3}$,$k=1,2,3$,$Y \sim R(0,4)$.试求 $P(X+Y \leqslant 4 \mid X=1)$ 与 $P(X+Y \leqslant 4)$.[提示:用全概率公式计算后一个概率.]

3.18 设 $(X,Y) \sim N(\mu_1,\mu_2,\sigma_1^2,\sigma_2^2,\rho)$.试证

$$X \mid Y = y \sim N\left(\mu_1 + \rho \frac{\sigma_1}{\sigma_2}(y-\mu_2),\sigma_1^2(1-\rho^2)\right),$$

$$Y \mid X = x \sim N\left(\mu_2 + \rho \frac{\sigma_2}{\sigma_1}(x-\mu_1),\sigma_2^2(1-\rho^2)\right).$$

[提示:直接按定义 3.7 给出的公式计算.]

3.19 设 $X \sim N(\mu,\sigma^2)$,试求 $Y = \mathrm{e}^X$ 的密度函数.

3.20 设 $X \sim N(0,1)$,试求 $Y = |X|$ 的密度函数.

3.21 设 $X \sim E(\lambda)$,试求 $Y = \mathrm{e}^{-\lambda X}$ 与 $Z = 1 - \mathrm{e}^{-\lambda X}$ 的密度函数.

3.22 设 $X \sim R(0,\pi)$,试求 $Y = \sin X$ 的分布函数与密度函数.

3.23 设 X 与 Y 是独立同分布的随机变量,它们都服从均匀分布 $R(0,1)$.试求 $Z = X+Y$ 的分布函数与密度函数.

3.24 设 X 与 Y 相互独立,$X \sim N(2,1)$,$Y \sim N(1,2)$.试求 $Z = 2X-Y+3$ 的密度函数.[提示:利用定理 3.8 与定理 3.9.]

3.25 设 X 与 Y 是独立同分布的随机变量,它们都服从标准正态分布 $N(0,1)$.试求 $Z = \sqrt{X^2+Y^2}$ 的分布函数与密度函数.

3.26 设 X 与 Y 相互独立,$X \sim R(0,2)$,$Y \sim R(0,1)$.试求 $Z = XY$ 的密度函数.

3.27 设 $X_1,\cdots,X_n$ 是独立同分布的随机变量,它们都服从指数分布 $E(\lambda)$.记 $U = \max_{1 \leqslant i \leqslant n} X_i$,$V = \min_{1 \leqslant i \leqslant n} X_i$.

(1) 试求 U 的密度函数;

(2) 试证 $V \sim E(n\lambda)$[提示:先求 V 的密度函数].

3.28 用卡车装水泥,设每袋水泥的重量(单位:千克)服从正态分布 $N(50,2.5^2)$.

(1) 卡车装了 60 袋水泥,试求水泥总重量 Y 的密度函数[提示:$Y = X_1 + \cdots + X_{60}$,$X_1,\cdots,X_{60}$ 独立同分布,且都服从 $N(50,2.5^2)$];

(2) 要使卡车上水泥总重量超过 2 000 千克的概率不大于 0.05.问最多只能装多少袋水泥?

3.29 设某商品一天的需求量是一个随机变量,它的密度函数为

$$f(x) = \begin{cases} x\mathrm{e}^{-x}, & x > 0; \\ 0, & 其余. \end{cases}$$

试求该商品两天的需求量 Y 的密度函数.假定各天的需求量相互独立.

3.30 设 (X,Y) 服从单位圆上的均匀分布.记

$$U = \begin{cases} 1, & X+Y \leqslant 0, \\ 0, & X+Y > 0; \end{cases} \quad V = \begin{cases} 1, & X-Y \leqslant 0, \\ 0, & X-Y > 0. \end{cases}$$

试求 U 与 V 的联合概率函数.[提示:随机事件 $\{U=1\} = \{X+Y \leqslant 0\}$,$\{V=1\} = \{X-Y \leqslant 0\}$,于是随机事件 $\{U=1,V=1\} = \{X+Y \leqslant 0\} \bigcap \{X-Y \leqslant 0\}$.]

第四章　　随机变量的数字特征

随机变量的分布函数(或概率函数,或密度函数)固然全面地描述了这个随机变量取值的统计规律性,但在实际问题中,随机变量的分布并不能确切地知道,我们常常关心的只是随机变量的取值在某些方面的特征,而不是它的全貌.这类特征往往通过若干个实数来反映,在概率论中称它们为随机变量(或该随机变量所服从的相应分布)的**数字特征**.在应用问题中,随机变量的数字特征常常发挥重要的作用.

§4.1　　数学期望

首先考察一个简单的例子.

例 4.1　某校甲班有 20 名学生,他们的英语考试成绩(五级记分)如表 4.1 所示.

表 4.1

成　绩/级	1	2	3	4	5
人　数	1	4	7	6	2
频　率	$\frac{1}{20}$	$\frac{4}{20}$	$\frac{7}{20}$	$\frac{6}{20}$	$\frac{2}{20}$

表中最后一行给出了取各种成绩的频率.甲班的平均成绩是各种成绩以频率为权的加权平均:

$$\frac{1}{20} \times (1 \times 1 + 2 \times 4 + 3 \times 7 + 4 \times 6 + 5 \times 2) = 1 \times \frac{1}{20} + 2 \times \frac{4}{20} + 3 \times \frac{7}{20} + 4 \times \frac{6}{20} + 5 \times \frac{2}{20} = 3.2.$$

注意到频率与概率之间的密切关系,给出一般的定义.

定义 4.1　设离散型随机变量 X 的概率函数为

$$P(X = a_i) = p_i, \quad i = 1, 2, \cdots.$$

当级数 $\sum_{i=1}^{\infty} |a_i| p_i$ 收敛时[①],称 $\sum_{i=1}^{\infty} a_i p_i$ 的值为随机变量 X 的**数学期望**(简称为**期望**或**均值**),记作 $E(X)$,即

---

①　如果 X 的值域是一个有限集,那么不需要这个条件.如果这个条件不满足,那么称随机变量 X 的数学期望不存在.

$$E(X) \triangleq \sum_i a_i p_i.$$

随机变量 X 的取值 $a_1, a_2, \cdots$ 的排列次序不是本质的. 为了保证无穷级数 $\sum\limits_{i=1}^{\infty} a_i p_i$ 的值不因改变求和次序而变化, 这里要求级数 $\sum\limits_{i=1}^{\infty} a_i p_i$ 绝对收敛时, $E(X)$ 才有定义. 但是, 由于常见的随机变量都满足这一要求, 因此在以下的讨论中我们不再验证这一条件.

由于随机变量的分布刻画了随机变量取值的统计规律性, 因此, 当 X 服从某个分布时, 我们也称 $E(X)$ 是这个分布的期望.

对于连续型随机变量 X, 应该如何合理地定义期望 $E(X)$ 呢? 设 X 的密度函数为 $f(x)$. 在数轴上取定一个区间 $(a, b]$, 在 $(a, b]$ 上取 $n-1$ 个分点:
$$a \triangleq x_0 < x_1 < \cdots < x_{n-1} < x_n \triangleq b.$$
设这 n 个小区间的长度分别为 $\Delta x_1, \cdots, \Delta x_n$, 于是,
$$P(X \in (x_{i-1}, x_i]) = \int_{x_{i-1}}^{x_i} f(x) \mathrm{d}x \approx f(x_i) \Delta x_i \triangleq p_i, \quad i = 1, \cdots, n.$$

表 4.2

$\widetilde{X}$	x_1	$\cdots$	x_n
P_r	p_1	$\cdots$	p_n

我们把随机变量 X 近似地看作一个离散型随机变量 $\widetilde{X}$, 它的概率函数如表 4.2 所示. 由离散型随机变量期望的定义得到

$$E(\widetilde{X}) = \sum_{i=1}^{n} x_i p_i = \sum_{i=1}^{n} x_i f(x_i) \Delta x_i.$$

如果分点 $x_1, \cdots, x_n$ 很密 $(n \to \infty)$, 且 $a \to -\infty, b \to \infty$, 那么, $E(\widetilde{X})$ 的极限便是 $\int_{-\infty}^{\infty} x f(x) \mathrm{d}x$. 这就导致下列期望的定义.

定义 4.1′ 设连续型随机变量 X 的密度函数为 $f(x)$. 当积分 $\int_{-\infty}^{\infty} |x| f(x) \mathrm{d}x$ 收敛时[①], 称 $\int_{-\infty}^{\infty} x f(x) \mathrm{d}x$ 的值为随机变量 X 的数学期望(简称期望或均值), 记作 $E(X)$, 即

$$E(X) \triangleq \int_{-\infty}^{\infty} x f(x) \mathrm{d}x.$$

下面给出一些常用分布的期望.

例 4.2 (i) 当 $X \sim B(1, p)$ 时, 由于 X 的概率函数为

---

① 如果 X 的值域包含于一个有限区间内, 那么不需要这个条件. 如果这个条件不满足, 那么称随机变量 X 的数学期望不存在.

$$P(X = k) = p^k (1-p)^{1-k}, \quad k = 0, 1.$$

因此

$$E(X) = 0 \cdot (1-p) + 1 \cdot p = p.$$

（ii）当 $X \sim B(n, p)$ 时，由于 X 的概率函数为

$$P(X = k) = \binom{n}{k} p^k (1-p)^{n-k}, \quad k = 0, 1, \cdots, n,$$

因此

$$E(X) = \sum_{k=0}^{n} k \binom{n}{k} p^k (1-p)^{n-k} = np \sum_{k=1}^{n} \frac{(n-1)!}{(k-1)!(n-k)!} p^{k-1} (1-p)^{n-k}$$

（记 $l = k - 1$）
$$= np \sum_{l=0}^{n-1} \binom{n-1}{l} p^l (1-p)^{(n-1)-l} = np.$$

（iii）当 $X \sim P(\lambda)$ 时，由于 X 的概率函数为

$$P(X = k) = \mathrm{e}^{-\lambda} \frac{\lambda^k}{k!}, \quad k = 0, 1, 2, \cdots.$$

因此

$$E(X) = \sum_{k=0}^{\infty} k \mathrm{e}^{-\lambda} \frac{\lambda^k}{k!} = \lambda \sum_{k=1}^{\infty} \mathrm{e}^{-\lambda} \frac{\lambda^{k-1}}{(k-1)!}$$

（记 $l = k - 1$）
$$= \lambda \sum_{l=0}^{\infty} \mathrm{e}^{-\lambda} \frac{\lambda^l}{l!} = \lambda.$$

例 4.3　（i）当 $X \sim R(a, b)$ 时：

$$E(X) = \int_a^b x \frac{1}{b-a} \mathrm{d}x = \frac{1}{2}(a+b).$$

（ii）当 $X \sim E(\lambda)$ 时：

$$E(X) = \int_0^{\infty} x \lambda \mathrm{e}^{-\lambda x} \mathrm{d}x = \frac{1}{\lambda}.$$

（iii）当 $X \sim N(\mu, \sigma^2)$ 时：

$$E(X) = \int_{-\infty}^{\infty} x \frac{1}{\sqrt{2\pi}\sigma} \exp\left\{-\frac{(x-\mu)^2}{2\sigma^2}\right\} \mathrm{d}x$$

$$\left(\diamondsuit\ t = \frac{x-\mu}{\sigma}\right) \qquad = \int_{-\infty}^{\infty} (\sigma t + \mu) \frac{1}{\sqrt{2\pi}} \exp\left\{-\frac{t^2}{2}\right\} \mathrm{d}t$$

$$= \sigma \int_{-\infty}^{\infty} \frac{t}{\sqrt{2\pi}} e^{-\frac{t^2}{2}} dt + \mu \int_{-\infty}^{\infty} \frac{1}{\sqrt{2\pi}} e^{-\frac{t^2}{2}} dt = \sigma \times 0 + \mu \times 1 = \mu.$$

期望 $E(X)$ 的直观含义是:它反映了随机变量 X 的平均取值. 在例 2.3 中,随机变量 X 表示"1000 个病人中最终死亡的人数",X 服从参数 $n = 1000, p = 0.2\%$ 的二项分布,由例 4.2(ⅱ)知道:

$$E(X) = np = 1000 \times 0.2\% = 2.$$

这表明 1000 个病人中平均死亡 2 人. 在例 3.3 中,我们假定某地连续两次强地震之间相隔的年数 X 服从参数 $\lambda = 0.1$ 的指数分布,由例 4.3(ⅱ)知道:

$$E(X) = \frac{1}{\lambda} = \frac{1}{0.1} = 10.$$

这表明该地连续两次强地震之间平均相隔 10 年.

随机变量的函数一般仍是随机变量,下面的定理告诉我们:不必求出随机变量函数的分布,可以直接计算它的期望.

定理 4.1(随机变量函数的期望计算公式)

(ⅰ)设离散型随机变量 X 的概率函数为

$$P(X = a_i) = p_i, \quad i = 1, 2, \cdots,$$

当 $\sum_{i=1}^{\infty} |g(a_i)| p_i$ 收敛时,随机变量函数 $g(X)$ 的期望为

$$E[g(X)] = \sum_i g(a_i) p_i;$$

设连续型随机变量 X 的密度函数为 $f(x)$,当 $\int_{-\infty}^{\infty} |g(x)| f(x) dx$ 收敛时,随机变量函数 $g(x)$ 的期望为

$$E[g(X)] = \int_{-\infty}^{\infty} g(x) f(x) dx.$$

(ⅱ)设离散型随机变量 (X,Y) 的概率函数为

$$P(X = a_i, Y = b_j) = p_{ij}, \quad i, j = 1, 2, \cdots,$$

当 $\sum_{i=1}^{\infty} \sum_{j=1}^{\infty} |g(a_i, b_j)| p_{ij}$ 收敛时,随机变量函数 $g(X, Y)$ 的期望为

$$E[g(X, Y)] = \sum_i \sum_j g(a_i, b_j) p_{ij};$$

设连续型随机变量 (X, Y) 的密度函数为 $f(x, y)$,当 $\int_{-\infty}^{\infty} \int_{-\infty}^{\infty} |g(x, y)| f(x, y) dx dy$

收敛时,随机变量函数 $g(X,Y)$ 的期望为

$$E[g(X,Y)] = \int_{-\infty}^{\infty} \int_{-\infty}^{\infty} g(x,y) f(x,y) \mathrm{d}x \mathrm{d}y.$$

证 连续型情形下的严格证明超出本课程的要求.下面我们就离散型情形证明
(ⅰ),(ⅱ) 的证明留给读者作练习.在 §2.6 中我们已经知道,$g(X)$ 的概率函数[①]为

$g(X)$	$g(a_1)$	$g(a_2)$	$\cdots$
P_r	p_1	p_2	$\cdots$

按期望的定义 4.1,得

$$E[g(X)] = \sum_i g(a_i) p_i. \qquad \text{证毕}$$

定理 4.1(ⅱ) 有一个特例.在离散型情形下,由于 $p_{i.} = \sum_j p_{ij}$,因此,当
$g(X,Y) = X$ 时,有

$$E(X) = \sum_i \sum_j a_i p_{ij} = \sum_i a_i \Big(\sum_j p_{ij} \Big) = \sum_i a_i p_{i.};$$

类似地

$$E(Y) = \sum_i \sum_j b_j p_{ij} = \sum_j b_j \Big(\sum_i p_{ij} \Big) = \sum_j b_j p_{.j}.$$

在连续型情形下,由于 $f_X(x) = \int_{-\infty}^{\infty} f(x,y) \mathrm{d}y$,因此

$$E(X) = \int_{-\infty}^{\infty} \int_{-\infty}^{\infty} x f(x,y) \mathrm{d}x \mathrm{d}y = \int_{-\infty}^{\infty} x \Big(\int_{-\infty}^{\infty} f(x,y) \mathrm{d}y \Big) \mathrm{d}x$$

$$= \int_{-\infty}^{\infty} x f_X(x) \mathrm{d}x;$$

类似地

$$E(Y) = \int_{-\infty}^{\infty} y f_Y(y) \mathrm{d}y.$$

这表明,对于二维随机变量 (X,Y) 中的一维随机变量 X、Y,可以用其边缘分布求数
字特征.

例 4.4 设 $X \sim P(\lambda)$,那么,由 $E(X) = \lambda$ 推得

---

① 必要时,还应该把某些项合并,但这不影响下面的加法运算.

$$E(X^2) = \sum_{k=0}^{\infty} k^2 \mathrm{e}^{-\lambda} \frac{\lambda^k}{k!} = \sum_{k=0}^{\infty} k(k-1) \mathrm{e}^{-\lambda} \frac{\lambda^k}{k!} + \sum_{k=0}^{\infty} k \mathrm{e}^{-\lambda} \frac{\lambda^k}{k!}$$

$$= \lambda^2 \sum_{k=2}^{\infty} \mathrm{e}^{-\lambda} \frac{\lambda^{k-2}}{(k-2)!} + E(X)$$

（记 $l = k-2$） $\qquad = \lambda^2 \sum_{l=0}^{\infty} \mathrm{e}^{-\lambda} \frac{\lambda^l}{l!} + \lambda = \lambda^2 + \lambda.$

例 4.5 设 $X \sim E(\lambda)$，则

$$E(X^2) = \int_0^{\infty} x^2 \lambda \mathrm{e}^{-\lambda x} \mathrm{d}x = \frac{2}{\lambda^2}.$$

现在来给出期望的一些重要性质，假定出现的随机变量的期望都是有定义的. 另外，在概率论中，通常把常数（记作 c）视作概率函数为

$$P(X = c) = 1$$

的随机变量 X，并称 X 服从参数为 c 的**退化分布**.

定理 4.2（期望的性质） 设 k, l 与 c 都是常数.

（ⅰ）$E(c) = c$；

（ⅱ）$E(kX + c) = kE(X) + c$；

（ⅲ）$E(kX + lY) = kE(X) + lE(Y)$；

（ⅳ）当 X 与 Y 相互独立时，$E(XY) = E(X)E(Y)$.

证 下面仅就离散型情形给出证明，对于连续型随机变量，证明是类似的. 由定义 4.1 推得（ⅰ）成立；（ⅱ）是（ⅲ）的特例（$l = 1$，Y 服从参数为 c 的退化分布）. 下面证明（ⅲ）与（ⅳ）. 设 (X, Y) 的概率函数为

$$P(X = a_i, Y = b_j) = p_{ij}, \quad i, j = 1, 2, \cdots.$$

（ⅲ）由随机变量函数的期望计算公式知道：

$$E(kX + lY) = \sum_i \sum_j (ka_i + lb_j) p_{ij} = k \sum_i \sum_j a_i p_{ij} + l \sum_i \sum_j b_j p_{ij}$$

$$= kE(X) + lE(Y).$$

（ⅳ）由独立性的定义知道：

$$E(XY) = \sum_i \sum_j a_i b_j p_{ij} = \sum_i \sum_j a_i b_j p_{i\cdot} p_{\cdot j}$$

$$= \left(\sum_i a_i p_{i\cdot} \right) \left(\sum_j b_j p_{\cdot j} \right) = E(X)E(Y). \qquad \text{证毕}$$

期望的性质（ⅲ）与（ⅳ）都可以推广到任意有限个随机变量.

例 4.6 设 X 与 Y 的联合密度函数为

$$f(x,y) = \begin{cases} 2xy, & 0 < 2y < x < 2; \\ 0, & \text{其余}. \end{cases}$$

试求 $E(X), E(Y), E(2X-3Y)$ 与 $E(2XY)$.

解 在例 3.8 中,已经算得 $f_X(x)$ 与 $f_Y(y)$. 因此

$$E(X) = \int_{-\infty}^{\infty} x f_X(x) \mathrm{d}x = \int_0^2 x \cdot \frac{x^3}{4} \mathrm{d}x = \frac{32}{20} = \frac{8}{5},$$

$$E(Y) = \int_{-\infty}^{\infty} y f_Y(y) \mathrm{d}y = \int_0^1 y \cdot 4y(1-y^2) \mathrm{d}y = \frac{8}{15}.$$

由期望的性质得到

$$E(2X-3Y) = 2E(X) - 3E(Y) = 2 \times \frac{8}{5} - 3 \times \frac{8}{15} = \frac{8}{5}.$$

$$E(2XY) = \int_{-\infty}^{\infty} \int_{-\infty}^{\infty} 2xy f(x,y) \mathrm{d}x \mathrm{d}y = \int_0^2 \mathrm{d}x \int_0^{\frac{1}{2}x} 2xy \cdot 2xy \mathrm{d}y$$

$$= 4\int_0^2 x^2 \mathrm{d}x \int_0^{\frac{1}{2}x} y^2 \mathrm{d}y = \frac{1}{6}\int_0^2 x^5 \mathrm{d}x = \frac{64}{36} = \frac{16}{9}.$$

例 4.7 设 $X_1, \cdots, X_n$ 都服从 $0-1$ 分布,$X_i \sim B(1, p_i), i = 1, \cdots, n$. 由 $E(X_i) = p_i$ 推得

$$E\left(\sum_{i=1}^n X_i\right) = \sum_{i=1}^n E(X_i) = \sum_{i=1}^n p_i.$$

由于每个 X_i 的值域都是 $\{0, 1\}$,因此 $\sum_{i=1}^n X_i$ 恰是 $X_1, \cdots, X_n$ 中取 1 的个数. $0-1$ 分布的这个性质可以带来各种应用. 例如,由定理 2.3 推得二项分布 $B(n, p)$ 的期望为 np;由习题 2.30 推得参数为 N, M, n 的超几何分布的期望为 $\frac{nM}{N}$,因为 $X_i \sim B\left(1, \frac{M}{N}\right), i = 1, \cdots, n$.

下面举一个例子,它提供了在实际问题中构造服从 $0-1$ 分布的随机变量的思想.

例 4.8 把 n 只球放进 N 只盒子,假定每只球落入各只盒子是等可能的. 试求有球的盒子数 X 的数学期望.

解 引进随机变量

$$X_i = \begin{cases} 1, & \text{第 } i \text{ 只盒子有球}, \\ 0, & \text{第 } i \text{ 只盒子无球}, \end{cases} \quad i = 1, \cdots, N,$$

现在，$X = \sum_{i=1}^{N} X_i$，且 $X_i \sim B(1, p_i)$，$p_i = P(X_i = 1)$，$i = 1, \cdots, N$. 对于第 i 只盒子，每只球未放入其中的概率为 $1 - \frac{1}{N}$，n 只球都未放入其中的概率为 $\left(1 - \frac{1}{N}\right)^n$. 于是

$$E(X_i) = p_i = P(X_i = 1) = 1 - P(X_i = 0) = 1 - \left(1 - \frac{1}{N}\right)^n.$$

从而

$$E(X) = E\left(\sum_{i=1}^{N} X_i\right) = \sum_{i=1}^{N} p_i = N\left[1 - \left(1 - \frac{1}{N}\right)^n\right].$$

例 4.8 中 X 是离散型随机变量，$\Omega_X = \{1, \cdots, N\}$. 如果用概率函数求期望，会涉及既难又繁的古典概率计算，类似的例子是很多的. 例如，求电梯停靠的平均楼层数，旅游车平均停车的次数（见习题 4.11(3)），等等.

下面再举一例子说明期望在最优决策中的应用.

例 4.9 某家电商场每年顾客对某种型号电视机的需求量是一个随机变量 X，X 服从集合 $\{1001, 1002, \cdots, 2000\}$ 上的离散型均匀分布. 假定每出售 1 台电视机可获利 300 元；如果年终库存积压，那么，每台电视机带来的亏损为 100 元. 试问，年初商场应进货多少才能使年终带来的平均利润最大？假定商场年内不再进货.

解 设年初商场进货为 a 台电视机，a 是 $1001 \sim 2000$ 之间的某个整数. 年终商场利润是一个随机变量，记作 Y（单位：百元）. Y 是当年电视机需求数 X 的函数，且

$$Y = g(X) = \begin{cases} 3a, & X \geqslant a; \\ 3X - (a - X), & X < a. \end{cases}$$

平均利润为

$$E(Y) = E[g(X)] = \sum_{k=1001}^{2000} g(k) \frac{1}{1000} = \frac{1}{1000}\left\{ \sum_{k=1001}^{a-1} [3k - (a - k)] + \sum_{k=a}^{2000} 3a \right\}$$

$$= \frac{1}{1000}(-2a^2 + 7002a - 2002000).$$

当 $a = 1750.5$ 时，$E(Y)$ 最大. 由于 a 必须取整数，且当 $a = 1750, 1751$ 时，$E(Y)$ 值相等，因此，商场经理可考虑年初进货 1750 台电视机.

§4.2　方差与标准差

随机变量的期望仅仅反映了该随机变量的平均取值，这有很大的局限性. 例如，在例 4.1 中，该校乙班也有 20 名学生，他们的英语考试成绩为：16 人得 3 分，4 人得 4 分. 乙班的平均成绩也是 3.2 分，能否认为甲、乙两班的英语水平相当呢？从直观上

看,相对于平均成绩而言,甲班的成绩比较分散,乙班的成绩比较集中.下面引进的数字特征便可用来反映随机变量的取值相对于它的期望的平均偏离程度.

定义 4.2 设 X 是一个随机变量,称

$$D(X) \triangleq E\{[X - E(X)]^2\}$$

为 X 的**方差**,称 $\sqrt{D(X)}$ 为 X 的**标准差**(或**标准偏差**).

不言而喻,定义 4.2 中的 $E(X)$ 与 $E\{[X - E(X)]^2\}$ 必须有定义.以下类似的情况不再一一指明.在工程技术中广泛地使用标准差,因为它与随机变量本身有相同的量纲.但是,在理论推导中,使用方差较方便.

方差本质上是随机变量函数 $g(X) = [X - E(X)]^2$ 的期望,一般可按定理 4.1(ⅰ)计算.但是,实际计算时,常用下列公式:

$$D(X) = E(X^2) - [E(X)]^2.$$

这个公式可由期望的性质推得:

$$D(X) = E[X - E(X)]^2 = E\{X^2 - 2XE(X) + [E(X)]^2\}$$
$$= E(X^2) - 2[E(X)]^2 + [E(X)]^2 = E(X^2) - [E(X)]^2.$$

由此得到,当 $E(X) = 0$ 时,$D(X) = E(X^2)$.

由于方差与标准差都是在期望的基础上定义的,因此,上述内容对离散型随机变量与连续型随机变量都适用.今后类似的情形不再说明.

例 4.10 当 $X \sim B(1,p)$ 时,$E(X) = p$,

$$E(X^2) = 0^2 \cdot (1-p) + 1^2 \cdot p = p,$$

因此,$0-1$ 分布的方差为

$$D(X) = p - p^2 = p(1-p).$$

当 $X \sim P(\lambda)$ 时,$E(X) = \lambda$,$E(X^2) = \lambda^2 + \lambda$(例 4.4),因此,泊松分布的方差为

$$D(X) = (\lambda^2 + \lambda) - \lambda^2 = \lambda.$$

例 4.11 当 $X \sim R(a,b)$ 时,$E(X) = \frac{1}{2}(a + b)$,

$$E(X^2) = \int_a^b x^2 \cdot \frac{1}{b-a} \mathrm{d}x = \frac{1}{3}(a^2 + b^2 + ab),$$

因此,均匀分布的方差为

$$D(X) = \frac{1}{3}(a^2 + b^2 + ab) - \left[\frac{1}{2}(a + b)\right]^2 = \frac{1}{12}(b - a)^2.$$

当 $X \sim E(\lambda)$ 时, $E(X) = \dfrac{1}{\lambda}$, $E(X^2) = \dfrac{2}{\lambda^2}$ (例 4.5),因此,指数分布的方差

$$D(X) = \frac{2}{\lambda^2} - \left(\frac{1}{\lambda}\right)^2 = \frac{1}{\lambda^2}.$$

现在来给出方差的一些重要性质.

定理 4.3(方差的性质) 设 k 与 c 都是常数.

(ⅰ) $D(c) = 0$;反之,如果某个随机变量 X 的方差为 0,那么,$P(X = c) = 1$,且其中 $c = E(X)$;

(ⅱ) $D(kX + c) = k^2 D(X)$;

(ⅲ) $D(X \pm Y) = D(X) + D(Y) \pm 2E\{[X - E(X)][Y - E(Y)]\}$;

(ⅳ) 当 X 与 Y 相互独立时,$D(X \pm Y) = D(X) + D(Y)$.

证 (ⅰ) 为了便于理解,这里仅就离散型情形给出证明. 由于 $E(c) = c$,$E(c^2) = c^2$,因此,$D(c) = 0$.反之,设 X 的概率函数为

$$P(X = a_i) = p_i, \quad i = 1, 2, \cdots,$$

$D(X) = 0$. 记 $E(X) = c$. 如果 X 不服从参数为 c 的退化分布,那么必定存在某个正整数 k,使得 $a_k \neq c$,且 $p_k > 0$. 这时,由方差的定义推得

$$D(X) = \sum_i (a_i - c)^2 p_i \geqslant (a_k - c)^2 p_k > 0,$$

这与 $D(X) = 0$ 矛盾. 因此,$P(X = c) = 1$.

(ⅱ) 由方差的定义及 $E(kX + c) = kE(X) + c$ 推得

$$\begin{aligned}
D(kX + c) &= E\{[(kX + c) - E(kX + c)]^2\} \\
&= E\{[(kX + c) - (kE(X) + c)]^2\} \\
&= k^2 E\{[(X - E(X)]^2\} = k^2 D(X).
\end{aligned}$$

(ⅲ) 由方差的定义及期望的性质推得

$$\begin{aligned}
D(X \pm Y) &= E[(X \pm Y) - E(X \pm Y)]^2 = E([X - E(X)] \pm [Y - E(Y)])^2 \\
&= E\{[X - E(X)]^2 + [Y - E(Y)]^2 \pm 2[X - E(X)][Y - E(Y)]\} \\
&= D(X) + D(Y) \pm 2E[X - E(X)][Y - E(Y)].
\end{aligned}$$

(ⅳ) 由定理 2.5 知道,当 X 与 Y 相互独立时,$[X - E(X)]$ 与 $[Y - E(Y)]$ 相互独立,因此

$$\begin{aligned}
E[X - E(X)][Y - E(Y)] &= E[X - E(X)]E[Y - E(Y)] \\
&= [E(X) - E(X)][E(Y) - E(Y)] = 0.
\end{aligned}$$

于是,由(ⅲ)推得,$D(X \pm Y) = D(X) + D(Y)$. 证毕

方差的性质(ⅲ)与(ⅳ)都可以推广到任意有限个随机变量.

在例4.7中,如果再假定$X_1, \cdots, X_n$相互独立,那么,由$D(X_i) = p_i(1 - p_i)$推得

$$D\left(\sum_{i=1}^{n} X_i\right) = \sum_{i=1}^{n} D(X_i) = \sum_{i=1}^{n} p_i(1 - p_i).$$

当$X \sim B(n, p)$时,由定理2.3得到

$$D(X) = \sum_{i=1}^{n} p(1 - p) = np(1 - p).$$

由方差的计算公式还可以得到

$$E(X^2) = D(X) + [E(X)]^2 = np(1 - p) + (np)^2.$$

在概率统计中,经常对随机变量X作变换:

$$X_* \triangleq X - E(X) \quad 或 \quad X^* \triangleq \frac{X - E(X)}{\sqrt{D(X)}}.$$

由期望与方差的性质推得

$$E(X_*) = 0 \quad 且 \quad D(X_*) = D(X);$$
$$E(X^*) = 0 \quad 且 \quad D(X^*) = 1.$$

通常称X_*为X的**中心化随机变量**,称X^*为X的**标准化随机变量**. X^*是一个量纲为一的随机变量. 例如,当$X \sim B(n, p)$时,

$$X^* = \frac{X - np}{\sqrt{np(1 - p)}}$$

是X的标准化随机变量.

例 4.12 当$X \sim N(\mu, \sigma^2)$时,$E(X) = \mu$,

$$E(X^2) = \int_{-\infty}^{\infty} x^2 \frac{1}{\sqrt{2\pi}\sigma} \exp\left\{-\frac{(x - \mu)^2}{2\sigma^2}\right\} \mathrm{d}x$$

$$\left(令\ t = \frac{x - \mu}{\sigma}\right) \quad = \int_{-\infty}^{\infty} (\sigma t + \mu)^2 \frac{1}{\sqrt{2\pi}} \exp\left\{-\frac{t^2}{2}\right\} \mathrm{d}t$$

$$= \sigma^2 \int_{-\infty}^{\infty} \frac{t^2}{\sqrt{2\pi}} \mathrm{e}^{-\frac{t^2}{2}} \mathrm{d}t + \mu^2$$

$$= \sigma^2 + \mu^2,$$

因此,正态分布的方差为

$$D(X) = (\sigma^2 + \mu^2) - \mu^2 = \sigma^2.$$

定理 3.8 表明，任意一个正态随机变量经过标准化后总服从标准正态分布 $N(0,1)$.

§4.3 协方差与相关系数

对于二维随机变量 (X,Y)，期望与方差只是反映了 X,Y 各自的平均取值与各自相对于其均值的偏离程度，没有反映出 X 与 Y 之间的相互联系. 比较定理 4.3 中的结论（iii）与（iv），可以发现，$E\{[X-E(X)][Y-E(Y)]\}$ 这个量在一定程度上反映了 X 与 Y 之间的联系，值得我们对它加以考察.

定义 4.3　设 (X,Y) 是一个随机变量，称

$$\mathrm{cov}(X,Y) \triangleq E\{[X-E(X)][Y-E(Y)]\}$$

为 X 与 Y 的**协方差**.

按照方差的定义，$\mathrm{cov}(X,X) = D(X)$. 协方差本质上是二维随机变量函数 $g(X,Y) = [X-E(X)][Y-E(Y)]$ 的期望，一般可按定理 4.1（ii）计算. 但是，实际计算时常用下列公式：

$$\mathrm{cov}(X,Y) = E(XY) - E(X)E(Y).$$

这个公式可由期望的性质推得：

$$\begin{aligned}
\mathrm{cov}(X,Y) &= E\{[X-E(X)][Y-E(Y)]\} \\
&= E\{XY - XE(Y) - YE(X) + E(X)E(Y)\} \\
&= E(XY) - E(X)E(Y) - E(Y)E(X) + E(X)E(Y) \\
&= E(XY) - E(X)E(Y).
\end{aligned}$$

由此得到，当 $E(X) = 0$ 或 $E(Y) = 0$ 时，$\mathrm{cov}(X,Y) = E(XY)$. 当 X 与 Y 相互独立时，由期望的性质推得 $\mathrm{cov}(X,Y) = 0$.

利用协方差，可以把方差的性质（iii）表达成

$$D(X \pm Y) = D(X) + D(Y) \pm 2\mathrm{cov}(X,Y).$$

例 4.13　在例 2.8 中，试求 $D(X),D(Y)$ 与 $\mathrm{cov}(X,Y)$.

解　直接算得

$$E(X) = 1 \times \frac{1}{2} + 2 \times \frac{1}{3} + 3 \times \frac{1}{6} = \frac{5}{3};$$

$$E(Y) = 1 \times \frac{7}{18} + 2 \times \frac{19}{72} + 3 \times \frac{25}{72} = \frac{47}{24};$$

$$E(X^2) = 1^2 \times \frac{1}{2} + 2^2 \times \frac{1}{3} + 3^2 \times \frac{1}{6} = \frac{10}{3};$$

$$E(Y^2) = 1^2 \times \frac{7}{18} + 2^2 \times \frac{19}{72} + 3^2 \times \frac{25}{72} = \frac{329}{72};$$

$$E(XY) = 1 \times \frac{1}{4} + 2 \times \left(\frac{1}{8} + \frac{1}{12}\right) + 3 \times \left(\frac{1}{8} + \frac{1}{18}\right)$$

$$+ 4 \times \frac{1}{12} + 6 \times \left(\frac{1}{6} + \frac{1}{18}\right) + 9 \times \frac{1}{18} = \frac{27}{8}.$$

于是,

$$D(X) = \frac{10}{3} - \left(\frac{5}{3}\right)^2 = \frac{5}{9}, \qquad D(Y) = \frac{329}{72} - \left(\frac{47}{24}\right)^2 = \frac{47}{64},$$

$$\mathrm{cov}(X,Y) = \frac{27}{8} - \frac{5}{3} \times \frac{47}{24} = \frac{1}{9}.$$

例 4.14 设 X 与 Y 的联合密度函数为

$$f(x,y) = \begin{cases} 2xy, & 0 < 2y < x < 2; \\ 0, & \text{其余}. \end{cases}$$

在例 4.6 中,我们已经算得

$$E(X) = \frac{8}{5}, \quad E(Y) = \frac{8}{15}, \quad E(XY) = \frac{8}{9}.$$

因此

$$\mathrm{cov}(X,Y) = E(XY) - E(X)E(Y) = \frac{8}{9} - \frac{8}{5} \times \frac{8}{15} = \frac{8}{225}.$$

另外,由于

$$E(X^2) = \int_0^2 x^2 \cdot \frac{x^3}{4} \mathrm{d}x = \frac{8}{3},$$

$$E(Y^2) = \int_0^1 y^2 \cdot 4y(1-y^2) \mathrm{d}y = \frac{1}{3},$$

因此

$$D(X) = \frac{8}{3} - \left(\frac{8}{5}\right)^2 = \frac{8}{75}, \qquad D(Y) = \frac{1}{3} - \left(\frac{8}{15}\right)^2 = \frac{11}{225}.$$

从而

$$D(X-Y) = D(X) + D(Y) - 2\mathrm{cov}(X,Y) = \frac{8}{75} + \frac{11}{225} - \frac{16}{225} = \frac{19}{225}.$$

现在来给出协方差的一些重要性质.

定理 4.4(协方差的性质) 设 k, l 与 c 都是常数.

（ⅰ）$\mathrm{cov}(X,Y) = \mathrm{cov}(Y,X)$；

（ⅱ）$\mathrm{cov}(X,c) = 0$；

（ⅲ）$\mathrm{cov}(kX,lY) = kl\,\mathrm{cov}(X,Y)$；

（ⅳ）$\mathrm{cov}\left(\sum\limits_{i=1}^{m} X_i, \sum\limits_{j=1}^{n} Y_i\right) = \sum\limits_{i=1}^{m} \sum\limits_{j=1}^{n} \mathrm{cov}(X_i, Y_j)$.

利用期望的性质,不难证明定理 4.4,读者不妨自行验证.

例 4.15 试证

$$\mathrm{cov}(X+Y, X-Y) = D(X) - D(Y).$$

证 下面我们用两种方法给出证明.

方法 1 由协方差的性质（ⅲ）与（ⅳ）得到

$$\mathrm{cov}(X+Y, X-Y) = \mathrm{cov}(X,X) - \mathrm{cov}(X,Y) + \mathrm{cov}(Y,X) - \mathrm{cov}(Y,Y)$$
$$= \mathrm{cov}(X,X) - \mathrm{cov}(Y,Y) = D(X) - D(Y).$$

方法 2 由协方差的计算公式得到

$$\mathrm{cov}(X+Y, X-Y) = E[(X+Y)(X-Y)] - E(X+Y)E(X-Y)$$
$$= [E(X^2) - E(Y^2)] - \{[E(X)]^2 - [E(Y)]^2\}$$
$$= \{E(X^2) - [E(X)]^2\} - \{E(Y^2) - [E(Y)]^2\}$$
$$= D(X) - D(Y).$$

方差是协方差的特例. 由协方差的性质得到,对任意 n 个随机变量 $X_1, \cdots, X_n$,

$$D\left(\sum_{i=1}^{n} X_i\right) = \mathrm{cov}\left(\sum_{i=1}^{n} X_i, \sum_{j=1}^{n} X_j\right) = \sum_{i=1}^{n} \sum_{j=1}^{n} \mathrm{cov}(X_i, X_j)$$
$$= \sum_{i=1}^{n} D(X_i) + 2 \sum_{1 \leqslant i < j \leqslant n} \mathrm{cov}(X_i, X_j).$$

例 4.16 设 X 服从参数为 N, M, n 的超几何分布. 试证[①]

$$E(X) = \frac{nM}{N}, \quad D(X) = \frac{nM}{N}\left(1 - \frac{M}{N}\right)\frac{N-n}{N-1}.$$

证 在例 4.7 中已经算得 $E(X)$. 下面利用习题 2.30 的结论. 由

$$E(X_1) = E(X_2) = \frac{M}{N}, \quad E(X_1 X_2) = \frac{M(M-1)}{N(N-1)}$$

推得 $\mathrm{cov}(X_1, X_2) = -\dfrac{M(N-M)}{N^2(N-1)}$. 注意到无放回抽样的摸球模型中,对任意 $i \neq j$,

---

① 超几何分布的期望与方差也可以用定义 4.1 直接计算,见习题 4.7.

(X_i, X_j) 与 (X_1, X_2) 同分布. 从而,由 $\mathrm{cov}(X_i, X_j) = \mathrm{cov}(X_1, X_2)$ 推得

$$D(X) = D\Big(\sum_{i=1}^{n} X_i\Big) = \sum_{i=1}^{n} D(X_i) + 2 \sum_{1 \leqslant i < j \leqslant n} \mathrm{cov}(X_i, X_j)$$

$$= n\frac{M}{N}\Big(1 - \frac{M}{N}\Big) + 2 \cdot \frac{n(n-1)}{2}\Big[-\frac{M(N-M)}{N^2(N-1)}\Big]$$

$$= \frac{nM}{N}\Big(1 - \frac{M}{N}\Big)\frac{N-n}{N-1},$$

其中 $D(X_i)$ 由 $X_i \sim B\Big(1, \dfrac{M}{N}\Big)$ 得到.

协方差实际上是把 X, Y 分别中心化后的 $E(X_* Y_*)$,它的值受 X 与 Y 量纲大小的影响. 为了消除这一弊病,采用把 X, Y 标准化后的 $E(X^* Y^*)$ 作为反映 X 与 Y 之间相互联系的数字特征.

定义 4.4 设 (X, Y) 是一个随机变量,当 $D(X) > 0, D(Y) > 0$ 时,称 $E(X^* Y^*)$ 为 X 与 Y 的**相关系数**,记作 $\rho(X, Y)$,即

$$\rho(X, Y) \triangleq E\Big[\frac{X - E(X)}{\sqrt{D(X)}} \cdot \frac{Y - E(Y)}{\sqrt{D(Y)}}\Big] = \frac{\mathrm{cov}(X, Y)}{\sqrt{D(X)D(Y)}}.$$

利用相关系数,可以把方差的性质(ⅲ)表达成

$$D(X \pm Y) = D(X) + D(Y) \pm 2\rho(X, Y)\sqrt{D(X)D(Y)}.$$

在例 4.13 中,

$$\rho(X, Y) = \frac{\dfrac{1}{9}}{\dfrac{\sqrt{5}}{3} \times \dfrac{\sqrt{47}}{8}} = 0.174.$$

在例 4.14 中,

$$\rho(X, Y) = \frac{\dfrac{8}{225}}{\sqrt{\dfrac{8}{75}} \times \sqrt{\dfrac{11}{225}}} = 0.492.$$

现在来给出相关系数的一些重要性质.

定理 4.5(相关系数的性质) 当 $D(X) > 0, D(Y) > 0$ 时,

(ⅰ) $\rho(X, Y) = \rho(Y, X)$;

(ⅱ) $|\rho(X, Y)| \leqslant 1$;

(ⅲ) $|\rho(X, Y)| = 1$ 的充分必要条件是:存在不为零的常数 k 与常数 c,使得

$$P(Y = kX + c) = 1.$$

（ⅰ）的证明由协方差的性质（ⅰ）得到；其余证明在 §4.6 中给出.

定理 4.5（ⅲ）表明，当 $\rho(X,Y) = \pm 1$ 时，X 与 Y 之间以**概率 1** 成立线性关系. 当 $\rho(X,Y) = 1$ 时，称 X 与 Y **正线性相关**；当 $\rho(X,Y) = -1$ 时，称 X 与 Y **负线性相关**. X 与 Y 之间线性联系的程度随着 $|\rho(X,Y)|$ 的减小而减弱. 当 $\rho(X,Y) = 0$ 时，称 X 与 Y **不相关**. 不考虑方差为零的情形，不相关的定义也可以等价地表达成

$$\text{cov}(X,Y) = 0 \quad \text{或} \quad E(XY) = E(X)E(Y).$$

由此及期望的性质（ⅳ）可以推得下列定理：

定理 4.6　　如果 X 与 Y 相互独立，那么，X 与 Y 不相关.

定理 4.6 的逆定理一般不成立（见例 4.17）. 由定理 4.6 知道，定理 4.2（ⅳ）与定理 4.3（ⅳ）中结论成立的充分必要条件是"X 与 Y 不相关". 原来要求"X 与 Y 相互独立"只是一个充分条件.

独立性与不相关性都是两个随机变量之间联系"薄弱"的一种反映. 独立性从整体上（即用分布）来反映这种"薄弱性"；不相关性从局部上（即用数字特征）来反映这种"薄弱性". 整体的"薄弱性"当然导致局部的"薄弱性"，这就是定理 4.6 的直观含义. 反之，局部的"薄弱性"一般不能保证整体的"薄弱性".

例 4.17　　设随机变量 Z 的概率函数如表 4.3 所示.

表 4.3

Z	$-\dfrac{\pi}{2}$	0	$\dfrac{\pi}{2}$
P_r	0.3	0.4	0.3

令 $X = \cos Z, Y = \sin Z$. 于是，

$$E(X) = E(\cos Z) = \cos\left(-\frac{\pi}{2}\right) \times 0.3 + \cos 0 \times 0.4 + \cos\frac{\pi}{2} \times 0.3 = 0.4,$$

$$E(Y) = E(\sin Z) = \sin\left(-\frac{\pi}{2}\right) \times 0.3 + \sin 0 \times 0.4 + \sin\frac{\pi}{2} \times 0.3 = 0.$$

由方差①的计算公式知道，

$$D(X) = E(X^2) - [E(X)]^2 = E(\cos^2 Z) - 0.4^2$$

$$= \left[\cos^2\left(-\frac{\pi}{2}\right) \times 0.3 + \cos^2 0 \times 0.4 + \cos^2\frac{\pi}{2} \times 0.3\right] - 0.16$$

---

①　虽然本例并不需要计算方差，但是，为了让读者明确随机变量函数的方差计算方法，这里给出了详细步骤.

$$= 0.4 - 0.16 = 0.24.$$

类似地,

$$D(Y) = E(Y^2) - [E(Y)]^2 = E(Y^2) = E(\sin^2 Z) = 0.3 + 0 + 0.3 = 0.6.$$

由协方差的计算公式知道,

$$\mathrm{cov}(X, Y) = E(XY) - E(X)E(Y) = E(\sin Z \cos Z) - 0.4 \times 0$$

$$= \sin\left(-\frac{\pi}{2}\right)\cos\left(-\frac{\pi}{2}\right) \times 0.3 + \sin 0 \cos 0 \times 0.4 + \sin\frac{\pi}{2}\cos\frac{\pi}{2} \times 0.3 = 0.$$

这表明 X 与 Y 不相关.

现在来考察 X 与 Y 是否相互独立. 由于

$$P(X = 1) = P(\cos Z = 1) = P(Z = 0) = 0.4,$$

$$P(Y = 1) = P(\sin Z = 1) = P\left(Z = \frac{\pi}{2}\right) = 0.3,$$

$$P(X = 1, Y = 1) = P(\cos Z = 1, \sin Z = 1) = 0,$$

因此, X 与 Y 不相互独立. 事实上,

$$X^2 + Y^2 = \cos^2 Z + \sin^2 Z = 1$$

必然发生,即 X 与 Y 之间存在着非线性的函数关系.

把例 4.17 与相关系数的性质(ⅲ)作比较,相关系数只是描述两个随机变量之间线性联系的一个数字特征.

例 4.18 当 $(X, Y) \sim N(\mu_1, \mu_2, \sigma_1^2, \sigma_2^2, \rho)$ 时,由于 $X \sim N(\mu_1, \sigma_1^2)$, $Y \sim N(\mu_2, \sigma_2^2)$,因此,

$$E(X) = \mu_1, \quad D(X) = \sigma_1^2;$$
$$E(Y) = \mu_2, \quad D(Y) = \sigma_2^2.$$

下面来计算协方差与相关系数. 按照协方差的定义,

$$\mathrm{cov}(X, Y) = E[(X - \mu_1)(Y - \mu_2)] = \int_{-\infty}^{\infty} \int_{-\infty}^{\infty} \frac{(x - \mu_1)(y - \mu_2)}{2\pi\sigma_1\sigma_2\sqrt{1 - \rho^2}}$$

$$\cdot \exp\left\{-\frac{1}{2(1 - \rho^2)}\left[\frac{(x - \mu_1)^2}{\sigma_1^2} - 2\rho\frac{(x - \mu_1)(y - \mu_2)}{\sigma_1\sigma_2} + \frac{(y - \mu_2)^2}{\sigma_2^2}\right]\right\}\mathrm{d}x\mathrm{d}y,$$

对积分变量作变换 $u = \dfrac{x - \mu_1}{\sigma_1}, v = \dfrac{y - \mu_2}{\sigma_2}$,得到

$$\mathrm{cov}(X, Y) = \int_{-\infty}^{\infty}\mathrm{d}u\int_{-\infty}^{\infty}\frac{uv\sigma_1\sigma_2}{2\pi\sqrt{1 - \rho^2}}\exp\left\{-\frac{u^2 - 2\rho uv + v^2}{2(1 - \rho^2)}\right\}\mathrm{d}v$$

$$= \sigma_1 \sigma_2 \int_{-\infty}^{\infty} \frac{u}{\sqrt{2\pi}} e^{-\frac{u^2}{2}} du \int_{-\infty}^{\infty} \frac{v}{\sqrt{2\pi}\sqrt{1-\rho^2}} \exp\left\{-\frac{(v-\rho u)^2}{2(1-\rho^2)}\right\} dv$$

$$= \sigma_1 \sigma_2 \int_{-\infty}^{\infty} \frac{\rho u^2}{\sqrt{2\pi}} e^{-\frac{u^2}{2}} du = \rho \sigma_1 \sigma_2.$$

从而,

$$\rho(X,Y) = \frac{\text{cov}(X,Y)}{\sqrt{D(X)D(Y)}} = \frac{\rho \sigma_1 \sigma_2}{\sigma_1 \sigma_2} = \rho,$$

即参数 ρ 正是 X 与 Y 的相关系数.

结合例 4.18 与定理 3.7 得到

定理 4.7 如果二维随机变量 (X,Y) 服从二维正态分布,那么,X 与 Y 相互独立等价于 X 与 Y 不相关.

这是二维正态分布的优良性质.然而,这个优良性质并非是二维正态分布所特有的(见习题 4.20).

定理 4.7 告诉我们,当 (X,Y) 服从二维正态分布时,由 X 与 Y 不相关可以推得 X 与 Y 相互独立.但是,仅仅已知 X 与 Y 分别服从一维正态分布,即使 X 与 Y 不相关,也不能推出 X 与 Y 相互独立,因为这时不能保证 (X,Y) 服从二维正态分布.对此有兴趣的读者可参阅例 6.20.

§4.4 矩与协方差矩阵

前面常常遇到一个随机变量的幂函数的期望.一般地,我们称 $E(X^k)$ 为 X 的 **k 阶原点矩**;称 $E[(X-E(X))^k]$ 为 X 的 **k 阶中心矩**,其中 k 是正整数.例如,期望 $E(X)$ 是一阶原点矩,方差 $D(X)$ 是二阶中心矩.

对于二维随机变量,称 $E(X^k Y^l)$ 为 X 与 Y 的 **(k,l) 阶联合原点矩**,称 $E[(X-E(X))^k(Y-E(Y))^l]$ 为 X 与 Y 的 **(k,l) 阶联合中心矩**,其中,k,l 是正整数.例如,$E(XY)$ 是 $(1,1)$ 阶联合原点矩,协方差是 $(1,1)$ 阶联合中心矩.

例 4.19 设 $X \sim N(0,1)$,试证,

$$E(X^k) = \begin{cases} (k-1)(k-3)\cdots 1, & \text{当 } k \text{ 为偶数时}; \\ 0, & \text{当 } k \text{ 为奇数时}. \end{cases}$$

证 由于

$$E(X^k) = \int_{-\infty}^{\infty} \frac{x^k}{\sqrt{2\pi}} e^{-\frac{x^2}{2}} dx,$$

由对称性知道,当 k 为奇数时,$E(X^k) = 0$,当 k 为偶数时,

$$E(X^k) = \int_{-\infty}^{\infty} x^{k-1} \mathrm{d}\left(-\frac{1}{\sqrt{2\pi}} \mathrm{e}^{-\frac{x^2}{2}}\right) = (k-1) \int_{-\infty}^{\infty} x^{k-2} \cdot \frac{1}{\sqrt{2\pi}} \mathrm{e}^{-\frac{x^2}{2}} \mathrm{d}x$$

$$= (k-1)E(X^{k-2}) = \cdots = (k-1)(k-3)\cdots 3 E(X^2).$$

由于 $E(X^2) = D(X) + [E(X)]^2 = 1 + 0^2 = 1$,因此

$$E(X^k) = (k-1) \cdot (k-3) \cdot \cdots \cdot 3 \cdot 1.$$

对于二维随机变量 (X,Y),称向量 $\begin{pmatrix} E(X) \\ E(Y) \end{pmatrix}$ 为 (X,Y) 的**期望向量**(或**均值向量**);称矩阵

$$\begin{pmatrix} D(X) & \mathrm{cov}(X,Y) \\ \mathrm{cov}(Y,X) & D(Y) \end{pmatrix}$$

为 (X,Y) 的**协方差矩阵**,由于 $\mathrm{cov}(X,X) = D(X)$,因此,n 维随机向量 $(X_1,\cdots,X_n)$ 的协方差矩阵为

$$\begin{bmatrix} \mathrm{cov}(X_1,X_1) & \cdots & \mathrm{cov}(X_1,X_n) \\ \vdots & & \vdots \\ \mathrm{cov}(X_n,X_1) & \cdots & \mathrm{cov}(X_n,X_n) \end{bmatrix}.$$

借助于期望向量与协方差矩阵,可以把二维正态分布 $N(\mu_1,\mu_2,\sigma_1^2,\sigma_2^2,\rho)$ 的密度函数表达成

$$f(x_1,x_2) = \frac{1}{2\pi |C|^{\frac{1}{2}}} \exp\left\{-\frac{1}{2}(x-\mu)^{\mathrm{T}} C^{-1}(x-\mu)\right\}, \quad -\infty < x_1,x_2 < \infty,$$

其中, $\quad x = \begin{bmatrix} x_1 \\ x_2 \end{bmatrix}, \quad \mu = \begin{bmatrix} \mu_1 \\ \mu_2 \end{bmatrix}, \quad C = \begin{bmatrix} \sigma_1^2 & \rho\sigma_1\sigma_2 \\ \rho\sigma_1\sigma_2 & \sigma_2^2 \end{bmatrix},$

C^{-1} 表示 C 的逆矩阵, $|C|$ 表示 C 的行列式,"T"表示取转置. 一般地,n 维正态分布的密度函数定义为

$$f(x_1,\cdots,x_n) = (2\pi)^{-\frac{n}{2}} |C|^{-\frac{1}{2}} \exp\left\{-\frac{1}{2}(x-\mu)^{\mathrm{T}} C^{-1}(x-\mu)\right\}, -\infty < x_1,\cdots,x_n < \infty,$$

其中,$x = (x_1,\cdots,x_n)^{\mathrm{T}}$,$\mu$,$C$ 分别是 n 维正态随机变量的均值向量与协方差矩阵.

§4.5 分位数、变异系数与众数

本节介绍 3 种有用的数字特征.

在 §3.3 中,我们曾经对标准正态分布 $N(0,1)$ 引进了 p 分位数的概念. 一般地,

当 $0 < p < 1$ 时,对于任意一个随机变量 X,如果实数 c 满足

$$\begin{cases} P(X \leqslant c) \geqslant p, \\ P(X \geqslant c) \geqslant 1 - p, \end{cases}$$

那么,称 c 是 X(或 X 所服从的分布)的 **p 分位数**,记作 ν_p. 当 $p = \dfrac{1}{2}$ 时,称 $\nu_{\frac{1}{2}}$ 为**中位数**. 常用的情形是 X 为连续型随机变量,且 X 的值域是某个区间,借助于 X 的密度函数 $f(x)$,可以把上述条件等价地表示成 $P(X \leqslant \nu_p) = p$,即

$$\int_{-\infty}^{\nu_p} f(x) \mathrm{d}x = p.$$

例 4.20   当 $X \sim E(\lambda)$ 时,试求 X 的 p 分位数.
解   由

$$\int_0^{\nu_p} \lambda \mathrm{e}^{-\lambda x} \mathrm{d}x = 1 - \mathrm{e}^{-\lambda \nu_p} = p,$$

解得 $\nu_p = -\dfrac{1}{\lambda} \ln(1 - p)$.

从直观上看,中位数 $\nu_{\frac{1}{2}}$ 在一定程度上也反映了随机变量平均取值. 当 $X \sim N(\mu, \sigma^2)$ 时,$\nu_{\frac{1}{2}} = \mu$,因为 $P(X \leqslant \mu) = \dfrac{1}{2}$. 近年来,中位数在经济领域中越来越得到重视. 取代平均值,它在一定程度上能消除社会上弱势群体常常"被平均"的感觉.

在工程技术中,常用**变异系数**这个数字特征,记作 δ_X. 它的定义为

$$\delta_X = \frac{\sqrt{D(X)}}{|E(X)|}.$$

例如,当 $X \sim N(\mu, \sigma^2)$ 时,$\delta_X = \dfrac{\sigma}{|\mu|}(\mu \neq 0)$;当 $X \sim E(\lambda)$ 时,$\delta_X = 1$. 以前我们曾经讲过,标准差(或方差)反映了随机变量的取值相对于它的期望的偏离程度. 但是,它与随机变量所用的量纲有很大的关系. 引进变异系数后,便能消除量纲带来的影响.

例 4.21   为了考虑建筑物的安全性,需要对作用于每根柱上的各种荷载进行研究. 假定恒荷载(建筑物的自重)X、活荷载(可变动的人、物重量)Y、风荷载 Z 相互独立,它们的期望分别是 $50, 46, 70$(MPa),变异系数分别是 $0.32, 0.54, 0.47$. 试求总荷载 $W = X + Y + Z$ 的期望与变异系数 δ_W.

解   由于标准差

$$\sqrt{D(X)} = E(X)\delta_X = 50 \times 0.32 = 16,$$

$$\sqrt{D(Y)} = E(Y)\delta_Y = 46 \times 0.54 = 24.84,$$

$$\sqrt{D(Z)} = E(Z)\delta_Z = 70 \times 0.47 = 32.9,$$

因此,由

$$E(W) = E(X) + E(Y) + E(Z) = 50 + 46 + 70 = 166,$$
$$D(W) = D(X) + D(Y) + D(Z) = 16^2 + 24.84^2 + 32.9^2 = 1955.4356.$$

推得变异系数为

$$\delta_w = \frac{\sqrt{D(W)}}{E(W)} = \frac{\sqrt{1955.4356}}{166} = 0.27.$$

对于一个随机变量,常常会提出这样一个问题:它最可能取什么值?这需要引进众数这个数字特征.

当 X 为离散型随机变量时,假定 X 的概率函数为

$$P(X = a_i) = p_i, \quad i = 1,2,\cdots,$$

如果存在 $a^* \in \Omega_X = \{a_1, a_2, \cdots\}$,使得

$$P(X = a^*) \geqslant P(X = a_i), \quad \text{对一切 } i = 1,2,\cdots,$$

那么,称 a^* 为 X(或 X 所服从的分布)的**众数**.当 X 为连续型随机变量时,假定 X 的密度函数为 $f(x)$,如果存在实数 x^*,使得

$$f(x^*) \geqslant f(x), \quad \text{对一切} -\infty < x < \infty,$$

那么,称 x^* 为 X(或 X 所服从的分布)的众数.例如,正态分布 $N(\mu, \sigma^2)$ 的众数为 μ.

例 4.22 设 $X \sim B(n,p)$.试求 X 的众数.

解 由于

$$P(X = k) = P_n(k) = \binom{n}{k} p^k (1-p)^{n-k}, \quad k = 0,1,\cdots,n,$$

因此,当 $k = 0,1,\cdots,n-1$ 时,

$$\frac{P_n(k+1)}{P_n(k)} = \frac{n-k}{k+1} \cdot \frac{p}{1-p}.$$

由此得到,

当 $k < (n+1)p - 1$ 时,$P_n(k+1) > P_n(k)$;

当 $k = (n+1)p - 1$ 时,$P_n(k+1) = P_n(k)$;

当 $k > (n+1)p - 1$ 时,$P_n(k+1) < P_n(k)$.

这表明,当 $(n+1)p$ 不是整数时,X 的众数为 $(n+1)p$ 的整数部分;当 $(n+1)p$ 是整数时,X 的众数为 $(n+1)p - 1$ 或 $(n+1)p$.

在概率论中,还有许多数字特征,限于本书的性质,这里不再一一介绍了.但是,不论何类数字特征,都不能取代分布,因为随机变量的分布全面地刻画了随机变量的

统计规律性,而随机变量的数字特征仅仅是从一个侧面描述该随机变量的性质.

§4.6　两个不等式

在概率论研究中,常常用到一些不等式.本节介绍两个最基本的不等式.

设 X 服从正态分布 $N(\mu,\sigma^2)$,$\mu=E(X)$ 反映了 X 的平均取值,X 落在以 μ 为中心的一个区间内的概率有多大?这是实际问题中经常关心的一个值.由

$$P(|X-\mu|<k\sigma)=P\left(\left|\frac{X-\mu}{\sigma}\right|<k\right)=2\Phi(k)-1,$$

查附表四得

$$P(|X-\mu|<\sigma)=2\Phi(1)-1=0.683,$$
$$P(|X-\mu|<2\sigma)=2\Phi(2)-1=0.955,$$
$$P(|X-\mu|<3\sigma)=2\Phi(3)-1=0.997.$$

由此看出,正态随机变量取偏离期望 3σ 以上的值的概率 $P(|X-\mu|\geqslant 3\sigma)$ 很小,它不超过 0.3%.在实际应用中,通常称这个结论为 3σ **准则**.

对于任意一个随机变量 X,设 $E(X)=\mu,D(X)=\sigma^2$,那么 $P(|X-\mu|\geqslant k\sigma)$ 的值有多大呢?当 X 的概率函数或密度函数已知时,通过求和与积分可以算出这个值.当 X 的概率函数或密度函数未知时,切比雪夫(Чебышев)给出了这个概率的上界.

定理4.8(切比雪夫不等式)　设 X 是任意一个随机变量,$E(X)=\mu,D(X)=\sigma^2$.对任意一个 $\varepsilon>0$,

$$P(|X-\mu|\geqslant\varepsilon)\leqslant\frac{\sigma^2}{\varepsilon^2}.$$

证　设 X 是离散型随机变量,X 的概率函数为

$$P(X=a_i)=p_i,\quad i=1,2,\cdots.$$

于是

$$P(|X-\mu|\geqslant\varepsilon)=\sum_{i:|a_i-\mu|\geqslant\varepsilon}p_i.$$

由于"$|a_i-\mu|\geqslant\varepsilon$"等价于"$\frac{(a_i-\mu)^2}{\varepsilon^2}\geqslant 1$",因此

$$P(|X-\mu|\geqslant\varepsilon)\leqslant\sum_{i:|a_i-\mu|\geqslant\varepsilon}\frac{(a_i-\mu)^2}{\varepsilon^2}p_i\leqslant\frac{1}{\varepsilon^2}\sum_i(a_i-\mu)^2p_i=\frac{1}{\varepsilon^2}E(X-\mu)^2=\frac{\sigma^2}{\varepsilon^2}.$$

当 X 是连续型随机变量时,只要用密度函数代替概率函数,用积分代替求和便可证明.
证毕

利用求对立事件的概率计算公式,可以把切比雪夫不等式等价地表示成

$$P(|X-\mu|<\varepsilon) \geqslant 1-\frac{\sigma^2}{\varepsilon^2}.$$

按照切比雪夫不等式,对任意一个随机变量 X,

$$P(|X-\mu| \geqslant k\sigma) \leqslant \frac{1}{k^2}, \quad k>0.$$

例如,当 $k=3$ 时,

$$P(|X-\mu| \geqslant 3\sigma) \leqslant \frac{1}{9} = 0.111.$$

切比雪夫不等式主要在理论研究中发挥重要的作用. 如果用它来估计概率 $P(|X-\mu| \geqslant \varepsilon)$ 的上界,那么,有时是非常粗糙的. 例如,由切比雪夫不等式推得

$$P(|X-\mu| \geqslant \sigma) \leqslant 1,$$

这个结论毫无实际意义.

作为例子,我们用切比雪夫不等式证明方差的性质(ⅰ)的后半部分,而不仅仅局限于离散型随机变量.

例 4.23 设随机变量 X 的方差 $D(X)=0$,求证,X 服从参数为 $E(X)$ 的退化分布,即 $P(X=E(X))=1$.

证 记 $E(X)=\mu$,按切比雪夫不等式,对任意一个 $\varepsilon>0$,

$$0 \leqslant P(|X-\mu| \geqslant \varepsilon) \leqslant \frac{D(X)}{\varepsilon^2} = 0,$$

因此,$P(|X-\mu| \geqslant \varepsilon)=0$,即

$$P(|X-\mu|<\varepsilon)=1.$$

由 ε 的任意性推得 $P(|X-\mu|=0)=1$,即 $P(X=\mu)=1$.

为了比较矩的大小,柯西 - 许瓦兹(Cauchy-Schwarz)用不等式给出了一个明确的表示.

定理 4.9(柯西 - 许瓦兹不等式) 设 (X,Y) 是任意一个二维随机变量,
$$[E(XY)]^2 \leqslant E(X^2)E(Y^2).$$

证 如果 X 与 Y 都服从退化分布,那么不等式两端的值相等. 不失一般性,假定 $D(X)>0$. 这保证 $E(X^2)=D(X)+[E(X)]^2>0$,对任意一个实数 t,作辅助(二次)函数

$$h(t) \triangleq E(tX-Y)^2 = E(X^2)t^2 - 2E(XY)t + E(Y^2).$$

由于随机变量 $(tX-Y)^2$ 取非负值,因此 $h(t) \geqslant 0$,$-\infty<t<\infty$. 从而,由二次项系

数 $E(X^2) > 0$ 推得 $h(t)$ 的判别式

$$\Delta = [2E(XY)]^2 - 4E(X^2)E(Y^2) \leqslant 0.$$

这就得到所要证明的结论. **证毕**

作为柯西 - 许瓦兹不等式的一个应用,我们来证明相关系数的性质(ⅱ)与(ⅲ).

对中心化随机变量 $X_* = X - E(X)$,$Y_* = Y - E(Y)$ 使用柯西 - 许瓦兹不等式,得到

$$[E(X_* Y_*)]^2 \leqslant E(X_*^2)E(Y_*^2),$$

即 $[\text{cov}(X,Y)]^2 \leqslant D(X)D(Y)$. 这表明 $|\rho(X,Y)| \leqslant 1$.

现在证明相关系数的性质(ⅲ). $|\rho(X,Y)| = 1$ 等价于 $[E(X_* Y_*)]^2 = E(X_*^2)E(Y_*^2)$. 这表明柯西 - 许瓦兹不等式证明中二次方程 $h(t) = 0$ 有重根 t_0,即

$$h(t_0) = E(t_0 X_* - Y_*)^2 = 0.$$

由 $E(X_*) = E(Y_*) = 0$ 推得 $E(t_0 X_* - Y_*) = 0$,因此 $D(t_0 X_* - Y_*) = 0$. 按方差的性质(ⅰ),$P(t_0 X_* - Y_* = 0) = 1$,即

$$P(t_0[X - E(X)] - [Y - E(Y)] = 0) = 1.$$

这表明 $P(Y = kX + c) = 1$,其中 $k = t_0$,$c = E(Y) - t_0 E(X)$ 都是常数. 常数 $k = t_0 \neq 0$,因为当 $t_0 = 0$ 时,由 $h(t_0) = E(Y_*^2) = 0$ 推得 Y_* 的方差 $D(Y_*) = 0$,从而 $D(Y) = 0$. 这与相关系数的定义矛盾.

今后读者在深入学习概率论知识时还会遇到柯西 - 许瓦兹不等式在其他方面的许多应用.

习　题

4.1 设随机变量 X 的概率函数如表4.4所示.试求 $E(X)$,$E(X^2)$,$E(3X^2 + 5)$ 与 $D(X)$.

4.2 设 X 服从参数为 λ 的泊松分布.试求 $E[X(X-1)]$.

表 4.4

X	-2	0	1
P_r	0.3	0.2	0.5

4.3 设随机变量 X 的密度函数为

$$f(x) = \begin{cases} \dfrac{3}{8}x^2, & 0 < x < 2; \\ 0, & \text{其余.} \end{cases}$$

试求 $E(X)$,$E(X^2)$,$D(X)$ 与 $E\left(\dfrac{1}{X^2}\right)$.

4.4 设随机变量 X 的概率函数为

$$P\left(X = (-1)^k \frac{2^k}{k}\right) = \frac{1}{2^k}, \quad k = 1, 2, \cdots.$$

试证 $E(X)$ 不存在.

4.5 设随机变量 X 的密度函数为

$$f(x) = \frac{1}{\pi(1+x^2)}, \quad -\infty < x < \infty.$$

试证 $E(X)$ 不存在,但中位数是 0.

4.6 设随机变量 X 服从参数为 p 的几何分布,即

$$P(X = k) = p(1-p)^{k-1}, \quad k = 1,2,\cdots.$$

试求 $E(X)$ 与 $D(X)$.

4.7 设 X 服从参数为 N,M,n 的超几何分布.试证

(1) $\sum\limits_{k=0}^{n} \dfrac{\dbinom{M}{k}\dbinom{N-M}{n-k}}{\dbinom{N}{n}} = 1$;[提示:比较等式 $(1+x)^M(1+x)^{N-M} = (1+x)^N$ 两边展开后 x^n

项的系数.]

(2) $E(X) = \dfrac{nM}{N}, D(X) = \dfrac{nM}{N}\left(1 - \dfrac{M}{N}\right)\dfrac{N-n}{N-1}$.[提示:仿照泊松分布期望与方差的算法,并利用(1)中的结论.]

4.8 设 $X \sim N(0,\sigma^2)$.试求 $E(|X|)$ 与 $D(|X|)$.

4.9 设 X 服从参数为 1 的指数分布.试求 $E(\max(X,2))$ 与 $E(\min(X,2))$.

4.10 设随机变量 X 的密度函数为

$$f(x) = \frac{1}{\sqrt{\pi}}\exp\{-x^2 + 2x - 1\}, \quad -\infty < x < \infty.$$

试求 $E(X)$ 与 $D(X)$.$\left[\text{提示}:X \sim N\left(1,\dfrac{1}{2}\right).\right]$

4.11 利用例 4.8 给出的方法计算下列各题.

(1) 把一颗骰子独立地抛 12 次,求出现点数之和的期望与方差;

(2) 在习题 2.13 中,求 X 的期望与方差;

(3) 旅游车上载有 12 位游客,沿途有 6 个旅游景点.如果到达一个景点无人下车,就不停车.设 X 表示停车总次数,求 $E(X)$.假定每位游客在各个景点下车是等可能且独立的.

4.12 假定在自动流水线上加工的某种零件的内径(单位:mm) $X \sim N(\mu,1)$.内径小于 10 或大于 12 为不合格品,其余为合格品.销售每件合格品获利 20 元;零件内径小于 10 或大于 12 分别带来亏损 1 元、5 元.试问,当平均内径 μ 取何值时,生产 1 个零件带来的平均利润最大?

4.13 设某种商品每周的需求量是连续型随机变量 $X,X \sim R(10,30)$,经销商店进货数量是区间 $[10,30]$ 中的某一个整数.商店每销售一单位商品可获利 500 元;若供大于求,则剩余的每单位商品带来亏损 100 元;若供不应求,则可从外部调剂供应,此时经调剂的每单位商品仅获利 300 元.为使商店所获利润期望值不少于 9280 元,试确定最少进货量.

4.14 设 X 是一个随机变量,$E(X) = \mu, D(X) = \sigma^2$.对任意一个实数 t,规定二次函数 $h(t) = E(X-t)^2$.

(1) 试证，$h(t) = \sigma^2 + (\mu - t)^2$；

(2) 当 t 取何值时，$h(t)$ 达最小值？并求出这个最小值．

[提示：引进中心化随机变量 $X_* = X - \mu$．于是，$h(t) = E[X_* + (\mu - t)]^2$．然后利用期望的性质．]

4.15 设随机变量 X 与 Y 的联合概率函数如表 4.5．试求

(1) $E(X)$，$E(Y)$，$D(X)$ 与 $D(Y)$；

(2) $E(X - Y)$ 与 $E(XY)$；

(3) $\mathrm{cov}(X, Y)$ 与 $D(X - 2Y)$；

(4) $\rho(X, Y)$．

表 4.5

X \ Y	−1	0	2
−1	$\frac{1}{6}$	$\frac{1}{12}$	0
0	$\frac{1}{4}$	0	0
1	$\frac{1}{12}$	$\frac{1}{4}$	$\frac{1}{6}$

4.16 设 (X, Y) 的密度函数为

$$f(x, y) = \begin{cases} 2 - x - y, & 0 < x < 1, 0 < y < 1; \\ 0, & \text{其余.} \end{cases}$$

试求 X 与 Y 的相关系数与协方差矩阵．

4.17 设随机变量 X 与 Y 的联合概率函数如表 4.6．

(1) 试证，$E(XY) = 0$；

(2) 试问，当 α, β 取何值时，X 与 Y 不相关？

(3) 当 X 与 Y 不相关时，X 与 Y 相互独立吗？

4.18 设随机变量 X 与 Y 的联合概率函数如表 4.7．试证，X 与 Y 不相关，但 X 与 Y 不相互独立．

表 4.6

X \ Y	−1	0	1
−1	α	$\frac{1}{8}$	$\frac{1}{4}$
1	$\frac{1}{8}$	$\frac{1}{8}$	β

表 4.7

X \ Y	−1	0	1
−1	$\frac{1}{8}$	$\frac{1}{8}$	$\frac{1}{8}$
0	$\frac{1}{8}$	0	$\frac{1}{8}$
1	$\frac{1}{8}$	$\frac{1}{8}$	$\frac{1}{8}$

4.19 设 (X, Y) 服从单位圆上的均匀分布．试证，X 与 Y 不相关，但 X 与 Y 不相互独立．

4.20 设 $X \sim B(1, p_1)$，$Y \sim B(1, p_2)$．试证，X 与 Y 相互独立等价于 X 与 Y 不相关．[提示：利用习题 2.20 的结果．]

4.21 设 X, Y 与 Z 是 3 个随机变量．已知 $E(X) = E(Y) = 1$，$E(Z) = -1$；$D(X) = D(Y) = D(Z) = 2$；$\rho(X, Y) = 0$，$\rho(Y, Z) = -0.5$，$\rho(Z, X) = 0.5$．记 $W = X - Y + Z$．试求 $E(W)$ 与 $D(W)$，并由此计算 $E(W^2)$．

4.22 设随机变量 X 与 Y 相互独立，且 $E(X) = E(Y) = 1$，$D(X) = 2$，$D(Y) = 3$．试求 $D(XY)$．

4.23 悬臂梁上有两个相互独立的随机荷载 S_1 与 S_2，它们分别距固定端的长为 $l, 2l$．已知 $D(S_1) = D(S_2)$．试求固定端处的剪力 Q 与弯矩 M 的相关系数 $\rho(Q, M)$．已知 $Q = S_1 + S_2$，$M = lS_1 + 2lS_2$．

4.24 设随机变量 $X \sim E(\lambda)$. 试求 X 的 k 阶原点矩.

4.25 设随机变量 $X \sim R(0,2)$. 试求 X 的 k 阶中心矩.

4.26 设随机变量 $X \sim P(\lambda)$. 试求 X 的众数.

4.27 设 X_1, X_2, X_3, X_4 相互独立,它们都服从期望为 1,变异系数为 0.5 的正态分布. 试求 $P(X_1 + X_2 + X_3 - X_4 > 3)$. 〔提示:利用正态分布的可加性定理.〕

4.28 设随机变量 $X \sim R(-1,1)$.

(1) 试求 $P(|X| \geqslant 0.6)$;

(2) 试用切比雪夫不等式给出 $P(|X| \geqslant 0.6)$ 的上界.

4.29 设 X 与 Y 是两个随机变量. 已知 $E(X) = -3, E(Y) = 3, D(X) = 1, D(Y) = 4, \rho(X, Y) = -0.5$. 试用切比雪夫不等式证明

$$P(X + Y \geqslant 6) \leqslant \frac{1}{12}.$$

4.30 设 X, Y, Z 是独立同分布的随机变量,它们都服从 $R(0,1)$,记 $U = \max(X, Y, Z)$, $V = \min(X, Y, Z)$. 试求 U 与 V 的期望与方差. 〔提示:参阅例 3.17,先求出 U 与 V 的密度函数.〕

第五章　随机变量序列的极限

概率论的基本任务是研究随机现象的统计规律性.引进随机变量之后,我们集中研究了随机变量取值的统计规律性.在一个具体问题中,这种统计规律性往往通过大量的重复观测来体现,对大量的重复观测作数学处理的常用方法是研究极限.

极限理论的内容是很丰富的,第二章中的泊松定理也是一个有关极限的结论,它以泊松分布作为**极限分布**(作为极限的随机变量所服从的分布).本章讨论另外两类有关极限的定理,它们分别以退化分布(即常数)与正态分布作为极限分布.当然,限于本课程的性质,本章只能介绍一些最基本的、但应用价值很大的结果.

本章限于讨论一维随机变量.

§5.1　大数定律

在§1.3中,曾经提到频率的稳定性.设随机事件 A 的概率 $P(A) = p$,在 n 重贝努利试验中事件 A 发生的频率为 $f_n(A)$.当 n 很大时,$f_n(A)$ 将与 p 非常接近.自然会想到,应该用极限概念来描述这种稳定性.不能简单地使用高等数学中数列的极限,因为 $f_n(A)$ 本质上是一个随机变量,它随着不同的 n 次试验可能取不同的值.这就需要对**随机变量序列**引进新的收敛性定义.

定义 5.1　设 $X_1, X_2, \cdots$ 是一个随机变量序列.如果存在一个常数 c,使得对任意一个 $\varepsilon > 0$,总有

$$\lim_{n \to \infty} P(|X_n - c| < \varepsilon) = 1,$$

那么,称随机变量序列 $X_1, X_2, \cdots$ **依概率收敛**于 c,记作 $X_n \xrightarrow{P} c$.

依概率收敛性的直观意义是,当 n 足够大时,随机变量 X_n 几乎总是取接近于常数 c 的值.利用求对立事件的概率计算公式,依概率收敛性也可以等价地表示成

$$\lim_{n \to \infty} P(|X_n - c| \geqslant \varepsilon) = 0.$$

依概率收敛性具有下列性质,这个性质在数理统计中是有用的(证明可阅参考文献[2],145—146 页).

定理 5.1　如果 $X_n \xrightarrow{P} a, Y_n \xrightarrow{P} b$,且函数 $g(x, y)$ 在 (a, b) 处连续,那么 $g(X_n, Y_n) \xrightarrow{P} g(a, b)$.

现在来考察频率的稳定性.在 n 重贝努利试验中,设事件 A 发生了 N_A 次.N_A 是

离散型随机变量，且 $N_A \sim B(n, p)$，其中 $p = P(A)$；频率 $f_n(A) = \dfrac{N_A}{n}$. 由于

$$E\left(\frac{N_A}{n}\right) = \frac{1}{n}E(N_A) = \frac{1}{n} \cdot np = p,$$

$$D\left(\frac{N_A}{n}\right) = \frac{1}{n^2}D(N_A) = \frac{1}{n^2} \cdot np(1-p) = \frac{1}{n}p(1-p),$$

因此，由切比雪夫不等式推得，对任意一个 $\varepsilon > 0$，当 $n \to \infty$ 时，

$$P\left(\left|\frac{N_A}{n} - p\right| \geqslant \varepsilon\right) \leqslant \frac{1}{\varepsilon^2}D\left(\frac{N_A}{n}\right) = \frac{p(1-p)}{n\varepsilon^2} \longrightarrow 0.$$

这就证明了 $\dfrac{N_A}{n} \xrightarrow{P} p$，从而频率的稳定性有了严格的数学描述.

仿照例 4.8 的方法，设随机变量

$$X_i = \begin{cases} 1, & \text{事件 } A \text{ 在第 } i \text{ 次试验时发生}, \\ 0, & \text{事件 } A \text{ 在第 } i \text{ 次试验时不发生}, \end{cases} \quad i = 1, \cdots, n.$$

n 重贝努利试验中事件 A 发生的频数 $N_A = X_1 + \cdots + X_n$，频率

$$f_n(A) = \frac{N_A}{n} = \frac{1}{n}\sum_{i=1}^{n} X_i.$$

这里，$X_1, \cdots, X_n$ 是独立同分布的随机变量，且都服从 $0-1$ 分布 $B(1, p)$. 这样，$\dfrac{N_A}{n} \xrightarrow{P} p$ 便可表达成

$$\frac{1}{n}\sum_{i=1}^{n} X_i \xrightarrow{P} \frac{1}{n}\sum_{i=1}^{n} E(X_i),$$

其中，$\dfrac{1}{n}\displaystyle\sum_{i=1}^{n} E(X_i) = p$. 上式也可以借助于中心化随机变量表示成

$$\frac{1}{n}\sum_{i=1}^{n} X_{i*} \xrightarrow{P} 0,$$

其中，$X_{i*} = X_i - E(X_i), i = 1, \cdots, n$. 一般地（诸 X_i 不一定相互独立，也不一定服从 $0-1$ 分布），把具有这种形式的依概率收敛性的结论统称为**大数定律**.

    定理 5.2（切比雪夫大数定律）   设 $X_1, X_2, \cdots$ 是两两不相关[①]的随机变量序列. 如果存在常数 c，使得 $D(X_i) \leqslant c, i = 1, 2, \cdots$，那么，

[①] $X_1, X_2, \cdots$ 两两不相关的含义是，它们中间任意两个随机变量都不相关.

$$\frac{1}{n}\sum_{i=1}^{n}X_i - \frac{1}{n}\sum_{i=1}^{n}E(X_i) = \frac{1}{n}\sum_{i=1}^{n}X_{i*} \xrightarrow{P} 0.$$

证　由期望与方差的性质得到

$$E\left(\frac{1}{n}\sum_{i=1}^{n}X_i\right) = \frac{1}{n}\sum_{i=1}^{n}E(X_i),$$

$$D\left(\frac{1}{n}\sum_{i=1}^{n}X_i\right) = \frac{1}{n^2}\sum_{i=1}^{n}D(X_i) \leqslant \frac{c}{n}.$$

由切比雪夫不等式推得,对任意一个 $\varepsilon > 0$,当 $n \to \infty$ 时,

$$P\left(\left|\frac{1}{n}\sum_{i=1}^{n}X_i - \frac{1}{n}\sum_{i=1}^{n}E(X_i)\right| \geqslant \varepsilon\right) \leqslant \frac{1}{\varepsilon^2}D\left(\frac{1}{n}\sum_{i=1}^{n}X_i\right)$$

$$\leqslant \frac{c}{n\varepsilon^2} \longrightarrow 0. \qquad\qquad \textbf{证毕}$$

在定理 5.2 中,如果 $E(X_i) = \mu, i = 1,2,\cdots$,那么,切比雪夫大数定律可以表达成

$$\overline{X} \triangleq \frac{1}{n}\sum_{i=1}^{n}X_i \xrightarrow{P} \mu.$$

应当注意,切比雪夫大数定律的主要条件是"方差有界".

由于相互独立保证不相关,因此,作为切比雪夫大数定律的一个特例,有下列结果.

定理 5.3（独立同分布情形下的大数定律）　设 $X_1, X_2, \cdots$ 是一个独立[①]同分布的随机变量序列,且 $E(X_i) \triangleq \mu$, $D(X_i) \triangleq \sigma^2$, $i = 1,2,\cdots$. 那么,$\overline{X} \xrightarrow{P} \mu$.

这条大数定律的直观含义是,如果我们对一个随机变量重复独立地观测 n 次(例如对某个物体的未知重量作 n 次测量),得到 n 个观测值 $x_1, \cdots, x_n$,那么,只要 n 足够大,$\overline{x} \triangleq \frac{1}{n}\sum_{i=1}^{n}x_i$ 与这个随机变量的期望相差无几.

在独立同分布情形下的大数定律中,辛钦(Хинчин)证明了,即使随机变量 X_i 的方差不存在,结论依然成立.因此,定理 5.3 也称为**辛钦大数定律**.

前面解释的频率稳定性可以用下列大数定律来表达.

定理 5.4（贝努利大数定律）　设 $X_1, X_2, \cdots$ 是一个独立同分布的随机变量序列,且每一个 X_i 都服从 0 — 1 分布 $B(1, p)$,那么,$\overline{X} \xrightarrow{P} p$.

---

① $X_1, X_2, \cdots$ 相互独立的含义是,它们中间任意有限个随机变量都相互独立.

贝努利大数定律是定理 5.3 的特例,其中,$\mu = p$.

例 5.1 设 $X_1, X_2, \cdots$ 是独立同分布的随机变量序列,且 $E(X_i) = \mu$, $D(X_i) = \sigma^2$, $i = 1, 2, \cdots$. 那么,

$$\frac{1}{n} \sum_{i=1}^{n} X_i^2 \xrightarrow{P} \sigma^2 + \mu^2.$$

证 对独立同分布随机变量序列 $X_1^2, X_2^2, \cdots$ 使用定理 5.3,便得所要证明的结论,其中

$$E(X_i^2) = D(X_i) + [E(X_i)]^2 = \sigma^2 + \mu^2.$$

大数定律在数理统计的点估计问题中还有重要的应用.

§5.2 中心极限定理

本节限于讨论独立同分布的随机变量序列 $X_1, X_2, \cdots$. 记
$$E(X_i) = \mu, \quad D(X_i) = \sigma^2, \quad i = 1, 2, \cdots.$$

大数定律告诉我们,当 n 足够大时,$P(|\bar{X} - \mu| \geqslant \varepsilon)$ 接近于零,切比雪夫不等式进一步指出这个概率不超过 $\dfrac{\sigma^2}{n\varepsilon^2}$. 在实际应用问题中,往往需要更精确地算出这个概率的近似值,而不满足于切比雪夫不等式所给出的那种粗略的上界. 当然,如果已知 $X_1, X_2, \cdots$ 的分布,那么理论上可以算出这个概率的值. 例如,当 $X_1, X_2, \cdots$ 都服从 $N(\mu, \sigma^2)$ 时,由 $\sum\limits_{i=1}^{n} X_i \sim N(n\mu, n\sigma^2)$ 推得

$$P(|\bar{X} - \mu| \geqslant \varepsilon) = P\left(\left|\sum_{i=1}^{n} X_i - n\mu\right| \geqslant n\varepsilon\right) = P\left(\left|\frac{\sum\limits_{i=1}^{n} X_i - n\mu}{\sqrt{n\sigma^2}}\right| \geqslant \frac{n\varepsilon}{\sqrt{n\sigma^2}}\right)$$

$$= 1 - P\left(\left|\frac{\sum\limits_{i=1}^{n} X_i - n\mu}{\sqrt{n}\sigma}\right| < \frac{\sqrt{n}\varepsilon}{\sigma}\right)$$

$$= 1 - \left[\Phi\left(\frac{\sqrt{n}\varepsilon}{\sigma}\right) - \Phi\left(-\frac{\sqrt{n}\varepsilon}{\sigma}\right)\right] = 2\left[1 - \Phi\left(\frac{\sqrt{n}\varepsilon}{\sigma}\right)\right].$$

但是,当 $X_1, X_2, \cdots$ 不服从正态分布时,要计算这个概率必须先求出 $\sum\limits_{i=1}^{n} X_i$ 的分布,这不是一件容易的事情. 人们在长期实践中发现,在相当一般的条件下,只要 n 足够大,总是可以认为 $\sum\limits_{i=1}^{n} X_i$ 近似地服从正态分布. 有关这方面的结论习惯上称为**中心极限定理**. 限于数学工具,下面只介绍定理本身及其应用,不能给出证明.

定理 5.5（独立同分布情形下的中心极限定理） 设 $X_1, X_2, \cdots$ 是一个独立同分布的随机变量序列，且

$$E(X_i) = \mu, \quad D(X_i) = \sigma^2 > 0, \quad i = 1, 2, \cdots,$$

则对任意一个 $x, -\infty < x < \infty$，总有

$$\lim_{n \to \infty} P\left(\frac{\sum\limits_{i=1}^{n} X_i - n\mu}{\sqrt{n}\sigma} \leqslant x \right) = \Phi(x),$$

其中，$\Phi(x)$ 是 $N(0,1)$ 的分布函数.

定理 5.5 也称为**列维 - 林德伯格**（Levy-Lindberg）**中心极限定理**.

由于

$$E\left(\sum_{i=1}^{n} X_i \right) = n\mu, \quad D\left(\sum_{i=1}^{n} X_i \right) = n\sigma^2,$$

因此，定理 5.5 中的概率实际上是 $\sum\limits_{i=1}^{n} X_i$ 的标准化随机变量的分布函数值. 定理5.5 告诉我们，不论 $X_1, X_2, \cdots$ 原来服从什么分布，当 n 足够大时，总可以近似地认为

$$\frac{\sum\limits_{i=1}^{n} X_i - n\mu}{\sqrt{n}\sigma} \sim N(0,1),$$

或者等价于近似地认为 $\sum\limits_{i=1}^{n} X_i \sim N(n\mu, n\sigma^2)$. 定理 5.5 也可以等价地表达成

$$\lim_{n \to \infty} P\left(\sqrt{n}\, \frac{\overline{X} - \mu}{\sigma} \leqslant x \right) = \Phi(x),$$

左端的概率实际上是 $\overline{X}$ 的标准化随机变量的分布函数. 这个结果表明，当 n 足够大时，总可以近似地认为 $\overline{X} \sim N\left(\mu, \frac{\sigma^2}{n} \right)$. 这个形式在数理统计中特别有用.

正态分布具有定理 5.5 那种形式的优良性质不是偶然的. 在 §3.3 中曾经讲过，当一个变量（即定理 5.5 中的 $\sum\limits_{i=1}^{n} X_i$）受到大量微小的、独立的随机因素（即 $X_1, \cdots, X_n$）的影响时，这个变量一般服从正态分布. 中心极限定理正是这种直观经验的严格数学表达.

例 5.2 某人要测量甲、乙两地之间的距离，限于测量工具，他分成 1200 段来测量，每段测量误差（单位：cm）服从区间 $(-0.5, 0.5)$ 上的均匀分布，且相互独立. 试求总距离误差的绝对值超过 20cm 的概率.

解 设第 i 段的测量误差为 X_i, $i = 1, \cdots, 1200$，于是累积误差为 $\sum\limits_{i=1}^{1200} X_i$. $X_1, \cdots, X_{1200}$ 是独立同分布的随机变量，由 $X_i \sim R(-0.5, 0.5)$ 算得

$$E(X_i) = 0, \quad D(X_i) = \frac{1}{12}[0.5 - (-0.5)]^2 = \frac{1}{12}, \quad i = 1, \cdots, 1\,200.$$

于是,由定理 5.5 得到所求概率为

$$P\left(\left|\sum_{i=1}^{1200} X_i\right| > 20\right) = P\left(\frac{\left|\sum_{i=1}^{1200} X_i - 0\right|}{\sqrt{1\,200 \times \frac{1}{12}}} > \frac{20}{\sqrt{1\,200 \times \frac{1}{12}}}\right) = 1 - P\left(\frac{\left|\sum_{i=1}^{1200} X_i - 0\right|}{10} \leqslant 2\right)$$

$$\approx 1 - [\Phi(2) - \Phi(-2)] = 2[1 - \Phi(2)] = 2 \times 0.022\,8 = 0.045\,6.$$

作为定理 5.5 的一个特例,有下列结论:

定理 5.6(**德莫弗 - 拉普拉斯**(De Moivre-Laplace) **中心极限定理**) 设 $X_1, X_2,$ $\cdots$ 是一个独立同分布的随机变量序列,且每个 X_i 都服从 $0-1$ 分布 $B(1, p)$,则对任意一个 x, $-\infty < x < \infty$,总有

$$\lim_{n \to \infty} P\left(\frac{\sum_{i=1}^{n} X_i - np}{\sqrt{np(1-p)}} \leqslant x\right) = \Phi(x).$$

德莫弗 - 拉普拉斯中心极限定理不仅在概率论发展的早期起过重要的作用,而且至今在实际问题中还被广泛地使用,因此值得单独列出.

在定理 5.6 中,由二项分布的可加性知道,$\sum_{i=1}^{n} X_i \sim B(n, p)$,因此,概率

$$P\left(\frac{\sum_{i=1}^{n} X_i - np}{\sqrt{np(1-p)}} \leqslant x\right) = P\left(\sum_{i=1}^{n} X_i \leqslant np + x\sqrt{np(1-p)}\right)$$

的值理论上是可以精确算出的. 但是,实际问题中当 n 较大时,计算并不方便. 泊松定理曾经告诉我们,当 $p \leqslant 0.1$ 时,可以用泊松分布作近似计算. 现在定理 5.6 告诉我们,也可以用正态分布作近似计算,它的优点是不受"$p \leqslant 0.1$"的限制,只需 n 足够大. 由德莫弗 - 拉普拉斯中心极限定理推得,如果随机变量 $Y \sim B(n, p)$,那么,当 n 较大时,

$$P(a < Y \leqslant b) = \sum_{a < k \leqslant b} \binom{n}{k} p^k (1-p)^{n-k} \approx \Phi\left(\frac{b - np}{\sqrt{np(1-p)}}\right) - \Phi\left(\frac{a - np}{\sqrt{np(1-p)}}\right). \text{①}$$

对这个近似计算公式作两点说明:

(1) 对 $P(a < Y < b)$, $P(a \leqslant Y < b)$, $P(a \leqslant Y \leqslant b)$ 仍用上面的算式来近似,因

---

① 更精确些的近似计算公式是

$$\sum_{k=0}^{l} \binom{n}{k} p^k (1-p)^{n-k} \approx \Phi\left(\frac{l + \frac{1}{2} - np}{\sqrt{np(1-p)}}\right), \quad l = 0, 1, \cdots, n-1.$$

为了计算方便,本书不采用这个公式.

为当 n 较大时, $P(Y=a)$, $P(Y=b)$ 的值很小, 可以忽略不计(见习题 5.12).

(2) 当 $a=0$ 时, 认为 $a=-\infty$; 当 $b=n$ 时, 认为 $b=\infty$.

例 5.3 一本 20 万字的长篇小说进行排版. 假定每个字被错排的概率为 10^{-5}. 试求这本小说出版后发现有 6 个以上错字的概率, 假定各个字是否被错排是相互独立的.

解 设错字总数为 X, $X \sim B(200\,000, 10^{-5})$. 于是, 由

$$np = 2, \quad \sqrt{np(1-p)} = \sqrt{2 \times 0.999\,99} = 1.414,$$

得所求概率为

$$P(X \geqslant 6) = 1 - P(X \leqslant 5) \approx 1 - \Phi\left(\frac{5-2}{1.414}\right) = 1 - \Phi(2.12) = 1 - 0.983 = 0.017.$$

如果用泊松分布来近似, $\lambda = np = 2$, 查附表三得到

$$P(X \geqslant 6) \approx 0.012\,0 + 0.003\,4 + 0.000\,9 + 0.000\,2 + 0 = 0.016\,7.$$

例 5.4 某厂知道自己产品的不合格率 p 较高, 因此, 打算在每盒(100 只)中多装几只产品. 假定 $p=0.2$, 试问每盒至少应多装几只产品才能保证顾客不吃亏的概率至少有 99%.

解 设每盒中应多装 k 只产品. 于是, 每盒 $100+k$ 只产品中的不合格品个数 $X \sim B(100+k, 0.2)$. 现在要求满足不等式

$$P(X \leqslant k) \geqslant 0.99$$

的最小的 k. 用正态分布来近似, 得到

$$P(X \leqslant k) \approx \Phi\left(\frac{k - 0.2(100+k)}{\sqrt{0.2 \times 0.8(100+k)}}\right) = \Phi\left(\frac{2k-50}{\sqrt{100+k}}\right) \geqslant 0.99.$$

于是, k 必须满足

$$\frac{2k-50}{\sqrt{100+k}} \geqslant u_{0.99} = 2.326.$$

由此解得

$$k \geqslant 25 + \frac{1}{8}u_{0.99}^2 + \frac{1}{8}\sqrt{u_{0.99}^4 + 2\,000u_{0.99}^2} = 38.7.$$

这表明至少应该每盒多装 39 只产品.

中心极限定理在数理统计的区间估计与假设检验问题中还有重要的应用.

习 题

5.1 设 $X_1, \cdots, X_n$ 是独立同分布的随机变量. 试在下列 3 种情形下分别计算 $E(\overline{X})$ 与 $D(\overline{X})$:

(1) $X_i \sim P(\lambda)$, $i = 1, \cdots, n$;

(2) $X_i \sim R(a,b), i = 1, \cdots, n$;

(3) $X_i \sim E(\lambda), i = 1, \cdots, n$.

5.2   设 $X_1, X_2, \cdots$ 是独立同分布的随机变量序列. 在下列两种情形下, 当 $n \to \infty$ 时, 试问 $\overline{X}$ 依概率收敛于什么值?

(1) $X_i \sim P(\lambda), i = 1, 2, \cdots$;

(2) $X_i \sim R(0, \theta), i = 1, 2, \cdots$, 其中, $\theta > 0$.

5.3   设 $X_1, X_2, \cdots$ 是独立同分布的随机变量序列, 记 $E(X_i^k) = \alpha_k$, k 是正整数. 试证,

$$\frac{1}{n} \sum_{i=1}^n X_i^k \xrightarrow{P} \alpha_k.$$

5.4   设 $X_1, X_2, \cdots$ 是一个两两不相关的随机变量序列, $E(X_i) = \mu$, $D(X_i) = \sigma^2$. 试证,

$$\frac{2}{n(n+1)} \cdot \sum_{i=1}^n i X_i \xrightarrow{P} \mu.$$

[提示:用切比雪夫不等式证明, 或直接用切比雪夫大数定律.]

5.5   已知某厂生产的晶体管的寿命服从均值为 100h 的指数分布. 现在从该厂的产品中随机地抽取 64 只. 试求这 64 只晶体管的寿命总和超过 7000h 的概率. 假定这些晶体管的寿命是相互独立的.

5.6   为了测定一台机床的重量, 把它分解成若干部件来称量. 假定每个部件的称量误差(单位:kg)服从区间 $(-2, 2)$ 上的均匀分布. 试问, 最多可以把这台机床分解成多少个部件, 才能以不低于 99% 的概率保证总重量误差的绝对值不超过 10kg?

5.7   已知男孩的出生率为 51.5%. 试求刚出生的 10000 个婴儿中男孩个数多于女孩的概率.

5.8   报童沿街向行人兜售报纸. 设每位行人买报的概率为 0.2, 且他们是否买报是相互独立的. 试求, 报童在向 100 位行人兜售之后, 卖掉报纸 $15 \sim 30$ 份的概率.

5.9   某厂有 200 台车床, 每台车床的开工率仅为 0.1. 设每台车床是否开工是相互独立的, 假定每台车床开工时需要 50kW 电力. 试问, 供电局至少应该提供该厂多少电力, 才能以不低于 99.9% 的概率保证该厂不致因供电不足而影响生产?

5.10   某产品成箱包装, 每箱的重量是随机的. 假定每箱平均重量为 50kg, 标准差为 5kg. 现用载重量为 5t 的汽车承运. 试问, 汽车最多只能装多少箱, 才能使不超载的概率大于 0.9772?

5.11   设 $X_1, X_2, \cdots$ 是独立同分布的随机变量序列, 记 $E(X_i^k) = \alpha_k$, k 是正整数. 试证, 当 n 充分大时, 随机变量 $\frac{1}{n} \sum_{i=1}^n X_i^2$ 近似地服从正态分布 $N(\mu, \sigma^2)$, 其中

$$\mu = \alpha_2, \quad \sigma^2 = \frac{1}{n}(\alpha_4 - \alpha_2^2).$$

[提示:参阅例 5.1.]

5.12   设随机变量 $Y \sim B(n, p)$. 利用积分的中值定理说明, 对任意一个常数 c, 当 n 足够大时,

$$P(Y = c) \approx \frac{1}{\sqrt{2\pi \cdot np(1-p)}} \exp\left\{-\frac{(c-np)^2}{2np(1-p)}\right\} \approx 0.$$

[提示:$P(Y = c) = P\left(c - \frac{1}{2} < Y \leqslant c + \frac{1}{2}\right)$, 然后用正态分布来近似.]

第六章　现代概率论基础简介

前面五章介绍了概率论中的一些基本概念与基本知识,例如随机事件、概率、随机变量、分布与期望等. 为了便于初学者接受,我们都是借助于直观分析的方法给出的. 这就给深入学习**随机数学**的有关课程带来困难,因为现代概率论建立在近代数学的基础上,工科学生没有机会学习近代数学的一些基础课程 —— **实变函数论、测度论**等.

本章以简明扼要的方式介绍现代概率论的一些基本概念与基础知识,尽可能把前五章的内容建立在严格的数学基础上. 考虑到本书的性质与当代工科学生的实际数学水平,对有些内容仅仅罗列结论而略去证明,尽可能多举例子而不配习题. 本章后三节介绍了一些学习现代概率论所需要的基本工具 —— 复值随机变量、特征函数与多维正态分布.[①]

§6.1　概率空间

在概率论中,随机事件与概率是最基本的概念.

前面我们把随机事件定义为样本空间的一个子集,它的直观含义是:通过随机试验,一件可能发生可能不发生的"事件". 严格地说,随机事件是样本空间的某些特定的子集.

定义 6.1　给定样本空间 Ω. 设 $\mathscr{A}$ 是 Ω 的某些特定子集组成的集合,即 $\mathscr{A}$ 满足下列 3 个条件:

（ⅰ）$\Omega \in \mathscr{A}$;

（ⅱ）当 $A \in \mathscr{A}$ 时,$\overline{A} \in \mathscr{A}$;

（ⅲ）当 $A_1, A_2, \cdots \in \mathscr{A}$ 时,$\bigcup\limits_{n=1}^{\infty} A_n \in \mathscr{A}$.

称 $\mathscr{A}$ 为**事件域**(或 **σ 域**),称 $\mathscr{A}$ 中的每个元素(即 Ω 的某些子集)为**随机事件**(简称**事件**).

事件域 $\mathscr{A}$ 由 Ω 的部分子集(特殊情况下也可以是全体子集,见例 6.3)构成,因而仅有 Ω 的部分子集是事件.

例 6.1　对任意一个样本空间 Ω,由 $\Omega \in \mathscr{A}$ 推得 $\varnothing = \overline{\Omega} \in \mathscr{A}$,即必然事件 Ω 与

---

① 本章内容是工学硕士研究生进一步学习随机数学课程(例如**随机过程**等)的准备知识. 本科教学段可以略去不读,这不会影响前后内容的衔接. 另外,可以跳过本章前三节,直接阅读后三节.

不可能事件 $\varnothing$ 都是事件.

例6.2 给定样本空间 Ω,$\{\Omega,\varnothing\}$ 是一个事件域,这是包含元素个数最少的事件域.当 A 是 Ω 的一个真子集时,$\{\Omega,A,\overline{A},\varnothing\}$ 也是一个事件域.

例6.3 在古典概型中,$\Omega=\{\omega_1,\cdots,\omega_n\}$,$\Omega$ 的全体子集构成一个事件域,它包含 2^n 个事件.

例6.4 给定样本空间 Ω 与事件域 $\mathscr{A}$.

(1) 当 $A_1,A_2,\cdots\in\mathscr{A}$ 时,$\bigcap_{n=1}^{\infty}A_n\in\mathscr{A}$. 这是因为 $\bigcap_{n=1}^{\infty}A_n=\overline{\bigcup_{n=1}^{\infty}\overline{A_n}}$,且由定义6.1知道,$\overline{A_n}\in\mathscr{A}$,$\bigcup_{n=1}^{\infty}\overline{A_n}\in\mathscr{A}$,从而 $\overline{\bigcup_{n=1}^{\infty}\overline{A_n}}\in\mathscr{A}$.

(2) 当 $A,B\in\mathscr{A}$ 时,$A\bigcup B\in\mathscr{A}$,$A\bigcap B\in\mathscr{A}$,$A-B\in\mathscr{A}$. 这是因为由例6.1知道 $\varnothing\in\mathscr{A}$,且

$$A\bigcup B=A\bigcup B\bigcup\varnothing\bigcup\varnothing\bigcup\cdots,$$
$$A\bigcap B=A\bigcap B\bigcap\Omega\bigcap\Omega\bigcap\cdots,$$
$$A-B=A\bigcap\overline{B}.$$

在 §1.1 中,称仅含一个样本点的事件为基本事件. 在定义6.1下,单点集不一定是事件. 例如,设 Ω 是非空集合,$\mathscr{A}=\{\Omega,\varnothing\}$. Ω 中任意一个样本点 $\omega\in\Omega$,但 $\{\omega\}\notin\mathscr{A}$,因而 $\{\omega\}$ 不是事件,更不是基本事件.

样本空间 Ω 为一维欧氏空间 R 或它的一个子集是常见的情形.

定义6.2 设 $\Omega=R=(-\infty,\infty)$. 如果一个事件域包含一切左开右闭区间 $(a,b]$,$-\infty<a<b<\infty$,那么称这个事件域为**波雷尔(Borel)事件域**,记作 $\mathscr{B}$.

波雷尔事件域包含一切区间与单点集.

例6.5 给定样本空间 $\Omega=R$ 与波雷尔事件域 $\mathscr{B}$. 对任意一个实数 x_0,由例6.4(1)推得

$$\{x_0\}=\bigcap_{n=1}^{\infty}\left(x_0-\frac{1}{n},x_0\right]\in\mathscr{B}.$$

从而

$$(a,b)=(a,b]-\{b\}\in\mathscr{B},$$
$$[a,b]=(a,b]\bigcup\{a\}\in\mathscr{B},$$
$$[a,b)=(a,b)\bigcup\{a\}\in\mathscr{B}.$$

当端点 a,b 为 $\pm\infty$ 时,无穷区间也属于 $\mathscr{B}$. 例如,

$$(-\infty,x_0]=\bigcup_{n=1}^{\infty}(x_0-n,x_0]\in\mathscr{B}.$$

波雷尔事件域可以推广到样本空间 $\Omega=R^n$(n 维欧氏空间) 的情形,相应的波雷尔事件域记作 $\mathscr{B}^n$. 当样本空间 $\Omega=B_0(B_0\in\mathscr{B})$ 时,相应的波雷尔事件域记作 $B_0\bigcap\mathscr{B}$,

其中

$$B_0 \bigcap \mathscr{B} \triangleq \{B_0 \bigcap B : B \in \mathscr{B}\}.$$

可以验证 $B_0 \bigcap \mathscr{B}$ 符合定义 6.1. 类似地可以定义 $A_0 \bigcap \mathscr{A}$.

在 §1.4 中我们引进了概率的公理化定义,这是 1933 年柯尔莫哥洛夫 (Колмогоров) 给出的. 严格地说,概率 P 是定义域为 $\mathscr{A}$ 的一个取实值的函数[1].

定义 6.3　给定样本空间 Ω 及事件域 $\mathscr{A}$. 设 $P(A)$ 是定义域为 $\mathscr{A}$ 的一个函数. 如果函数 P 满足下列 3 条公理:

（ⅰ）**非负性**　对任意一个 $A \in \mathscr{A}, P(A) \geqslant 0$;

（ⅱ）**规范性**　$P(\Omega) = 1$;

（ⅲ）**可列可加性**　当 $A_1, A_2, \cdots \in \mathscr{A}$, 且 $A_1, A_2, \cdots$ 两两互不相容时,

$$P(\bigcup_{n=1}^{\infty} A_n) = \sum_{n=1}^{\infty} P(A_n),$$

那么称 P 为定义在 $\mathscr{A}$ 上的**概率**, 称 $P(A)$ 为**事件 A 的概率**.

在 §1.4 中曾经给出了概率的常用性质,下面补充一条概率的重要性质.

定理 6.1（概率的连续性）　给定样本空间 Ω, 事件域 $\mathscr{A}$ 及概率 P. 设 $A_1, A_2, \cdots \in \mathscr{A}$.

（ⅰ）当 $A_1 \subset A_2 \subset \cdots$ 时,

$$P(\lim_{n \to \infty} A_n) = \lim_{n \to \infty} P(A_n),$$

其中 $\lim_{n \to \infty} A_n \triangleq \bigcup_{n=1}^{\infty} A_n \in \mathscr{A}$.

（ⅱ）当 $A_1 \supset A_2 \supset \cdots$ 时,

$$P(\lim_{n \to \infty} A_n) = \lim_{n \to \infty} P(A_n),$$

其中, $\lim_{n \to \infty} A_n \triangleq \bigcap_{n=1}^{\infty} A_n \in \mathscr{A}$.

证　（ⅰ）记 $B_1 = A_1, B_n = A_n - A_{n-1}, n = 2, 3, \cdots$. 由于 $B_1, B_2, \cdots \in \mathscr{A}$, 且 $B_1, B_2, \cdots$ 两两互不相容, 因此, 由

$$\bigcup_{i=1}^{n} B_i = \bigcup_{i=1}^{n} A_i, \quad \lim_{n \to \infty} A_n = \bigcup_{n=1}^{\infty} B_n$$

推得（记 $A_0 = \varnothing$）

$$P(\lim_{n \to \infty} A_n) = P(\bigcup_{n=1}^{\infty} B_n) = \sum_{n=1}^{\infty} P(B_n) = \lim_{n \to \infty} \sum_{i=1}^{n} P(B_n)$$

---

[1]　近代数学中称它为**集函数**, 因为自变量不是数而是集合.

$$= \lim_{n \to \infty} \sum_{i=1}^{n} [P(A_i) - P(A_{i-1})] = \lim_{n \to \infty} P(A_n).$$

（ⅱ）记 $B_n = \overline{A}_n, n = 1, 2, \cdots$. 由于 $B_1, B_2, \cdots \in \mathscr{A}$，且 $B_1 \subset B_2 \subset \cdots$，因此，由（ⅰ）知道，$P(\lim_{n \to \infty} B_n) = \lim_{n \to \infty} P(B_n)$. 从而，由

$$\lim_{n \to \infty} A_n = \bigcap_{n=1}^{\infty} A_n = \bigcap_{n=1}^{\infty} \overline{B}_n = \overline{\bigcup_{n=1}^{\infty} B_n} = \overline{\lim_{n \to \infty} B_n}$$

推得

$$P(\lim_{n \to \infty} A_n) = P(\overline{\lim_{n \to \infty} B_n}) = 1 - P(\lim_{n \to \infty} B_n) = 1 - \lim_{n \to \infty} P(B_n) = 1 - \lim_{n \to \infty} P(\overline{A}_n)$$

$$= 1 - \lim_{n \to \infty} [1 - P(A_n)] = \lim_{n \to \infty} P(A_n). \qquad \textbf{证毕}$$

在 §6.2 中，我们将利用概率的连续性证明分布函数的一些性质，它们在 §3.1 中没有证明.

定义 6.4 给定一个随机试验，称有序三元组 $(\Omega, \mathscr{A}, P)$ 为**概率空间**.

概率论是建立在概率空间上的理论. 对同一随机试验，选取不同的事件域将得到不同的概率空间. 当样本空间为有限集或可列无限集时，常用事件域为样本空间的一切子集所构成的集合①，例如古典概率模型；当样本空间为欧氏空间（或它的一个子集 $B_0 \in \mathscr{B}$）时，常用事件域为波雷尔事件域（或 $B_0 \cap \mathscr{B}$），例如几何概率模型.

在 §1.5 中，曾经提到，在固定条件 A_0 下，条件概率 $P(\cdot \mid A_0)$ 满足概率的 3 条公理，因而它也是一种概率，从而具有概率的一切性质. 这时，概率空间为 $(A_0, A_0 \cap \mathscr{A}, P)$，其中，$A_0 \in \mathscr{A}$. 有些书上称 A_0 为原样本空间 Ω 的**缩减的样本空间**. 当 $A_0 = \Omega$ 时，条件概率恰是通常意义下的概率，因为 $A_0 \cap \mathscr{A} = \mathscr{A}$，概率空间成为 $(\Omega, \mathscr{A}, P)$.

§6.2 随机变量的分布

在概率论中，随机变量及其分布是最重要的概念.

§2.1 中把随机变量定义为样本空间的实值函数. 严格地说，随机变量是样本空间的某些特定的实值函数.

定义 6.5 给定概率空间 $(\Omega, \mathscr{A}, P)$. 设 $X = X(\omega)$ 是定义域为 Ω 的一个单值实值函数. 如果对任意一个实数 x，Ω 的子集

$$\{\omega : X(\omega) \leqslant x\} \in \mathscr{A}.$$

那么，称 $X(\omega)$（简记成 X）为**（一维）随机变量**. 如果对任意两个实数 x 和 y，Ω 的子集

---

① 有些书上把元素为集合的集合称为**类**.

$$\{\omega : X(\omega) \leqslant x, Y(\omega) \leqslant y\} \in \mathscr{A},$$

那么,称$(X(\omega), Y(\omega))$(简记成(X, Y))为**二维随机变量**.类似地,有n**维随机变量**$(X_1(\omega), \cdots, X_n(\omega))$(简记成$(X_1, \cdots, X_n)$).

事件$\{\omega : X(\omega) \leqslant x\}$通常记作$\{X \leqslant x\}$.

定理 6.2 给定一个定义在概率空间$(\Omega, \mathscr{A}, P)$上的随机变量X.对任意一个集合$S \in \mathscr{B}, \Omega$的子集

$$\{X \in S\} = \{\omega : X(\omega) \in S\} \in \mathscr{A}.$$

定理 6.2 保证$\{X \in S\}$是一个事件,从而概率$P(X \in S)$有意义.定理 6.2 可以推广到n维随机变量,$n \geqslant 2$.例如,当$n = 2$时,要使$P((X, Y) \in D)$有意义,必须要求集合$D \in \mathscr{B}^2$.

第五章曾经研究了随机变量序列$X_1, X_2, \cdots$.这本质上是一个**无穷维随机变量**

$$(X_1, X_2, \cdots) = (X_1(\omega), X_2(\omega), \cdots).$$

对此严格表达要复杂得多,本书从略.

下面的例 6.6 表明一维随机变量是最基本的概念,因为$(X_1, \cdots, X_n)$成为n维随机变量的充分必要条件是每一个分量都是一维随机变量.但是,这些叙述不能简单地平移到无穷维随机变量.

例 6.6 设$X_1, \cdots, X_n$是定义在同一个概率空间$(\Omega, \mathscr{A}, P)$上的n个随机变量.由于对任意n个实数$x_1, \cdots, x_n, \Omega$的子集

$$\{\omega : X_1(\omega) \leqslant x_1, \cdots, X_n(\omega) \leqslant x_n\} = \bigcap_{n=1}^{\infty} \{\omega : X_i(\omega) \leqslant x_i\} \in \mathscr{A},$$

因此,$(X_1, \cdots, X_n)$必定是一个n维随机变量,其中X_i是随机变量保证$\{\omega : X_i(\omega) \leqslant x_i\} \in \mathscr{A}$.

反之,设$(X_1, \cdots, X_n)$是定义在概率空间$(\Omega, \mathscr{A}, P)$上的n维随机变量.对任意一个实数x, Ω的子集

$$\{\omega : X_1(\omega) \leqslant x\} = \{\omega : X_1(\omega) \leqslant x, X_2(\omega) \in R, \cdots, X_n(\omega) \in R\}$$

$$= \{\omega : (X_1(\omega), \cdots, X_n(\omega)) \in D\} \in \mathscr{A},$$

因此,X_1必定是随机变量,其中$(X_1, \cdots, X_n)$是n维随机变量保证由$D = \{(x_1, \cdots, x_n) : x_1 \leqslant x, x_2 \in R, \cdots, x_n \in R\} \in \mathscr{B}^n$推得$\{\omega : (X_1(\omega), \cdots, X_n(\omega)) \in D\} \in \mathscr{A}$.类似地,$X_2, \cdots, X_n$都是定义在同一概率空间$(\Omega, \mathscr{A}, P)$上的随机变量.

在第二章中,我们含糊地把随机变量取值的统计规律性称为分布.严格地说,分布是定义域为波雷尔事件域的一个实值函数.

定义 6.6 给定概率空间$(\Omega, \mathscr{A}, P)$与随机变量X.称定义域为$\mathscr{B}$的实值函数

$$P_X(S) \triangleq P(X \in S), \quad S \in \mathscr{B}$$

为随机变量 X 的**分布**. 类似地, 有 n 维随机变量的分布(也称为 n 个随机变量的**联合分布**)$P_{(X_1, \cdots, X_n)}$.

分布的常用形式是分布函数与特征函数(见 §6.5); 对离散型随机变量可以用概率函数表达分布, 对连续型随机变量可以用密度函数表达分布.

由随机变量 X 的分布 P_X 可以唯一确定分布函数 $F_X(x)$(取 $S = (-\infty, x]$). 下面定理 6.3 保证: 随机变量 X 的分布 P_X 与分布函数 $F_X(x)$ 一一对应.

定理 6.3 给定随机变量 X 的分布函数 $F_X(x)$. 对任意一个 $S \in \mathcal{B}$, $P_X(S) = P(X \in S)$ 由 $F_X(x)$ 唯一确定.

用分布函数取代分布的优点是: 分布函数是普通的函数, 而分布是集合的函数.

在 §3.1 中, 我们回避了某些分布函数性质的证明. 下面作为例子, 应用概率的连续性定理给出证明.

例 6.7 设 $F(x)$ 是任意一个随机变量的分布函数.

(1) 由于 $F(x)$ 是单调的有界函数, 因此极限 $\lim\limits_{x \to -\infty} F(x)$ 与 $\lim\limits_{x \to \infty} F(x)$ 都存在. 由 $(-\infty, -1] \supset (-\infty, -2] \supset \cdots$ 及定理 6.1(ⅱ) 推得

$$\lim_{x \to -\infty} F(x) = \lim_{n \to \infty} F(-n) = \lim_{n \to \infty} P(X \leqslant -n) = P\left(\lim_{n \to \infty} \{X \leqslant -n\}\right) = P(\varnothing) = 0.$$

由 $(-\infty, 1] \subset (-\infty, 2] \subset \cdots$ 及定理 6.1(ⅰ) 推得

$$\lim_{x \to \infty} F(x) = \lim_{n \to \infty} F(n) = \lim_{n \to \infty} P(X \leqslant n) = P\left(\lim_{n \to \infty} \{X \leqslant n\}\right) = P(\Omega) = 1.$$

(2) 对任意一个 $x_0 \in R$, 极限 $\lim\limits_{x \to x_0 + 0} F(x)$ 存在. 由 $(-\infty, x_0 + 1] \supset (-\infty, x_0 + \frac{1}{2}] \supset (-\infty, x_0 + \frac{1}{3}] \supset \cdots$ 及定理 6.1(ⅱ) 推得

$$\lim_{x \to x_0 + 0} F(x) = \lim_{n \to \infty} F\left(x_0 + \frac{1}{n}\right) = \lim_{n \to \infty} P\left(X \leqslant x_0 + \frac{1}{n}\right)$$

$$= P\left(\lim_{n \to \infty} \{X \leqslant x_0 + \frac{1}{n}\}\right) = P(X \leqslant x_0) = F(x_0).$$

这表明分布函数右连续.

(3) 对任意一个 $x_0 \in R$, 极限 $\lim\limits_{x \to x_0 - 0} F(x)$ 存在. 由 $(-\infty, x_0 - 1] \subset (-\infty, x_0 - \frac{1}{2}] \subset (-\infty, x_0 - \frac{1}{3}] \subset \cdots$ 及定理 6.1(ⅰ) 推得

$$\lim_{x \to x_0 - 0} F(x) = \lim_{n \to \infty} F\left(x_0 - \frac{1}{n}\right) = \lim_{n \to \infty} P\left(X \leqslant x_0 - \frac{1}{n}\right)$$

$$= P\left(\lim_{n \to \infty} \left\{X \leqslant x_0 - \frac{1}{n}\right\}\right) = P(X < x_0).$$

从而

$$P(X = x_0) = P(X \leqslant x_0) - P(X < x_0) = F(x_0) - F(x_0 - 0).$$

关于联合分布函数相应性质的证明是类似的. 另外, 边缘分布函数的引进本质上也应用了概率的连续性. 例如, 固定一个自变量 x 时, $F(x, y)$ 单调有界, 因此, 极限 $\lim\limits_{y \to \infty} F(x, y)$ 存在. 由 $\{X \leqslant x, Y \leqslant 1\} \subset \{X \leqslant x, Y \leqslant 2\} \subset \cdots$ 及定理 6.1(ⅰ) 推得

$$\lim_{y \to \infty} F(x, y) = \lim_{n \to \infty} F(x, n) = \lim_{n \to \infty} P(X \leqslant x, Y \leqslant n)$$

$$= P(\lim_{n \to \infty} \{X \leqslant x, Y \leqslant n\}) = P(X \leqslant x, -\infty < Y < \infty)$$

$$= P(X \leqslant x) = F_X(x).$$

在 §2.6 与 §3.6 中, 我们简单把随机变量的函数 $Y = g(X), Z = g(X, Y)$ 看作随机变量. 严格地说, 只有当它们符合定义 6.5 要求时, 才是一个随机变量, 即函数 g 应当满足

$$\{\omega : g(X(\omega)) \leqslant y\} \in \mathscr{A}, \qquad \text{对一切 } y \in R;$$
$$\{\omega : g(X(\omega), Y(\omega)) \leqslant z\} \in \mathscr{A}, \quad \text{对一切 } z \in R.$$

常见的函数 (包括初等函数, 分段函数, 积分上限函数等形式) 都满足这一要求. 这个要求也可以等价地表达成: 函数 g 应当满足

$$\{x : g(x) \leqslant y\} \in \mathscr{B}, \qquad \text{对一切 } y \in R;$$
$$\{(x, y) : g(x, y) \leqslant z\} \in \mathscr{B}^2, \quad \text{对一切 } z \in R.$$

随机变量 (或相应的分布函数) 分成三类, 除了前面介绍了的离散型与连续型外, 还有**奇异型**随机变量, 它的分布函数连续, 但不能用密度函数的积分来表达分布函数 (详见参考文献[4], 47—48 页).

例 6.8 设 $F_1(x), \cdots, F_n(x)$ 都是分布函数. 当常数 $c_1, \cdots, c_n$ 满足 $0 \leqslant c_i \leqslant 1$ 且 $\sum\limits_{i=1}^{n} c_i = 1$ 时, $\sum\limits_{i=1}^{n} c_i F_i(x)$ 必定也是一个分布函数. 这是因为, 分布函数的 4 条特征性质对 $\sum\limits_{i=1}^{n} c_i F_i(x)$ 都成立, 即 $\sum\limits_{i=1}^{n} c_i F_i(x)$ 必定是某个随机变量的分布函数.

例 6.8 的逆命题也成立.

定理 6.4 任意一个随机变量 X 的分布函数 $F(x)$ 必定可以表达成

$$F(x) = c_1 F_1(x) + c_2 F_2(x) + c_3 F_3(x),$$

其中, c_1, c_2, c_3 是常数, $0 \leqslant c_i \leqslant 1$, 且 $\sum\limits_{i=1}^{3} c_i = 1$; $F_1(x)$ 是某个离散型随机变量的分布函数, $F_2(x)$ 是某个连续型随机变量的分布函数, $F_3(x)$ 是某个奇异型随机变量的分布函数.

例 6.9 设分布函数

$$F(x) = \begin{cases} 0, & x < -1; \\ \dfrac{1}{8} + \dfrac{5}{16}(x+1), & -1 \leqslant x < 1; \\ 1, & x \geqslant 1. \end{cases}$$

不难验证 $F(x) = \dfrac{3}{8}F_1(x) + \dfrac{5}{8}F_2(x)$,其中

$$F_1(x) = \begin{cases} 0, & x < -1; \\ \dfrac{1}{3}, & -1 \leqslant x < 1; \\ 1, & x \geqslant 1, \end{cases} \qquad F_2(x) = \begin{cases} 0, & x < -1; \\ \dfrac{x+1}{2}, & -1 \leqslant x < 1; \\ 1, & x \geqslant 1. \end{cases}$$

表 6.1

X	-1	1
P_r	$\dfrac{1}{3}$	$\dfrac{2}{3}$

$F_1(x)$ 恰是概率函数(表 6.1)的分布函数,$F_2(x)$ 恰是区间 $(-1,1)$ 上均匀分布的分布函数.

n 个随机变量的相互独立性一般如下定义,$n \geqslant 2$.

定义 6.7 设 $X_1, \cdots, X_n$ 是定义同一概率空间 $(\Omega, \mathcal{A}, P)$ 上的 n 个随机变量,如果

$$P(X_1 \in S_1, \cdots, X_n \in S_n) = \prod_{i=1}^{n} P(X_i \in S_i), \quad 对一切 \ S_1, \cdots, S_n \in \mathcal{B}$$

成立,那么,称**随机变量 $X_1, \cdots, X_n$ 相互独立**.

连续型随机变量的密度函数不能简单地认为是分布函数的导数. 在例 3.2 中,$F'(1)$ 不存在,但可以补充定义 $f(1) = 0$,也可以定义 $f(1)$ 为任意一个正数. 一般地,$f(x)$ 的表达形式不唯一,有关这方面知识的严格论述需要用到近代微积分理论. 类似的概念还有连续型随机变量的期望、条件密度函数与条件期望等.

§6.3　随机变量的数字特征

在概率论中,随机变量的数字特征是最常用的概念.

随机变量及其函数的期望在数字特征中起关键的作用. 在现代概率论中,随机变量 X 的期望记作

$$E(X) \triangleq \int_{-\infty}^{\infty} x \, \mathrm{d}F(x),$$

其中 $F(x)$ 是 X 的分布函数. 不妨作如下理解:

$$\int_{-\infty}^{\infty} x \, \mathrm{d}F(x) = \begin{cases} \sum_i a_i p_i, & 当 \ X \ 为离散型时; \\ \int_{-\infty}^{\infty} x f(x) \, \mathrm{d}x, & 当 \ X \ 为连续型时. \end{cases}$$

类似地,当 $g(X), g(X,Y)$ 为随机变量时,

$$E[g(X)] \triangleq \int_{-\infty}^{\infty} g(x) \mathrm{d}F(x),$$

$$E[g(X,Y)] \triangleq \int_{-\infty}^{\infty} \int_{-\infty}^{\infty} g(x,y) \mathrm{d}F(x,y)^{①}.$$

当 $S \in \mathscr{B}$,一元函数 $I_S(x)$ 定义为

$$I_S(x) \triangleq \begin{cases} 0, & x \notin S; \\ 1, & x \in S. \end{cases}$$

称 $I_S(x)$ 为 **示性函数**. $I_S(X)$ 是随机变量,且

$$E[I_S(X)] = P(X \in S).$$

类似地,当 $D \in \mathscr{B}^2, I_D(X,Y)$ 是随机变量,且

$$E[I_D(X,Y)] = P((X,Y) \in D).$$

这表明事件的概率是随机变量函数的期望的特例.

§4.1 中曾经指出,只有当 $E(|X|) = \int_{-\infty}^{\infty} |x| \mathrm{d}F(x) < \infty$ 时,X 的期望 $E(X)$ 才存在.

例 6.10 当随机变量 X 取非负值,且期望 $E(X)$ 存在时,

$$E(X) = \int_0^{\infty} [1 - F(x)] \mathrm{d}x.$$

证 由 X 取非负值知道,$E(X) = \int_0^{\infty} x \mathrm{d}F(x)$. 另外,由分部积分推得

$$\int_0^{\infty} [1 - F(x)] \mathrm{d}x = x[1 - F(x)] \Big|_0^{\infty} - \int_0^{\infty} x \mathrm{d}(1 - F(x))$$

$$= \lim_{x \to \infty} \{x[1 - F(x)]\} + \int_0^{\infty} x \mathrm{d}F(x).$$

由于 $\int_0^{\infty} |x| \mathrm{d}F(x) < \infty$,因此,当 $x \to \infty$ 时,

$$0 \leqslant x[1 - F(x)] = xP(X > x) = x \int_x^{\infty} \mathrm{d}F(t) \leqslant \int_x^{\infty} t \mathrm{d}F(t) \to 0.$$

从而 $\lim_{x \to \infty} \{x[1 - F(x)]\} = 0$.   证毕

指数分布的分布函数 $F(x) = 1 - \mathrm{e}^{-\lambda x}, x \geqslant 0$,因此,期望

$$E(X) = \int_0^{\infty} \{1 - (1 - \mathrm{e}^{-\lambda x})\} \mathrm{d}x = \int_0^{\infty} \mathrm{e}^{-\lambda x} \mathrm{d}x = \frac{1}{\lambda}.$$

---

① 当 (X,Y) 为连续型时,$\mathrm{d}F(x,y)$ 的含义是 $f(x,y)\mathrm{d}x\mathrm{d}y$.

随机变量在条件分布下的期望称为**条件(数学)期望**. 给定二维随机变量 (X,Y). X 的函数 $g(X)$ 在已知事件 $\{Y=y\}$ 发生时的条件期望规定为

$$E[g(X)\mid Y=y]\triangleq\int_{-\infty}^{\infty}g(x)\mathrm{d}F_{X\mid Y}(x\mid y)$$

$$=\begin{cases}\sum_i g(a_i)\dfrac{p_{ij}}{p_{\cdot j}}, & \text{当}(X,Y)\text{ 为离散型,且 }y=b_j;\\[2ex]\displaystyle\int_{-\infty}^{\infty}g(x)f_{X\mid Y}(x\mid y)\mathrm{d}x, & \text{当}(X,Y)\text{ 为连续型,且 }y\in\Omega_Y.\end{cases}$$

当 X 与 Y 相互独立时,条件分布与边缘分布相同,因此,条件期望 $E[g(X)\mid Y=y]=E[g(X)]$.

记条件期望 $E[g(X)\mid Y=y]=h(y)$. 假定 $h(Y)$ 是一个随机变量,为了方便,记 $h(Y)=E[g(X)\mid Y]$.

定理 6.5(全期望公式) 设 (X,Y) 是定义在概率空间 $(\Omega,\mathscr{A},P)$ 上的二维随机变量.

$$E(E[g(X)\mid Y])=E[g(X)],$$
$$E(E[g(Y)\mid X])=E[g(Y)].$$

下面的例 6.11 表明全期望公式不能推广到方差.

例 6.11 给定二维随机变量 (X,Y),用 $D(X\mid Y=y)$ 表示 X 在条件分布下的方差,$D(X\mid Y)$ 表示相应的随机变量. 由方差的计算公式 $D(X)=E(X^2)-[E(X)]^2$ 及全期望公式推得

$$E[D(X\mid Y)]=E[E(X^2\mid Y)-(E(X\mid Y))^2]=E(X^2)-E(E(X\mid Y))^2,$$

$$D[E(X\mid Y)]=E(E(X\mid Y))^2-(E[E(X\mid Y)])^2$$
$$=E(E(X\mid Y))^2-[E(X)]^2.$$

把上述两式相加,即得

$$D(X)=E[D(X\mid Y)]+D[E(X\mid Y)].$$

上述内容可以推广到 n 维随机变量.

§4.4 中引进了 n 维随机变量的协方差矩阵. 按习惯,用 n 维随机列向量 $\boldsymbol{X}=(X_1,\cdots,X_n)^{\mathrm{T}}$ 表示 n 维随机变量. 记 $\boldsymbol{X}$ 的协方差矩阵为 $\mathrm{VAR}(\boldsymbol{X})=(\mathrm{cov}(X_i,X_j))_{n\times n}$.

定理 6.6(协方差矩阵的性质) 设 n 维随机变量 $\boldsymbol{X}$ 的协方差矩阵 $\mathrm{VAR}(\boldsymbol{X})=\boldsymbol{C}$,

(i) 协方差矩阵是非负定[1]的对称阵;

(ii) 对任意一个 $m\times n$ 常数矩阵 $\boldsymbol{A}$,$\boldsymbol{AX}$ 是 m 维随机变量,且

---

① 在线性代数中也称为半正定.

$$\text{VAR}(\boldsymbol{AX}) = \boldsymbol{ACA}^{\mathrm{T}}.$$

证　（ⅰ）由 $\mathrm{cov}(X_i, X_j) = \mathrm{cov}(X_j, X_i)$ 推得 $\boldsymbol{C}$ 是对称阵. 对任意 n 个常数 l_1, $\cdots$, l_n, 由协方差的性质推得

$$\sum_{i=1}^{n}\sum_{j=1}^{n}\mathrm{cov}(X_i, X_j)l_i l_j = \sum_{i=1}^{n}\sum_{j=1}^{n}\mathrm{cov}(l_i X_i, l_j X_j) = \mathrm{cov}\Big(\sum_{i=1}^{n} l_i X_i, \sum_{j=1}^{n} l_j X_j\Big)$$

$$= D\Big(\sum_{i=1}^{n} l_i X_i\Big) \geqslant 0.$$

这表明对称阵 $\boldsymbol{C}$ 具有非负定性.

（ⅱ）由于 m 维随机变量 $\boldsymbol{AX}$ 中每个分量都是 $X_1, \cdots, X_n$ 的线性函数, 因此, 利用期望、协方差的性质和矩阵乘法运算法则可以直接验证等式成立. 　　　**证毕**

例 6.12　给定 n 维随机变量 $\boldsymbol{X} = (X_1, \cdots, X_n)^{\mathrm{T}}$,

（1）$\boldsymbol{X}$ 的协方差矩阵为对角阵的充分必要条件是 $X_1, \cdots, X_n$ 两两不相关;

（2）$\boldsymbol{X}$ 的协方差矩阵为对角阵的充分条件是 $X_1, \cdots, X_n$ 相互独立.

读者不妨作为练习自行证明.

对切比雪夫不等式, 马尔可夫 (Марков) 作了如下推广.

定理 6.7（马尔可夫不等式）　给定随机变量 X. 如果存在 $r > 0$, 使得 $E(|X|^r) < \infty$, 那么, 对任意一个 $\varepsilon > 0$,

$$P(|X| \geqslant \varepsilon) \leqslant \frac{E(|X|^r)}{\varepsilon^r}.$$

证　由于在集合 $\{x : |x| \geqslant \varepsilon\}$ 上, $\dfrac{|x|}{\varepsilon} \geqslant 1$, 因此

$$P(|X| \geqslant \varepsilon) = \int_{|x| \geqslant \varepsilon} \mathrm{d}F(x) \leqslant \int_{|x| \geqslant \varepsilon} \Big(\frac{|x|}{\varepsilon}\Big)^r \mathrm{d}F(x)$$

$$\leqslant \int_{-\infty}^{\infty} \frac{|x|^r}{\varepsilon^r} \mathrm{d}F(x) = \frac{E(|X|^r)}{\varepsilon^r}. \qquad \textbf{证毕}$$

在马尔可夫不等式中, 取 $r = 2$, 并用 $X - E(X)$ 代替 X, 便得切比雪夫不等式.

最后, 还要强调指出, 随机变量的数字特征不能取代分布. 可以举出例子, 两个随机变量的各阶原点矩全相等, 但是它们的分布函数不同 (见参考文献[4], 126 页).

§6.4　复值随机变量

前面讨论中我们都假定随机变量取实数值, 因而本质上是**实 (值) 随机变量**. 如果允许随机变量取复数值, 即随机变量的值域是复平面或它的一个子集, 那么, 便得到复 (值) 随机变量.

本书用 $i = \sqrt{-1}$ 表示虚单位.

定义 6.8　给定概率空间 $(\Omega, \mathscr{A}, P)$ 及两个实随机变量 X, Y,称 $Z \triangleq X + iY$ 为**复(值)随机变量**.

今后称实随机变量为随机变量.最常用的复随机变量是

$$e^{iuX} = \cos uX + i \sin uX, \quad -\infty < u < \infty.$$

其中 X 是随机变量(见 §6.5).

复随机变量 Z 是定义域为 Ω 的复值函数,$Z(\omega) = X(\omega) + iY(\omega)$.由例 6.6 知道,复随机变量 Z 的实部 X 与虚部 Y 满足:对任意实数 x, y,

$$\{\omega : X(\omega) \leqslant x, Y(\omega) \leqslant y\} \in \mathscr{A}.$$

复随机变量 $Z = X + iY$ 的分布用 X 与 Y 的联合分布来定义.

定义 6.9　给定概率空间 $(\Omega, \mathscr{A}, P)$ 与复随机变量 $Z = X + iY$.称定义域为 $\mathscr{B}^2$ 的实值函数

$$P_Z(D) \triangleq P((X, Y) \in D), \quad D \in \mathscr{B}^2$$

为**复随机变量 Z 的分布**.

从分布的角度考察,复随机变量与二维随机变量无本质差异,这并不奇怪,因为复平面上的点与二维向量一一对应.

下面研究复随机变量的数字特征.用 $\overline{Z}$ 表示 Z 的共轭复数.以下假定出现的期望都存在.

定义 6.10　设 $Z = X + iY$ 是定义在概率空间 $(\Omega, \mathscr{A}, P)$ 上的复随机变量,称

$$E(Z) \triangleq E(X) + iE(Y)$$

为 Z 的**期望**;称

$$D(Z) \triangleq E(|Z - EZ|^2) = E(Z - EZ)(\overline{Z - EZ})$$

为 Z 的**方差**;称 $D(Z)$ 的算术平方根 $\sqrt{D(Z)}$ 为 Z 的**标准差**.

期望是一个复数,而方差与标准差取非负实数值.

由方差的定义可以得到**方差计算公式**:

$$D(Z) = E(Z - EZ)(\overline{Z - EZ}) = E(Z\overline{Z}) - (EZ)(\overline{EZ})$$
$$= E(|Z|^2) - |EZ|^2.$$

这里使用了随机变量期望的性质.读者可以自行证明这些性质对复随机变量依然适用.

例 6.13　设复随机变量 $Z = X + iY$,则 Z 的方差

$$D(Z) = D(X) + D(Y).$$

证 由方差计算公式得到

$$D(Z) = E \mid Z \mid^2 - \mid EZ \mid^2 = E \mid X + \mathrm{i}Y \mid^2 - \mid EX + \mathrm{i}EY \mid^2$$

$$= E(X^2 + Y^2) - ((EX)^2 + (EY)^2)$$

$$= [E(X^2) - (EX)^2] + [E(Y^2) - (EY)^2]$$

$$= D(X) + D(Y).$$

现在讨论多个复随机变量的情形.

定义 6.11 设 $Z_j = X_j + \mathrm{i}Y_j (j = 1, 2)$ 是定义在概率空间 $(\Omega, \mathscr{A}, P)$ 上的两个复随机变量. 称

$$\mathrm{cov}(Z_1, Z_2) \triangleq E(Z_1 - EZ_1)(\overline{Z_2 - EZ_2})$$

为 Z_1 与 Z_2 的**协方差**. 当 $\mathrm{cov}(Z_1, Z_2) = 0$ 时,称 Z_1 与 Z_2 **不相关**.

协方差是一个复数,且

$$\mathrm{cov}(Z, Z) = D(Z).$$

由协方差的定义可以得到**协方差计算公式**:

$$\mathrm{cov}(Z_1, Z_2) = E(Z_1 \overline{Z_2}) - E(Z_1) \overline{E(Z_2)}.$$

协方差的性质对复随机变量依然适用,但有一个例外:

$$\mathrm{cov}(Z_2, Z_1) = \overline{\mathrm{cov}(Z_1, Z_2)}.$$

这是因为

$$\mathrm{cov}(Z_2, Z_1) = E(Z_2 - EZ_2)(\overline{Z_1 - EZ_1}) = \overline{E(Z_1 - EZ_1)(\overline{Z_2 - EZ_2})}.$$

方差的性质对复随机变量不完全适用. 我们用 $\mathrm{Re}(z)$ 表示复数 z 的实部,用 $\mathrm{Im}(z)$ 表示复数 z 的虚部.

例 6.14 给定两个复随机变量 $Z_j = X_j + \mathrm{i}Y_j, j = 1, 2$. 对任意复常数 c 及任意实数 k, l,

$$D(kZ_1 + lZ_2 + c) = k^2 D(Z_1) + l^2 D(Z_2) + 2kl\, \mathrm{Re}[\mathrm{cov}(Z_1, Z_2)].$$

证 由方差的定义知道, $D(kZ_1 + lZ_2 + c) = D(kZ_1 + lZ_2)$. 利用协方差的性质得到

$$D(kZ_1 + lZ_2) = \mathrm{cov}(kZ_1 + lZ_2, kZ_1 + lZ_2)$$

$$= k^2 \mathrm{cov}(Z_1, Z_1) + l^2 \mathrm{cov}(Z_2, Z_2) + kl\, \mathrm{cov}(Z_1, Z_2) + lk\, \mathrm{cov}(Z_2, Z_1)$$

$$= k^2 D(Z_1) + l^2 D(Z_2) + kl[\mathrm{cov}(Z_1, Z_2) + \overline{\mathrm{cov}(Z_1, Z_2)}]$$

$$= k^2 D(Z_1) + l^2 D(Z_2) + 2kl\, \mathrm{Re}(\mathrm{cov}(Z_1, Z_2)).$$

这个例子告诉我们,遇到方差时,用协方差来处理更为方便.

柯西 - 许瓦兹不等式对复随机变量依然成立.先举一个例子作准备.

例 6.15　对任意一个复随机变量 Z,当 $E|Z|<\infty$ 时,

$$|EZ|\leqslant E|Z|.$$

证　设 $Z=U\mathrm{e}^{\mathrm{i}V}$, $EZ=r\mathrm{e}^{\mathrm{i}\theta}$.于是,

$$|EZ|=r,\quad E|Z|=EU.$$

由此推得,

$$|EZ|=r=r\mathrm{e}^{\mathrm{i}\theta}\mathrm{e}^{-\mathrm{i}\theta}=\mathrm{e}^{-\mathrm{i}\theta}EZ=\mathrm{e}^{-\mathrm{i}\theta}E(U\mathrm{e}^{\mathrm{i}V})$$
$$=E(U\mathrm{e}^{\mathrm{i}(V-\theta)})=E[U\cos(V-\theta)]\leqslant EU=E|Z|.$$

注意,上述诸式都是实数,且 $U>0, r\geqslant 0$.

定理 6.8(柯西 - 许瓦兹不等式)　给定两个复随机变量 Z_1, Z_2.如果 $E|Z_1|^2<\infty$, $E|Z_2|^2<\infty$,那么

$$|E(Z_1 Z_2)|\leqslant E|Z_1 Z_2|\leqslant\{E|Z_1|^2 E|Z_2|^2\}^{\frac{1}{2}}.$$

证　对任意一个实数 t,作辅助(二次)函数

$$h(t)\triangleq E(t|Z_1|-|Z_2|)^2=E|Z_1|^2 t^2-2E|Z_1 Z_2|t+E|Z_2|^2\geqslant 0.$$

于是,由判别式

$$\Delta=(2E|Z_1 Z_2|)^2-4E|Z_1|^2 E|Z_2|^2\leqslant 0$$

推得所要证明的后一个不等式成立.同时得到 $E|Z_1 Z_2|<\infty$.

记 $Z=Z_1 Z_2$,由 $E|Z|<\infty$ 及例 6.15 推得前一个不等式成立.　　　　**证毕**

柯西 - 许瓦兹不等式(定理 6.8 中后一个不等式)中等号成立的充分必要条件(参阅 §4.6)是存在实数 k, l, c 使得

$$P(k|Z_1|+l|Z_2|=c)=1.$$

最后讨论复随机变量的相互独立性.

定义 6.12　设 $Z_j=X_j+\mathrm{i}Y_j (j=1,2)$ 是定义在概率空间 $(\Omega,\mathscr{A},P)$ 上的两个复随机变量.如果 (X_1,Y_1) 与 (X_2,Y_2) 相互独立,即

$$P((X_1,Y_1)\in D_1,(X_2,Y_2)\in D_2)=P((X_1,Y_1)\in D_1)P((X_2,Y_2)\in D_2),$$

$$\text{对一切 } D_1,D_2\in\mathscr{B}^2$$

成立,那么,称**复随机变量** Z_1 **与** Z_2 **相互独立**.

类似于(实)随机变量的情形,有下列结论.

定理 6.9 如果两个复随机变量 $Z_j = X_j + \mathrm{i}Y_j (j = 1,2)$ 相互独立,那么

(ⅰ) Z_1 与 Z_2 不相关;

(ⅱ) $E(Z_1 Z_2) = E(Z_1)E(Z_2)$;

(ⅲ) $D(kZ_1 + lZ_2 + c) = k^2 D(Z_1) + l^2 D(Z_2)$,其中,$c$ 是任意复数,k,l 是任意实数.

证 (ⅰ) 由 (X_1, Y_1) 与 (X_2, Y_2) 的相互独立性推得[①]

$$
\begin{aligned}
E(Z_1 \overline{Z}_2) &= E(X_1 + \mathrm{i}Y_1)(X_2 - \mathrm{i}Y_2) \\
&= E(X_1 X_2) - \mathrm{i}E(X_1 Y_2) + \mathrm{i}E(Y_1 X_2) - \mathrm{i}^2 E(Y_1 Y_2) \\
&= E(X_1)E(X_2) - \mathrm{i}E(X_1)E(Y_2) + \mathrm{i}E(Y_1)E(X_2) - \mathrm{i}^2 E(Y_1)E(Y_2) \\
&= (EX_1 + \mathrm{i}EY_1)(EX_2 - \mathrm{i}EY_2) = E(Z_1)E(\overline{Z}_2).
\end{aligned}
$$

(ⅱ) 与(ⅰ)的证明相同;(ⅲ) 由(ⅰ)及例 6.14 推出. **证毕**

相互独立也可以推广到 n 个复随机变量.另外,与定理 2.5 类似,当 Z_1 与 Z_2 相互独立时,$g(Z_1)$ 与 $h(Z_2)$ 相互独立.

§6.5　特征函数

特征函数是表达随机变量分布的又一种重要形式.它对多维随机变量的研究尤其带来许多方便.

一、一维特征函数

借助于复随机变量,下面引进特征函数的概念.

定义 6.13 给定概率空间 $(\Omega, \mathscr{A}, P)$ 及(实)随机变量 X,称复值函数

$$
\varphi(u) \triangleq E(\mathrm{e}^{\mathrm{i}uX}), \quad -\infty < u < \infty
$$

为随机变量 X 的(**一维**) **特征函数**.

对任意 $x, u \in (-\infty, \infty)$,$|\mathrm{e}^{\mathrm{i}ux}| = 1$,因此,由 $E|\mathrm{e}^{\mathrm{i}uX}| = 1$ 推出期望 $E(\mathrm{e}^{\mathrm{i}uX})$ 必定存在,即特征函数 $\varphi(u)$ 对一切 u 都有定义.特征函数是自变量 u 取实数、函数值 $\varphi(u)$ 取复数的一个函数.

特征函数的优良性质足以弥补它取复数值带来的不便.

定理 6.10(**特征函数的性质**) 设 $\varphi(u)$ 是随机变量 X 的特征函数.

(ⅰ) $\varphi(0) = 1$;

(ⅱ) $\varphi(-u) = \overline{\varphi(u)}$;

---

① 这里用了定理 2.5 的推广,即每一个 X_i 为随机向量时结论依然成立.

（ⅲ）$|\varphi(u)| \leqslant 1$；

（ⅳ）$\varphi(u)$ 是 $(-\infty, \infty)$ 上的一致连续函数[①]；

（ⅴ）**非负定性**　对任意一个正整数 n，任意实数 $u_1, \cdots, u_n$ 与任意复数 $z_1, \cdots,$ z_n，总有

$$\sum_{j=1}^{n} \sum_{k=1}^{n} \varphi(u_j - u_k) z_j \bar{z}_k \geqslant 0；$$

（ⅵ）当 X 的 k 阶原点矩存在时，$\varphi(u)$ 的 k 阶导数存在，且

$$\varphi^{(k)}(0) = \mathrm{i}^k E(X^k)；$$

（ⅶ）如果 $Y = kX + c$，其中 k, c 是实数，那么，Y 的特征函数

$$\varphi_Y(u) = \mathrm{e}^{\mathrm{i}cu} \varphi(ku)；$$

（ⅷ）如果 $X_1, \cdots, X_n$ 相互独立，X_j 的特征函数为 $\varphi_j(u)$，$j = 1, \cdots, n$，那么，$Y = \sum_{j=1}^{n} X_j$ 的特征函数为

$$\varphi_Y(u) = \prod_{j=1}^{n} \varphi_j(u).$$

定理的证明可阅参考文献[4]，109—111 页.

定理 6.10(ⅵ) 告诉我们，使用特征函数可以通过求导而不是积分或求和得到原点矩（也包括中心矩）：

$$E(X^k) = \mathrm{i}^{-k} \varphi^{(k)}(0).$$

另外，波赫纳尔（Bochner）与辛钦发现非负定性是特征函数最本质的性质.

定理 6.11（波赫纳尔 - 辛钦定理）　一个定义域为 $(-\infty, \infty)$ 的复值函数 $\varphi(u)$ 成为某个随机变量的特征函数的充分必要条件是 $\varphi(u)$ 非负定、在 $u = 0$ 处连续且 $\varphi(0) = 1$.

特征函数更重要的意义在于：它与分布函数之间存在一一对应的关系，从而特征函数也是刻画随机变量分布的一种形式.

设随机变量 X 的分布函数为 $F(x)$. 按特征函数的定义，

$$\varphi(u) = E(\mathrm{e}^{\mathrm{i}uX}) = \int_{-\infty}^{\infty} \mathrm{e}^{\mathrm{i}ux} \mathrm{d}F(x) = \begin{cases} \sum_{k} p_k \mathrm{e}^{\mathrm{i}ua_k}, & \text{当 } X \text{ 为离散型；} \\ \int_{-\infty}^{\infty} f(x) \mathrm{e}^{\mathrm{i}ux} \mathrm{d}x, & \text{当 } X \text{ 为连续型.} \end{cases}$$

---

① $\varphi(u)$ 是一致连续函数保证 $\varphi(u)$ 是连续函数. 对此不熟悉的读者可参阅《高等数学（上册）》（同济大学应用数学系主编，高等教育出版社，2002 年第五版），72—73 页.

反之,可以证明,分布函数由特征函数唯一确定.例如,当 X 的特征函数 $\varphi(u)$ 满足 $\int_{-\infty}^{\infty} | \varphi(u) | \mathrm{d}u < \infty$ 时,X 必定是连续型随机变量,且其密度函数

$$f(x) = \frac{1}{2\pi} \int_{-\infty}^{\infty} \varphi(u) \mathrm{e}^{-\mathrm{i}ux} \mathrm{d}u.$$

由于特征函数与分布函数一一对应,利用定理 6.10(viii) 可以通过特征函数的乘法而不是传统方法中较麻烦的卷积公式得到独立随机变量之和的分布(例 6.17 与例 6.19).

下面来计算常用分布的特征函数.

例 6.16 设 X 为离散型随机变量.

(1) 当 X 服从退化分布 $P(X=c)=1$ 时,

$$\varphi(u) = E(\mathrm{e}^{\mathrm{i}uc}) = \mathrm{e}^{\mathrm{i}uc}.$$

(2) 当 $X \sim B(n,p)$ 时,

$$\varphi(u) = \sum_{k=0}^{n} \mathrm{e}^{\mathrm{i}uk} \binom{n}{k} p^k (1-p)^{n-k} = \sum_{k=0}^{n} \binom{n}{k} (p\mathrm{e}^{\mathrm{i}u})^k (1-p)^{n-k} = [p\mathrm{e}^{\mathrm{i}u} + (1-p)]^n.$$

当 $n=1$ 时,$X \sim B(1,p)$,

$$\varphi(u) = p\mathrm{e}^{\mathrm{i}u} + (1-p).$$

(3) 当 $X \sim P(\lambda)$ 时,

$$\varphi(u) = \sum_{k=0}^{\infty} \mathrm{e}^{\mathrm{i}uk} \mathrm{e}^{-\lambda} \frac{\lambda^k}{k!} = \mathrm{e}^{-\lambda} \sum_{k=0}^{\infty} \frac{(\lambda \mathrm{e}^{\mathrm{i}u})^k}{k!} = \mathrm{e}^{-\lambda} \exp\{\lambda \mathrm{e}^{\mathrm{i}u}\} = \exp\{\lambda(\mathrm{e}^{\mathrm{i}u} - 1)\}.$$

由 $\varphi'(u) = \exp\{\lambda(\mathrm{e}^{\mathrm{i}u} - 1)\} \lambda \mathrm{e}^{\mathrm{i}u} \mathrm{i}$ 推得 $\varphi'(0) = \mathrm{i}\lambda$,从而 $E(X) = \lambda$. 由 $\varphi''(u) = \exp\{\lambda(\mathrm{e}^{\mathrm{i}u} - 1)\}(\mathrm{i}\lambda \mathrm{e}^{\mathrm{i}u})^2 + \exp\{\lambda(\mathrm{e}^{\mathrm{i}u} - 1)\} \cdot \mathrm{i}^2 \lambda \mathrm{e}^{\mathrm{i}u}$ 推得 $\varphi''(0) = \mathrm{i}^2(\lambda^2 + \lambda)$,从而 $E(X^2) = \lambda^2 + \lambda$. 于是,$D(X) = \lambda$.

例 6.17 设 $X_1, \cdots, X_n$ 相互独立,$X_j \sim P(\lambda_j)$,$j = 1, \cdots, n$. X_j 的特征函数 $\varphi_j(u) = \exp\{\lambda_j(\mathrm{e}^{\mathrm{i}u} - 1)\}$,按定理 6.10(viii),$Y = \sum_{j=1}^{n} X_j$ 的特征函数

$$\varphi_Y(u) = \prod_{j=1}^{n} \varphi_j(u) = \exp\left\{\left(\sum_{j=1}^{n} \lambda_j\right)(\mathrm{e}^{\mathrm{i}u} - 1)\right\}.$$

这是泊松分布 $P\left(\sum_{j=1}^{n} \lambda_j\right)$ 的特征函数.因此,$Y \sim P\left(\sum_{j=1}^{n} \lambda_j\right)$.

例 6.18 设 X 为连续型随机变量.

(1) 当 $X \sim R(a,b)$ 时,

$$\varphi(u) = \int_a^b e^{iux} \frac{1}{b-a} dx = \begin{cases} \dfrac{e^{ibu} - e^{iau}}{(b-a)iu}, & u \neq 0; \\ 1, & u = 0. \end{cases}$$

(2) 当 $X \sim E(\lambda)$ 时,

$$\varphi(u) = \int_0^\infty e^{iux} \cdot \lambda e^{-\lambda x} dx = \lambda \int_0^\infty e^{-(\lambda - iu)x} dx = \frac{\lambda}{\lambda - iu},$$

由 $\varphi'(u) = \dfrac{\lambda i}{(\lambda - iu)^2}$ 推得 $\varphi'(0) = \dfrac{i}{\lambda}$,从而 $E(X) = \dfrac{1}{\lambda}$. 由 $\varphi''(u) = \dfrac{2\lambda i^2}{(\lambda - iu)^3}$ 推得

$\varphi''(0) = \dfrac{2i^2}{\lambda^2}$,从而 $E(X^2) = \dfrac{2}{\lambda^2}$. 于是,$D(X) = \dfrac{1}{\lambda^2}$.

(3) 当 $X \sim N(0,1)$ 时,

$$\varphi(u) = \int_{-\infty}^\infty e^{iux} \frac{1}{\sqrt{2\pi}} e^{-\frac{x^2}{2}} dx = \frac{1}{\sqrt{2\pi}} e^{-\frac{u^2}{2}} \int_{-\infty}^\infty \exp\left\{-\frac{1}{2}(x - iu)^2\right\} dx$$

$$= \frac{1}{\sqrt{2\pi}} e^{-\frac{u^2}{2}} \cdot \sqrt{2\pi} = e^{-\frac{u^2}{2}}.$$

记 $Y = \sigma X + \mu \sim N(\mu, \sigma^2)$. 按定理 6.10(vii),$Y$ 的特征函数

$$\varphi_Y(u) = e^{i\mu u} \varphi(\sigma u) = e^{i\mu u} e^{-\frac{(\sigma u)^2}{2}} = \exp\left\{i\mu u - \frac{1}{2}\sigma^2 u^2\right\}.$$

例 6.19 设 $X_1, \cdots, X_n$ 相互独立,$X_j \sim N(\mu_j, \sigma_j^2)$,$j = 1, \cdots, n$. X_j 的特征函数 $\varphi_j(u) = \exp\left\{i\mu_j u - \dfrac{1}{2}\sigma_j^2 u^2\right\}$. 按定理 6.10(viii),$Y = \sum\limits_{j=1}^n X_j$ 的特征函数

$$\varphi_Y(u) = \prod_{j=1}^n \varphi_j(u) = \exp\left\{i\left(\sum_{j=1}^n \mu_j\right)u - \frac{1}{2}\left(\sum_{j=1}^n \sigma_j^2\right)u^2\right\}.$$

这是 $N\left(\sum\limits_{j=1}^n \mu_j, \sum\limits_{j=1}^n \sigma_j^2\right)$ 的特征函数. 因此,$Y \sim N\left(\sum\limits_{j=1}^n \mu_j, \sum\limits_{j=1}^n \sigma_j^2\right)$.

这些例子表明,使用特征函数研究概率论确实带来许多方便.

二、多维特征函数

为介绍多维正态分布作准备,这里简要叙述多维随机变量的特征函数(即**多维特征函数**).

定义 6.14 给定概率空间 $(\Omega, \mathscr{A}, P)$ 及 n 维随机变量 $(X_1, \cdots, X_n)$,称 n 元复值函数

---

① 这里用到复变函数的知识.

$$\varphi(u_1,\cdots,u_n) \triangleq E(\exp\{\mathrm{i}(u_1X_1+\cdots+u_nX_n)\}),$$
$$-\infty < u_1,\cdots,u_n < \infty$$

为随机变量$(X_1,\cdots,X_n)$的特征函数.

对于连续型随机变量$(X_1,\cdots,X_n)$,当密度函数为$f(x_1,\cdots,x_n)$时,$(X_1,\cdots,X_n)$的特征函数

$$\varphi(u_1,\cdots,u_n) = \int_{-\infty}^{\infty}\cdots\int_{-\infty}^{\infty}\exp\Big\{\mathrm{i}\sum_{j=1}^n u_jx_j\Big\}f(x_1,\cdots,x_n)\mathrm{d}x_1\cdots\mathrm{d}x_n.$$

多维随机变量的特征函数与其分布函数之间也存在一一对应关系. 多维特征函数也有类似于定理 6.10 那样的性质.

定理 6.12(多维特征函数的性质)   设 $\varphi(u_1,\cdots,u_n)$ 是 n 维随机变量$(X_1,\cdots,X_n)$ 的特征函数.

(ⅰ) $\varphi(0,\cdots,0) = 1$;X_j 的特征函数是 $\varphi(0,\cdots,0,u_j,0,\cdots,0),j=1,\cdots,n$;

(ⅱ) $\varphi(-u_1,\cdots,-u_n) = \overline{\varphi(u_1,\cdots,u_n)}$;

(ⅲ) $|\varphi(u_1,\cdots,u_n)| \leqslant 1$;

(ⅳ) $\varphi(u_1,\cdots,u_n)$ 是 n 维欧氏空间 R^n 上的一致连续函数;

(ⅴ) $X_1,\cdots,X_n$ 相互独立的充分必要条件是

$$\varphi(u_1,\cdots,u_n) = \varphi_1(u_1)\cdots\varphi_n(u_n),$$

其中 φ_j 是 X_j 的特征函数,$j=1,\cdots,n$;

(ⅵ) 如果 $X_1,\cdots,X_n$ 的$(k_1,\cdots,k_n)$ 阶联合原点矩存在,那么 $\varphi(u_1,\cdots,u_n)$ 的下列 $\sum_{j=1}^n k_j$ 阶混合偏导数存在,且

$$\frac{\partial^{k_1+\cdots+k_n}}{\partial u_1^{k_1}\cdots\partial u_n^{k_n}}\varphi(u_1,\cdots,u_n)\bigg|_{u_1=\cdots=u_n=0} = \mathrm{i}^{\sum_{j=1}^n k_j}E(X_1^{k_1}\cdots X_n^{k_n}),$$

这里允许 $k_j=0$,但 $\sum_{j=1}^n k_j \geqslant 1$;

(ⅶ) 如果 $Y = k_1X_1+\cdots+k_nX_n+c$,其中,$k_1,\cdots,k_n$ 与 c 是实数,那么,Y 的特征函数

$$\varphi_Y(u) = \mathrm{e}^{\mathrm{i}cu}\varphi(k_1u,\cdots,k_nu);$$

(ⅷ) n 维随机变量$(k_1X_1+c_1,\cdots,k_nX_n+c_n)$ 的特征函数为

$$\exp\Big\{\mathrm{i}\sum_{j=1}^n c_ju_j\Big\}\varphi(k_1u_1,\cdots,k_nu_n),$$

其中 $k_1,\cdots,k_n$ 与 $c_1,\cdots,c_n$ 是实数.

定理 6.12 中有两个结论值得重视：（ⅰ）给出了利用特征函数求边缘分布的方法；（ⅴ）给出了判别随机变量相互独立的方法.

有关多维特征函数的例子将在 §6.6 中结合多维正态分布给出.

§6.6 多维正态分布

正态分布是概率论中的重要分布,多维正态分布是深入学习随机数学不可缺少的基本知识.

在第三章与第四章中,已经接触了二维正态分布.下面举一个例子,以加深对它的了解.

例 6.20 设随机变量 (X,Y) 的分布函数为

$$F(x,y) = \frac{1}{2}F_1(x,y) + \frac{1}{2}F_2(x,y),$$

其中, $F_1(x,y)$ 是 $N(0,0,1,1,\rho)$ 的分布函数, $F_2(x,y)$ 是 $N(0,0,1,1,-\rho)$ 的分布函数, $|\rho| < 1, \rho \neq 0$. 由于二维正态分布的边缘分布是正态分布,因此, $F_j(x,\infty) = \Phi(x)$, $j = 1,2$. 从而,由

$$F_X(x) = F(x,\infty) = \frac{1}{2}F_1(x,\infty) + \frac{1}{2}F_2(x,\infty) = \Phi(x)$$

推得 $X \sim N(0,1)$. 类似地, $Y \sim N(0,1)$. 但是,由于 (X,Y) 的密度函数

$$f(x,y) = \frac{1}{2}f_1(x,y) + \frac{1}{2}f_2(x,y),$$

其中, $f_1(x,y), f_2(x,y)$ 分别是 $N(0,0,1,1,\rho), N(0,0,1,1,-\rho)$ 的密度函数,因此 (X,Y) 不服从二维正态分布.

由于 $F(x,y) \neq \Phi(x)\Phi(y)$,因此,由 $F(x,y) \neq F_X(x)F_Y(y)$ 知道, X 与 Y 不相互独立.下面来说明 X 与 Y 不相关.由于

$$E(X) = \int_{-\infty}^{\infty} \int_{-\infty}^{\infty} xf(x,y)\mathrm{d}x\mathrm{d}y = 0,$$

$$E(Y) = \int_{-\infty}^{\infty} \int_{-\infty}^{\infty} yf(x,y)\mathrm{d}x\mathrm{d}y = 0,$$

$$E(XY) = \int_{-\infty}^{\infty} \int_{-\infty}^{\infty} xyf(x,y)\mathrm{d}x\mathrm{d}y = \frac{\rho}{2} + \left(-\frac{\rho}{2}\right) = 0,$$

因此, $\rho(X,Y) = 0$.

例 6.20 表明:

（ⅰ）边缘分布都是正态分布不能推出联合分布是二维正态分布,即使已知 X 与

Y 不相关,依然不能推出联合分布是二维正态分布.

（ⅱ）仅仅边缘分布是正态分布,由不相关推不出相互独立.

下面采用 §4.4 中引进的记号来研究多维正态分布.

定义 6.15　设 n 维随机变量 $\boldsymbol{X} = (X_1, \cdots, X_n)^T$ 的密度函数为

$$f(\boldsymbol{x}) = (2\pi)^{-\frac{n}{2}} \mid \boldsymbol{C} \mid^{-\frac{1}{2}} \exp\left\{-\frac{1}{2}(\boldsymbol{x} - \boldsymbol{\mu})^T \boldsymbol{C}^{-1}(\boldsymbol{x} - \boldsymbol{\mu})\right\}, \quad \boldsymbol{x} \in R^n.$$

称 $\boldsymbol{X}$ 服从 n 维正态分布,记作 $\boldsymbol{X} \sim N(\boldsymbol{\mu}, \boldsymbol{C})$,其中

$$\boldsymbol{x} = \begin{bmatrix} x_1 \\ \vdots \\ x_n \end{bmatrix}, \quad \boldsymbol{\mu} = \begin{bmatrix} \mu_1 \\ \vdots \\ \mu_n \end{bmatrix}, \quad \boldsymbol{C} = \begin{bmatrix} c_{11} & \cdots & c_{1n} \\ \vdots & \vdots & \vdots \\ c_{n1} & \cdots & c_{nn} \end{bmatrix},$$

且 $\boldsymbol{C}$ 是 n 阶正定阵.

定义 6.15 是一维、二维正态分布的自然推广.当 $n = 2$ 时,

$$\boldsymbol{C} = \begin{bmatrix} \sigma_1^2 & \rho\sigma_1\sigma_2 \\ \rho\sigma_1\sigma_2 & \sigma_2^2 \end{bmatrix}, \quad \boldsymbol{C}^{-1} = \frac{1}{\sigma_1^2\sigma_2^2(1-\rho^2)} \begin{bmatrix} \sigma_2^2 & -\rho\sigma_1\sigma_2 \\ -\rho\sigma_1\sigma_2 & \sigma_1^2 \end{bmatrix}.$$

由于 $\mid \boldsymbol{C} \mid = \sigma_1^2\sigma_2^2(1-\rho^2)(\mid \rho \mid < 1)$,因此,$\boldsymbol{C}$ 是正定阵.另外,$\boldsymbol{C}$ 恰是 $(X_1, X_2)^T$ 的协方差矩阵 $\mathrm{VAR}(\boldsymbol{X})$.二维正态分布的密度函数由其均值向量与协方差矩阵唯一确定.

定理 6.13　设 $\boldsymbol{X} = (X_1, \cdots, X_n)^T \sim N(\boldsymbol{\mu}, \boldsymbol{C})$.

（ⅰ）$\boldsymbol{X}$ 的特征函数为

$$\varphi(\boldsymbol{u}) = \exp\left\{\mathrm{i}\boldsymbol{\mu}^T\boldsymbol{u} - \frac{1}{2}\boldsymbol{u}^T\boldsymbol{C}\boldsymbol{u}\right\}, \quad \boldsymbol{u} \in R^n,$$

其中,$\boldsymbol{u} = (u_1, \cdots, u_n)^T$;

（ⅱ）均值向量 $E(\boldsymbol{X}) = \boldsymbol{\mu}$,协方差矩阵 $\mathrm{VAR}(\boldsymbol{X}) = \boldsymbol{C}$;

（ⅲ）$X_j \sim N(\mu_j, c_{jj})$,$j = 1, \cdots, n$;

（ⅳ）$X_1, \cdots, X_n$ 相互独立的充分必要条件是 $\boldsymbol{C}$ 为对角阵.

证　（ⅰ）的证明可阅参考文献[4],121 页.

（ⅱ）借助于特征函数,可以用定理 6.12（ⅵ）给出的公式来计算.由 $c_{jk} = c_{kj}$ 得到

$$\frac{\partial}{\partial u_1}\varphi(\boldsymbol{u}) = \varphi(\boldsymbol{u})\left(\mathrm{i}\mu_1 - \sum_{j=1}^{n} c_{j1}u_j\right).$$

于是,由 $\dfrac{\partial}{\partial u_1}\varphi(\boldsymbol{u})\Big|_{\boldsymbol{u}=\boldsymbol{0}} = \mathrm{i}\mu_1$ 推得 $E(X_1) = \mu_1$.类似地,$E(X_j) = \mu_j$,$j = 2, \cdots, n$.这表明 $E(\boldsymbol{X}) = \boldsymbol{\mu}$.

由于

$$\frac{\partial^2}{\partial u_1^2}\varphi(\boldsymbol{u}) = \varphi(\boldsymbol{u})\left(\mathrm{i}\mu_1 - \sum_{j=1}^n c_{j1}u_j\right)^2 - \varphi(\boldsymbol{u})c_{11},$$

因此,由 $\dfrac{\partial^2}{\partial u_1^2}\varphi(\boldsymbol{u})\Big|_{u=0} = -(\mu_1^2 + c_{11})$ 推得 $E(X_1^2) = c_{11} + \mu_1^2$. 从而 $D(X_1) = c_{11}$. 类似地, $D(X_j) = c_{jj}$, $j = 2, \cdots, n$. 由于

$$\frac{\partial^2}{\partial u_1 \partial u_2}\varphi(\boldsymbol{u}) = \varphi(\boldsymbol{u})\left(\mathrm{i}\mu_2 - \sum_{j=1}^n c_{j2}u_j\right)\left(\mathrm{i}\mu_1 - \sum_{j=1}^n c_{j1}u_j\right) - \varphi(\boldsymbol{u})c_{21},$$

因此,由 $\dfrac{\partial^2}{\partial u_1 \partial u_2}\varphi(\boldsymbol{u})\Big|_{u=0} = \mathrm{i}^2\mu_1\mu_2 - c_{21} = -(c_{12} + \mu_1\mu_2)$ 推得 $E(X_1 X_2) = c_{12} + \mu_1\mu_2$. 从而 $\mathrm{cov}(X_1, X_2) = c_{12}$. 类似地, $\mathrm{cov}(X_j, X_k) = c_{jk}$, $j \neq k$, 这表明 $\mathrm{VAR}(\boldsymbol{X}) = \boldsymbol{C}$.

（ⅲ）由定理 6.12（ⅰ）知道, X_j 的特征函数

$$\varphi_j(u_j) = \exp\left\{\mathrm{i}\mu_j u_j - \frac{1}{2}c_{jj}u_j^2\right\}.$$

这正是 $N(\mu_j, c_{jj})$ 的特征函数. 因此, $X_j \sim N(\mu_j, c_{jj})$.

（ⅳ）由定理 6.12（ⅴ）知道, $X_1, \cdots, X_n$ 相互独立的充分必要条件是

$$\frac{\varphi(u_1, \cdots, u_n)}{\varphi_1(u_1)\cdots\varphi_n(u_n)} = \frac{\exp\left\{\mathrm{i}\boldsymbol{\mu}^\mathrm{T}\boldsymbol{u} - \dfrac{1}{2}\boldsymbol{u}^\mathrm{T}\boldsymbol{C}\boldsymbol{u}\right\}}{\exp\left\{\mathrm{i}\displaystyle\sum_{j=1}^n \mu_j u_j - \dfrac{1}{2}\sum_{j=1}^n c_{jj}u_j^2\right\}}$$

$$= \exp\left\{-\frac{1}{2}\left[\sum_{j=1}^n\sum_{k=1}^n c_{jk}u_j u_k - \sum_{j=1}^n c_{jj}u_j^2\right]\right\} = 1.$$

由线性代数中二次型理论得到,上式对一切 $u_1, \cdots, u_n$ 成立的充分必要条件是 $c_{jk} = 0$, $j \neq k$. 这表明 $\boldsymbol{C}$ 是对角阵.   证毕

定理 6.13（ⅱ）表明 n 维正态分布的密度函数由其均值向量与协方差矩阵唯一确定.

由于随机变量的特征函数唯一确定了它的分布,因此也可以用特征函数来定义**多维正态分布**.

定义 6.16 设 n 维随机变量 $\boldsymbol{X} = (X_1, \cdots, X_n)^\mathrm{T}$ 的特征函数为

$$\varphi(\boldsymbol{u}) = \exp\left\{\mathrm{i}\boldsymbol{\mu}^\mathrm{T}\boldsymbol{u} - \frac{1}{2}\boldsymbol{u}^\mathrm{T}\boldsymbol{C}\boldsymbol{u}\right\}, \quad \boldsymbol{u} \in R^n,$$

其中, $\boldsymbol{C}$ 是 n 阶非负定阵,那么,称 $\boldsymbol{X}$ 服从 n 维正态分布,记作 $\boldsymbol{X} \sim N(\boldsymbol{\mu}, \boldsymbol{C})$.

定义 6.16 是定义 6.15 的推广,它把 n 维正态分布的协方差矩阵 $\boldsymbol{C}$ 从正定阵推广到非负定阵. 这与一般的协方差矩阵的性质（见定理 6.6（ⅰ)）相一致. 由线性代数中二次型理论知道,两者的差别就在于 $|\boldsymbol{C}|$ 是否为零,当 $|\boldsymbol{C}| \neq 0$ 时, $\boldsymbol{C}$ 是正定阵,定义

6.16 与定义 6.15 是一致的;当 $|C| = 0$ 时,按定义 6.15 规定的正态分布无意义,因为密度函数不存在(C^{-1} 不存在),但按定义 6.16,它仍是正态分布.通常把 $|C| = 0$ 时的正态分布称为**退化的(n 维)正态分布**.例如,当 $n = 1, \sigma^2 = 0$ 时,$N(\mu, 0)$ 被看作退化的正态分布.$N(\mu, 0)$ 也是一个退化分布 $P(X = \mu) = 1$,因为它们的特征函数都是 $\varphi(u) = \mathrm{e}^{\mathrm{i}\mu u}$.

在深入研究随机数学时,要按定义 6.16 来理解正态分布,以下内容都是按定义 6.16 来进行讨论.

定理 6.13 已经给出了一些多维正态分布的性质.由于这是在特征函数的基础上讨论的,没有用到 $|C| \neq 0$,因此,在定义 6.16 的意义下依然成立.下面再给出一些性质.

定理 6.14(多维正态分布的性质) 设 $X = (X_1, \cdots, X_n)^{\mathrm{T}} \sim N(\boldsymbol{\mu}, C)$.

(i) $X_1, \cdots, X_n$ 相互独立的充分必要条件是 $X_1, \cdots, X_n$ 两两不相关,即 C 是对角阵;

(ii) 对于任意一个 $m \times n$ 常数矩阵 A,m 维随机变量 $Y = AX$ 服从 m 维正态分布 $N(A\boldsymbol{\mu}, ACA^{\mathrm{T}})$;

(iii) 存在 n 阶正交阵 Q,使得 $Y = Q(X - \boldsymbol{\mu})$ 服从协方差矩阵 $\mathrm{VAR}(Y)$ 为对角阵的 n 维正态分布,且均值向量 $E(Y) = \mathbf{0}$.

证 (i) 由定理 6.13(ii) 与 (iv) 直接推得.

(ii) m 维随机变量 $Y = AX$ 的特征函数 $\varphi_Y(u_1, \cdots, u_m)$ 为

$$\varphi_Y(\boldsymbol{u}) = E(\exp\{\mathrm{i}\boldsymbol{u}^{\mathrm{T}}Y\}) = E(\exp\{\mathrm{i}\boldsymbol{u}^{\mathrm{T}}(AX)\}) = E(\exp\{\mathrm{i}(A^{\mathrm{T}}\boldsymbol{u})^{\mathrm{T}}X\})$$

$$= \exp\left\{\mathrm{i}\boldsymbol{\mu}^{\mathrm{T}}(A^{\mathrm{T}}\boldsymbol{u}) - \frac{1}{2}(A^{\mathrm{T}}\boldsymbol{u})^{\mathrm{T}}C(A^{\mathrm{T}}\boldsymbol{u})\right\} = \exp\left\{\mathrm{i}(A\boldsymbol{\mu})^{\mathrm{T}}\boldsymbol{u} - \frac{1}{2}\boldsymbol{u}^{\mathrm{T}}(ACA^{\mathrm{T}})\boldsymbol{u}\right\}.$$

这正是 m 维正态分布 $N(A\boldsymbol{\mu}, ACA^{\mathrm{T}})$ 的特征函数.

(iii) 由线性代数中二次型理论知道,存在正交阵 Q,使得 $QCQ^{\mathrm{T}} = \boldsymbol{\Lambda}$;其中,$\boldsymbol{\Lambda} = \mathrm{diag}(\lambda_1, \cdots, \lambda_n)$,且 $\lambda_1, \cdots, \lambda_n$ 是 C 的特征值,$\lambda_j \geqslant 0, j = 1, \cdots, n$.由定理 6.12(viii) 知道,$X - \boldsymbol{\mu}$ 的特征函数是

$$\exp\left\{\mathrm{i}\sum_{j=1}^{n}(-\mu_j)u_j\right\}\varphi(\boldsymbol{u}) = \exp\left\{-\frac{1}{2}\boldsymbol{u}^{\mathrm{T}}C\boldsymbol{u}\right\}.$$

这表明 $X - \boldsymbol{\mu} \sim N(\mathbf{0}, C)$.于是,由(ii)推得,

$$Y = Q(X - \boldsymbol{\mu}) \sim N(\mathbf{0}, QCQ^{\mathrm{T}}) = N(\mathbf{0}, \boldsymbol{\Lambda}). \qquad 证毕$$

下面举例说明这些性质的应用.应当指出,以下给出的例子本身便是有用的结论.

例 6.21 设 $X = (X_1, \cdots, X_n)^{\mathrm{T}} \sim N(\boldsymbol{\mu}, C)$.$X$ 的任意 m 个分量($1 \leqslant m \leqslant n$)组成的 m 维随机变量 $X^{(m)} = (X_{k_1}, \cdots, X_{k_m})^{\mathrm{T}}$ 服从 m 维正态分布 $N(\boldsymbol{\mu}^{(m)}, C^{(m)})$,其中,$\boldsymbol{\mu}^{(m)} = (\mu_{k_1}, \cdots, \mu_{k_m})^{\mathrm{T}}$,$C^{(m)}$ 由 C 的第 $k_1, \cdots, k_m$ 行与第 $k_1, \cdots, k_m$ 列元素组成.

证　　不失一般性,假定 $k_1 = 1, \cdots, k_m = m$. 于是,$\boldsymbol{X}^{(m)} = \boldsymbol{AX}$,其中 $\boldsymbol{A}$ 是 $m \times n$ 阵,$\boldsymbol{A}$ 的第 (j, j) 元为 $1, j = 1, \cdots, m$,其余为 0. 由矩阵乘法运算及定理 6.14(ii) 推得所要证明的结论.

当 $m = 1$ 时,例 6.21 成为定理 6.13(iii),即多维正态分布的边缘分布是一维正态分布.

例 6.22　设 $X_1, \cdots, X_n$ 是独立同分布的随机变量,且它们都服从 $N(0, 1)$. 对任意 1 个正交阵 $\boldsymbol{Q}$,记

$$\boldsymbol{Y} = (Y_1, \cdots, Y_n)^{\mathrm{T}} = \boldsymbol{Q}(X_1, \cdots, X_n)^{\mathrm{T}}.$$

那么,$Y_1, \cdots, Y_n$ 相互独立,且它们都服从 $N(0, 1)$.

证　　由于 $(X_1, \cdots, X_n)^{\mathrm{T}} \sim N(\boldsymbol{0}, \boldsymbol{E}_n)$,其中,$\boldsymbol{E}_n$ 表示 n 阶单位阵,因此,由定理 6.14(ii) 推得 $\boldsymbol{Y} \sim N(\boldsymbol{0}, \boldsymbol{E}_n)$,其中 $\boldsymbol{QQ}^{\mathrm{T}} = \boldsymbol{E}_n$. 按定理 6.13(iii) 与 (iv),$Y_j \sim N(0, 1), j = 1, \cdots, n$,且 $Y_1, \cdots, Y_n$ 相互独立.

这条结论在数理统计中经常被引用.

在概率论中曾经强调:独立正态随机变量的线性函数依然服从正态分布. 定理 6.14(ii) 可把它推广成一般的形式,即正态性在线性变换下保持不变.

例 6.23　随机变量 $\boldsymbol{X} = (X_1, \cdots, X_n)^{\mathrm{T}}$ 服从 n 维正态分布的充分必要条件是,对任意常数 $l_1, \cdots, l_n, \sum_{j=1}^{n} l_j X_j$ 服从一维正态分布.

证　　必要性由定理 6.14(ii) 推出,其中,$m = 1, \boldsymbol{A} = (l_1, \cdots, l_n)$. 顺便得到

$$\sum_{j=1}^{n} l_j X_j \sim N\left(\sum_{j=1}^{n} l_j \mu_j, \sum_{j=1}^{n} \sum_{k=1}^{n} c_{jk} l_j l_k\right).$$

下面证明充分性. 对每一个固定的 $j, j = 1, \cdots, n$,令 $l_j = 1, l_k = 0 (k \neq j)$. 由于 $\sum_{k=1}^{n} l_k X_k = X_j$ 服从一维正态分布,因此,$E(X_j) \triangleq \mu_j, D(X_j) \triangleq c_{jj}$ 都存在. 由柯西 - 许瓦兹不等式推得

$$\operatorname{cov}(X_j, X_k) \triangleq c_{jk}, \quad j \neq k, \quad j, k = 1, \cdots, n$$

都存在. 由期望与方差的性质知道,对任意常数 $l_1, \cdots, l_n,$

$$E\left(\sum_{j=1}^{n} l_j X_j\right) = \sum_{j=1}^{n} l_j \mu_j, \quad D\left(\sum_{j=1}^{n} l_j X_j\right) = \sum_{j=1}^{n} \sum_{k=1}^{n} c_{jk} l_j l_k.$$

由于已知 $\sum_{j=1}^{n} l_j X_j$ 服从一维正态分布,因此,这个正态分布必定是 $N\left(\sum_{j=1}^{n} l_j \mu_j, \sum_{j=1}^{n} \sum_{k=1}^{n} c_{jk} l_j l_k\right)$. 从而,$\sum_{j=1}^{n} l_j X_j$ 的特征函数(关于 u 的一元函数) 是

$$E\left(\exp\left\{\mathrm{i} u\left(\sum_{j=1}^{n} l_j X_j\right)\right\}\right) = \exp\left\{\mathrm{i}\left(\sum_{j=1}^{n} l_j \mu_j\right) u - \frac{1}{2}\left(\sum_{j=1}^{n} \sum_{k=1}^{n} c_{jk} l_j l_k\right) u^2\right\}.$$

在上式中令 $u = 1$,得到

$$E\left(\exp\left\{\mathrm{i}\sum_{j=1}^{n}l_jX_j\right\}\right)=\exp\left\{\mathrm{i}\sum_{j=1}^{n}l_j\mu_j-\frac{1}{2}\sum_{j=1}^{n}\sum_{k=1}^{n}c_{jk}l_jl_k\right\}.$$

由于 l_j 可以在 $(-\infty,\infty)$ 内任意变动, $j=1,\cdots,n$, 因此, 上式左端恰是 n 维随机变量 $(X_1,\cdots,X_n)^{\mathrm{T}}$ 的特征函数 (把 l_j 改成 $u_j,j=1,\cdots,n$), 而上式右端与定义 6.16 中 n 维正态分布的特征函数相同. 这就证明了 $\boldsymbol{X}$ 服从 n 维正态分布.

这条结论在随机过程中经常被引用.

例 6.24 设随机变量 (X_1,X_2,X_3,X_4) 服从四维正态分布 $N(\boldsymbol{0},\boldsymbol{C})$. 试证

$$E(X_1X_2X_3X_4)=E(X_1X_2)E(X_3X_4)+E(X_1X_3)E(X_2X_4)+E(X_1X_4)E(X_2X_3).$$

证 现在, $E(X_jX_k)=c_{jk},j,k=1,2,3,4.$ $(X_1,X_2,X_3,X_4)^{\mathrm{T}}$ 的特征函数为

$$\varphi(u_1,u_2,u_3,u_4)=\exp\left\{-\frac{1}{2}\sum_{j=1}^{4}\sum_{k=1}^{4}c_{jk}u_ju_k\right\}.$$

由定理 6.12(ⅵ) 推得

$$E(X_1X_2X_3X_4)=\frac{\partial^4\varphi(u_1,u_2,u_3,u_4)}{\partial u_1\partial u_2\partial u_3\partial u_4}\bigg|_{u_1=u_2=u_3=u_4=0}.$$

通过直接求偏导数计算得到

$$E(X_1X_2X_3X_4)=c_{12}c_{34}+c_{13}c_{24}+c_{14}c_{23}.$$

这正是所要证明的等式.

本节的所有结论 (包括定理与例子) 在今后深入学习随机数学时都是有用的.

第七章　数理统计的基本概念

从本章开始,我们介绍数理统计中的一些最基本的内容.数理统计的应用非常广泛,凡是有随机性数据出现的问题,都要用到数理统计;层出不穷的应用性问题的提出与解决,又不断推动了数理统计的发展.

本章主要介绍数理统计的一些基本概念,在此基础上,我们将用概率论的方法讨论一些常用的抽样分布.

§7.1　直方图与条形图

同概率论一样,数理统计也是研究随机现象统计规律性的一个数学分支.但是,研究的方法与内容不相同.为了使读者对数理统计的研究内容与方法有一个粗略的了解,先考察一个实例.

例 7.1　在相同的发射条件下,测量 10min 内某种型号火箭引擎的推动力(单位:10^5N).现观测到如下 30 个数据:

999.1	1003.2	1002.1	999.2	989.7	1006.7	1012.3	996.4	1000.2	995.3
1008.7	993.4	998.1	997.9	1003.1	1002.6	1001.8	996.5	992.8	1006.5
1004.5	1000.3	1014.5	998.6	989.4	1002.9	999.3	994.7	1007.6	1000.9

仔细考察这些数据之后,发现有下列结果:

(1) 尽管观测火箭引擎推动力的条件相同,但是这些数据并不全相等.这表明这些数据带有一定的随机性.因而可以把引擎推动力看作一个随机变量.

(2) 虽然这些数据带有一定的随机性,但它们还是具有某种规律的.这批数据最小值为 989.4,最大值为 1014.5;它们的平均值为 1000 左右.这批数据在平均值周围波动.

为了进一步考虑这批数据的内在规律性,把这 30 个数据所属区间(987,1017]等分成 10 个小区间(称为**组**),分别算出每组中数据的个数(即频数)n_j,并列出表7.1.

表 7.1

序号 j	组 $(a_{j-1}, a_j]$	频数 n_j	频率 f_j
1	$(987, 990]$	2	0.067
2	$(990, 993]$	1	0.033
3	$(993, 996]$	3	0.100
4	$(996, 999]$	5	0.167
5	$(999, 1002]$	7	0.233
6	$(1002, 1005]$	6	0.200
7	$(1005, 1008]$	3	0.100
8	$(1008, 1011]$	1	0.033
9	$(1011, 1014]$	1	0.033
10	$(1014, 1017]$	1	0.033

根据表中 10 个组 $(a_{j-1}, a_j]$ 及相应的频数 $n_j (j = 1, \cdots, 10)$ 作出下列图形(称为**直方图**),见图 7.1. 从直方图看出,大部分数据落在组 $(993, 1008]$ 中,而组 $(999, 1002]$ 内的数据个数最多.

图 7.1 例 7.1 的直方图

由数据得到的直方图大致上反映了火箭引擎推动力这个随机变量取值的统计规律性(即分布). 从图 7.1 看出,大致上可以认为引擎推动力服从某个正态分布,它的均值大约为 1000. 另外,在 §7.4 中将会看到,根据这 30 个数据可以大致推测反映离散程度的方差为 36. 在认定引擎推动力服从 $N(1000, 36)$ 的基础上,可以推测,如果在相同的发射条件下再作一次试验,那么,观测到的火箭引擎推动力不超过 $990 \times 10^5 \mathrm{N}$ 的概率为

$$\Phi\left(\frac{990 - 1000}{\sqrt{36}}\right) = \Phi(-1.67) = 1 - 0.9525 = 0.0475.$$

如果我们希望该种型号的火箭引擎推动力保证以 99% 的可能性至少为 $990 \times 10^5 \mathrm{N}$，那么，从上述结果可以得出结论：必须对这种火箭加以改进.

例 7.1 反映了用数理统计方法处理问题的一个大致过程.在这个过程中，主要做了下列三方面的工作：

(1) 收集了一批带有随机性的数据；

(2) 对这批数据进行了整理与分析；

(3) 对有关问题进行了推测.

数理统计就是研究如何以有效的方法去收集、整理与分析带有随机性影响的数据，从而对所考察的问题作出推断和预测，直到为采取某种决策提供依据与建议.

数理统计的内容是十分丰富的.本书仅涉及数据的整理分析以及在此基础上的初步推断与预测.由于数据的产生带有随机性，因此上述工作离不开概率论的基本知识.

例 7.1 中引进的直方图是一种很有实用价值的统计方法，下面我们给出绘制直方图的一般步骤.设有 n 个数据 $x_1, \cdots, x_n$.

步骤 1 找出这 n 个数据中最小的 $x_{(1)} \triangleq \min\limits_{1 \leqslant i \leqslant n} x_i$ 与最大的 $x_{(n)} \triangleq \max\limits_{1 \leqslant i \leqslant n} x_i$.

步骤 2 选定常数 a（略小于 $x_{(1)}$）与常数 b（略大于 $x_{(n)}$），并把区间 $(a, b]$ 等分成 m 组 $(a_{j-1}, a_j], j = 1, \cdots, m$，其中

$$a = a_0 < a_1 < \cdots < a_m = b.$$

称 $a_j - a_{j-1} = \dfrac{1}{m}(b-a)$ 为**组距**，称 $\dfrac{1}{2}(a_j + a_{j-1})$ 为**组中值**.分点取值应比数据的有效数字多一位或少一位.当 $n \leqslant 100$ 时，一般取 m 为 $5 \sim 10$.

步骤 3 计算各组相应的频数 n_j 与频率 $f_j = \dfrac{n_j}{n}, j = 1, \cdots, m$.

步骤 4 在平面直角坐标系上画出 m 个长方形，各个长方形以 $(a_{j-1}, a_j]$ 为底边，它们的高度与 n_j 成比例，$j = 1, \cdots, m$，这 m 个长方形合在一起便构成了直方图.

当数据在某个区间内取值时，直方图较好地反映了数据的统计规律性.在有些问题中，数据只可能取有限个值.这时采用直方图就不尽合理了，一般可采用**条形图**.我们通过一个例子来说明绘制条形图的方法.

例 7.2 把记录 1min 内碰撞某装置的宇宙粒子个数看作一次试验，连续记录 40min，依次得数据：

3	0	0	1	0	2	1	1	0	1	1
0	3	4	1	2	0	2	0	2	0	3	1
1	0	1	2	0	2	1	0	1	0	1	2
3	1	0	0	2	1	0	3	1	2

从这 40 个数据看到,它们只取 0,1,2,3,4 这 5 个值. 列出表 7.2.

表 7.2

宇宙粒子个数 j	频数 n_j	频率 f_j
0	13	0.325
1	13	0.325
2	8	0.200
3	5	0.125
4	1	0.025

图 7.2　例 7.2 的条形图

根据表中频数 $n_j (j = 0,1,\cdots,4)$ 的值作出条形图(图 7.2).

例 7.1 与例 7.2 中出现的数据分类表具有类似的地方. 如果 n 个数据 $x_1,\cdots,x_n$ 中有 n_1 个 x_1^*;$\cdots$;n_m 个 x_m^*,其中,$x_1^* < \cdots < x_m^*$. 记频率 $f_j = \dfrac{n_j}{n}, j = 1,\cdots,m$,那么,称表 7.3 为这批数据的**频率分布**. 由于 $f_1 + \cdots + f_m = 1$,因此,可以把频率分布看作是某个离散型随机变量的概率函数. 对于例 7.1 那样的情形,表 7.3 中的 $x_1^*,\cdots,x_m^*$ 可以用相应的组中值 $\dfrac{1}{2}(a_{j-1} + a_j)$ 来代替.

表 7.3　数据的频率分布

数据的取值	x_1^*	$\cdots$	x_m^*
出现的频率	f_1		f_m

在例 7.2 中,1min 内碰撞该装置的宇宙粒子个数是个离散型随机变量,但是不知道它的概率函数是什么. 根据数据得到的频率分布可以用来推测这个未知的概率函数,而条形图正是频率分布的一种几何表示.

在这个基础上,可以推测,1min 内碰撞该装置的宇宙粒子平均个数为

$$0 \times 0.325 + 1 \times 0.325 + 2 \times 0.200 + 3 \times 0.125 + 4 \times 0.025 = 1.2.$$

数理统计在工农业生产与科学研究中都被极其广泛地应用,甚至在经济学科与人文学科中都是一种有效的数学工具. 随着计算机技术的不断发展与普及,数理统计方法还将在更多的领域中发挥重要的作用.

§7.2　总体与样本

以上一节的例子为背景,现在引进一些数理统计中的术语.

在数理统计中,通常把研究对象的全体称为**总体**(或**母体**),把组成总体的每个成员称为**个体**. 在实际问题中,人们关心的往往是研究对象的某个数值指标,因此也可以把每个研究对象的这个数值指标看作个体,它们的全体看作总体. 例如,在例 7.1 中,研究对象是该种型号的火箭,所有这种型号的火箭便构成了总体. 由于在这个问题中人们关心的仅仅是火箭引擎的推动力,因此也可以把所有这种型号的火箭引擎

推动力视作总体. 又如,要了解上海市家庭的月收入情况. 这时,上海市每个家庭的月收入便是个体,它们的全体便构成一个总体.

按照总体中所包含的个体个数的不同,总体可分成**有限总体**与**无限总体**两大类. 当个体个数很大时,通常把有限总体看作无限总体. 本书只讨论无限总体.

当我们打算从总体中抽取一个个体时,在抽到某个个体之前这个个体的数值指标是不能确定的,因而是一个随机变量,记作 X. X 取值的统计规律性反映了总体中各个个体的数值指标的规律. 因此,把随机变量 X 的分布函数称为**总体分布函数**. 当 X 为离散型随机变量时,称 X 的概率函数为**总体概率函数**;当 X 为连续型随机变量时,称 X 的密度函数为**总体密度函数**. 今后我们把总体用与其相应的这个随机变量 X 来表示.

在数理统计中,总体 X 的分布永远是未知的. 即使有时有足够的理由可以认为总体 X 服从某种类型的分布,但这个分布的参数还是未知的. 在例 7.1 中,火箭引擎的推动力 X 是个随机变量,它服从什么分布事先是不清楚的. 如果根据积累的资料可以认为 $X \sim N(\mu,\sigma^2)$,那么 μ,σ^2 究竟取何值还是未知的. 称服从正态分布 $N(\mu,\sigma^2)$ 的总体 X 为**正态总体**. 正态总体有以下 3 种类型:[①]

(1) μ 未知,但 σ^2 已知;

(2) μ 已知,但 σ^2 未知;

(3) μ 与 σ^2 均未知.

在实际问题中遇到的正态总体往往是第三种类型.

由于总体 X 的分布是未知的,因此总体 X 的数字特征(例如,均值、方差等)往往也是一个未知的值. 在例 7.1 中,可以看到对这些未知的值可以根据数据来推测. 这些数据称为**样本观测值**,记作 $x_1,\cdots,x_n$ 或 $(x_1,\cdots,x_n)$. 数据的个数 n 称为**样本大小**(或**样本容量**). 样本观测值是一部分个体的数值指标. 为了得到样本观测值,必须抽取一部分个体进行观测,这个过程称为**抽样**. 换句话说,抽样就是收集数据. 在抽样前,不知道样本观测值究竟取何值,因而应该把它们看作随机变量,记作 $X_1,\cdots,X_n$. 称 n 维随机变量 $(X_1,\cdots,X_n)$ 为**样本**(或**子样**). 样本的值域称为**样本空间**. 在不致混淆时,也称 $X_1,\cdots,X_n$ 是样本. 在例 7.1 中,样本大小 $n = 30$,给出的 30 个数据便是一组样本观测值;在例 7.2 中,样本大小 $n = 40$,所给出的 40 个数据便是一组样本观测值.

在实际问题中,我们手头已经有了一批数据(这相当于站在抽样后的立场上),因此数理统计方法应该建立在样本观测值的基础上. 但是,为了从理论上探讨数理统计方法的性质,总是从样本 $(X_1,\cdots,X_n)$ 出发(这相当于站在抽样前的立场上)来进行工作. 读者对样本的这种两重性要有足够的认识.

样本(或样本观测值)是我们对总体 X 的分布中未知的值进行推测的基础. 为了

---

① μ 与 σ^2 均已知的情形不属于数理统计研究的范畴.

使得由样本所作出的推测比较可靠,样本应该能够反映总体 X 取值的统计规律性. 为此,要求样本 $(X_1,\cdots,X_n)$ 具有下列两个特性:

（ⅰ）**代表性** 每一个 X_i 应该与总体 X 有相同的分布,$i=1,\cdots,n$;

（ⅱ）**独立性** $X_1,\cdots,X_n$ 应该是相互独立的随机变量.

具有上述两个特性的样本称为**简单随机样本**. 换句话说,简单随机样本 $X_1,\cdots,X_n$ 是独立同分布的随机变量,且每一个 X_i 的分布都与总体 X 的分布相同,$i=1,\cdots,n$. 由于本书几乎只涉及简单随机样本,因此,今后就把它简称为样本或"$(X_1,\cdots,X_n)$ 是取自总体 X 的一个样本".

设总体 X 的密度函数为 $f(x)$,样本 $X_1,\cdots,X_n$ 的联合密度函数为

$$f^*(x_1,\cdots,x_n)=\prod_{i=1}^{n}f(x_i).$$

例如,在正态总体 $N(\mu,\sigma^2)$ 下,样本 $X_1,\cdots,X_n$ 的联合密度函数为

$$f^*(x_1,\cdots,x_n)=\prod_{i=1}^{n}\frac{1}{\sqrt{2\pi}\sigma}\exp\left\{-\frac{(x_i-\mu)^2}{2\sigma^2}\right\}$$

$$=(2\pi\sigma^2)^{-\frac{n}{2}}\exp\left\{-\frac{1}{2\sigma^2}\sum_{i=1}^{n}(x_i-\mu)^2\right\},\quad -\infty<x_1,\cdots,x_n<\infty.$$

设总体 X 的概率函数为

$$P(X=a_i)=p_i,\quad i=1,2,\cdots.$$

今后也把它记作 $f(x)$,它规定为

$$f(x)\triangleq P(X=x),\quad x=a_1,a_2,\cdots.$$

样本 $X_1,\cdots,X_n$ 的联合概率函数为

$$f^*(x_1,\cdots,x_n)\triangleq P(X_1=x_1,\cdots,X_n=x_n)$$

$$=\prod_{i=1}^{n}P(X_i=x_i)=\prod_{i=1}^{n}P(X=x_i)=\prod_{i=1}^{n}f(x_i),$$

$$x_i=a_1,a_2,\cdots,\quad i=1,\cdots,n.$$

这种记法的优点是显而易见的,它可对离散型的总体 X 与连续型的总体 X 有一个统一的表达形式. 例如,当总体 X 服从泊松分布 $P(\lambda)$ 时,X 的概率函数为

$$f(x)=\mathrm{e}^{-\lambda}\cdot\frac{\lambda^x}{x!},\quad x=0,1,2,\cdots.$$

于是,样本 $X_1,\cdots,X_n$ 的联合概率函数为

$$f^*(x_1,\cdots,x_n)=\prod_{i=1}^{n}\left(\mathrm{e}^{-\lambda}\cdot\frac{\lambda^{x_i}}{x_i!}\right)=\mathrm{e}^{-n\lambda}\cdot\frac{\lambda^{\sum_{i=1}^{n}x_i}}{x_1!\cdots x_n!},$$

$$x_1,\cdots,x_n=0,1,2,\cdots.$$

在数据理统计中,样本及其分布是解决一切问题的出发点.

§7.3 经验分布函数

总体 X 的分布是未知的,因而总体 X 的分布函数 $F(x)$ 也是未知的.能否根据已知的样本观测值来推测未知的总体分布函数?

定义 7.1 设 $(X_1,\cdots,X_n)$ 是取自总体 X 的一个大小为 n 的样本.定义函数

$$F_n(x) \triangleq \frac{1}{n}\{X_1,\cdots,X_n \text{ 中小于或等于 } x \text{ 的个数}\}, \quad -\infty < x < \infty.$$

称函数 $F_n(x)$ 为**经验分布函数**.

站在抽样后的立场看,定义相应的函数

$$\widetilde{F}_n(x) \triangleq \frac{1}{n}\{x_1,\cdots,x_n \text{ 中小于或等于 } x \text{ 的个数}\}, \quad -\infty < x < \infty.$$

称函数 $\widetilde{F}_n(x)$ 为**经验分布函数的观测值**.

这里要注意,经验分布函数的观测值 $\widetilde{F}_n(x)$ 与通常意义下的分布函数相同,它具有分布函数的 4 条特征性质.并且,由 $\widetilde{F}_n(x)$ 的定义不难看出,$\widetilde{F}_n(x)$ 是一个跳跃度为 $\frac{1}{n}$(或 $\frac{1}{n}$ 的整数倍)的非降阶梯函数.经验分布函数则不然,因为给定自变量 x 时, $F_n(x)$ 的取值不是一个数,而是一个随机变量,$F_n(x)$ 实质上是样本 $(X_1,\cdots,X_n)$ 的一个函数.

在实际计算时,使用下列结果比较方便.

定理 7.1 如果样本观测值 $(x_1,\cdots,x_n)$ 的频率分布如表 7.3 所示,那么经验分布函数的观测值

$$\widetilde{F}_n(x) = \begin{cases} 0, & x < x_1^* ; \\ \sum_{j=1}^{k} f_j, & x_k^* \leqslant x < x_{k+1}^*, \quad k = 1,\cdots,m-1; \\ 1, & x \geqslant x_m^*. \end{cases}$$

对分段函数 $\widetilde{F}_n(x)$ 逐段验证便得所要证明的结果.定理 7.1 中的 $\sum_{j=1}^{k} f_j$ 称为相应于 x_k^* 的**累积频率**.定理 7.1 给出的公式的本质是:把频率分布看作某个离散型随机变量的概率函数,然后用 §3.1 中给出的方法写出分布函数,它恰是 $\widetilde{F}_n(x)$.

例 7.3 在例 7.2 中,频率分布如表 7.4.

表 7.4

数据的取值	0	1	2	3	4
出现的频率	0.325	0.325	0.200	0.125	0.025

因此,经验分布函数的观测值

$$\widetilde{F}_{40}(x) = \begin{cases} 0, & x < 0; \\ 0.325, & 0 \leqslant x < 1; \\ 0.650, & 1 \leqslant x < 2; \\ 0.850, & 2 \leqslant x < 3; \\ 0.975, & 3 \leqslant x < 4; \\ 1, & x \geqslant 4. \end{cases}$$

由定义 7.1 知道,经验分布函数 $F_n(x)$ 是样本 $(X_1, \cdots, X_n)$ 中不大于 x 的个体个数所占的比例.另一方面,对于每一个固定的 x,总体分布函数 $F(x)$ 是总体中不大于 x 的个体个数所占的比例(即概率).自然会想到,未知的总体分布函数 $F(x)$ 是否可以用能观测到(即能根据数据算得)的经验分布函数 $F_n(x)$ 去近似?这当然取决于 $|F_n(x) - F(x)|$ 这个量的大小.下面的定理表明这种做法是合理的.

定理 7.2 设 $(X_1, \cdots, X_n)$ 是取自总体 X 的一个样本,总体分布函数为 $F(x)$.对任意一个实数 x 与任意一个 $\varepsilon > 0$,

$$\lim_{n \to \infty} P(|F_n(x) - F(x)| \geqslant \varepsilon) = 0.$$

证 对任意一个固定的实数 x,定义随机变量

$$Y_i = \begin{cases} 1, & X_i \leqslant x; \\ 0, & X_i > x, \end{cases} \quad i = 1, \cdots, n.$$

$Y_1, \cdots, Y_n$ 是独立同分布的随机变量,且每一个 $Y_i \sim B(1, p)$,其中,

$$p = P(Y_i = 1) = P(X_i \leqslant x) = P(X \leqslant x) = F(x).$$

由经验分布函数的定义知道,$F_n(x) = \dfrac{1}{n} \sum_{i=1}^{n} Y_i$.于是,由贝努利大数定律推得

$$F_n(x) \xrightarrow{P} p = F(x).$$

这正是所要证明的结论. **证毕**

定理 7.2 表明,当 n 足够大时,用已知的 $\widetilde{F}_n(x)$ 来近似未知的 $F(x)$,效果是比较理想的,类似地,§7.1 中的条形图可用来近似未知的总体概率函数,直方图可用来近似未知的总体密度函数.

§7.4   统计量

在例 7.1 中,我们曾经推测该种型号火箭引擎的平均推动力大约为 1 000.这是

怎么得到的呢?实际上,我们计算了 $\bar{x} = \dfrac{1}{30}\sum\limits_{i=1}^{30} x_i$ 的值,其中,$x_1,\cdots,x_{30}$ 表示 30 个样本观测值.一般定义如下:

定义 7.2 设 $(X_1,\cdots,X_n)$ 是一个样本.称

$$\overline{X} \triangleq \frac{1}{n}\sum_{i=1}^{n} X_i$$

为**样本均值**;称

$$S^2 \triangleq \frac{1}{n-1}\sum_{i=1}^{n}(X_i - \overline{X})^2$$

为**样本方差**;称

$$S \triangleq \sqrt{\frac{1}{n-1}\sum_{i=1}^{n}(X_i - \overline{X})^2}$$

为**样本标准差**.

一般地,对任意一个正整数 k,称

$$A_k \triangleq \frac{1}{n}\sum_{i=1}^{n} X_i^k$$

为**样本的 k 阶原点矩**;称

$$M_k \triangleq \frac{1}{n}\sum_{i=1}^{n}(X_i - \overline{X})^k$$

为**样本的 k 阶中心矩**.

可见,$\overline{X} = A_1$.样本的二阶中心矩 M_2 也是一个常用的统计量,在本书中,记

$$S_n^2 \triangleq \frac{1}{n}\sum_{i=1}^{n}(X_i - \overline{X})^2, \quad S_n \triangleq \sqrt{\frac{1}{n}\sum_{i=1}^{n}(X_i - \overline{X})^2}.$$

站在抽样后的立场看,由样本观测值 $(x_1,\cdots,x_n)$ 可以算出样本均值 $\overline{X}$ 的观测值

$$\bar{x} = \frac{1}{n}\sum_{i=1}^{n} x_i,$$

样本方差 S^2 的观测值

$$s^2 = \frac{1}{n-1}\sum_{i=1}^{n}(x_i - \bar{x})^2,$$

等等.在例 7.1 中,样本均值与样本方差的观测值分别为

$$\bar{x} = \frac{1}{30} \times (999.1 + 1003.2 + \cdots + 1000.9) = 1000.6,$$

$$s^2 = \frac{1}{29} \times [(999.1 - 1000.6)^2 + \cdots + (1000.9 - 1000.6)^2] = 36.0.$$

上面定义的这些量(样本均值、样本方差等)有两个共同的特点:第一,它们都是样本 $(X_1,\cdots,X_n)$ 的函数,因而是随机变量;第二,一旦获得样本观测值 $(x_1,\cdots,x_n)$

之后,能够算出这些量相应的观测值.

定义 7.3 样本$(X_1,\cdots,X_n)$的函数这个随机变量称为**统计量**,只要它不直接包含总体分布中任何未知的参数.

例 7.4 设(X_1,X_2,X_3,X_4)是取自正态总体$N(\mu,\sigma^2)$的一个样本,其中,μ未知但σ^2已知.

$$\sum_{i=1}^{4}X_i^2,\quad \frac{1}{3}\sum_{i=1}^{3}X_i,\quad \frac{1}{\sigma^2}\sum_{i=1}^{4}(X_i-\overline{X})^2,\quad \max(X_1,X_2,X_3,X_4),$$

都是统计量;$\sum_{i=1}^{4}(X_i-\mu)^2$不是统计量,因为它包含了总体分布$N(\mu,\sigma^2)$中未知的参数$\mu$.

一切样本矩都是统计量,因而都是随机变量.下面用概率论方法讨论一些常用统计量的性质.

定理 7.3 设$(X_1,\cdots,X_n)$是取自总体X的一个样本,记$E(X)=\mu,D(X)=\sigma^2$.那么,

(ⅰ) $E(\overline{X})=\mu,D(\overline{X})=\dfrac{\sigma^2}{n}$;

(ⅱ) $E(S^2)=\sigma^2,E(S_n^2)=\dfrac{n-1}{n}\sigma^2,n\geqslant 2$;

(ⅲ) 当$n\to\infty$时,$\overline{X}\xrightarrow{P}\mu,\quad S^2\xrightarrow{P}\sigma^2,S_n^2\xrightarrow{P}\sigma^2$.

证 (ⅰ) 由于$X_1,\cdots,X_n$是独立同分布的随机变量,且

$$\begin{aligned}E(X_i)&=E(X)=\mu,\\D(X_i)&=D(X)=\sigma^2,\end{aligned}\quad i=1,\cdots,n,$$

因此

$$E(\overline{X})=\frac{1}{n}\sum_{i=1}^{n}E(X_i)=\frac{1}{n}n\mu=\mu,$$

$$D(\overline{X})=\frac{1}{n^2}\sum_{i=1}^{n}D(X_i)=\frac{1}{n^2}n\sigma^2=\frac{\sigma^2}{n}.$$

(ⅱ) 由于

$$\sum_{i=1}^{n}(X_i-\overline{X})^2=\sum_{i=1}^{n}(X_i^2+\overline{X}^2-2\overline{X}X_i)$$

$$=\sum_{i=1}^{n}X_i^2+n\overline{X}^2-2\overline{X}\sum_{i=1}^{n}X_i=\sum_{i=1}^{n}X_i^2-n\overline{X}^{2\text{①}},$$

因此,由(ⅰ)推得

---

① 这是一个有用的公式,它不仅提供了计算$\sum_{i=1}^{n}(x_i-\overline{x})^2$的一种方法,而且在理论讨论中也具有特殊的意义.

$$E\Big[\sum_{i=1}^{n}(X_i-\overline{X})^2\Big]=\sum_{i=1}^{n}E(X_i^2)-nE(\overline{X}^2)$$

$$=\sum_{i=1}^{n}\big[D(X_i)+(EX_i)^2\big]-n\big[D(\overline{X})+(E\overline{X})^2\big]$$

$$=n(\sigma^2+\mu^2)-n\Big(\frac{\sigma^2}{n}+\mu^2\Big)=(n-1)\sigma^2.$$

从而得到

$$E(S^2)=\frac{1}{n-1}E\Big[\sum_{i=1}^{n}(X_i-\overline{X})^2\Big]=\sigma^2,$$

$$E(S_n^2)=\frac{1}{n}E\Big[\sum_{i=1}^{n}(X_i-\overline{X})^2\Big]=\frac{n-1}{n}\sigma^2.$$

（ⅲ）由独立同分布情形下的大数定律得到 $\overline{X}\xrightarrow{P}\mu$. 利用例 5.1 的结果：

$$\frac{1}{n}\sum_{i=1}^{n}X_i^2\xrightarrow{P}\sigma^2+\mu^2.$$

于是，由定理 5.1 及（ⅱ）中得到的等式推出

$$S_n^2=\frac{1}{n}\Big(\sum_{i=1}^{n}X_i^2-n\overline{X}^2\Big)=\frac{1}{n}\sum_{i=1}^{n}X_i^2-\overline{X}^2\xrightarrow{P}(\sigma^2+\mu^2)-\mu^2=\sigma^2,$$

$$S^2=\frac{n}{n-1}S_n^2\xrightarrow{P}\sigma^2. \hspace{3cm}\textbf{证毕}$$

顺便指出，由定理 7.3（ⅲ）及定理 5.1 可以得到：$S\xrightarrow{P}\sigma$，$S_n\xrightarrow{P}\sigma$.

统计量是数理统计中的一个重要概念. 从表面上看，样本观测值 $x_1,\cdots,x_n$ 往往表现为一大堆杂乱无章的数据. 引进统计量之后，相当于把这一大堆数据加工成若干个较简单又往往是较本质的量，以便今后用来推测总体分布中未知的值.

§7.5 三个常用分布

在概率论中，曾经介绍了一些常用的分布，本节还要引进三个在数理统计中非常有用的连续型分布，它们与正态分布有密切的联系.

定义 7.4 设 $X_1,\cdots,X_n$ 是独立同分布的随机变量，且都服从 $N(0,1)$. 称随机变量

$$Y=\sum_{i=1}^{n}X_i^2$$

所服从的分布为**自由度为 n 的 χ^2 分布**,记作 $Y \sim \chi^2(n)$.

Y 的值域是 $(0, \infty)$,下面来推导 $Y = \sum\limits_{i=1}^{n} X_i^2$ 的密度函数 $f_Y(y)$. $X_1, \cdots, X_n$ 的联合密度函数为

$$f^*(x_1, \cdots, x_n) = \prod_{i=1}^{n} f_{X_i}(x_i) = \prod_{i=1}^{n} \frac{1}{\sqrt{2\pi}} e^{-\frac{x_i^2}{2}} = (2\pi)^{-\frac{n}{2}} \exp\left\{-\frac{1}{2}\sum_{i=1}^{n} x_i^2\right\}.$$

当 $y > 0$ 时,Y 的分布函数

$$F_Y(y) = P(Y \leqslant y) = P\left(\sum_{i=1}^{n} X_i^2 \leqslant y\right) = P((X_1, \cdots, X_n) \in D_y)$$

$$= \int \cdots \int_{D_y} (2\pi)^{-\frac{n}{2}} \exp\left\{-\frac{1}{2}\sum_{i=1}^{n} x_i^2\right\} \mathrm{d}x_1 \cdots \mathrm{d}x_n,$$

其中

$$D_y = \left\{(x_1, \cdots, x_n): \sum_{i=1}^{n} x_i^2 \leqslant y\right\}$$

是 n 维空间中以原点为球心、以 $\sqrt{y}$ 为半径的 n 维超球面所围成的区域. 为了计算这个积分,对积分变量 $x_1, \cdots, x_n$ 作变换(三重积分中球面坐标变换在 n 重积分中的推广):

$$\begin{cases} x_1 = r\cos\theta_1 \cos\theta_2 \cdots \cos\theta_{n-2} \cos\theta_{n-1}, \\ x_2 = r\cos\theta_1 \cos\theta_2 \cdots \cos\theta_{n-2} \sin\theta_{n-1}, \\ \vdots \\ x_{n-1} = r\cos\theta_1 \sin\theta_2, \\ x_n = r\sin\theta_1, \end{cases}$$

由 $\sum\limits_{i=1}^{n} x_i^2 = r^2$ 及 $\mathrm{d}x_1 \cdots \mathrm{d}x_n = r^{n-1}\varphi(\theta_1, \cdots, \theta_{n-1})\mathrm{d}r\mathrm{d}\theta_1 \cdots \mathrm{d}\theta_{n-1}$ 推得

$$F_Y(y) = c\int_0^{\sqrt{y}} (2\pi)^{-\frac{n}{2}} e^{-\frac{r^2}{2}} r^{n-1} \mathrm{d}r,$$

其中,常数 c 是 $\varphi(\theta_1, \cdots, \theta_{n-1})$ 在 $\theta_1, \cdots, \theta_{n-1}$ 的变化范围上的 $n-1$ 重积分,通过求导,得到 Y 的密度函数:

$$f_Y(y) = c \cdot \frac{1}{2\sqrt{y}} \cdot (2\pi)^{-\frac{n}{2}} e^{-\frac{y}{2}} y^{\frac{n-1}{2}} = c \cdot \frac{1}{2}(2\pi)^{-\frac{n}{2}} y^{\frac{n}{2}-1} e^{-\frac{y}{2}} \triangleq k y^{\frac{n}{2}-1} e^{-\frac{y}{2}}.$$

下面利用 $\int_0^{\infty} f_Y(y)\mathrm{d}y = 1$ 来确定常数 k 的值. 令 $t = \dfrac{y}{2}$,得到

$$\int_0^\infty y^{\frac{n}{2}-1} \mathrm{e}^{-\frac{y}{2}} \mathrm{d}y = \int_0^\infty (2t)^{\frac{n}{2}-1} \mathrm{e}^{-t} \times 2\mathrm{d}t = 2^{\frac{n}{2}} \int_0^\infty t^{\frac{n}{2}-1} \mathrm{e}^{-t} \mathrm{d}t = 2^{\frac{n}{2}} \Gamma\left(\frac{n}{2}\right). \text{①}$$

于是,$k = \left[2^{\frac{n}{2}} \Gamma\left(\frac{n}{2}\right) \right]^{-1}$. 这就得到了 $\chi^2(n)$ 分布的密度函数为

$$f_Y(y) = \begin{cases} \dfrac{1}{2^{\frac{n}{2}} \Gamma\left(\dfrac{n}{2}\right)} y^{\frac{n}{2}-1} \mathrm{e}^{-\frac{y}{2}}, & y > 0; \\ 0, & \text{其余}. \end{cases}$$

χ^2 分布的密度函数的图像见图 7.3,它随着自由度 n 的不同而有所改变.

图 7.3 $\chi^2(n)$ 分布的密度函数

下面给出 χ^2 分布的一些简单性质.

定理 7.4(χ^2 分布的性质)

（ⅰ）当 $Y \sim \chi^2(n)$ 时,$E(Y) = n$,$D(Y) = 2n$,

（ⅱ）（χ^2 **分布的可加性**）设 X 与 Y 相互独立,且 $X \sim \chi^2(m)$,$Y \sim \chi^2(n)$,那么,$X + Y \sim \chi^2(m+n)$.

证 （ⅰ）按 χ^2 分布的定义,$Y = X_1^2 + \cdots + X_n^2$,其中,$X_1, \cdots, X_n$ 是独立同分布的随机变量,且都服从 $N(0,1)$. 由例 4.19 知道,对每一个 $i = 1, \cdots, n$,

$$E(X_i^2) = 1, \quad E(X_i^4) = 3 \times 1 = 3.$$

因此,

$$E(Y) = \sum_{i=1}^n E(X_i^2) = n,$$

$$D(Y) = \sum_{i=1}^n D(X_i^2) = \sum_{i=1}^n \{ E(X_i^4) - [E(X_i^2)]^2 \} = n(3 - 1^2) = 2n.$$

（ⅱ）按 χ^2 分布的定义,记

---

① 不熟悉 Γ 的函数的读者可参阅《高等数学(上册)》(同济大学应用数学系主编,高等教育出版社,2002年第五版),261—263 页.本书仅在这里用到 Γ 函数的定义.

$$X = \sum_{i=1}^{m} U_i^2, \quad Y = \sum_{i=m+1}^{m+n} U_i^2,$$

其中, $U_1, \cdots, U_{m+n}$ 是独立同分布的随机变量, 且都服从 $N(0,1)$. 于是, $X+Y = \sum_{i=1}^{m+n} U_i^2 \sim \chi^2(m+n)$. 证毕

定理 7.4(ii) 可以推广到 n 个相互独立的随机变量之和.

$\chi^2(n)$ 分布的 p 分位数记作 $\chi_p^2(n)$, 即当 $Y \sim \chi^2(n)$ 时,
$$P(Y \leqslant \chi_p^2(n)) = p,$$

其中, $0 < p < 1$. $\chi_p^2(n)$ 的值可以查附表五得到. 例如,
$$\chi_{0.05}^2(20) = 10.851, \quad \chi_{0.90}^2(15) = 22.307.$$

定义 7.5 设随机变量 X 与 Y 相互独立, 且 $X \sim N(0,1)$, $Y \sim \chi^2(n)$. 称随机变量
$$T \triangleq \frac{X}{\sqrt{\dfrac{Y}{n}}}$$

所服从的分布为**自由度为 n 的 t 分布**(或学生分布), 记作 $T \sim t(n)$.

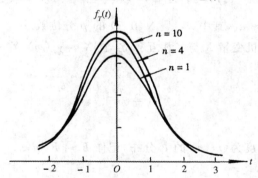

图 7.4 $t(n)$ 分布的密度函数

T 的值域是 $(-\infty, \infty)$. $t(n)$ 分布的密度函数为
$$f_T(t) = \frac{\Gamma\left(\dfrac{n+1}{2}\right)}{\sqrt{n\pi}\,\Gamma\left(\dfrac{n}{2}\right)} \left(1 + \frac{t^2}{n}\right)^{-\frac{n+1}{2}}, \quad -\infty < t < \infty.$$

证明可阅参考文献[1], 138—140 页. 从 $f_T(t)$ 的表达式可以看出, $f_T(t)$ 是偶函数. 因此, 当 $n \geqslant 2$ 时[1],

---

① 当 $n = 1$ 时, T 的均值不存在, 因为广义积分 $\int_{-\infty}^{\infty} |x| f_T(t) \mathrm{d}t$ 发散.

$$E(T) = 0.$$

t 分布的密度函数的图像见图 7.4,它随着自由度 n 的不同而有所改变. 利用 Γ 函数的性质可以证明,当 $n \to \infty$ 时,$f_T(t)$ 趋于 $N(0,1)$ 的密度函数 $\varphi(x)$,即

$$\lim_{n \to \infty} f_T(t) = \frac{1}{\sqrt{2\pi}} e^{-\frac{t^2}{2}}, \quad -\infty < t < \infty.$$

$t(n)$ 分布的 p 分位数记作 $t_p(n)$,即当 $T \sim t(n)$ 时,

$$P(T \leqslant t_p(n)) = p,$$

其中 $0 < p < 1$. 当 $p > \dfrac{1}{2}$ 时,对一些常用的 p,可以由附表六查得 $t_p(n)$ 的值,当 $p < \dfrac{1}{2}$ 时,可以利用公式

$$t_p(n) = - t_{1-p}(n)$$

得到 $t_p(n)$ 的值,这是因为 $f_T(-t) = f_T(t)$. 例如,

$$t_{0.95}(13) = 1.7709, \quad t_{0.01}(25) = -t_{0.99}(25) = -2.4851.$$

当 $n > 45$ 时,$t_p(n) \approx u_p$,其中,u_p 是 $N(0,1)$ 的 p 分位数.

定义 7.6   设随机变量 X 与 Y 相互独立,且 $X \sim \chi^2(m)$,$Y \sim \chi^2(n)$. 称随机变量

$$F \triangleq \frac{\dfrac{X}{m}}{\dfrac{Y}{n}}$$

所服从的分布是**自由度为** (m,n) **的** F **分布**,记作 $F \sim F(m,n)$.

图 7.5 $F(m,n)$ 分布的密度函数

F 分布的自由度是一对有序的正整数,F 的值域是 $(0, \infty)$,$F(m, n)$ 分布的密度函数为

$$f_F(x) = \begin{cases} \dfrac{\Gamma\left(\dfrac{m+n}{2}\right)}{\Gamma\left(\dfrac{m}{2}\right)\Gamma\left(\dfrac{n}{2}\right)} \left(\dfrac{m}{n}\right)^{\frac{m}{2}} x^{\frac{m}{2}-1} \left(1 + \dfrac{m}{n}x\right)^{-\frac{m+n}{2}}, & x > 0; \\ 0, & \text{其余}. \end{cases}$$

证明可阅参考文献[1],136—138 页.按定义 7.6,当 $F \sim F(m, n)$ 时,$\dfrac{1}{F} \sim F(n, m)$.
F 分布的密度函数的图像见图 7.5,它随着自由度 (m, n) 的不同而有所改变.

$F(m, n)$ 分布的 p 分位数记作 $F_p(m, n)$,即当 $F \sim F(m, n)$ 时,

$$P(F \leqslant F_p(m, n)) = p,$$

其中 $0 < p < 1$.当 $p > \dfrac{1}{2}$ 时,对一些常用的 p,可以由附表七查得 $F_p(m, n)$ 的值;当 $p < \dfrac{1}{2}$ 时,可以利用公式

$$F_p(m, n) = \frac{1}{F_{1-p}(n, m)}$$

得到 $F_p(m, n)$ 的值.这是因为,当 $F \sim F(m, n)$ 时,$\dfrac{1}{F} \sim F(n, m)$,

$$P\left(F \leqslant \frac{1}{F_{1-p}(n, m)}\right) = P\left(\frac{1}{F} \geqslant F_{1-p}(n, m)\right)$$

$$= 1 - P\left(\frac{1}{F} \leqslant F_{1-p}(n, m)\right) = 1 - (1 - p) = p,$$

这里用到了 $F_{1-p}(n, m)$ 是 $\dfrac{1}{F}$ 的 $(1-p)$ 分位数.例如,

$$F_{0.75}(4, 10) = 1.59, \qquad F_{0.05}(12, 3) = \frac{1}{F_{0.95}(3, 12)} = \frac{1}{3.49} = 0.287.$$

χ^2 分布、t 分布、F 分布与标准正态分布是数理统计中最基本且最重要的分布.

§7.6 抽样分布

统计量是样本 $(X_1, \cdots, X_n)$ 的函数,它是一个随机变量.统计量的分布称为**抽样分布**.本节应用概率论的方法研究一些常用统计量的分布,这里主要讨论正态总体下的抽样分布.对非正态总体下的抽样分布仅作简单介绍.

一、正态总体的情形

设 $(X_1, \cdots, X_n)$ 是取自正态总体 $N(\mu, \sigma^2)$ 的一个样本. 样本均值 $\overline{X}$ 与样本方差 S^2 是两个常用的统计量. 下面来研究它们的分布.

定理 7.5 设 $(X_1, \cdots, X_n)$ 是取自正态总体 $N(\mu, \sigma^2)$ 的一个样本.

(i) $\overline{X} \sim N\left(\mu, \dfrac{\sigma^2}{n}\right)$，或等价地 $\sqrt{n} \cdot \dfrac{\overline{X} - \mu}{\sigma} \sim N(0, 1)$；

(ii) $\dfrac{(n-1)S^2}{\sigma^2} = \dfrac{nS_n^2}{\sigma^2} = \dfrac{1}{\sigma^2} \sum\limits_{i=1}^{n}(X_i - \overline{X})^2 \sim \chi^2(n-1)$；

(iii) $\overline{X}$ 与 S^2 相互独立.

这是正态总体中的一条基本定理. 由于 $\overline{X}$ 是独立正态随机变量 $X_1, \cdots, X_n$ 的线性函数，因此，$\overline{X}$ 服从正态分布. 于是由定理 7.3(i) 推得 $\overline{X} \sim N\left(\mu, \dfrac{\sigma^2}{n}\right)$. (ii) 与 (iii) 的证明可阅参考文献[1]，236—238 页. 这里解释一下 $\dfrac{(n-1)S^2}{\sigma^2}$ 所服从的 χ^2 分布的自由度. 从表面上看，$\sum\limits_{i=1}^{n}(X_i - \overline{X})^2$ 是 n 个正态随机变量 $X_i - \overline{X}(i = 1, \cdots, n)$ 的平方和，但实际上它们不是相互独立的（见习题 7.14），它们之间有一个线性约束关系：

$$\sum_{i=1}^{n}(X_i - \overline{X}) = \sum_{i=1}^{n} X_i - n\overline{X} = 0.$$

这表明，当这 n 个正态随机变量中有 $n-1$ 个取值给定时，剩下一个的取值就跟着唯一确定了.

定理 7.6 设 $(X_1, \cdots, X_n)$ 是取自正态总体 $N(\mu, \sigma^2)$ 的一个样本，那么

$$\sqrt{n}\,\frac{\overline{X} - \mu}{S} = \sqrt{n-1}\,\frac{\overline{X} - \mu}{S_n} \sim t(n-1).$$

证 把结论左端改写成

$$\sqrt{n}\,\frac{\overline{X} - \mu}{S} = \frac{\sqrt{n}\,\dfrac{\overline{X} - \mu}{\sigma}}{\sqrt{\dfrac{\dfrac{(n-1)S^2}{\sigma^2}}{(n-1)}}}.$$

由定理 7.5 知道，上式右端分子服从 $N(0, 1)$，分母中的

$$\frac{(n-1)S^2}{\sigma^2} \sim \chi^2(n-1),$$

且二者相互独立. 因此,由 t 分布的定义便知结论成立. **证毕**

在实际问题中,有时会遇到两个总体的情形. 例如,我们要比较两个工厂生产的相同产品的质量,那么每个工厂的产品便视作一个总体. 设 $(X_1, \cdots, X_m)$ 是取自总体 X 的一个样本,设 $(Y_1, \cdots, Y_n)$ 是取自总体 Y 的一个样本. 以后总是假定取自不同总体的样本相互独立. 用概率论的语言说,即假定 $X_1, \cdots, X_m, Y_1, \cdots, Y_n$ 是 $m+n$ 个相互独立的随机变量.

定理 7.7 设 $(X_1, \cdots, X_m)$ 是取自正态总体 $N(\mu_1, \sigma_1^2)$ 的一个样本,$(Y_1, \cdots, Y_n)$ 是取自正态总体 $N(\mu_2, \sigma_2^2)$ 的一个样本.

（ⅰ）$\dfrac{(\overline{X} - \overline{Y}) - (\mu_1 - \mu_2)}{\sqrt{\dfrac{\sigma_1^2}{m} + \dfrac{\sigma_2^2}{n}}} \sim N(0, 1)$;

（ⅱ）$\dfrac{\sum\limits_{i=1}^{m} \dfrac{(X_i - \mu_1)^2}{m\sigma_1^2}}{\sum\limits_{i=1}^{n} \dfrac{(Y_i - \mu_2)^2}{n\sigma_2^2}} \sim F(m, n)$;

（ⅲ）$\dfrac{\dfrac{S_1^2}{\sigma_1^2}}{\dfrac{S_2^2}{\sigma_2^2}} \sim F(m-1, n-1)$,

其中

$$\overline{X} \triangleq \frac{1}{m} \sum_{i=1}^{m} X_i, \quad S_1^2 \triangleq \frac{1}{m-1} \sum_{i=1}^{m} (X_i - \overline{X})^2;$$

$$\overline{Y} \triangleq \frac{1}{n} \sum_{i=1}^{n} Y_i, \quad S_2^2 \triangleq \frac{1}{n-1} \sum_{i=1}^{n} (Y_i - \overline{Y})^2.$$

证 （ⅰ）由于

$$E(\overline{X} - \overline{Y}) = E(\overline{X}) - E(\overline{Y}) = \mu_1 - \mu_2,$$

$$D(\overline{X} - \overline{Y}) = D(\overline{X}) + D(\overline{Y}) = \frac{\sigma_1^2}{m} + \frac{\sigma_2^2}{n},$$

且 $\overline{X} - \overline{Y}$ 是独立正态随机变量 $X_1, \cdots, X_m, Y_1, \cdots, Y_n$ 的线性函数,因此

$$\overline{X} - \overline{Y} \sim N\left(\mu_1 - \mu_2, \frac{\sigma_1^2}{m} + \frac{\sigma_2^2}{n}\right).$$

把 $\overline{X} - \overline{Y}$ 标准化后即得所要的结论.

（ⅱ）由于

· 165 ·

$$\frac{X_1 - \mu_1}{\sigma_1}, \cdots, \frac{X_m - \mu_1}{\sigma_1}, \frac{Y_1 - \mu_2}{\sigma_2}, \cdots, \frac{Y_n - \mu_2}{\sigma_2}$$

是 $m+n$ 个独立同分布的随机变量,且都服从 $N(0,1)$,因此,由 χ^2 分布的定义推得

$$\frac{1}{\sigma_1^2}\sum_{i=1}^{m}(X_i - \mu_1)^2 \sim \chi^2(m), \qquad \frac{1}{\sigma_2^2}\sum_{i=1}^{n}(Y_i - \mu_2)^2 \sim \chi^2(n),$$

且由定理 2.5 推得,二者相互独立. 于是,由 F 分布的定义即得所要的结论.

(ⅲ) 按照定理 7.5(ⅱ),

$$\frac{(m-1)S_1^2}{\sigma_1^2} = \frac{1}{\sigma_1^2}\sum_{i=1}^{m}(X_i - \overline{X})^2 \sim \chi^2(m-1),$$

$$\frac{(n-1)S_2^2}{\sigma_2^2} = \frac{1}{\sigma_2^2}\sum_{i=1}^{n}(Y_i - \overline{Y})^2 \sim \chi^2(n-1),$$

且二者相互独立. 于是,由 F 分布的定义便知结论成立.   证毕

在定理 7.7 中,如果 $\sigma_1^2 = \sigma_2^2$,有下列结论.

定理 7.8   设 $(X_1, \cdots, X_m)$ 是取自正态总体 $N(\mu_1, \sigma^2)$ 的一个样本,$(Y_1, \cdots, Y_n)$ 是取自正态总体 $N(\mu_2, \sigma^2)$ 的一个样本,即这两个正态总体方差相等,那么

(ⅰ) $\dfrac{(\overline{X} - \overline{Y}) - (\mu_1 - \mu_2)}{S_w\sqrt{\dfrac{1}{m} + \dfrac{1}{n}}} \sim t(m+n-2)$,

其中, $S_w \triangleq \sqrt{S_w^2}$, $S_w^2 \triangleq \dfrac{1}{m+n-2}\Big[\sum_{i=1}^{m}(X_i - \overline{X})^2 + \sum_{i=1}^{n}(Y_i - \overline{Y})^2\Big].$

(ⅱ) $\dfrac{S_1^2}{S_2^2} \sim F(m-1, n-1).$

证   (ⅱ) 是定理 7.7(ⅲ) 的简单推论. 下面证明(ⅰ). 由于

$$\frac{1}{\sigma^2}\sum_{i=1}^{m}(X_i - \overline{X})^2 \sim \chi^2(m-1), \qquad \frac{1}{\sigma^2}\sum_{i=1}^{n}(Y_i - \overline{Y})^2 \sim \chi^2(n-1),$$

且二者相互独立,因此,由 χ^2 分布的可加性推得

$$\frac{1}{\sigma^2}\Big[\sum_{i=1}^{m}(X_i - \overline{X})^2 + \sum_{i=1}^{n}(Y_i - \overline{Y})^2\Big] \sim \chi^2(m+n-2).$$

把定理结论左端改写成

$$\frac{(\overline{X} - \overline{Y}) - (\mu_1 - \mu_2)}{S_w \cdot \sqrt{\frac{1}{m} + \frac{1}{n}}} = \frac{\dfrac{(\overline{X} - \overline{Y}) - (\mu_1 - \mu_2)}{\sqrt{\dfrac{\sigma^2}{m} + \dfrac{\sigma^2}{n}}}}{\sqrt{\dfrac{\dfrac{1}{\sigma^2}\sum\limits_{i=1}^{m}(X_i - \overline{X})^2 + \dfrac{1}{\sigma^2}\sum\limits_{i=1}^{n}(Y_i - \overline{Y})^2}{(m+n-2)}}}.$$

由定理 7.7(ⅰ)知道,上式中分子服从 $N(0,1)$.注意到分子与分母的相互独立性,由 t 分布的定义便知结论成立.　　　　　　　　　　　　　　　　　**证毕**

定理 7.8(ⅰ)中的

$$S_w^2 = \frac{m-1}{m+n-2}S_1^2 + \frac{n-1}{m+n-2}S_2^2.$$

这表明 S_w^2 恰是两个样本方差 S_1^2, S_2^2 的加权平均,且权的大小由其自由度确定.

例 7.5　设 $X_1, \cdots, X_n$ 是独立同分布的随机变量,且 $X_i \sim N(0,1)$, $i = 1, \cdots, n$. 试证

(1) $n\overline{X}^2 \sim \chi^2(1)$;

(2) $D(\overline{X}^2) = \dfrac{2}{n^2}$;

(3) $D(\overline{X}^2 + S^2) = \dfrac{2}{n^2} + \dfrac{2}{n-1}$.

证　(1) 由定理 7.5(ⅰ)推得 $\sqrt{n}\,\overline{X} \sim N(0,1)$. 从 χ^2 分布的定义知道,$n\overline{X}^2 \sim \chi^2(1)$.

(2) 由(1)及定理 7.4(ⅰ)推得 $D(n\overline{X}^2) = 2$,因此,

$$D(\overline{X}^2) = \frac{1}{n^2}D(n\overline{X}^2) = \frac{2}{n^2}.$$

(3) 由于 $\overline{X}$ 与 S^2 相互独立,且 $(n-1)S^2 \sim \chi^2(n-1)$,

$$D(S^2) = \frac{1}{(n-1)^2}D((n-1)S^2) = \frac{2(n-1)}{(n-1)^2} = \frac{2}{n-1},$$

因此,

$$D(\overline{X}^2 + S^2) = D(\overline{X}^2) + D(S^2) = \frac{2}{n^2} + \frac{2}{n-1}.$$

正态总体下的抽样分布在理论上已经有了完美的结论,因而正态总体在数理统计问题中得到广泛的应用.

二、非正态总体的情形

在正态总体下,样本均值 $\overline{X}$ 与样本方差 S^2 的分布有较完美的结论.当总体 X 不服从正态分布时,抽样分布问题要复杂得多,在实际工作中往往借助于中心极限定理

求出统计量的近似分布.

定理 7.9 设 $(X_1, \cdots, X_n)$ 是取自总体 X 的一个样本, 当 n 较大时, 近似地有

（ⅰ）$\overline{X} \sim N\left(\mu, \dfrac{\sigma^2}{n}\right)$, 或等价地 $\sqrt{n}\,\dfrac{\overline{X} - \mu}{\sigma} \sim N(0, 1)$;

（ⅱ）$\sqrt{n}\,\dfrac{\overline{X} - \mu}{S} \sim N(0, 1)$, 或 $\sqrt{n}\,\dfrac{\overline{X} - \mu}{S_n} \sim N(0, 1)$.

由独立同分布情形下的中心极限定理即知（ⅰ）成立.（ⅱ）的证明超出本课程的要求. 对两个总体的情形, 也有类似的结论, 这里不再一一列举.

在例 7.1 与例 7.4 中, 曾经出现过形如

$$X_{(1)} = \min_{1 \leqslant i \leqslant n} X_i, \quad X_{(n)} = \max_{1 \leqslant i \leqslant n} X_i$$

的统计量, 它们分别是样本 $X_1, \cdots, X_n$ 中最小的一个与最大的一个. 通常称 $X_{(1)}$ 为**最小次序（或顺序）统计量**, 称 $X_{(n)}$ 为**最大次序统计量**. 下面用 §3.6 中介绍的方法来讨论 $X_{(1)}$ 与 $X_{(n)}$ 在一些特殊情形下的分布.

例 7.6 设 $(X_1, \cdots, X_n)$ 是取自总体 X 的一个样本, X 服从区间 $(0, \theta)$ 上的均匀分布 $R(0, \theta)$, $\theta > 0$. 例 3.17 中已经求得 $n = 2$ 时 $X_{(1)}$ 与 $X_{(n)}$ 的密度函数. 一般地, $X_{(1)}$ 的密度函数为

$$f_1^*(y) = \begin{cases} \dfrac{n(\theta - y)^{n-1}}{\theta^n}, & 0 < y < \theta; \\ 0, & \text{其余}; \end{cases}$$

$X_{(n)}$ 的密度函数为

$$f_n^*(y) = \begin{cases} \dfrac{n y^{n-1}}{\theta^n}, & 0 < y < \theta; \\ 0, & \text{其余}. \end{cases}$$

例 7.7 设 $(X_1, \cdots, X_n)$ 是取自总体 X 的一个样本, X 服从参数为 λ 的指数分布 $E(\lambda)$, $\lambda > 0$. 试证, $X_{(1)}$ 服从参数为 $n\lambda$ 的指数分布 $E(n\lambda)$.

证 $X_{(1)}$ 的值域为 $(0, \infty)$. 当 $x > 0$ 时, 指数分布 $E(\lambda)$ 的密度函数与分布函数分别为

$$f(x) = \lambda \mathrm{e}^{-\lambda x}, \qquad F(x) = 1 - \mathrm{e}^{-\lambda x}.$$

因此, $X_{(1)}$ 的分布函数

$$F_1^*(y) = 1 - [1 - F(y)]^n = \begin{cases} 1 - \mathrm{e}^{-n\lambda y}, & y \geqslant 0; \\ 0, & y < 0, \end{cases}$$

这表明 $X_{(1)} \sim E(n\lambda)$.

最后还要指出, 尽管 $X_1, \cdots, X_n$ 相互独立, 但 $X_{(1)}$ 与 $X_{(n)}$ 一般不独立, 且 $(X_{(1)},$

$X_{(n)}$）的分布函数为

$$F_{1n}^{*}(y,z) = \begin{cases} [F(z)]^n - [F(z) - F(y)]^n, & y < z; \\ 0, & y \geqslant z. \end{cases}$$

这个结论的证明超出本课程的要求.

习　题

7.1　某地随机地挑选了 100 名中学生,测得他们的身高如表 7.5.

表 7.5

身高 /cm	$160 \sim 162$	$163 \sim 165$	$166 \sim 168$	$169 \sim 171$	$172 \sim 174$
学生数	6	15	40	30	9

试就上述数据作出直方图.

7.2　从某厂生产的零件中随机地抽取 30 个进行测量,测得它们的重量(单位:g) 如下:

6.120	6.129	6.116	6.114	6.112	6.119
6.119	6.121	6.124	6.127	6.113	6.116
6.117	6.126	6.123	6.123	6.122	6.118
6.120	6.120	6.121	6.121	6.124	6.114
6.120	6.116	6.113	6.111	6.123	6.124

试就上述数据作出直方图.

7.3　设$(X_1, \cdots, X_n)$是取自总体 X 的一个样本. 在下列 3 种情形下,分别写出样本$(X_1, \cdots, X_n)$的概率函数或密度函数.

(1) $X \sim B(1, p)$；

(2) $X \sim E(\lambda)$；

(3) $X \sim R(0, \theta)$,　$\theta > 0$.

7.4　根据习题 7.1 中给出的数据频率分布(每一组身高取组中值),写出经验分布函数的观测值 $\tilde{F}_n(x)$.

7.5　对下列两种情形中的样本观测值,分别求出样本均值的观测值 $\bar{x}$ 与样本方差的观测值 s^2.

(1) 5, 2, 3, 5, 8；

(2) 105, 102, 103, 105, 108.

由此你能得到什么结论?

7.6　设(X_1, X_2, X_3)是取自正态总体 $N(\mu, \sigma^2)$ 的一个样本,其中 μ 已知但 σ^2 未知. 试问,下列随机变量中哪些是统计量?哪些不是统计量?

(1) $\dfrac{1}{4}(2X_1 + X_2 + X_3)$；

(2) $\dfrac{1}{\sigma^2} \sum_{i=1}^{3} (X_i - \bar{X})^2$,其中 $\bar{X} = \dfrac{1}{3} \sum_{i=1}^{3} X_i$；

(3) $\sum\limits_{i=1}^{3} (X_i - \mu)^2$;

(4) $\min(X_1, X_2, X_3)$;

(5) 经验分布函数 $F_3(x)$ 在 $x = -1$ 处的值 $F_3(-1)$.

7.7 设 $(X_1, \cdots, X_n)$ 是取自总体 X 的一个样本. 在下列 3 种情形下,分别求出 $E(\overline{X}), D(\overline{X})$ 与 $E(S^2)$.

(1) $X \sim B(1, p)$;

(2) $X \sim E(\lambda)$;

(3) $X \sim R(0, \theta), \theta > 0$.

7.8 已知数据 $x_1, \cdots, x_n$ 的频率分布如表 7.6.

表 7.6

数据的取值	x_1^*	$\cdots$	x_m^*
出现的频率	f_1	$\cdots$	f_m

记样本的 k 阶原点矩 A_k 与样本的 k 阶中心矩 M_k 的观测值分别为

$$a_k = \frac{1}{n}\sum_{i=1}^{n} x_i^k, \quad m_k = \frac{1}{n}\sum_{i=1}^{n}(x_i - \overline{x})^k, \quad k = 1, 2, \cdots.$$

试证

$$a_k = \sum_{j=1}^{m} f_j x_j^{*k}, \quad m_k = \sum_{j=1}^{m} f_j(x_j^* - \overline{x})^k.$$

这两个公式表明,如果我们把数据的频率分布看成是某个随机变量 Z 的概率函数（因为 $\sum\limits_{j=1}^{m} f_j = 1$）,那么 Z 的 k 阶原点矩 $E(Z^k)$ 恰是 a_k,Z 的 k 阶中心矩 $E[Z - E(Z)]^k$ 恰是 m_k.

7.9 已知随机变量 $Y \sim \chi^2(n)$.

(1) 试求 $\chi_{0.99}^2(12), \chi_{0.01}^2(12)$;

(2) 已知 $n = 10$,试问当 c 为何值时,$P(Y > c) = 0.05$,并把 c 用分位数记号表示出来.

7.10 已知随机变量 $T \sim t(n)$.

(1) 试求 $t_{0.99}(12), t_{0.01}(12)$;

(2) 已知 $n = 10$,试问当 c 为何值时,$P(T > c) = 0.95$,并把 c 用分位数记号表示出来.

7.11 已知随机变量 $F \sim F(m, n)$.

(1) 试求 $F_{0.99}(10, 12), F_{0.01}(10, 12)$;

(2) 当 $m = n = 10$ 时,试问当 c 为何值时 $P(F > c) = 0.05$,并把 c 用分位数记号表示出来.

7.12 当 $T \sim t(n)$ 时,试证 $T^2 \sim F(1, n)$.

7.13 设 $(X_1, \cdots, X_n)$ 是取自正态总体 $N(0, \sigma^2)$ 的一个样本. 试证

(1) $\dfrac{1}{\sigma^2}\sum\limits_{i=1}^{n} X_i^2 \sim \chi^2(n), D\left(\sum\limits_{i=1}^{n} X_i^2\right) = 2n\sigma^4$;

(2) $\dfrac{1}{n\sigma^2}\left(\sum\limits_{i=1}^{n} X_i\right)^2 \sim \chi^2(1), D\left[\left(\sum\limits_{i=1}^{n} X_i\right)^2\right] = 2n^2\sigma^4$.

7.14 设 (X_1, X_2) 是取自总体 X 的一个样本. 试证相关系数

$$\rho(X_1 - \overline{X}, X_2 - \overline{X}) = -1,$$

其中 $\overline{X} = \dfrac{1}{2}(X_1 + X_2)$.

7.15 当样本大小 $n = 2$ 时,试证 $S^2 = \dfrac{1}{2}(X_1 - X_2)^2 = 2S_n^2$.

7.16 设 $(X_1, \cdots, X_n)$ 是取自正态总体 $N(\mu, \sigma^2)$ 的一个样本,试求统计量 $U = \sum\limits_{i=1}^{n} c_i X_i$ 的分布,其中 $c_1, \cdots, c_n$ 是不全为零的常数.

7.17 设 $(X_1, \cdots, X_m)$,$(Y_1, \cdots, Y_n)$ 分别是取自正态总体 $N(\mu_1, \sigma_1^2)$、$N(\mu_2, \sigma_2^2)$ 的样本,试求统计量 $U = a\overline{X} + b\overline{Y}$ 的分布,其中 a, b 是不全为零的常数.

7.18 设 $(X_1, \cdots, X_5)$ 是取自正态总体 $N(0, \sigma^2)$ 的一个样本.试证

(1) 当 $k = \dfrac{3}{2}$ 时,$k\,\dfrac{(X_1 + X_2)^2}{X_3^2 + X_4^2 + X_5^2} \sim F(1, 3)$;

(2) 当 $k = \sqrt{\dfrac{3}{2}}$ 时,$k\,\dfrac{X_1 + X_2}{\sqrt{X_3^2 + X_4^2 + X_5^2}} \sim t(3)$.

7.19 设 $X_1, \cdots, X_4$ 是独立同分布的随机变量,且它们都服从 $N(0, 4)$. 试证当 $a = \dfrac{1}{20}, b = \dfrac{1}{100}$ 时,

$$Y = a(X_1 - 2X_2)^2 + b(3X_3 - 4X_4)^2 \sim \chi^2(2),$$

且 $E(Y) = 2$,$D(Y) = 4$.

7.20 设 $(X_1, \cdots, X_n, X_{n+1})$ 是取自正态总体 $N(\mu, \sigma^2)$ 的一个样本,记 $\overline{X}_n = \dfrac{1}{n}\sum\limits_{i=1}^{n} X_i$,$S_n^2 = \dfrac{1}{n}\sum\limits_{i=1}^{n}(X_i - \overline{X})^2$.试证统计量

$$\sqrt{\dfrac{n-1}{n+1}} \cdot \dfrac{X_{n+1} - \overline{X}}{S_n} \sim t(n-1).$$

7.21 设 $(X_1, \cdots, X_n)$ 是取自总体 X 的一个样本,$X \sim B(1, p)$.试证
(1) $S_n^2 = \overline{X}(1 - \overline{X})$;[提示:由于每个 X_i 只取 $0, 1$ 这两个值,因此 $X_i^2 = X_i$,$i = 1, \cdots, n$.]
(2) 当 n 较大时,近似地有

$$\sqrt{n}\,\dfrac{\overline{X} - p}{\sqrt{\overline{X}(1 - \overline{X})}} \sim N(0, 1).$$

[提示:应用定理 $7.9(\,\mathrm{ii}\,)$.]

7.22 设 $(X_1, \cdots, X_n)$ 是取自总体 X 的一个样本,$X \sim E(\lambda)$.试求最小次序统计量 $X_{(1)}$ 的均值与方差.

7.23 设 $(X_1, \cdots, X_n)$ 是取自总体 X 的一个样本,$X \sim R(0, \theta)$.试求最大次序统计量 $X_{(n)}$ 的均值与方差.

7.24 设 $(X_1, \cdots X_n)$ 是取自总体 X 的一个样本,X 的密度函数为

$$f(x) = \begin{cases} \dfrac{2x}{\theta^2}, & 0 < x < \theta; \\ 0, & \text{其余}. \end{cases}$$

试求最大次序统计量 $X_{(n)}$ 的密度函数.

7.25 设 $(X_1, \cdots, X_n)$ 是取自正态总体 $N(\mu, \sigma^2)$ 的一个样本. 记 $Y = \frac{1}{n} \sum_{i=1}^{n} X_i^2$. 试求 $E(Y)$.

7.26 设 $(X_1, \cdots, X_n)$ 是取自总体 X 的一个样本, $n \geqslant 2, X \sim B(m, p)$. 记 $Y = \overline{X} - S^2$. 试求 $E(Y)$.

7.27 设 $X_1, \cdots, X_{16}$ 是独立同分布的随机变量, 且它们都服从 $N(0, 4)$. 试求

$$P(|\overline{X}| > \frac{1}{2} u_{0.95}, S^2 < \frac{4}{15} \chi_{0.90}^2 (15)).$$

[提示:应用定理 7.5, 注意 $\overline{X}$ 与 S^2 相互独立.]

7.28 当 $F \sim F(1, n)$ 时, 试求 $P(F > t_{0.90}^2(n))$. [提示:由习题 7.12 得到 $F = T^2$, 其中 $T \sim t(n)$.]

7.29 设 $(X_1, \cdots, X_{2n})$ 是取自正态总体 $N(\mu, \sigma^2)$ 的一个样本, $n \geqslant 2$. 样本均值 $\overline{X} = \frac{1}{2n} \sum_{i=1}^{2n} X_i$.

记 $Y = \sum_{i=1}^{n} (X_i + X_{n+i} - 2\overline{X})^2$. 试证

$$E(Y) = 2(n-1)\sigma^2, \quad D(Y) = 8(n-1)\sigma^4.$$

[提示:令 $U_i = X_i + X_{n+i}, i = 1, \cdots, n. U_1, \cdots, U_n$ 是取自正态总体 $N(2\mu, 2\sigma^2)$ 的一个样本, 且 $Y = \sum_{i=1}^{n} (U_i - \overline{U})^2$, 其中 $\overline{U} = \frac{1}{n} \sum_{i=1}^{n} U_i$.]

7.30 设 $X_1, \cdots, X_n$ 是独立同分布的随机变量, 且它们都服从 $N(0, 1)$. 记 $Y = \overline{X}^2 - \frac{1}{n} S^2$. 试证

$$E(Y) = 0, \quad D(Y) = \frac{2}{n(n-1)}.$$

[提示:参考例 7.5.]

第八章　　参数估计

根据样本所提供的信息对总体分布的某些未知值作统计推断是数理统计的基本内容.统计推断的形式有两大类——估计与检验.本章主要介绍估计方法,同时涉及一些简单的估计理论.

§8.1　参数估计问题

在数理统计中,总体 X 的分布永远是未知的,因而 X 的数字特征往往也是未知值,这些未知值通常称为**参数**.为了强调参数的未知性,可以冠上"未知"两字,称为**未知参数**.应当指出,数理统计中参数这个概念与概率论中的参数是有区别的.当总体 $X \sim N(\mu,\sigma^2)$ 时,只有在 μ 与 σ^2 都未知的情况下,μ 与 σ^2 才都是参数.如果 μ 已知而 σ^2 未知,那么 μ 便不是参数,因为 μ 是一个已知值.但是,X 的二阶原点矩 $E(X^2) = \mu^2 + \sigma^2$ 却也是参数,因为它是一个未知值.

有一类未知参数应该引起特别的重视,它们是标记总体分布的未知参数.例如,已知总体 $X \sim B(1,p)$,其中,p 未知,这个 p 便是标记总体分布的未知参数,这类未知参数通常称为**总体参数**.当总体 X 的分布类型已知时,总体分布的未知因素就集中体现在总体参数上.标记总体分布的总体参数可以不止一个.例如,当 μ 与 σ^2 均未知时,正态总体 $N(\mu,\sigma^2)$ 中有两个总体参数 μ 与 σ^2.

总体参数虽然是未知的,但是它可能取值的范围却是已知的.称总体参数的取值范围为**参数空间**,记作 Θ.例如,已知 $X \sim P(\lambda)$,λ 未知.λ 是总体参数,参数空间 $\Theta = (0,\infty)$.又如,已知 $X \sim N(\mu,\sigma^2)$,μ 与 σ^2 均未知.参数空间
$$\Theta = \{(\mu,\sigma^2): -\infty < \mu < \infty, \sigma^2 > 0\},$$
这是 $\mu O \sigma^2$ 平面的上半部分.

今后,在不必强调总体参数的特殊地位时,也简单地称它为参数或未知参数.

如何根据样本来对未知参数进行估计?这就是数理统计中的**参数估计问题**.参数估计的形式有两类:一类是**点估计**,一类是**区间估计**.

点估计就是依据样本估计未知参数为某个值,这在数轴上表现为一个点.具体地说,假定要估计某个未知参数 θ,要求 θ 的点估计就是要设法根据样本$(X_1,\cdots,X_n)$ 构造一个统计量 $h(X_1,\cdots,X_n)$,在通过抽样获得样本观测值$(x_1,\cdots,x_n)$ 之后,便用 $h(x_1,\cdots,x_n)$ 的值来估计未知参数 θ 的值.称 $h(X_1,\cdots,X_n)$ 为 θ 的**估计量**,记作 $\hat{\theta}(X_1,\cdots,X_n)$ 或 $\hat{\theta}$;称 $h(x_1,\cdots,x_n)$ 为 θ 的**估计值**,记作 $\hat{\theta}(x_1,\cdots,x_n)$,或也简记作 $\hat{\theta}$.在不致

引起误解的情形下,估计量与估计值都可以称为**(点)估计**. 当然,$\hat{\theta}$应该是参数空间Θ中的某个值.

区间估计就是依据样本估计未知参数在某一范围内,这在数轴上往往表现为一个区间. 具体地说,假定要估计某个未知参数θ,要求θ的区间估计就是要设法根据样本$(X_1,\cdots,X_n)$构造两个统计量$h_1(X_1,\cdots,X_n),h_2(X_1,\cdots,X_n)$,在通过抽样获得样本观测值$(x_1,\cdots,x_n)$之后,便用一个具体的区间$[h_1(x_1,\cdots,x_n),h_2(x_1,\cdots,x_n)]$来估计未知参数$\theta$的取值范围. 当然,这个区间$[h_1,h_2]$应该是参数空间$\Theta$的一个子集.

§8.2 两种常用点估计

在一个具体问题中,要求未知参数的估计值必须先求出这个未知参数的估计量. 如何来构造一个估计量呢?本节介绍两种常用的估计方法 —— 矩法与极大似然法.

一、矩估计

在§7.1中,通过直方图与条形图引进了样本观测值的频率分布. 虽然对总体分布的情况我们并不十分清楚,但频率分布总是可以根据数据算出的. 由于样本反映了总体分布的实际状况,因此,设想用已知的频率分布来推测未知的总体分布. 定理7.2对此提供了一个理论依据,因为当n较大时,由频率分布得到的经验分布函数的观测值(见定理7.1)与总体分布函数相差甚微. 于是,可以用频率分布(把它看作是某个随机变量的概率函数)的数字特征来估计总体X相应的数字特征. 频率分布的各阶矩恰是相应的样本矩的观测值(见习题7.8). 例如,可以用样本均值的观测值$\bar{x}$作为未知的总体均值$E(X)$的估计值;用样本的k阶原点矩的观测值$a_k = \dfrac{1}{n}\sum_{i=1}^{n}x_i^k$作为未知的总体$k$阶原点矩$E(X^k)$的估计值. 这种估计方法称为**矩法**.

定义 8.1 设$(X_1,\cdots,X_n)$是取自总体X的一个样本,记$\alpha_k \triangleq E(X^k), k = 1, 2,$ $\cdots$. 如果未知参数$\theta = \varphi(\alpha_1,\cdots\alpha_m)$,那么,称估计量$\hat{\theta} = \varphi(A_1,\cdots,A_m)$为$\theta$的**矩估计量**[①].

从定义8.1可以看出,矩法的基本思想是"替换",即用样本原点矩替换相应的总体X的原点矩.

定理 8.1 设$(X_1,\cdots,X_n)$是取自总体X的一个样本,$E(X) = \mu, D(X) = \sigma^2, \mu$与$\sigma^2$都未知.

（ⅰ）$\overline{X}$是未知参数μ的矩估计;

（ⅱ）S_n^2是未知参数σ^2的矩估计,S_n是未知参数σ的矩估计.

---

① 有些书上也借用中心矩来定义矩估计量. 从本质上说,矩估计(以及极大似然估计)都不是唯一的.

证 （ⅰ）由于 $\mu = \alpha_1$，因此，μ 的矩估计 $\hat{\mu} = A_1 = \overline{X}$.

（ⅱ）由于 $\sigma^2 = E(X^2) - [E(X)]^2 = \alpha_2 - \alpha_1^2$，因此，$\sigma^2$ 的矩估计

$$\hat{\sigma}^2 = A_2 - A_1^2 = \frac{1}{n}\sum_{i=1}^{n}X_i^2 - \overline{X}^2 = \frac{1}{n}\sum_{i=1}^{n}(X_i - \overline{X})^2 = S_n^2.$$

类似地，由 $\sigma = \sqrt{\alpha_2 - \alpha_1^2}$ 推得 σ 的矩估计 $\hat{\sigma} = S_n$.　　　　　　**证毕**

下面再举一些例子说明如何使用矩法估计某个未知参数.

例 8.1　设 $(X_1, \cdots, X_n)$ 是取自总体 X 的一个样本，$X \sim P(\lambda)$，其中 λ 未知，$\lambda > 0$. 由于 $\alpha_1 = E(X) = \lambda$，因此，$\lambda = \alpha_1$ 的矩估计为 $\overline{X}$. 顺便得到，λ^2 的矩估计为 $\overline{X}^2$.

例 8.1（续）　设 1L 水中含有的大肠杆菌个数 $X \sim P(\lambda)$，其中 λ 未知，$\lambda > 0$. 为了检查水消毒设备的效果，从消毒后的水中随机地抽取了 50 次，每次 1L. 化验得到每升水中大肠杆菌个数如表 8.1 所示.

表 8.1

大肠杆菌个数 /L	0	1	2	3	4
出现的次数	17	20	10	2	1

试估计平均每升水中大肠杆菌个数.

解　现在要求 $E(X) = \lambda$ 的估计值. λ 的矩估计为

$$\hat{\lambda} = \overline{x} = \frac{1}{50} \times (0 \times 17 + 1 \times 20 + 2 \times 10 + 3 \times 2 + 4 \times 1) = 1,$$

即估计每升水中有 1 个大肠杆菌.

例 8.2　设 $(X_1, \cdots, X_n)$ 是取自总体 X 的一个样本，$X \sim R(0, \theta)$，其中 θ 未知，$\theta > 0$. 由于

$$\alpha_1 = E(X) = \frac{\theta}{2},$$

因此，$\theta = 2\alpha_1$ 的矩估计为 $2\overline{X}$.

例 8.3　设 $(X_1, \cdots, X_n)$ 是取自总体 X 的一个样本，X 的密度函数为

$$f(x) = \begin{cases} (\theta + 1)x^\theta, & 0 < x < 1; \\ 0, & \text{其余}. \end{cases}$$

其中 θ 未知，$\theta > -1$. 由于

$$\alpha_1 = E(X) = \int_0^1 x \cdot (\theta + 1)x^\theta \, \mathrm{d}x = \frac{\theta + 1}{\theta + 2},$$

因此，$\theta = \dfrac{2\alpha_1 - 1}{1 - \alpha_1}$ 的矩估计为

$$\hat{\theta} = \frac{2\overline{X} - 1}{1 - \overline{X}}.$$

如果有了一组样本观测值

$$0.2 \quad 0.4 \quad 0.5 \quad 0.7 \quad 0.8 \quad 0.8 \quad 0.9 \quad 0.9,$$

那么,算出 $\bar{x} = 0.65$ 后即可推得未知参数 θ 的估计值为

$$\hat{\theta} = \frac{2 \times 0.65 - 1}{1 - 0.65} = 0.86.$$

矩法是一种经典的估计方法,它比较直观,使用也比较方便.使用矩法不需要对总体分布附加太多的条件.从定义 8.1 可以看出,即使不知道总体分布究竟是哪一种类型,只要知道未知参数与总体各阶原点矩的关系就能使用矩法.因此,在实际问题中,矩法应用得相当广泛.

二、极大似然估计

极大似然法是求未知参数点估计的另一种重要方法.为了说明极大似然估计的基本思想,举一个常见的实例.

医生给病人看病的过程可以看作是在求一个点估计.医生先要询问病人的发病症状,测量病人的体温、心跳次数、血压高低,必要时还要拍片、验血等.这相当于数理统计中的抽样,样本观测值相当于询问与检查的结果.病人究竟得哪一种病是未知的,但总是若干种病(记作 $A_1, A_2, \cdots$)之一.如果医生在询问与检查结果的基础上根据医学知识与经验认为得 A_1 病时出现已知症状的可能性最大,那么医生便判断该病人得了 A_1 病.医生这种看病过程便贯穿了极大似然法的基本思想.

设 $(X_1, \cdots, X_n)$ 是取自总体 X 的一个样本,X 的密度函数(或概率函数)为 $f(x; \theta), \theta \in \Theta$,其中 θ 是总体参数,Θ 是参数空间.这里我们用 $f(x; \theta)$ 代替常用的 $f(x)$ 是为了强调总体分布的类型已知,但总体参数 θ 未知.以后类似的地方不再一一指明.称自变量为 θ,定义域为 Θ 的非负函数

$$L(\theta; x_1, \cdots, x_n) \triangleq \prod_{i=1}^{n} f(x_i; \theta), \quad \theta \in \Theta$$

为**似然函数**.注意,在似然函数中,把 $x_1, \cdots, x_n$ 视作常数.因此,似然函数也可以简单地记作 $L(\theta)$.

当 X 为离散型随机变量时,

$$L(\theta) = \prod_{i=1}^{n} f(x_i; \theta) = P(X_1 = x_1, \cdots, X_n = x_n).$$

当 X 为连续型随机变量时,

$$P(x_1 - \varepsilon_1 < X_1 \leqslant x_1 + \varepsilon_1, \cdots, x_n - \varepsilon_n < X_n \leqslant x_n + \varepsilon_n)$$

$$= \prod_{i=1}^{n} P(x_i - \varepsilon_i < X_i \leqslant x_i + \varepsilon_i) = \prod_{i=1}^{n} \int_{x_i-\varepsilon_i}^{x_i+\varepsilon_i} f(t;\theta) \mathrm{d}t$$

$$\approx \prod_{i=1}^{n} f(x_i;\theta) \cdot 2\varepsilon_i = L(\theta) \prod_{i=1}^{n} (2\varepsilon_i).$$

由于 $\varepsilon_1, \cdots, \varepsilon_n$ 与 θ 无关,因此,$L(\theta)$ 的值决定了样本 $(X_1, \cdots, X_n)$ 落在其观测值 $(x_1, \cdots, x_n)$ 的一个邻域内的概率的大小. 似然函数 $L(\theta)$ 的值反映了获得样本观测值 $(x_1, \cdots, x_n)$ 的概率. 于是可以通过比较 $L(\theta)$ 的值来决定未知参数 θ 的点估计.

定义 8.2 设 $(X_1, \cdots, X_n)$ 是取自总体 X 的一个样本. 如果存在 $\hat{\theta} = \hat{\theta}(x_1, \cdots, x_n)$,使得

$$L(\hat{\theta}) = \max_{\theta \in \Theta} L(\theta),$$

那么,称 $\hat{\theta}(x_1, \cdots, x_n)$ 为 θ 的**极大似然估计值**,称相应的 $\hat{\theta}(X_1, \cdots, X_n)$ 为 θ 的**极大似然估计量**.

似然函数 $L(\theta)$ 的最大值问题常常可以通过求导数来解决. 为了计算方便,一般通过解方程

$$\frac{\mathrm{d}}{\mathrm{d}\theta} \ln L(\theta) = 0$$

来得到 θ 的极大似然估计[1],这是因为 $L(\theta)$ 与 $\ln L(\theta)$ 在同一处达到最大值.

例 8.4 设 $(X_1, \cdots, X_n)$ 是取自正态总体 $N(\mu, \sigma^2)$ 的一个样本.

(1) 当 μ 未知 $(-\infty < \mu < \infty)$ 但 σ^2 已知时,似然函数为

$$L(\mu) = (2\pi\sigma^2)^{-\frac{n}{2}} \exp\left\{ -\frac{1}{2\sigma^2} \sum_{i=1}^{n} (x_i - \mu)^2 \right\}.$$

因此,

$$\ln L(\mu) = -\frac{n}{2} \ln(2\pi\sigma^2) - \frac{1}{2\sigma^2} \sum_{i=1}^{n} (x_i - \mu)^2,$$

$$\frac{\mathrm{d}}{\mathrm{d}\mu} \ln L(\mu) = -\frac{1}{2\sigma^2} \sum_{i=1}^{n} 2(x_i - \mu) \cdot (-1).$$

由 $\frac{\mathrm{d}}{\mathrm{d}\mu} \ln L(\mu) = 0$ 解得 $\mu = \frac{1}{n} \sum_{i=1}^{n} x_i = \bar{x}$. 于是,$\mu$ 的极大似然估计量为 $\hat{\mu} = \bar{X}$.

(2) 当 μ 已知但 σ^2 未知 $(\sigma^2 > 0)$ 时,似然函数为

---

① 只要上述方程的解是唯一的,就不必验证极值的充分条件,也不必与边界上的函数值作比较.

$$L(\sigma^2) = (2\pi\sigma^2)^{-\frac{n}{2}} \exp\left\{ -\frac{1}{2\sigma^2} \sum_{i=1}^{n} (x_i - \mu)^2 \right\}.$$

因此,

$$\ln L(\sigma^2) = -\frac{n}{2} \ln(2\pi) - \frac{n}{2} \ln\sigma^2 - \frac{1}{2\sigma^2} \sum_{i=1}^{n} (x_i - \mu)^2,$$

$$\frac{\mathrm{d}}{\mathrm{d}\sigma^2} \ln L(\sigma^2) = -\frac{n}{2\sigma^2} + \frac{1}{2\sigma^4} \sum_{i=1}^{n} (x_i - \mu)^2.$$

由 $\dfrac{\mathrm{d}}{\mathrm{d}\sigma^2} \ln L(\sigma^2) = 0$ 解得 $\sigma^2 = \dfrac{1}{n} \sum\limits_{i=1}^{n} (x_i - \mu)^2$. 于是,$\sigma^2$ 的极大似然估计量为

$$\hat{\sigma}^2 = \frac{1}{n} \sum_{i=1}^{n} (X_i - \mu)^2.$$

例 8.5 设 $(X_1, \cdots, X_n)$ 是取自总体 X 的一个样本,$X \sim P(\lambda)$,其中 λ 未知,$\lambda > 0$,似然函数为

$$L(\lambda) = \mathrm{e}^{-n\lambda} \cdot \frac{\lambda^{\sum\limits_{i=1}^{n} x_i}}{x_1! \cdots x_n!}.$$

因此,

$$\ln L(\lambda) = -n\lambda + \left(\sum_{i=1}^{n} x_i \right) \ln\lambda - \ln\left(\prod_{i=1}^{n} x_i! \right)$$

$$\frac{\mathrm{d}}{\mathrm{d}\lambda} \ln L(\lambda) = -n + \frac{1}{\lambda} \sum_{i=1}^{n} x_i.$$

由 $\dfrac{\mathrm{d}}{\mathrm{d}\lambda} \ln L(\lambda) = 0$ 解得 $\lambda = \dfrac{1}{n} \sum\limits_{i=1}^{n} x_i = \bar{x}$. 于是,$\lambda$ 的极大似然估计量为 $\overline{X}$.

在例 8.1(续)中,试问,平均每升水中大肠杆菌个数为多少时,才能使得出现所给化验结果的概率最大?按照极大似然估计的基本思想,这是要求 λ 的极大似然估计值. 由于 $\hat{\lambda} = \bar{x} = 1$,因此,当平均每升水中有一个大肠杆菌时,出现所给化验结果的概率最大.

例 8.6 在例 8.3 中,似然函数为

$$L(\theta) = \prod_{i=1}^{n} \left[(\theta + 1) x_i^{\theta} \right] = (\theta + 1)^n \left(\prod_{i=1}^{n} x_i \right)^{\theta}.$$

因此,

$$\ln L(\theta) = n\ln(\theta+1) + \theta\sum_{i=1}^{n}\ln x_i,$$

$$\frac{\mathrm{d}}{\mathrm{d}\theta}\ln L(\theta) = \frac{n}{\theta+1} + \sum_{i=1}^{n}\ln x_i.$$

由 $\dfrac{\mathrm{d}}{\mathrm{d}\theta}\ln L(\theta) = 0$ 解得 $\theta = -1 - \dfrac{n}{\sum\limits_{i=1}^{n}\ln x_i}$. 于是, θ 的极大似然估计量为

$$\hat{\theta} = -1 - \frac{n}{\sum\limits_{i=1}^{n}\ln X_i}.$$

按照例 8.3 中给出的样本观测值,推得未知参数 θ 的极大似然估计值为 0.89.

如果总体参数有 k 个,它们是 $\theta_1,\cdots,\theta_k$,那么,记总体 X 的密度函数(或概率函数)为 $f(x:\theta_1,\cdots,\theta_k)$,似然函数为

$$L(\theta_1,\cdots,\theta_k) = \prod_{i=1}^{n}f(x_i;\theta_1,\cdots,\theta_k), \quad (\theta_1,\cdots,\theta_k) \in \Theta.$$

这是一个多元函数. 称满足

$$L(\hat{\theta}_1,\cdots,\hat{\theta}_k) = \max_{(\theta_1,\cdots,\theta_k)\in\Theta} L(\theta_1,\cdots,\theta_k)$$

的 $\hat{\theta}_1,\cdots,\hat{\theta}_k$ 分别是 $\theta_1,\cdots,\theta_k$ 的极大似然估计. 如果需要估计的未知参数 $\theta = g(\theta_1,\cdots,\theta_k)$,那么,称

$$\hat{\theta} = g(\hat{\theta}_1,\cdots,\hat{\theta}_k)$$

为 θ 的极大似然估计.

例 8.7 设 $(X_1,\cdots,X_n)$ 是取自正态总体 $N(\mu,\sigma^2)$ 的一个样本,其中,μ 与 σ^2 均未知, $-\infty < \mu < \infty, \sigma^2 > 0$. 似然函数为

$$L(\mu,\sigma^2) = (2\pi\sigma^2)^{-\frac{n}{2}}\exp\left\{-\frac{1}{2\sigma^2}\sum_{i=1}^{n}(x_i-\mu)^2\right\}.$$

因此,

$$\ln L(\mu,\sigma^2) = -\frac{n}{2}\ln(2\pi) - \frac{n}{2}\ln\sigma^2 - \frac{1}{2\sigma^2}\sum_{i=1}^{n}(x_i-\mu)^2.$$

通过解方程组

$$\begin{cases} \dfrac{\partial}{\partial\mu}\ln L(\mu,\sigma^2) = \dfrac{1}{\sigma^2}\sum\limits_{i=1}^{n}(x_i-\mu) = 0, \\[3mm] \dfrac{\partial}{\partial\sigma^2}\ln L(\mu,\sigma^2) = -\dfrac{n}{2\sigma^2} + \dfrac{1}{2\sigma^4}\sum\limits_{i=1}^{n}(x_i-\mu)^2 = 0, \end{cases}$$

得到 $\mu = \bar{x}$，$\sigma^2 = \dfrac{1}{n} \sum\limits_{i=1}^{n} (x_i - \bar{x})^2 = s_n^2$. 于是，$\mu$ 的极大似然估计量为 $\overline{X}$，σ^2 的极大似然估计量为 S_n^2. 由于 $\sigma = \sqrt{\sigma^2}$，因此 σ 的极大似然估计量为 S_n. 类似地，变异系数 $\delta_X = \dfrac{\sigma}{|\mu|}$ 的极大似然估计为 $\dfrac{S_n}{|\overline{X}|}$.

从前面的例子看出，求未知参数的极大似然估计往往归结为解一个方程(或方程组)，必要时，可借助于计算机求其数值解. 下面举两个不能用上述方法求极大似然估计的例子.

例 8.8 在例 8.2 中，似然函数为

$$L(\theta) = \begin{cases} \theta^{-n}, & 0 \leqslant x_1, \cdots, x_n \leqslant \theta; \\ 0, & \text{其余}. \end{cases}$$

当 $x_1, \cdots, x_n$ 给定时，要问 θ 取何值时 $L(\theta)$ 最大? 一方面，θ^{-n} 随 θ 减小而增大，另一方面，θ 必须满足 $0 \leqslant x_1, \cdots, x_n \leqslant \theta$，否则，$L(\theta) = 0$，它不是最大值. 于是，使 $L(\theta)$ 最大的 θ 应该满足

$$\begin{cases} \theta \text{ 尽量小}; \\ \theta \geqslant x_i, \qquad (\text{对一切 } i = 1, \cdots, n.) \end{cases}$$

这表明，当 $\theta = x_{(n)} = \max\limits_{1 \leqslant i \leqslant n} x_i$ 时，$L(\theta)$ 达最大值. 因此，θ 的极大似然估计量为 $\hat{\theta} = X_{(n)}$. 如果有了一组样本观测值

$$0.1 \qquad 0.2 \qquad 0.2 \qquad 0.2 \qquad 0.5,$$

那么，θ 的极大似然估计值为 0.5. 按例 8.2 中的结果，θ 的矩估计值为 $2\bar{x} = 2 \times 0.24 = 0.48$. 应当指出，这个矩估计值明显不合理，因为 X 的值域为 $(0, \theta)$. 既然已经知道有一个样本观测值为 0.5，那么，θ 必定不小于 0.5.

例 8.9 为了估计鱼塘内鱼的条数 θ，从塘内捕捞起 $r = 200$ 条，做上记号后放回塘中；然后再从塘中捕捞起 $t = 500$ 条，结果发现有 $x_1 = 100$ 条标有记号. 自然会猜测，塘内有鱼

$$\hat{\theta} = 200 \times \frac{500}{100} = 1000 \text{ 条}.$$

这个方法蕴含了极大似然估计法的思想.

设 X 表示第二次捕捞起 t 条鱼中带有记号的条数. 总体 X 服从超几何分布，

$$P(X = x) = \frac{\dbinom{r}{x} \dbinom{\theta - r}{t - x}}{\dbinom{\theta}{t}} = f(x).$$

其中未知参数为正整数 θ. 从总体 X 抽取大小为 1 的样本 X_1. 似然函数为

$$L(\theta) = f(x_1) = h(x_1) \frac{(\theta-r)[(\theta-r)-1]\cdots[(\theta-r)-(t-x_1)+1]}{\theta(\theta-1)\cdots(\theta-t+1)},$$

其中, $h(x_1) = \binom{t}{x_1} r(r-1)\cdots(r-x_1+1)$ 与 θ 无关. 直接计算得到

$$\frac{L(\theta)}{L(\theta-1)} = 1 + \frac{rt - \theta x_1}{\theta[(\theta-r)-(t-x_1)]}.$$

于是, 当 $\theta < \dfrac{rt}{x_1}$ 时, $\qquad L(\theta) > L(\theta-1)$;

当 $\theta = \dfrac{rt}{x_1}$ 时, $\qquad L(\theta) = L(\theta-1)$;

当 $\theta > \dfrac{rt}{x_1}$ 时, $\qquad L(\theta) < L(\theta-1)$.

这表明, θ 的极大似然估计为

$$\hat{\theta} = \begin{cases} \dfrac{rt}{X_1} \text{ 的整数部分}, & \text{当 } \dfrac{rt}{X_1} \text{ 不是整数}; \\[3mm] \dfrac{rt}{X_1} \text{ 或 } \dfrac{rt}{X_1} - 1, & \text{当 } \dfrac{rt}{X_1} \text{ 是整数}. \end{cases}$$

这个例子也说明极大似然估计不唯一.

　　矩法与极大似然法是两种不同的估计方法. 对同一未知参数, 有时候它们的估计相同, 有时候它们的估计不同. 一般, 在已知总体 X 的分布类型时, 最好使用极大似然估计, 当然, 前提是通过解方程(或方程组)或其他方法能得到极大似然估计值.

§8.3　估计量的评选标准

　　对于同一个未知参数, 可以有不同的点估计, 矩估计与极大似然估计仅仅是提供了两种常用的估计而已. 在众多的估计中, 我们自然希望挑选最"优"的估计. 这里涉及到一个评选标准问题.

　　如果我们用 $\hat{\theta}$ 来估计未知参数 θ, 那么, $\hat{\theta} - \theta$ 便反映了估计的误差. 由于 $\hat{\theta} = \hat{\theta}(X_1, \cdots, X_n)$ 是一个随机变量, 它随着样本观测值的不同而可能取不同的值, 因此, 要求 $\hat{\theta} - \theta = 0$ 是没有意义的. 如果我们要求

$$E(\hat{\theta} - \theta) = 0,$$

那么, 就导致下列**无偏性**的概念.

　　定义 8.3　如果未知参数 θ 的估计量 $\hat{\theta}(X_1, \cdots, X_n)$ 满足

$$E[\hat{\theta}(X_1,\cdots,X_n)] = \theta,$$

那么,称 $\hat{\theta}$ 为 θ 的**无偏估计(量)**;如果 $\hat{\theta}$ 满足

$$\lim_{n\to\infty}E[\hat{\theta}(X_1,\cdots,X_n)] = \theta,$$

那么,称 $\hat{\theta}$ 为 θ 的**渐近无偏估计(量)**.

由定理 7.3 知道,样本均值 $\overline{X}$ 是总体 X 的均值的无偏估计;样本方差 S^2 是总体 X 的方差的无偏估计;S_n^2 不是总体 X 的方差的无偏估计,而是一个渐近无偏估计.

例 8.10 设 $(X_1,\cdots,X_n)$ 是取自正态总体 $N(\mu,\sigma^2)$ 的一个样本.

(1) 当 μ 未知 $(-\infty < \mu < \infty)$ 但 σ^2 已知时,μ 的矩估计与极大似然估计都是 $\overline{X}$,$\overline{X}$ 是 μ 的无偏估计.

(2) 当 μ 已知但 σ^2 未知 $(\sigma^2 > 0)$ 时,σ^2 的极大似然估计 $\hat{\sigma}^2 = \dfrac{1}{n}\sum\limits_{i=1}^{n}(X_i-\mu)^2$ 具有无偏性,这是因为

$$E\left[\frac{1}{n}\sum_{i=1}^{n}(X_i-\mu)^2\right] = \frac{1}{n}\sum_{i=1}^{n}E(X_i-\mu)^2 = \frac{1}{n}\sum_{i=1}^{n}D(X_i) = \frac{1}{n}\cdot n\sigma^2 = \sigma^2.$$

(3) 当 μ 与 σ^2 均未知 $(-\infty < \mu < \infty, \sigma^2 > 0)$ 时,μ,σ^2 的矩估计与极大似然估计都分别为 $\overline{X},S_n^2$. $\overline{X}$ 是 μ 的无偏估计;S_n^2 不是 σ^2 的无偏估计,而是一个渐近无偏估计.

例 8.11 设 $(X_1,\cdots,X_n)$ 是取自总体 X 的一个样本,$X\sim R(0,\theta)$,其中 θ 未知,$\theta > 0$. θ 的矩估计为 $2\overline{X}$. 由于 $E(X) = \dfrac{\theta}{2}$,因此

$$E(2\overline{X}) = \frac{2}{n}\sum_{i=1}^{n}E(X_i) = \frac{2}{n}\cdot n\cdot\frac{\theta}{2} = \theta.$$

这表明 $2\overline{X}$ 是 θ 的无偏估计,θ 的极大似然估计为 $X_{(n)}$. 例 7.6 曾经给出了 $X_{(n)}$ 的密度函数 $f_n^*(y)$,因此

$$E(X_{(n)}) = \int_0^{\theta} y\frac{ny^{n-1}}{\theta^n}\mathrm{d}y = \frac{n}{n+1}\theta.$$

这表明 $X_{(n)}$ 不是 θ 的无偏估计,而是一个渐近无偏估计.

无偏估计的直观意义是,对同一个未知参数 θ 反复使用同一个无偏估计 $\hat{\theta}(X_1,\cdots,X_n)$ 时,尽管由每次得到的数据算得的估计值 $\hat{\theta}(x_1,\cdots,x_n)$ 的误差 $\hat{\theta}(x_1,\cdots,x_n) - \theta$ 未必为零,但是平均误差总是零. 这虽是无偏估计的一个特点,但不很合理,因为总误差应该累积计算,而不能相互抵消来度量. 这就是说,较合理的估计量评选标准应该是"$E(\hat{\theta}-\theta)^2$ 愈小愈优". 当 $\hat{\theta}$ 为 θ 的无偏估计时,$E(\hat{\theta}-\theta)^2 = D(\hat{\theta})$. 这就导致了下列**有效性**的概念.

定义 8.4 设 $\hat{\theta}$ 与 $\hat{\theta}^*$ 都是未知参数 θ 的无偏估计. 如果

$$D(\hat{\theta}^*) < D(\hat{\theta}),$$

那么,称 $\hat{\theta}^*$ 比 $\hat{\theta}$ 有效.

例 8.12 设 $(X_1, \cdots, X_n)$ 是取自正态总体 $N(\mu, 1)$ 的一个样本,其中 μ 未知, $-\infty < \mu < \infty$. 记

$$\hat{\mu}_k = \frac{1}{k} \sum_{i=1}^{k} X_i, \quad k = 1, \cdots, n.$$

这些 $\hat{\mu}_k$ 都是 μ 的无偏估计,因为

$$E(\hat{\mu}_k) = \frac{1}{k} \sum_{i=1}^{k} E(X_i) = \frac{1}{k} \cdot k\mu = \mu.$$

下面来比较它们的方差. 由于

$$D(\hat{\mu}_k) = \frac{1}{k^2} \sum_{i=1}^{k} D(X_i) = \frac{1}{k^2} \cdot k = \frac{1}{k},$$

因此,k 愈大,$D(\hat{\mu}_k)$ 愈小. 从而,在这 n 个无偏估计中,$\hat{\mu}_n = \overline{X}$ 最有效. 这个结论与直观认识是一致的. 因为,当 $k < n$ 时,$\hat{\mu}_k$ 丢弃了一部分样本所提供的信息.

例 8.12(续) 对任意常数 $c_1, \cdots, c_n$,记 $\hat{\mu} = \sum_{i=1}^{n} c_i X_i$. 由于

$$E(\hat{\mu}) = \sum_{i=1}^{n} c_i E(X_i) = \mu \sum_{i=1}^{n} c_i,$$

因此,$\hat{\mu}$ 成为 μ 的无偏估计的充分必要条件是 $\sum_{i=1}^{n} c_i = 1$,且

$$D(\hat{\mu}) = \sum_{i=1}^{n} c_i^2 D(X_i) = \sum_{i=1}^{n} c_i^2.$$

在约束条件 $\sum_{i=1}^{n} c_i = 1$(为了保证 $\hat{\mu}$ 具有无偏性)下,$\sum_{i=1}^{n} c_i^2$ 当且仅当 $c_i = \frac{1}{n}$ $(i = 1, \cdots, n)$ 时达到最小. 这又一次验证:在形如 $\sum_{i=1}^{n} c_i X_i$ 的无偏估计中,$\overline{X}$ 最有效.

例 8.13 设 $(X_1, \cdots, X_n)$ 是取自正态总体 $N(0, \sigma^2)$ 的一个样本,其中 σ^2 未知, $\sigma^2 > 0$. σ^2 的极大似然估计

$$\hat{\sigma}^2 = \frac{1}{n} \sum_{i=1}^{n} X_i^2$$

具有无偏性,而样本方差 S^2 也是 σ^2 的无偏估计. 下面来比较它们方差的大小.

由 χ^2 分布的定义及定理 7.4(i)可知,

$$\frac{1}{\sigma^2} \sum_{i=1}^{n} X_i^2 = \sum_{i=1}^{n} \left(\frac{X_i}{\sigma}\right)^2 \sim \chi^2(n), \quad D\left(\frac{1}{\sigma^2} \sum_{i=1}^{n} X_i^2\right) = 2n.$$

因此

$$D(\hat{\sigma}^2) = \frac{\sigma^4}{n^2} D\left(\frac{1}{\sigma^2} \sum_{i=1}^n X_i^2\right) = \frac{\sigma^4}{n^2} \cdot 2n = \frac{2\sigma^4}{n}.$$

另外,由于

$$\frac{1}{\sigma^2} \sum_{i=1}^n (X_i - \overline{X})^2 = \frac{(n-1)S^2}{\sigma^2} \sim \chi^2(n-1),$$

因此,

$$D(S^2) = \frac{\sigma^4}{(n-1)^2} D\left[\frac{(n-1)S^2}{\sigma^2}\right] = \frac{\sigma^4}{(n-1)^2} \cdot 2(n-1) = \frac{2\sigma^4}{n-1}.$$

由此可见,$\hat{\sigma}^2 = \frac{1}{n} \sum_{i=1}^n X_i^2$ 比 S^2 有效.

例 8.14 设 $(X_1, \cdots, X_n)$ 是取自总体 X 的一个样本,$n \geqslant 2$,$X \sim R(0, \theta)$,其中 θ 未知,$\theta > 0$. 由例 8.11 知道,θ 的矩估计 $2\overline{X}$ 是无偏估计,且方差为

$$D(2\overline{X}) = 4D(\overline{X}) = \frac{4}{n} D(X) = \frac{4}{n} \cdot \frac{\theta^2}{12} = \frac{\theta^2}{3n}.$$

θ 的极大似然估计 $X_{(n)}$ 虽然不是无偏估计,但可以把它修正成一个无偏估计

$$\hat{\theta} = \frac{n+1}{n} X_{(n)},$$

因为

$$E(\hat{\theta}) = \frac{n+1}{n} E(X_{(n)}) = \frac{n+1}{n} \cdot \frac{n\theta}{n+1} = \theta.$$

由于

$$E(\hat{\theta}^2) = \int_0^\theta \left(\frac{n+1}{n} y\right)^2 \frac{ny^{n-1}}{\theta^n} dy = \frac{(n+1)^2 \theta^2}{n(n+2)},$$

因此

$$D(\hat{\theta}) = E(\hat{\theta}^2) - [E(\hat{\theta})]^2 = \frac{(n+1)^2 \theta^2}{n(n+2)} - \theta^2 = \frac{\theta^2}{n(n+2)}.$$

由此可见,$\hat{\theta} = \frac{n+1}{n} X_{(n)}$ 比 $2\overline{X}$ 有效.

例 8.14 提供了一种把不具有无偏性的估计修正成无偏估计的方法. 一般地,如果

$$E(\hat{\theta}) = k\theta + c \neq \theta \quad (k \neq 0),$$

那么，$\dfrac{\hat{\theta}-c}{k}$ 必定是 θ 的无偏估计. 样本方差 S^2 正是在样本的二阶中心矩 S_n^2 基础上经修正后得到的.

当使用 $\hat{\theta}(x_1,\cdots,x_n)$ 来估计未知参数 θ 时，$|\hat{\theta}(x_1,\cdots,x_n)-\theta|$ 是反映误差的一个较合理的量. 当样本大小 n 增大时，即样本所提供的信息越来越多时，一个合理的估计应该使得 $|\hat{\theta}-\theta|$ 趋近于零. 这就导致了下列**相合性**的概念.

定义 8.5 如果未知参数 θ 的估计量 $\hat{\theta}(X_1,\cdots,X_n)$ 满足 $\hat{\theta}\overset{P}{\longrightarrow}\theta$，即对任意一个 $\varepsilon>0$，

$$\lim_{n\to\infty}P(|\hat{\theta}(X_1,\cdots,X_n)-\theta|>\varepsilon)=0,$$

那么，称 $\hat{\theta}$ 为 θ 的**相合估计量**（或**一致估计量**）.

定理 7.3（ⅲ）表明，样本均值 $\overline{X}$ 是总体 X 的均值的相合估计量；样本方差 S^2 是总体 X 的方差的相合估计量. 在相当一般的条件下，可以证明矩估计与极大似然估计都是相合估计量. 这正说明了统计应用工作者乐于采用这两类估计的原因.

下列定理给出了判断一个无偏估计具有相合性的充分条件.

定理 8.2 设 $\hat{\theta}(X_1,\cdots,X_n)$ 是未知参数 θ 的一个无偏估计，如果 $\lim\limits_{n\to\infty}D[\hat{\theta}(X_1,\cdots,X_n)]=0$，那么，$\hat{\theta}$ 是 θ 的相合估计量.

证 由于 $E(\hat{\theta})=\theta$，因此，由切比雪夫不等式推得，对任意一个 $\varepsilon>0$，

$$P(|\hat{\theta}-\theta|>\varepsilon)\leqslant\dfrac{D(\hat{\theta})}{\varepsilon^2}.$$

于是，由 $D(\hat{\theta})\to0$ 得到 $\hat{\theta}\overset{P}{\longrightarrow}\theta$.　　　　　　**证毕**

由定理 8.2 可以看出，例 8.13 中的无偏估计 $\hat{\sigma}^2=\dfrac{1}{n}\sum\limits_{i=1}^{n}X_i^2$ 与 S^2 都具有相合性；例 8.14 中的无偏估计 $2\overline{X}$ 与 $\hat{\theta}=\dfrac{n+1}{n}X_{(n)}$ 也都具有相合性，并且由

$$X_{(n)}=\dfrac{n}{n+1}\hat{\theta}\overset{P}{\longrightarrow}\theta$$

推知 $X_{(n)}$ 同样具有相合性.

作为 1 个特例，频率既是概率的矩估计，也是极大似然估计（按总体 $X\sim B(1,p)$ 来理解，见习题 8.1(1) 与 §8.6），它不仅具有无偏性，也具有相合性.

§8.4 置信区间

置信区间是区间估计中应用最广泛的一种类型. 本节将通过分析一个实际例子, 引出置信区间中的一些基本概念与求置信区间的一般步骤.

例 8.15 为了考察某厂生产的水泥构件的抗压强度(单位: N/cm^2), 抽取了 25 件样品进行测试, 得到 25 个数据 $x_1, \cdots, x_{25}$, 并由此算得

$$\bar{x} = \frac{1}{25} \sum_{i=1}^{25} x_i = 415.$$

用点估计的观点看, 415 是该厂生产的水泥构件的平均抗压强度的估计值.

如果在抽样前已经从历史上积累的资料中获悉, 该厂生产的水泥构件的抗压强度 $X \sim N(\mu, 400)$, 其中, μ 未知, 现在希望通过抽样所获得的信息给出 μ 的一个区间估计. 由于 $\bar{x} = 415$ 是 μ 较优的点估计, 因此, 一个合理的区间估计应该是 $[\bar{x} - d, \bar{x} + d]$. 这里产生两个问题:

(1) d 究竟取多大才比较合理?

(2) 这样给出的区间估计的可信程度如何?

从直观上可以想象, d 愈大可信程度也愈高, 但区间过宽是没有实际意义的; 反之, d 愈小, 表面上似乎区间估计相当精确, 但可信程度却很低. 下面给出一种方法, 它能较合理地解决这一对矛盾.

在抽样前, 区间估计 $[\bar{X} - d, \bar{X} + d]$ 是一个**随机区间**, 反映区间估计可信程度的量是这个随机区间覆盖未知参数 μ 的概率

$$P(\bar{X} - d \leqslant \mu \leqslant \bar{X} + d) = P(|\bar{X} - \mu| \leqslant d).$$

由于 $\bar{X} \sim N\left(\mu, \frac{\sigma^2}{n}\right)$, 其中, $\sigma^2 = 400 = 20^2, n = 25$, 因此, 上述概率为

$$P\left(\left|\sqrt{n} \cdot \frac{\bar{X} - \mu}{\sigma}\right| \leqslant \frac{\sqrt{n}d}{\sigma}\right) = \Phi(c) - \Phi(-c) = 2\Phi(c) - 1,$$

其中

$$c \triangleq \frac{\sqrt{n}d}{\sigma} = \frac{5d}{20} = \frac{d}{4}, \qquad d = 4c,$$

如果要求这个概率至少为 $1 - \alpha$, 其中, α 是近于零的正数, 那么, 由 $2\Phi(c) - 1 \geqslant 1 - \alpha$ 解得

$$c \geqslant \Phi^{-1}\left(1 - \frac{\alpha}{2}\right) = u_{1 - \frac{\alpha}{2}}.$$

一般总是取 $c = u_{1-\frac{\alpha}{2}}$,这是为了不使所给出的区间过宽. 例如,当 $\alpha = 0.05$ 时,$1-\alpha = 0.95$,$1 - \frac{\alpha}{2} = 0.975$,$c = u_{1-\frac{\alpha}{2}} = u_{0.975} = 1.96$,$d = 4c = 7.84$,于是,随机区间

$$[\overline{X} - d, \overline{X} + d] = [\overline{X} - 7.84, \overline{X} + 7.84].$$

习惯上把这个区间估计通过分位数 $c = u_{1-\frac{\alpha}{2}}$ 表达成

$$\left[\overline{X} - u_{1-\frac{\alpha}{2}} \frac{\sigma}{\sqrt{n}}, \overline{X} + u_{1-\frac{\alpha}{2}} \frac{\sigma}{\sqrt{n}} \right],$$

因为它清楚地表明了这个区间估计的可信程度(即它覆盖未知参数 μ 的概率)为 $1-\alpha$.

在抽样后,由样本观测值算得 $\overline{x} = 415$. 因此,μ 的区间估计的观测值为

$$\left[\overline{x} - u_{0.975} \frac{\sigma}{\sqrt{n}}, \overline{x} + u_{0.975} \frac{\sigma}{\sqrt{n}} \right] = \left[415 - 1.96 \times \frac{20}{\sqrt{25}}, 415 + 1.96 \times \frac{20}{\sqrt{25}} \right]$$

$$= [415 - 7.84, 415 + 7.84] = [407.16, 422.84].$$

从样本观测值提供的信息,推断出以 95% 的可信程度,保证该厂生产的水泥构件的抗压强度在 $407.16 \sim 422.84 (\text{N/cm}^2)$ 之间.

按照例 8.15 中给出的方法得到的区间估计便是置信区间. 置信区间的一般定义如下:

定义 8.6 设 $(X_1, \cdots, X_n)$ 是取自总体 X 的一个样本. 对于未知参数 θ,给定 α,$0 < \alpha < 1$. 如果存在统计量 $\underline{\theta}(X_1, \cdots, X_n)$,$\bar{\theta}(X_1, \cdots, X_n)$,使得

$$P(\underline{\theta}(X_1, \cdots, X_n) \leqslant \theta \leqslant \bar{\theta}(X_1, \cdots, X_n)) \geqslant 1-\alpha,$$

那么,称 $[\underline{\theta}, \bar{\theta}]$ 为 θ 的**双侧 $1-\alpha$ 置信区间**;称 **$1-\alpha$ 为置信水平**[①],称 $\underline{\theta}(\bar{\theta})$ 为 θ **的双侧 $1-\alpha$ 置信区间的下(上)限**,简称为**双侧置信下(上)限**.

定义 8.6 表示双侧 $1-\alpha$ 置信区间 $[\underline{\theta}, \bar{\theta}]$ 覆盖未知参数 θ 的概率至少有 $1-\alpha$. 它的直观意义是,对同一个未知参数 θ 反复使用同一个置信区间 $[\underline{\theta}, \bar{\theta}]$ 时,尽管不能保证每一次都 $\theta \in [\underline{\theta}, \bar{\theta}]$,但是,至少约有 $100(1-\alpha)\%$ 次使得"$\theta \in [\underline{\theta}, \bar{\theta}]$"成立. 一般取 α 为近于零的正数.

与 $\hat{\theta}(x_1, \cdots, x_n)$ 的意义相类似,称 $[\underline{\theta}(x_1, \cdots, x_n), \bar{\theta}(x_1, \cdots, x_n)]$ 为**置信区间的观测值**. 在不致引起误解的情形下,置信区间的观测值也可以称为置信区间.

现在给出求置信区间的一般步骤. 它的基本思想是,较优的点估计应该属于置信区间. 设未知参数为 θ,置信水平为 $1-\alpha$.

---

① 有些书上称 $1-\alpha$ 为**置信度**或**置信系数**.

步骤 1 求出未知参数 θ 的较优的点估计 $\hat{\theta}(X_1,\cdots,X_n)$. 建议尽可能使用 θ 的极大似然估计.

步骤 2 以 $\hat{\theta}$ 为基础,寻找一个随机变量[①]

$$J = J(X_1,\cdots,X_n;\theta),$$

它必须包含、也只能包含这个未知参数 θ. 要求 J 的分位数能通过查表或计算得到具体数值.

步骤 3 记 J 的 $\frac{\alpha}{2}$ 分位数为 a,$1-\frac{\alpha}{2}$ 分位数为 b,于是

$$P(a \leqslant J \leqslant b) = 1-\alpha.$$

步骤 4 把不等式"$a \leqslant J \leqslant b$"作等价变形,使它成为

$$\underline{\theta}(X_1,\cdots,X_n) \leqslant \theta \leqslant \bar{\theta}(X_1,\cdots,X_n).$$

这个 $[\underline{\theta},\bar{\theta}]$ 便是一个双侧 $1-\alpha$ 置信区间.

在实际问题中,还常常会遇到另一类区间估计问题. 在例 8.15 中,希望知道该厂生产的水泥构件的平均抗压强度至少有多大,或至多有多大. 这相当于双侧置信区间中的 $\bar{\theta} = \infty$ 或 $\underline{\theta} = -\infty$.

定义 8.7 设 $(X_1,\cdots,X_n)$ 是取自总体 X 的一个样本. 对于未知参数 θ,给定 α,$0 < \alpha < 1$. 如果存在统计量 $\underline{\theta}(X_1,\cdots,X_n)$ 使得

$$P(\underline{\theta}(X_1,\cdots,X_n) \leqslant \theta) \geqslant 1-\alpha,$$

那么,称 $[\underline{\theta},\infty]$ 为 θ 的**单侧 $1-\alpha$ 置信区间**;称 $1-\alpha$ 为置信水平,称 $\underline{\theta}$ 为 θ 的**单侧 $1-\alpha$ 置信区间的下限**,简称为**单侧置信下限**. 类似地,如果存在统计量 $\bar{\theta}(X_1,\cdots,X_n)$,使得

$$P(\theta \leqslant \bar{\theta}(X_1,\cdots,X_n)) \geqslant 1-\alpha,$$

那么,称 $(-\infty,\bar{\theta}]$ 为 θ 的**单侧 $1-\alpha$ 置信区间**;称 $\bar{\theta}$ 为 θ 的**单侧 $1-\alpha$ 置信区间的上限**,简称为**单侧置信上限**.

求单侧置信区间的方法与求双侧置信区间的方法基本相同,但要对上述一般步骤作些修改:在步骤 3 中,a 表示 J 的 α 分位数,b 表示 $1-\alpha$ 分位数,然后对

$$P(a \leqslant J) = 1-\alpha \quad \text{或} \quad P(J \leqslant b) = 1-\alpha$$

中的"$a \leqslant J$"或"$J \leqslant b$"作不等式等价变形.

---

① 有些书上称它为**枢轴量**(pivot).

这里建议从极大似然估计出发来构造置信区间,这是为了保证由此得到的置信区间较优,即在同一置信水平下置信区间的长度较短.

§8.5 正态总体下未知参数的置信区间

正态总体下未知参数的置信区间是实际工作中应用价值最大的一类置信区间问题.本节将按正态总体的个数分别对置信区间问题进行详细的研究.

一、一个正态总体的情形

设总体 $X \sim N(\mu,\sigma^2)$, $-\infty < \mu < \infty,\sigma^2 > 0$;$(X_1,\cdots,X_n)$ 是取自正态总体 X 的一个样本,在 §7.2 中曾经提及,正态总体有 3 种类型.下面分别讨论这 3 种类型中未知参数的置信区间问题,取置信水平为 $1-\alpha$.

(1) μ 未知但 σ^2 已知

现在要求未知参数 μ 的置信区间.μ 的极大似然估计是 $\overline{X}$.令

$$J = \sqrt{n} \cdot \frac{\overline{X}-\mu}{\sigma}.$$

按定理 7.5(ⅰ),$J \sim N(0,1)$.由于 $u_{\frac{\alpha}{2}} = -u_{1-\frac{\alpha}{2}}$,因此,

$$P\left(-u_{1-\frac{\alpha}{2}} \leqslant J \leqslant u_{1-\frac{\alpha}{2}}\right) = P\left(-u_{1-\frac{\alpha}{2}} \leqslant \sqrt{n} \cdot \frac{\overline{X}-\mu}{\sigma} \leqslant u_{1-\frac{\alpha}{2}}\right)$$

$$= P\left(\overline{X} - u_{1-\frac{\alpha}{2}}\frac{\sigma}{\sqrt{n}} \leqslant \mu \leqslant \overline{X} + u_{1-\frac{\alpha}{2}}\frac{\sigma}{\sqrt{n}}\right) = 1-\alpha.$$

于是,μ 的双侧 $1-\alpha$ 置信区间为

$$\left[\overline{X} - u_{1-\frac{\alpha}{2}}\frac{\sigma}{\sqrt{n}},\ \overline{X} + u_{1-\frac{\alpha}{2}}\frac{\sigma}{\sqrt{n}}\right].$$

如果要求单侧 $1-\alpha$ 置信区间,那么,由

$$P(u_\alpha \leqslant J) = P(-u_{1-\alpha} \leqslant J) = P\left(-u_{1-\alpha} \leqslant \sqrt{n}\frac{\overline{X}-\mu}{\sigma}\right)$$

$$= P\left(\mu \leqslant \overline{X} + u_{1-\alpha}\frac{\sigma}{\sqrt{n}}\right) = 1-\alpha$$

得到 μ 的单侧 $1-\alpha$ 置信区间的上限为 $\overline{X} + u_{1-\alpha}\dfrac{\sigma}{\sqrt{n}}$;由

$$P(J \leqslant u_{1-\alpha}) = P\left(\sqrt{n}\frac{\overline{X}-\mu}{\sigma} \leqslant u_{1-\alpha}\right) = P\left(\mu \geqslant \overline{X} - u_{1-\alpha}\frac{\sigma}{\sqrt{n}}\right) = 1-\alpha$$

得到 μ 的单侧 $1-\alpha$ 置信区间的下限为 $\overline{X} - u_{1-\alpha} \dfrac{\sigma}{\sqrt{n}}$.

例 8.15(续) μ 的单侧 95% 置信上限为

$$\overline{x} + u_{0.95} \frac{\sigma}{\sqrt{n}} = 415 + 1.645 \times \frac{20}{\sqrt{25}} = 415 + 6.58 = 421.58,$$

它表示以 95% 的可信性保证水泥构件的平均抗压强度至多只有 $421.58(\mathrm{N/cm^2})$. μ 的单侧 95% 置信下限为

$$\overline{x} - u_{0.95} \frac{\sigma}{\sqrt{n}} = 415 - 1.645 \times \frac{20}{\sqrt{25}} = 415 - 6.58 = 408.42,$$

它表示以 95% 的可信性保证水泥构件的平均抗压强度至少有 $408.42(\mathrm{N/cm^2})$.

(2) μ 已知但 σ^2 未知

现在要求未知参数 σ^2 的置信区间. σ^2 的极大似然估计是 $\hat{\sigma}^2 = \dfrac{1}{n} \sum\limits_{i=1}^{n} (X_i - \mu)^2$. 令

$$J = \frac{n\hat{\sigma}^2}{\sigma^2} = \frac{1}{\sigma^2} \sum_{i=1}^{n} (X_i - \mu)^2.$$

由定理 7.7(ii) 的证明过程中可以看出,$J \sim \chi^2(n)$. 因此

$$P(\chi^2_{\frac{\alpha}{2}}(n) \leqslant J \leqslant \chi^2_{1-\frac{\alpha}{2}}(n)) = P\Big(\chi^2_{\frac{\alpha}{2}}(n) \leqslant \frac{1}{\sigma^2} \sum_{i=1}^{n} (X_i - \mu)^2 \leqslant \chi^2_{1-\frac{\alpha}{2}}(n)\Big) = 1-\alpha.$$

于是,σ^2 的双侧 $1-\alpha$ 置信区间为

$$\left[\frac{\sum\limits_{i=1}^{n} (X_i - \mu)^2}{\chi^2_{1-\frac{\alpha}{2}}(n)}, \ \frac{\sum\limits_{i=1}^{n} (X_i - \mu)^2}{\chi^2_{\frac{\alpha}{2}}(n)} \right].$$

如果要求单侧 $1-\alpha$ 置信区间,那么,由

$$P(\chi^2_{\alpha}(n) \leqslant J) = P\Big(\chi^2_{\alpha}(n) \leqslant \frac{1}{\sigma^2} \sum_{i=1}^{n} (X_i - \mu)^2\Big) = 1-\alpha$$

得到 σ^2 的单侧置信上限为 $\dfrac{\sum\limits_{i=1}^{n} (X_i - \mu)^2}{\chi^2_{\alpha}(n)}$;由

$$P(J \leqslant \chi^2_{1-\alpha}(n)) = P\Big(\frac{1}{\sigma^2} \sum_{i=1}^{n} (X_i - \mu)^2 \leqslant \chi^2_{1-\alpha}(n)\Big) = 1-\alpha$$

得到 σ^2 的单侧置信下限为 $\dfrac{\sum\limits_{i=1}^{n} (X_i - \mu)^2}{\chi^2_{1-\alpha}(n)}$.

在实际问题中遇到的正态总体大多是下面的第三种类型.

(3) μ 与 σ^2 均未知

未知参数 μ 的极大似然估计是 $\overline{X}$. 令

$$J = \sqrt{n}\,\frac{\overline{X} - \mu}{S}.$$

按定理 7.6, $J \sim t(n-1)$. 由于 $t_{\frac{\alpha}{2}}(n-1) = -t_{1-\frac{\alpha}{2}}(n-1)$,因此,

$$P\left(-t_{1-\frac{\alpha}{2}}(n-1) \leqslant J \leqslant t_{1-\frac{\alpha}{2}}(n-1)\right)$$

$$= P\left(-t_{1-\frac{\alpha}{2}}(n-1) \leqslant \sqrt{n}\,\frac{\overline{X} - \mu}{S} \leqslant t_{1-\frac{\alpha}{2}}(n-1)\right) = 1 - \alpha.$$

于是,μ 的双侧 $1-\alpha$ 置信区间为

$$\left[\overline{X} - t_{1-\frac{\alpha}{2}}(n-1)\,\frac{S}{\sqrt{n}}, \overline{X} + t_{1-\frac{\alpha}{2}}(n-1)\,\frac{S}{\sqrt{n}}\right].$$

由

$$P(t_\alpha(n-1) \leqslant J) = P\left(-t_{1-\alpha}(n-1) \leqslant \sqrt{n}\,\frac{\overline{X} - \mu}{S}\right) = 1 - \alpha$$

得到 μ 的单侧置信上限为 $\overline{X} + t_{1-\alpha}(n-1)\,\dfrac{S}{\sqrt{n}}$;由

$$P(J \leqslant t_{1-\alpha}(n-1)) = P\left(\sqrt{n}\,\frac{\overline{X} - \mu}{S} \leqslant t_{1-\alpha}(n-1)\right) = 1 - \alpha$$

得到 μ 的单侧置信下限为 $\overline{X} - t_{1-\alpha}(n-1)\,\dfrac{S}{\sqrt{n}}$.

未知参数 σ^2 的极大似然估计是 $S_n^2 = \dfrac{1}{n}\sum_{i=1}^{n}(X_i - \overline{X})^2$. 令

$$J = \frac{nS_n^2}{\sigma^2} = \frac{1}{\sigma^2}\sum_{i=1}^{n}(X_i - \overline{X})^2.$$

按定理 7.5(ii), $J \sim \chi^2(n-1)$,因此,

$$P(\chi^2_{\frac{\alpha}{2}}(n-1) \leqslant J \leqslant \chi^2_{1-\frac{\alpha}{2}}(n-1)) = P\left(\chi^2_{\frac{\alpha}{2}}(n-1) \leqslant \frac{nS_n^2}{\sigma^2} \leqslant \chi^2_{1-\frac{\alpha}{2}}(n-1)\right) = 1 - \alpha.$$

于是,σ^2 的双侧 $1-\alpha$ 置信区间为

$$\left[\frac{nS_n^2}{\chi^2_{1-\frac{\alpha}{2}}(n-1)}, \frac{nS_n^2}{\chi^2_{\frac{\alpha}{2}}(n-1)}\right].$$

由

$$P(\chi_\alpha^2(n-1) \leqslant J) = P\left(\chi_\alpha^2(n-1) \leqslant \frac{nS_n^2}{\sigma^2}\right) = 1 - \alpha$$

得到 σ^2 的单侧置信上限为 $\dfrac{nS_n^2}{\chi_\alpha^2(n-1)}$；由

$$P(J \leqslant \chi_{1-\alpha}^2(n-1)) = P\left(\frac{nS_n^2}{\sigma^2} \leqslant \chi_{1-\alpha}^2(n-1)\right) = 1 - \alpha$$

得到 σ^2 的单侧置信下限为 $\dfrac{nS_n^2}{\chi_{1-\alpha}^2(n-1)}$.

由 σ^2 的置信区间可得 σ 的双侧 $1-\alpha$ 置信区间为

$$\left[\sqrt{\frac{nS_n^2}{\chi_{1-\frac{\alpha}{2}}^2(n-1)}}, \sqrt{\frac{nS_n^2}{\chi_{\frac{\alpha}{2}}^2(n-1)}}\right];$$

σ 的单侧置信上限与下限分别为

$$\sqrt{\frac{nS_n^2}{\chi_\alpha^2(n-1)}}, \qquad \sqrt{\frac{nS_n^2}{\chi_{1-\alpha}^2(n-1)}}.$$

为了便于读者查阅,把上述结果列成表 8.2,其中置信水平为 $1-\alpha$.

例 8.16　电动机由于连续工作时间过长而会烧坏.今随机地从某种型号的电动机中选取 9 台,并测试它们在烧坏前的连续工作时间(单位:小时).由数据 $x_1, \cdots, x_9$ 算得

$$\overline{x} = \frac{1}{9}\sum_{i=1}^9 x_i = 39.7, \qquad s_n = \sqrt{\frac{1}{9}\sum_{i=1}^9 (x_i - \overline{x})^2} = 2.5.$$

假定该种型号的电动机烧坏前连续工作时间 $X \sim N(\mu, \sigma^2)$,取置信水平为 0.95.试分别求出 μ 与 σ 的双侧置信区间.

解　由于 $t_{0.975}(8) = 2.306$,

$$s = \sqrt{\frac{1}{8}\sum_{i=1}^9 (x_i - \overline{x})^2} = \sqrt{\frac{9}{8}}s_n = \frac{3}{\sqrt{8}} \times 2.5 = 2.65,$$

因此,μ 的双侧 95% 置信区间的上、下限分别为

$$\overline{x} \pm t_{0.975}(8)\frac{s}{\sqrt{9}} = 39.7 \pm 2.306 \times \frac{2.65}{3} = 39.7 \pm 2.04,$$

即 μ 的双侧 95% 置信区间为 $[37.66, 41.74]$. 由 $\chi_{0.025}^2(8) = 2.18, \chi_{0.975}^2(8) = 17.54$ 得到 σ^2 的双侧 95% 置信区间为

$$\left[\frac{nS_n^2}{\chi_{0.975}^2(8)}, \frac{nS_n^2}{\chi_{0.025}^2(8)}\right] = \left[\frac{9 \times 2.5^2}{17.54}, \frac{9 \times 2.5^2}{2.18}\right] = [3.21, 25.80].$$

于是,σ 的双侧 95% 置信区间为

$$[\sqrt{3.21}, \sqrt{25.80}] = [1.79, 5.08].$$

表 8.2 一个正态总体下未知参数的置信区间

未知参数		随机变量 J	J 的分布	双侧置信区间上、下限	单侧置信下限	单侧置信上限
μ	σ^2 已知	$\sqrt{n}\cdot\dfrac{\overline{X}-\mu}{\sigma}$	$N(0,1)$	$\overline{X}\pm u_{1-\frac{\alpha}{2}}\dfrac{\sigma}{\sqrt{n}}$	$\overline{X}-u_{1-\alpha}\dfrac{\sigma}{\sqrt{n}}$	$\overline{X}+u_{1-\alpha}\dfrac{\sigma}{\sqrt{n}}$
	σ^2 未知	$\sqrt{n}\cdot\dfrac{\overline{X}-\mu}{S}$	$t(n-1)$	$\overline{X}\pm t_{1-\frac{\alpha}{2}}(n-1)\dfrac{S}{\sqrt{n}}$	$\overline{X}-t_{1-\alpha}(n-1)\dfrac{S}{\sqrt{n}}$	$\overline{X}+t_{1-\alpha}(n-1)\dfrac{S}{\sqrt{n}}$
σ^2	μ 已知	$\dfrac{\sum\limits_{i=1}^{n}(X_i-\mu)^2}{\sigma^2}$	$\chi^2(n)$	$\dfrac{\sum\limits_{i=1}^{n}(X_i-\mu)^2}{\chi^2_{1-\frac{\alpha}{2}}(n)}$, $\dfrac{\sum\limits_{i=1}^{n}(X_i-\mu)^2}{\chi^2_{\frac{\alpha}{2}}(n)}$	$\dfrac{\sum\limits_{i=1}^{n}(X_i-\mu)^2}{\chi^2_{1-\alpha}(n)}$	$\dfrac{\sum\limits_{i=1}^{n}(X_i-\mu)^2}{\chi^2_{\alpha}(n)}$
	μ 未知	$\dfrac{\sum\limits_{i=1}^{n}(X_i-\overline{X})^2}{\sigma^2}$	$\chi^2(n-1)$	$\dfrac{\sum\limits_{i=1}^{n}(X_i-\overline{X})^2}{\chi^2_{1-\frac{\alpha}{2}}(n-1)}$, $\dfrac{\sum\limits_{i=1}^{n}(X_i-\overline{X})^2}{\chi^2_{\frac{\alpha}{2}}(n-1)}$	$\dfrac{\sum\limits_{i=1}^{n}(X_i-\overline{X})^2}{\chi^2_{1-\alpha}(n-1)}$	$\dfrac{\sum\limits_{i=1}^{n}(X_i-\overline{X})^2}{\chi^2_{\alpha}(n-1)}$

二、两个正态总体的情形

设总体 $X \sim N(\mu_1, \sigma_1^2)$，$Y \sim N(\mu_1, \sigma_2^2)$，$-\infty < \mu_1, \mu_2 < \infty$，$\sigma_1^2, \sigma_2^2 > 0$；$(X_1, \cdots, X_m)$ 是取自正态总体 X 的一个样本，$(Y_1, \cdots, Y_n)$ 是取自正态总体 Y 的一个样本. 在 §7.6 中曾经说明，来自不同总体的样本总是假定它们相互独立. 与定理 7.7 和定理 7.8 中用到的记号相同，以下记

$$\overline{X} = \frac{1}{m}\sum_{i=1}^{m} X_i, \qquad S_1^2 = \frac{1}{m-1}\sum_{i=1}^{m}(X_i - \overline{X})^2;$$

$$\overline{Y} = \frac{1}{n}\sum_{i=1}^{n} Y_i, \qquad S_2^2 = \frac{1}{n-1}\sum_{i=1}^{n}(Y_i - \overline{Y})^2;$$

$$S_w^2 = \frac{1}{m+n-2}\Big[\sum_{i=1}^{m}(X_i - \overline{X})^2 + \sum_{i=1}^{n}(Y_i - \overline{Y})^2\Big]$$

$$= \frac{m-1}{m+n-2}S_1^2 + \frac{n-1}{m+n-2}S_2^2.$$

在两个正态总体的情形下，我们关心的未知参数往往是**均值差** $\mu_1 - \mu_2$ 与**方差比** σ_1^2/σ_2^2，因为它们可以用来反映这两个正态总体之间的异同. 由于解决问题的方法还是 §8.4 中给出的一般步骤，因此下面只是代表性地举一些常见的情形作为例子加以说明，而把各种情形下的置信区间列成表 8.3 供读者查阅，其中置信水平为 $1-\alpha$.

例 8.17　用甲、乙两种电子仪器测量两个测地站 A, B 之间的直线距离（单位：m）. 用仪器甲独立地测量了 $m = 10$ 次，由 $x_1, \cdots, x_{10}$ 算得 $\overline{x} = 45479.431$，$s_1 = 0.0440$，用仪器乙独立地测量了 $n = 15$ 次，由 $y_1, \cdots, y_{15}$ 算得 $\overline{y} = 45479.398$，$s_2 = 0.0308$. 假定这两种仪器的测量值都服从正态分布，且它们的方差相同（即仪器的测量精度相同）. 试求这两种仪器的平均测量值之差的双侧 99% 置信区间.

解　设仪器甲的测量值为总体 X，$X \sim N(\mu_1, \sigma^2)$，仪器乙的测量值为总体 Y，$Y \sim N(\mu_2, \sigma^2)$，其中 μ_1, μ_2, σ^2 均未知. $(X_1, \cdots, X_m)$ 与 $(Y_1, \cdots, Y_n)$ 分别是取自正态总体 X 与 Y 的两个样本. 现在来求未知参数 $\theta \triangleq \mu_1 - \mu_2$ 的双侧 $1-\alpha$ 置信区间.

μ_1 的极大似然估计是 $\overline{X}$，μ_2 的极大似然估计是 $\overline{Y}$，$\theta = \mu_1 - \mu_2$ 的极大似然估计是 $\overline{X} - \overline{Y}$. 令

$$J = \frac{(\overline{X} - \overline{Y}) - (\mu_1 - \mu_2)}{S_w \sqrt{\dfrac{1}{m} + \dfrac{1}{n}}}.$$

表 8.3　两个正态总体下未知参数的置信区间

未知参数		随机变量 J	J 的分布	双侧置信区间上、下限	单侧置信下限	单侧置信上限
$\mu_1-\mu_2$	σ_1^2,σ_2^2 均已知	$\dfrac{(\bar{X}-\bar{Y})-(\mu_1-\mu_2)}{\sqrt{\dfrac{\sigma_1^2}{m}+\dfrac{\sigma_2^2}{n}}}$	$N(0,1)$	$(\bar{X}-\bar{Y})\pm u_{1-\frac{\alpha}{2}}\sqrt{\dfrac{\sigma_1^2}{m}+\dfrac{\sigma_2^2}{n}}$	$(\bar{X}-\bar{Y})-u_{1-\alpha}\sqrt{\dfrac{\sigma_1^2}{m}+\dfrac{\sigma_2^2}{n}}$	$(\bar{X}-\bar{Y})+u_{1-\alpha}\sqrt{\dfrac{\sigma_1^2}{m}+\dfrac{\sigma_2^2}{n}}$
	$\sigma_1^2=\sigma_2^2$ 但未知	$\dfrac{(\bar{X}-\bar{Y})-(\mu_1-\mu_2)}{S_w\sqrt{\dfrac{1}{m}+\dfrac{1}{n}}}$	$t(m+n-2)$	$(\bar{X}-\bar{Y})\pm t_{1-\frac{\alpha}{2}}(m+n-2)\cdot S_w\sqrt{\dfrac{1}{m}+\dfrac{1}{n}}$	$(\bar{X}-\bar{Y})-t_{1-\alpha}(m+n-2)\cdot S_w\sqrt{\dfrac{1}{m}+\dfrac{1}{n}}$	$(\bar{X}-\bar{Y})+t_{1-\alpha}(m+n-2)\cdot S_w\sqrt{\dfrac{1}{m}+\dfrac{1}{n}}$
$\dfrac{\sigma_1^2}{\sigma_2^2}$	μ_1,μ_2 均已知	$\dfrac{\dfrac{\sum_{i=1}^{m}(X_i-\mu_1)^2}{m\sigma_1^2}}{\dfrac{\sum_{i=1}^{n}(Y_i-\mu_2)^2}{n\sigma_2^2}}$	$F(m,n)$	$\dfrac{1}{F_{1-\frac{\alpha}{2}}(m,n)}\cdot\dfrac{n\sum_{i=1}^{m}(X_i-\mu_1)^2}{m\sum_{i=1}^{n}(Y_i-\mu_2)^2}$, $\dfrac{1}{F_{\frac{\alpha}{2}}(m,n)}\cdot\dfrac{n\sum_{i=1}^{m}(X_i-\mu_1)^2}{m\sum_{i=1}^{n}(Y_i-\mu_2)^2}$	$\dfrac{1}{F_{1-\alpha}(m,n)}\cdot\dfrac{n\sum_{i=1}^{m}(X_i-\mu_1)^2}{m\sum_{i=1}^{n}(Y_i-\mu_2)^2}$	$\dfrac{1}{F_{\alpha}(m,n)}\cdot\dfrac{n\sum_{i=1}^{m}(X_i-\mu_1)^2}{m\sum_{i=1}^{n}(Y_i-\mu_2)^2}$
	μ_1,μ_2 均未知	$\dfrac{\dfrac{S_1^2}{\sigma_1^2}}{\dfrac{S_2^2}{\sigma_2^2}}$	$F(m-1,n-1)$	$\dfrac{S_1^2}{S_2^2}\cdot F_{1-\frac{\alpha}{2}}(m-1,n-1)$, $\dfrac{S_1^2}{S_2^2}\cdot F_{\frac{\alpha}{2}}(m-1,n-1)$	$\dfrac{S_1^2}{S_2^2}\cdot\dfrac{1}{F_{1-\alpha}(m-1,n-1)}$	$\dfrac{S_1^2}{S_2^2}\cdot\dfrac{1}{F_{\alpha}(m-1,n-1)}$

按定理 7.8(ⅰ),$J \sim t(m+n-2)$. 因此,

$$P(-t_{1-\frac{\alpha}{2}}(m+n-2) \leqslant J \leqslant t_{1-\frac{\alpha}{2}}(m+n-2)) = 1-\alpha.$$

于是,$\theta = \mu_1 - \mu_2$ 的双侧 $1-\alpha$ 置信区间的上、下限分别为

$$(\overline{X}-\overline{Y}) \pm t_{1-\frac{\alpha}{2}}(m+n-2)S_w \sqrt{\frac{1}{m}+\frac{1}{n}}.$$

按所给的数据,

$$s_w = \sqrt{\frac{(m-1)s_1^2+(n-1)s_2^2}{m+n-2}} = \sqrt{\frac{9 \times 0.044\,0^2 + 14 \times 0.030\,8^2}{10+15-2}} = 0.036\,5.$$

由 $1-\alpha = 0.99$ 查表得 $t_{0.995}(23) = 2.807\,3$. 于是,均值差 $\mu_1 - \mu_2$ 的双侧 99% 置信区间的上、下限分别为

$$(\bar{x}-\bar{y}) \pm t_{0.995}(23)s_w \sqrt{\frac{1}{m}+\frac{1}{n}}$$

$$= (45\,479.431 - 45\,479.398) \pm 2.807\,3 \times 0.036\,5 \times \sqrt{\frac{1}{10}+\frac{1}{15}}$$

$$= 0.033 \pm 0.042,$$

即 $\mu_1 - \mu_2$ 的双侧 99% 置信区间为 $[-0.009, 0.075]$. 这个结果表明,可以认为甲、乙两种仪器的测量值之间没有显著性差异,因为原点落在这个区间之中.

例 8.18　在例 8.17 中,假定两个正态总体的方差相等是很重要的,否则随机变量 J 不服从 t 分布. 如果现在我们不知道这两种电子仪器的测量精度相同(即 $\sigma_1^2 = \sigma_2^2$),而要求方差比 σ_1^2/σ_2^2 这个未知参数的双侧 90% 置信区间,那么应该如何处理?

解　在这个问题中,总体 $X \sim N(\mu_1, \sigma_1^2)$,总体 $Y \sim N(\mu_2, \sigma_2^2)$,其中,$\mu_1, \mu_2, \sigma_1^2, \sigma_2^2$ 均未知. σ_1^2 的极大似然估计是 $\frac{1}{m}\sum_{i=1}^{m}(X_i-\overline{X})^2$,$\sigma_2^2$ 的极大似然估计是 $\frac{1}{n}\sum_{i=1}^{n}(Y_i-\overline{Y})^2$,

$\dfrac{\sigma_1^2}{\sigma_2^2}$ 的极大似然估计是 $\dfrac{\frac{1}{m}\sum_{i=1}^{m}(X_i-\overline{X})^2}{\frac{1}{n}\sum_{i=1}^{n}(Y_i-\overline{Y})^2}$,令

$$J = \frac{\dfrac{\frac{1}{\sigma_1^2}\sum_{i=1}^{m}(X_i-\overline{X})^2}{(m-1)}}{\dfrac{\frac{1}{\sigma_2^2}\sum_{i=1}^{n}(Y_i-\overline{Y})^2}{(n-1)}} = \frac{\dfrac{S_1^2}{\sigma_1^2}}{\dfrac{S_2^2}{\sigma_2^2}}.$$

按定理 7.7(ⅲ),$J \sim F(m-1,n-1)$.因此,

$$P(F_{\frac{\alpha}{2}}(m-1,n-1) \leqslant J \leqslant F_{1-\frac{\alpha}{2}}(m-1,n-1)) = 1-\alpha.$$

于是,σ_1^2/σ_2^2 的双侧 $1-\alpha$ 置信区间为

$$\left[\frac{1}{F_{1-\frac{\alpha}{2}}(m-1,n-1)} \cdot \frac{S_1^2}{S_2^2}, \frac{1}{F_{\frac{\alpha}{2}}(m-1,n-1)} \cdot \frac{S_1^2}{S_2^2}\right].$$

按所给数据,由 $1-\alpha = 0.90$ 查表得 $F_{0.95}(9,14) = 2.65$,

$$F_{0.05}(9,14) = \frac{1}{F_{0.95}(14,9)} = \frac{1}{3.03} = 0.33.$$

于是,方差比 σ_1^2/σ_2^2 的双侧 90% 置信区间为

$$\left[\frac{1}{F_{0.95}(9,14)} \cdot \frac{s_1^2}{s_2^2}, \frac{1}{F_{0.05}(9,14)} \cdot \frac{s_1^2}{s_2^2}\right] = \left[\frac{1}{2.65} \times \frac{0.0440^2}{0.0308^2}, \frac{1}{0.33} \times \frac{0.0440^2}{0.0308^2}\right]$$

$$= [0.77, 6.18].$$

这个结果表明,可以认为甲、乙两种仪器的测量精度之间没有显著性差异,因为 1 这个点落在这个区间之中. 以这个结论为基础,可以认为例 8.17 中的结论是合理的,因为可以认为"等方差"这个假定是符合实际的. 顺便还可得到甲、乙两种电子仪器的精度比 σ_1/σ_2 的双侧 90% 置信区间为

$$[\sqrt{0.77}, \sqrt{6.18}] = [0.88, 2.49].$$

对两个正态总体,也可以用 §8.4 中给出的一般步骤解决单侧置信区间问题. 这里不再一一列举.

§8.6 0－1分布中未知概率的置信区间

产品的抽样检查问题是数理统计方法广泛应用的一个重要领域. 本节仅考虑产品的质量以合格与不合格来区分. 如果随机地从一大批产品中抽到 1 个不合格品,那么,记"$X = 1$";如果随机地抽到 1 个合格品,那么,记"$X = 0$". 这表明可以把这一大批产品组成的总体用服从 0－1 的分布 $B(1,p)$ 的随机变量 X 来描述,其中,该批产品的不合格品率 p 未知,$0 < p < 1$. p 是估计的对象.

从总体 X 中抽取了一个样本 $(X_1,\cdots,X_n)$,其中

$$X_i = \begin{cases} 1, & \text{第 } i \text{ 个样品是不合格品}, \\ 0, & \text{第 } i \text{ 个样品是合格品}, \end{cases} \quad i = 1,\cdots,n.$$

由于 X 的概率函数为

$$f(x;p) = p^x(1-p)^{1-x}, \quad x = 0,1,$$

因此,似然函数

$$L(p) = \prod_{i=1}^{n} \left[p^{x_i}(1-p)^{1-x_i} \right] = p^{\sum\limits_{i=1}^{n} x_i}(1-p)^{n-\sum\limits_{i=1}^{n} x_i},$$

$$\ln L(p) = \left(\sum_{i=1}^{n} x_i \right)\ln p + \left(n - \sum_{i=1}^{n} x_i \right)\ln(1-p).$$

由

$$\frac{\mathrm{d}}{\mathrm{d}p}\ln L(p) = \frac{1}{p}\sum_{i=1}^{n} x_i - \frac{1}{1-p}\left(n - \sum_{i=1}^{n} x_i \right) = 0$$

解得 $p = \frac{1}{n}\sum_{i=1}^{n} x_i = \bar{x}$,即 $\overline{X}$ 是 p 的极大似然估计量. 另外,总体方差为 $D(X)$ $= p(1-p)$,因此,总体方差的极大似然估计量为 $\overline{X}(1-\overline{X})$.

p 的估计的直观意义是:总体中的未知概率 $p = P(X=1)$ 可以用样本中取值为 1 出现的频率 $\overline{X}$ 来估计.

现在来讨论 p 的置信区间.按 §8.4 给出的一般步骤,在 p 的极大似然估计 $\overline{X}$ 的基础上,令

$$J = \sqrt{n}\,\frac{\overline{X} - p}{\sqrt{p(1-p)}}.$$

按定理 7.9(i)($\mu = p, \sigma^2 = p(1-p)$),当 n 较大时,J 近似地服从 $N(0,1)$. 因此,在置信水平 $1-\alpha$ 下,

$$P(-u_{1-\frac{\alpha}{2}} \leqslant J \leqslant u_{1-\frac{\alpha}{2}}) = P\left(-u_{1-\frac{\alpha}{2}} \leqslant \sqrt{n}\,\frac{\overline{X} - p}{\sqrt{p(1-p)}} \leqslant u_{1-\frac{\alpha}{2}} \right) \approx 1-\alpha.$$

上式概率号内的不等式可以等价地表示成

$$c_2 p^2 + c_1 p + c_0 \leqslant 0,$$

其中 $\quad c_2 = n + u_{1-\frac{\alpha}{2}}^2, \quad c_1 = -\left(2n\overline{X} + u_{1-\frac{\alpha}{2}}^2 \right), \quad c_0 = n\overline{X}^2.$

于是,未知概率 p 的一个双侧(近似)$1-\alpha$ 置信区间的上、下限分别为

$$\frac{1}{2c_2}\left(-c_1 \pm \sqrt{c_1^2 - 4c_0 c_2} \right).$$

在实际工作中,很少有人用上面给出的公式来计算 p 的置信区间.通常取随机变量

$$J = \sqrt{n}\,\frac{\overline{X} - p}{\sqrt{\overline{X}(1-\overline{X})}}.$$

按习题7.21(2)中的结论,当 n 较大时,这样规定的 J 依然近似地服从 $N(0,1)$. 于是,由

$$P\left(-u_{1-\frac{\alpha}{2}} \leqslant \sqrt{n} \frac{\overline{X} - p}{\sqrt{\overline{X}(1-\overline{X})}} \leqslant u_{1-\frac{\alpha}{2}}\right) \approx 1 - \alpha$$

即可得到 p 的双侧(近似) $1-\alpha$ 置信区间的上、下限分别为

$$\overline{X} \pm u_{1-\frac{\alpha}{2}} \sqrt{\frac{1}{n} \overline{X}(1-\overline{X})}.$$

由此还可得到 p 的单侧(近似) $1-\alpha$ 置信区间的上限为 $\overline{X} + u_{1-\alpha} \sqrt{\frac{1}{n} \overline{X}(1-\overline{X})}$; p 的单侧(近似) $1-\alpha$ 置信区间的下限为 $\overline{X} - u_{1-\alpha} \sqrt{\frac{1}{n} \overline{X}(1-\overline{X})}$.

例 8.19 从某厂生产的一批产品中随机地抽取 100 个作检查,发现有 10 个是一级品,试求该厂产品的一级品率 p 的双侧(近似) 95% 置信区间.

解 现在 $\overline{x} = 0.1, n = 100, u_{0.975} = 1.96$. 因此, p 的双侧(近似) 95% 置信上、下限分别为

$$\overline{x} \pm u_{0.975} \sqrt{\frac{1}{n} \overline{x}(1-\overline{x})} = 0.1 \pm 1.96 \times \sqrt{\frac{1}{100} \times 0.1 \times 0.9} = 0.1 \pm 0.0588,$$

即所求置信区间为 $[0.0412, 0.1588]$.

本节介绍的近似方法适用于一切非正态总体的情形,只要样本大小 n 足够大就可以了,所依赖的理论基础依然是定理 7.9.

习 题

8.1 设 $(X_1, \cdots, X_n)$ 是取自总体 X 的一个样本. 在下列两种情形下,试求总体参数的矩估计与极大似然估计.

(1) $X \sim B(1, p)$,其中 p 未知, $0 < p < 1$;

(2) $X \sim E(\lambda)$,其中 λ 未知, $\lambda > 0$.

8.2 设某厂生产的晶体管的寿命 X 服从指数分布 $E(\lambda)$,其中 λ 未知, $\lambda > 0$. 今随机地抽取 5 只晶体管进行测试,测得它们的寿命(单位:h)如下:

$$518 \quad 612 \quad 713 \quad 388 \quad 434$$

试求该厂晶体管的平均寿命的极大似然估计值.

8.3 设 $(X_1, \cdots, X_n)$ 是取自总体 X 的一个样本, X 的密度函数为

$$f(x) = \begin{cases} \dfrac{2x}{\theta^2}, & 0 \leqslant x \leqslant \theta; \\ 0, & \text{其余.} \end{cases}$$

其中 θ 未知，$\theta > 0$. 试求 θ 的矩估计.

8.4 设 $(X_1, \cdots, X_n)$ 是取自总体 X 的一个样本，$X \sim P(\lambda)$，其中 λ 未知，$\lambda > 0$. 试求 $P(X=0)$ 与 $P(X \geqslant 1)$ 的极大似然估计.

8.5 设 $(X_1, \cdots, X_n)$ 是取自总体 X 的一个样本，X 服从参数为 p 的几何分布，即 X 的概率函数为
$$P(X=k) = p(1-p)^{k-1}, \quad k=1,2,\cdots.$$
其中 p 未知，$0 < p < 1$. 试求 p 的极大似然估计.

8.6 设 $(X_1, \cdots, X_n)$ 是取自总体 X 的一个样本，X 服从参数为 μ 与 σ^2 的**对数正态分布**（$\ln X \sim N(\mu, \sigma^2)$），即 X 的密度函数为
$$f(x) = \begin{cases} \dfrac{1}{\sqrt{2\pi}\sigma x}\exp\left\{-\dfrac{1}{2\sigma^2}(\ln x - \mu)^2\right\}, & x > 0; \\ 0, & \text{其余}. \end{cases}$$
其中 μ 和 σ^2 均未知，$-\infty < \mu < \infty$，$\sigma^2 > 0$. 试求 μ 与 σ^2 的极大似然估计.

8.7 设 $(X_1, \cdots, X_n)$ 是取自总体 X 的一个样本，X 的分布函数为
$$F(x) = \begin{cases} 1 - x^{-\theta}, & x \geqslant 1; \\ 0, & x < 1, \end{cases}$$
其中 θ 未知，$\theta > 1$. 试求 θ 的矩估计与极大似然估计.

8.8 设 $(X_1, \cdots, X_n)$ 是取自总体 X 的一个样本，X 的密度函数为
$$f(x) = \begin{cases} e^{-(x-\theta)}, & x \geqslant \theta; \\ 0, & \text{其余}. \end{cases}$$
其中 θ 未知，$-\infty < \theta < \infty$. 试证，$\theta$ 的极大似然估计为 $X_{(1)} = \min\limits_{1 \leqslant i \leqslant n} X_i$.

8.9 设 $(X_1, \cdots, X_n)$ 是取自总体 X 的一个样本，X 的分布函数为
$$F(x) = \begin{cases} 1 - \dfrac{\theta}{x}, & x \geqslant \theta; \\ 0, & x < \theta, \end{cases}$$
其中 θ 未知，$\theta > 0$. 试证，θ 的极大似然估计为 $X_{(1)} = \min\limits_{1 \leqslant i \leqslant n} X_i$.

8.10 设总体 X 的概率函数为

X	0	1	2	3
P_r	θ^2	$2\theta(1-\theta)$	θ^2	$1-2\theta$

其中 θ 未知，$0 < \theta < \dfrac{1}{2}$. 从总体中抽取的样本观测值为

$$3 \quad 1 \quad 3 \quad 0 \quad 3 \quad 1 \quad 2 \quad 3$$

试求 θ 的矩估计值与极大似然估计值.

8.11 设 $(X_1, \cdots, X_n)$ 是取自总体 X 的一个样本，X 的概率函数为

X	-1	0	1
P_r	θ	$1-2\theta$	θ

其中 θ 未知, $0 < \theta < \frac{1}{2}$. 试证

(1) θ 的矩估计为 $\frac{1}{2n}\sum_{i=1}^{n}X_i^2$. [提示: 由于一阶原点矩不能解决问题, 因此要用二阶原点矩.]

(2) θ 的极大似然估计为 $\frac{n - N_2}{2n}$, 其中 N_1、N_2、N_3 分别是样本中取 $-1, 0, 1$ 的个数. [提示: 似然函数 $L(\theta) = \theta^{N_1}(1 - 2\theta)^{N_2}\theta^{N_3} = \theta^{n - N_2}(1 - 2\theta)^{N_2}$.]

8.12 设 $(X_1, \cdots, X_n)$ 是取自总体 X 的一个样本, X 的密度函数为

$$f(x) = \begin{cases} \theta, & 0 < x < 1; \\ 1 - \theta, & 1 < x < 2; \\ 0, & \text{其余}. \end{cases}$$

其中 θ 未知, $0 < \theta < 1$.

(1) 试求 θ 的矩估计;

(2) 设 N 为样本中取值小于 1 的个数, 试求 θ 的极大似然估计.

8.13 设 $(X_1, \cdots, X_n)$ 是取自总体 X 的一个样本, $X \sim B(1, p)$, 其中 p 未知, $0 < p < 1$. 试证

(1) X_1 是 p 的无偏估计;

(2) X_1^2 不是 p^2 的无偏估计;

(3) 当 $n \geqslant 2$ 时, $X_1 X_2$ 是 p^2 的无偏估计.

8.14 设 $(X_1, \cdots, X_n)$ 是取自总体 X 的一个样本, $D(X) = \sigma^2$ 未知. 试确定常数 c, 使得

$$c \sum_{i=1}^{n-1}(X_{i+1} - X_i)^2$$

成为 σ^2 的无偏估计.

8.15 在习题 8.3 中,

(1) 试求 θ 的极大似然估计, 并证明它不具有无偏性;

(2) 试求常数 c, 使得 $c \sum_{i=1}^{n}X_i^2$ 成为 θ^2 的无偏估计;

(3) 试求 θ 的矩估计 $\frac{3}{2}\overline{X}$ 的方差;

(4) 试求 $P(X < \sqrt{\theta})$ 的矩估计 $(\theta > 1)$, 并证明当 $n = 1$ 时它不具有无偏性. [提示: 先求出概率 $P(X < \sqrt{\theta})$.]

8.16 设 $(X_1, \cdots, X_n)$ 是取自总体 X 的一个样本, X 的密度函数为

$$f(x) = \begin{cases} \dfrac{6x}{\theta^3}(\theta - x), & 0 < x < \theta; \\ 0, & \text{其余}. \end{cases}$$

其中 θ 未知, $\theta > 0$.

(1) 试求 θ 的矩估计 $\hat{\theta}$;

(2) 试证 $\hat{\theta}$ 是 θ 的无偏估计, 并求出它的方差 $D(\hat{\theta})$.

8.17 在习题 8.8 中,

(1) 试证 $X_{(1)}$ 不是 θ 的无偏估计, 但是 θ 的渐近无偏估计, 而 $X_{(1)} - \dfrac{1}{n}$ 是 θ 的无偏估计;

(2) 试求 $X_{(1)}$ 的方差 $D(X_{(1)})$;

(3) 试证 $X_{(1)}$ 与 $X_{(1)} - \dfrac{1}{n}$ 都是 θ 的相合估计.

8.18 设 $\hat{\theta}$ 与 $\hat{\theta}^{*}$ 都是未知参数 θ 的无偏估计,且 $\hat{\theta}$ 与 $\hat{\theta}^{*}$ 相互独立,$D(\hat{\theta}) = 4D(\hat{\theta}^{*})$.试确定常数 c 与 c^{*},使得 $c\hat{\theta} + c^{*}\hat{\theta}^{*}$ 仍是 θ 的无偏估计,且在这类无偏估计中方差达到最小.

8.19 设 $(X_1, \cdots, X_n)$ 是取自总体 X 的一个样本,$E(X) = \mu, D(X) = \sigma^2$.试证

$$\frac{2}{n(n+1)} \sum_{i=1}^{n} i X_i$$

是未知参数 μ 的无偏估计,也是一个相合估计.

8.20 为了估计一批钢索所能承受的平均拉应力(单位:N/cm^2),从中随机地选取了 10 个样品作试验.由试验所得数据算得 $\bar{x} = 6720, s = 220$.假定钢索所能承受的拉应力服从正态分布,试在置信水平 95% 下分别估计这批钢索所能承受的平均拉应力的范围与至少能承受的平均拉应力.

8.21 已知某种油漆的干燥时间(单位:h)服从正态分布 $N(\mu, \sigma^2)$,其中 μ 与 σ^2 均未知,$-\infty < \mu < \infty, \sigma^2 > 0$.现在抽取 4 个样品作试验,得数据 x_1, x_2, x_3, x_4,并由此算得

$$\sum_{i=1}^{4} x_i = 24, \qquad \sum_{i=1}^{4} x_i^2 = 147.$$

试分别求未知参数 μ 与 σ 的双侧 90% 置信区间.

8.22 设 $(X_1, \cdots, X_n)$ 是取自正态总体 $N(\mu, \sigma^2)$ 的一个样本,其中 μ 未知($-\infty < \mu < \infty$),但 σ^2 已知.试问,样本大小 n 至少取多大才能使双侧 $1-\alpha$ 置信区间的长度不超过 l,其中,l 是预先指定的一个正数.

8.23 在交通工程中,需要测定车速(单位:km/h).由以往的经验知道,测量值服从标准差为 3.58 的正态分布.假定所有的观测都是相互独立的.

(1) 问至少要作多少次观测,才能以 99% 的可靠性保证平均测量值的误差在 ±1 之间?

(2) 现在作了 150 次观测,试问平均测量值的误差在 ±1 之间的概率有多大?

8.24 设 $(X_1, \cdots, X_n)$ 是取自正态总体 $N(\mu, 1)$ 的一个样本,其中 μ 未知,$-\infty < \mu < \infty$.试求 $k\mu + c$ 的双侧 $1-\alpha$ 置信区间,其中 k, c 是已知常数,$k > 0$.

8.25 设数据 $0.50, 1.25, 0.80, 2.0$ 取自总体 X.记 $Y = \ln X, Y \sim N(\mu, 1)$,其中 μ 未知,$-\infty < \mu < \infty$.

(1) 试求未知参数 μ 的双侧 95% 置信区间.[提示:取自正态总体 Y 的样本观测值为 $y_i = \ln x_i$,$i = 1, 2, 3, 4$.]

(2) 试求 $E(X) \triangleq \theta$;

(3) 试求未知参数 θ 的双侧 95% 置信区间.

8.26 为了比较用甲、乙两种饲料喂养大白鼠对其体重增加的影响,对 22 只大白鼠进行了试验,得数据如表 8.4.

表 8.4

饲　料	大白鼠体重的增加量 /g(克)											
甲	7.0	11.8	10.1	8.5	10.7	13.2	9.4	7.9	11.1			
乙	13.4	14.6	10.4	11.9	12.7	16.1	10.7	8.3	13.2	10.3	11.3	12.9	9.7

假定在两种饲料喂养的下大白鼠体重的增加量都服从正态分布,且它们的方差相等.在置信水平 0.95 下,试求两种饲料喂养下的大白鼠体重的平均增加量之间差异的双侧置信区间.

8.27 甲、乙两台机床加工同一种零件.在机床甲加工的零件中抽取 9 个样品,在机床乙加工的零件中抽取 6 个样品,并分别测量它们的长度(单位:mm)由所给数据算得 $s_1 = 0.245$, $s_2 = 0.357$.在置信水平 0.98 下,试求这两台机床加工精度之比 σ_1/σ_2 的双侧置信区间.假定测量值都服从正态分布,方差分别为 σ_1^2, σ_2^2.

8.28 质量检验部门抽查了某厂的产品 64 件,发现有 4 件是不合格品.试问,以 90% 的把握可以断言该厂产品的不合格品率至少有多大?

8.29 设 $(X_1, \cdots, X_m)$ 与 $(Y_1, \cdots, Y_n)$ 分别是取自总体 X 与 Y 的两个样本,$X \sim B(1, p_1)$,$Y \sim B(1, p_2)$,其中 p_1, p_2 均未知,$0 < p_1, p_2 < 1$.当 m, n 较大时,试用近似方法导出未知参数 $p_1 - p_2$ 的一个双侧 $1 - \alpha$ 置信区间.[提示:利用定理 7.9(ii).]

8.30 为了比较生产同一种产品的甲、乙两厂的质量情况,从甲厂抽取了 100 个产品作检查,发现有 5 个为不合格品,从乙厂抽取了 200 个产品作检查,发现有 12 个为不合格品.试求这两家厂不合格品率之差的双侧(近似)95% 置信区间.你能由此得出甲厂的产品质量较优的结论吗?

第九章 假设检验

假设检验是统计推断的另一种重要的形式.本章不仅研究未知参数的假设检验,还对总体分布本身讨论假设检验问题.最后,作为假设检验的一个应用,介绍数据的初步考察与处理方法.

§9.1 假设检验问题

在参数估计问题中,常常在抽样前先对未知总体作出一些假定.例如,假定总体 X 服从正态分布,假定某个正态总体的方差为一个已知值,等等.在数理统计中,把这类关于总体分布的假定称为(**统计**)**假设**.抽样前所作出的假设是否与实际相符合,可以用样本所提供的信息来检查,检查的方法与过程称为(**统计**)**检验**.假设检验问**题**就是研究如何根据抽样后获得的样本来检验抽样前所作出的假设.本节将通过分析一个实际例子,引出假设检验中的基本概念与解决假设检验问题的一般步骤.

例 9.1 某饮料厂在自动流水线上灌装饮料.在正常生产情形下,每瓶饮料的容量(单位:ml) X 服从正态分布 $N(500,10^2)$.经过一段时间之后,为了检查机器工作是否正常,抽取了 9 瓶样品,测得它们的平均值为 $\bar{x} = 490\text{ml}$.试问此时自动流水线的工作是否正常?即问是否可以认为平均每瓶饮料的容量仍是 500ml?假定标准差 10ml 不变.

在这个问题中,总体 $X \sim N(\mu,10^2)$,其中 μ 未知; $x_1,\cdots,x_9$ 是取自这个正态总体 X 的一组样本观测值,且已知 $\bar{x} = 490$.我们需要在"$\mu = 500$"与"$\mu \neq 500$"之间作出判断.这里,"$\mu = 500$"表示自动流水线的工作正常,每个 $X_i \sim N(500,10^2)$;"$\mu \neq 500$"表示自动流水线的工作不正常,每个 X_i 服从 $N(\mu,10^2)$, $i = 1,\cdots,9$,其中 $\mu \neq 500$.在数理统计中,把它们看作是两个假设.习惯上,称"$\mu = 500$"为**原假设**(或**零假设**),记作 H_0;称"$\mu \neq 500$"为**备择假设**(或**对立假设**),记作 H_1.检验

$$H_0 : \mu = 500 \quad (H_1 : \mu \neq 500),$$

就是要根据样本来判断究竟是"H_0 成立"还是"H_1 成立".在假设检验问题中,断言"H_0 成立"称为**接受 H_0**(或**不能拒绝 H_0**);断言"H_1 成立"称为**拒绝 H_0**.

为了检验 H_0 否成立,需要从总体抽取一个样本 $(X_1,\cdots,X_n)$.在例 9.1 中, $n = 9$,且由抽样后的数据算得 $\bar{x} = 490$.从表面上看,由于 $\bar{x} - 500 \neq 0$,因此可以认为 H_0 不成立.但是,这样下结论是不能令人信服的.例如,如果 $\bar{x} = 500.01$,是否还能断言 H_0 不成立呢?应该在抽样前先确定一个标准,即事先给定一个常数 d,当抽样

后发现 $|\bar{x} - 500| > d$ 时，拒绝 H_0. 如何给出这个常数 d？这是需要研究的问题.

即使确定了常数 d，有了一个判断 H_0 是否成立的标准，但由于样本的随机性，还会产生两个问题. 当 H_0 实际上成立时，会由于抽样后发现 $|\bar{x} - 500| > d$ 而拒绝 H_0，出现这种情形称为犯**第 I 类错误**；另一方面，当 H_0 实际上不成立时，会由于抽样后发现 $|\bar{x} - 100| \leqslant d$ 而接受 H_0，出现这种情形称为犯**第 II 类错误**. 两类错误的大小用其发生的概率来度量. 犯第 I 类错误的概率为：当 H_0 成立（即 $\mu = 500$）时，

$$P(拒绝\ H_0) = P(|\overline{X} - 500| > d).$$

由于本书是数理统计的初等教材，因此仅在 §9.4 中对犯第 II 类错误的概率作简单介绍.

当 H_0 成立（即 $\mu = 500$）时，总体 $X \sim N(500, 10^2)$，因此，由定理 7.5（ i ）推得 $\overline{X} \sim N\left(500, \dfrac{10^2}{n}\right)$. 于是，犯第 I 类错误的概率为

$$P(|\overline{X} - 500| > d) = P\left(\left|\sqrt{n} \cdot \frac{\overline{X} - 500}{10}\right| > \frac{\sqrt{n}}{10}d\right) = 2\left[1 - \Phi\left(\frac{\sqrt{n}}{10}d\right)\right].$$

如果要求这个概率不超过 α，其中 α 是接近于零的正数，并记 $c = \dfrac{\sqrt{n}}{10}d$，那么，由

$$2[1 - \Phi(c)] \leqslant \alpha$$

解得 $c \geqslant \Phi^{-1}\left(1 - \dfrac{\alpha}{2}\right) = u_{1-\frac{\alpha}{2}}$. 一般取 $c = u_{1-\frac{\alpha}{2}}$. 于是由 $d = \dfrac{10}{\sqrt{n}} \cdot c = \dfrac{10}{\sqrt{n}} \cdot u_{1-\frac{\alpha}{2}}$ 推得，当

$$|\bar{x} - 500| > \frac{10}{\sqrt{n}} \cdot u_{1-\frac{\alpha}{2}}$$

时，拒绝 H_0. 习惯上，把上述标准等价地表达成：当

$$\sqrt{n} \cdot \frac{|\bar{x} - 500|}{10} > u_{1-\frac{\alpha}{2}}$$

时，拒绝 H_0. 这里的 $u_{1-\frac{\alpha}{2}}$ 称为**临界值**，它是最终判断是拒绝 H_0 还是接受 H_0 的标准.

如果取 $\alpha = 0.05$，由 $u_{1-\frac{\alpha}{2}} = u_{0.975} = 1.96$ 及 $\bar{x} = 490, n = 9$ 算得

$$\sqrt{n} \cdot \frac{|\bar{x} - 500|}{10} = \sqrt{9} \times \frac{|490 - 500|}{10} = 3 > 1.96.$$

因此拒绝 H_0，即可以认为此时自动流水线的工作不正常. 前面的计算表明，这样作出的判断犯第 I 类错误的概率为 0.05.

在上述检验过程中，称控制犯第 I 类错误的概率的正常数 α 为**显著性水平**. 由于要求当 H_0 成立时，$P(拒绝\ H_0) \leqslant \alpha$，其中 α 接近于零，因此，在一次抽样中，事件

$$\left\{\sqrt{n} \cdot \frac{|\overline{X} - 500|}{10} > u_{1-\frac{\alpha}{2}}\right\}$$

发生的概率很小,这类事件称为**小概率事件**. 频率反映了概率的大小,小概率事件在一次试验中通常是不应该发生的. 这条原则称为**实际推断原理**. 按照实际推断原理,如果在一次试验中发现上述事件发生了,那么,自然有理由认为这个事件未必是小概率事件,从而推断 H_0 实际上可能根本不成立,因为这个事件只有在 H_0 成立(即 $\mu = 500$)的前提下才是小概率事件. 这就导致我们最终根据

$$\sqrt{n} \cdot \frac{|\overline{x} - 500|}{10} > u_{1-\frac{\alpha}{2}}$$

来判断 H_0 是否成立. 按这样的原则建立的检验方法,通常称为**显著性检验**,称拒绝 H_0 为**有显著性结果**,称不能拒绝 H_0 为**结果不显著**. 本书只介绍显著性检验方法.

在例 9.1 的解决过程中,关键是利用了随机变量

$$U \triangleq \sqrt{n} \cdot \frac{\overline{X} - 500}{10}.$$

这是一个统计量,称为**检验统计量**. 当 H_0 成立(即 $\mu = 500, X_i \sim N(500, 10^2), i = 1, \cdots, n$)时,检验统计量 $U \sim N(0,1)$,它不包含任何未知参数,从而可以得到它的分位数的具体值. U 是解决例 9.1 这个假设检验问题的关键量.

确定一个判断是否拒绝 H_0 的标准,本质上是确定样本空间的一个子集 W_1,当样本观测值 $(x_1, \cdots, x_n) \in W_1$ 时拒绝 H_0,称这个集合 W_1 为**拒绝域**,它的余集称为**接受域**,记作 W_0. 在例 9.1 中,

$$W_1 = \left\{(x_1, \cdots, x_n) : \sqrt{n} \cdot \frac{|\overline{x} - 500|}{10} > u_{1-\frac{\alpha}{2}}\right\}.$$

这样,显著性水平为 α 的要求可以表示成:当 H_0 成立时,

$$P((X_1, \cdots, X_n) \in W_1) \leqslant \alpha.$$

所谓给出一个检验方法实际上就是指明了这个检验的拒绝域 W_1.

一般地,对一个未知参数 θ 考虑假设检验问题时,常常遇到下列 3 种类型的假设:

(1) $H_0 : \theta = \theta_0 (H_1 : \theta \neq \theta_0)$;

(2) $H_0 : \theta = \theta_0 (H_1 : \theta > \theta_0)$,或 $H_0 : \theta \leqslant \theta_0 (H_1 : \theta > \theta_0)$;

(3) $H_0 : \theta = \theta_0 (H_1 : \theta < \theta_0)$,或 $H_0 : \theta \geqslant \theta_0 (H_1 : \theta < \theta_0)$.

其中 θ_0 是一个事先给定的已知值. 称前一类为**双侧假设**,称后两类为**单侧假设**.

对上述 3 种类型的假设检验问题,下面来给出确定拒绝域的一般步骤,它的基本思想是,待检验的未知参数的较优的点估计应该是确定拒绝域的主要依据. 设显著性水平为 α.

步骤 1 求出未知参数 θ 的较优的点估计 $\hat{\theta}(X_1,\cdots,X_n)$. 建议尽可能使用 θ 的极大似然估计.

步骤 2 以 $\hat{\theta}$ 为基础,寻找一个检验统计量

$$T = t(X_1,\cdots,X_n)$$

且使得当 $\theta = \theta_0$ 时,T 的分布已知,从而可以通过查表或计算得到这个已知分布的分位数.

步骤 3 以检验统计量 T 为基础,根据备择假设 H_1 的实际意义,寻找适当形状的拒绝域 W_1,使得,当 $\theta = \theta_0$ 时[①],

$$P((X_1,\cdots,X_n) \in W_1) = \alpha.$$

通常 W_1 通过关于 $t(x_1,\cdots,x_n)$ 的一个或两个不等式来表示.

有时候会遇到另一类假设检验问题.例如,要检验

$$H_0:总体服从正态分布.$$

在这种情形下,H_1 常常是 H_0 所包含的内容的否定,因此不再具体列出 H_1. 前面介绍的一般步骤原则上也可以用来处理这类假设检验问题,只是现在的假设不是针对某个未知参数给出的,因而构造检验统计量 T 的技巧性更强.有关的内容将在 §9.5 中作介绍.

§9.2 正态总体下未知参数的假设检验

正态总体下未知参数的假设检验问题是实际工作中常见的一类问题.本节将按正态总体的个数分别对假设检验问题作较详细的讨论.

一、一个正态总体的情形

设总体 $X \sim N(\mu,\sigma^2)$,$-\infty < \mu < \infty,\sigma^2 > 0$;$(X_1,\cdots,X_n)$ 是取自正态总体 X 的一个样本.下面就正态总体的 3 种类型分别讨论未知参数的假设检验问题,取显著性水平为 α.

(1) μ 未知,但 σ^2 已知

先考虑双侧假设,即要检验

$$H_0:\mu = \mu_0 \qquad (H_1:\mu \neq \mu_0).$$

μ 的极大似然估计是 $\overline{X}$. 取检验统计量

[①] 在常见的情形下,对于单侧假设可以证明,当 H_0 成立时,即使 $\theta \neq \theta_0$,仍满足 $P((X_1,\cdots,X_n) \in W_1) \leqslant \alpha$.

$$U = \sqrt{n} \ \frac{\overline{X} - \mu_0}{\sigma}.$$

当 $\mu = \mu_0$ 时, $U \sim N(0,1)$. 当 H_0 成立(即 $\mu = \mu_0$)时, $|\bar{x} - \mu_0|$ 的值应较小,等价地, $|U|$ 的观测值 $|u(x_1, \cdots, x_n)|$ 应较小;反之,如果根据样本观测值 $(x_1, \cdots, x_n)$ 发现 $|u(x_1, \cdots, x_n)|$ 的值较大,自然可以认为 H_0 不成立,即拒绝 H_0. 于是,拒绝域

$$W_1 = \{(x_1, \cdots, x_n): |u(x_1, \cdots, x_n)| > c\}.$$

当 $\mu = \mu_0$ 时,由

$$P((X_1, \cdots, X_n) \in W_1) = P(|U| > c) = \alpha.$$

解得临界值 $c = u_{1-\frac{\alpha}{2}}$. 从而拒绝域为

$$W_1 = \left\{ (x_1, \cdots, x_n): \sqrt{n} \ \frac{|\bar{x} - \mu_0|}{\sigma} > u_{1-\frac{\alpha}{2}} \right\},$$

即当样本观测值 $(x_1, \cdots, x_n)$ 满足不等式

$$\sqrt{n} \ \frac{|\bar{x} - \mu_0|}{\sigma} > u_{1-\frac{\alpha}{2}}$$

时,拒绝 H_0. 通常称这个检验为 **u 检验**.

如果要检验单侧假设

$$H_0: \mu = \mu_0 (H_1: \mu > \mu_0) \quad \text{或} \quad H_0: \mu \leqslant \mu_0 (H_1: \mu > \mu_0),$$

那么,仍可用检验统计量 U. 当 H_0 成立(即 $\mu = \mu_0$)时, $\bar{x} - \mu_0$ 的值应较小,等价地, U 的观测值 $u(x_1, \cdots, x_n)$ 应较小;反之,如果发现 $u(x_1, \cdots, x_n)$ 的值较大,自然应该拒绝 H_0. 于是,拒绝域为

$$W_1 = \left\{ (x_1, \cdots, x_n): \sqrt{n} \ \frac{\bar{x} - \mu_0}{\sigma} > u_{1-\alpha} \right\},$$

因为当 $\mu = \mu_0$ 时,

$$P\left(\sqrt{n} \ \frac{\overline{X} - \mu_0}{\sigma} > u_{1-\alpha}\right) = \alpha.$$

如果要检验单侧假设

$$H_0: \mu = \mu_0 (H_1: \mu < \mu_0) \quad \text{或} \quad H_0: \mu \geqslant \mu_0 (H_1: \mu < \mu_0),$$

仍然可以用检验统计量 U. 当 H_0 成立(即 $\mu = \mu_0$)时, $\bar{x} - \mu_0$ 的值应较大,等价地, U 的观测值 $u(x_1, \cdots, x_n)$ 应较大;反之,如果发现 $u(x_1, \cdots, x_n)$ 的值较小,自然应该拒绝 H_0. 于是,拒绝域为

$$W_1 = \left\{ (x_1, \cdots, x_n): \sqrt{n} \ \frac{\bar{x} - \mu_0}{\sigma} < - u_{1-\alpha} \right\},$$

因为当 $\mu = \mu_0$ 时,

$$P\left(\sqrt{n} \ \frac{\overline{X} - \mu_0}{\sigma} < - u_{1-\alpha}\right) = \alpha.$$

上述两种单侧假设的检验通常也称为 u 检验.

(2) μ 已知,但 σ^2 未知

如果要检验
$$H_0:\sigma^2 = \sigma_0^2 \qquad (H_1:\sigma^2 \neq \sigma_0^2),$$
那么,由 σ^2 的极大似然估计 $\hat{\sigma}^2 = \dfrac{1}{n}\sum_{i=1}^{n}(X_i-\mu)^2$ 构造检验统计量
$$\chi^2 = \frac{1}{\sigma_0^2}\sum_{i=1}^{n}(X_i-\mu)^2 = \frac{n\hat{\sigma}^2}{\sigma_0^2}.$$
当 $\sigma^2 = \sigma_0^2$ 时,$\chi^2 \sim \chi^2(n)$.当 H_0 成立(即 $\sigma^2 = \sigma_0^2$)时,$\hat{\sigma}^2/\sigma_0^2$ 的值应接近于 1,等价地,χ^2 的观测值应接近于 n;反之,如果根据样本观测值 $(x_1,\cdots,x_n)$ 发现 χ^2 的值过大或过小地偏离于 n,自然可以认为 H_0 不成立,即拒绝 H_0.于是,拒绝域为
$$W_1 = \{(x_1,\cdots,x_n):\chi^2 < \chi^2_{\frac{\alpha}{2}}(n) \quad \text{或} \quad \chi^2 > \chi^2_{1-\frac{\alpha}{2}}(n)\},$$
因为当 $\sigma^2 = \sigma_0^2$ 时,
$$P((X_1,\cdots,X_n)\in W_1) = P(\chi^2 < \chi^2_{\frac{\alpha}{2}}(n)) + P(\chi^2 > \chi^2_{1-\frac{\alpha}{2}}(n)) = \frac{\alpha}{2} + \frac{\alpha}{2} = \alpha.$$
通常称这个检验为 **χ^2 检验**.

关于单侧假设的检验是类似的,留给读者作练习.

(3) μ 与 σ^2 均未知

如果要检验
$$H_0:\mu = \mu_0 \qquad (H_1:\mu \neq \mu_0),$$
那么,在 μ 的极大似然估计 $\overline{X}$ 的基础上,可以构造检验统计量
$$T = \sqrt{n}\ \frac{\overline{X}-\mu_0}{S}.$$
当 $\mu = \mu_0$ 时,$T \sim t(n-1)$,于是,拒绝域可以表达成:当
$$\sqrt{n}\ \frac{|\bar{x}-\mu_0|}{S} > t_{1-\frac{\alpha}{2}}(n-1)$$
时,拒绝 H_0.通常称这个检验为 **t 检验**.

如果要检验
$$H_0:\sigma^2 = \sigma_0^2 \qquad (H_1:\sigma^2 \neq \sigma_0^2),$$
那么,在 σ^2 的极大似然估计 S_n^2 的基础上,可以构造检验统计量
$$\chi^2 = \frac{1}{\sigma_0^2}\sum_{i=1}^{n}(X_i-\overline{X})^2 = \frac{nS_n^2}{\sigma_0^2}.$$
当 $\sigma^2 = \sigma_0^2$ 时,$\chi^2 \sim \chi^2(n-1)$.于是,拒绝域可以表达成:当
$$\frac{1}{\sigma_0^2}\sum_{i=1}^{n}(x_i-\bar{x})^2 < \chi^2_{\frac{\alpha}{2}}(n-1) \quad \text{或} \quad \frac{1}{\sigma_0^2}\sum_{i=1}^{n}(x_i-\bar{x})^2 > \chi^2_{1-\frac{\alpha}{2}}(n-1)$$
时,拒绝 H_0.通常也称这个检验为 **χ^2 检验**.

关于单侧假设的检验是类似的,留给读者作练习.

为了便于读者查阅,表 9.1 与表 9.2 分别给出了一个正态总体下均值与方差的

各种检验的拒绝域,其中显著性水平为 α.

表 9.1 一个正态总体下均值检验的拒绝域

假	设	拒绝域 W_1 应满足的条件	
		σ^2 已 知	σ^2 未 知
H_0	H_1	$U = \sqrt{n}\,\dfrac{\overline{X} - \mu_0}{\sigma} \sim N(0,1)$ $(\mu = \mu_0)$	$T = \sqrt{n}\,\dfrac{\overline{X} - \mu_0}{S} \sim t(n-1)$ $(\mu = \mu_0)$
$\mu = \mu_0$	$\mu \neq \mu_0$	$\sqrt{n}\,\dfrac{\lvert \overline{x} - \mu_0 \rvert}{\sigma} > u_{1-\frac{\alpha}{2}}$	$\sqrt{n}\,\dfrac{\lvert \overline{x} - \mu_0 \rvert}{s} > t_{1-\frac{\alpha}{2}}(n-1)$
$\mu = \mu_0$ (或 $\mu \leqslant \mu_0$)	$\mu > \mu_0$	$\sqrt{n}\,\dfrac{\overline{x} - \mu_0}{\sigma} > u_{1-\alpha}$	$\sqrt{n}\,\dfrac{\overline{x} - \mu_0}{s} > t_{1-\alpha}(n-1)$
$\mu = \mu_0$ (或 $\mu \geqslant \mu_0$)	$\mu < \mu_0$	$\sqrt{n}\,\dfrac{\overline{x} - \mu_0}{\sigma} < -u_{1-\alpha}$	$\sqrt{n}\,\dfrac{\overline{x} - \mu_0}{s} < -t_{1-\alpha}(n-1)$

表 9.2 一个正态总体下方差检验的拒绝域

假	设	拒绝域 W_1 应满足的条件	
		μ 已 知	μ 未 知
H_0	H_1	$\chi^2 = \dfrac{1}{\sigma_0^2}\sum\limits_{i=1}^{n}(X_i - \mu)^2 \sim \chi^2(n)$ $(\sigma^2 = \sigma_0^2)$	$\chi^2 = \dfrac{1}{\sigma_0^2}\sum\limits_{i=1}^{n}(X_i - \overline{X})^2 \sim \chi^2(n-1)$ $(\sigma^2 = \sigma_0^2)$
$\sigma^2 = \sigma_0^2$	$\sigma^2 \neq \sigma_0^2$	$\dfrac{1}{\sigma_0^2}\sum\limits_{i=1}^{n}(x_i - \mu)^2 < \chi_{\frac{\alpha}{2}}^2(n)$ 或 $\dfrac{1}{\sigma_0^2}\sum\limits_{i=1}^{n}(x_i - \mu)^2 > \chi_{1-\frac{\alpha}{2}}^2(n)$	$\dfrac{1}{\sigma_0^2}\sum\limits_{i=1}^{n}(x_i - \overline{x})^2 < \chi_{\frac{\alpha}{2}}^2(n-1)$ 或 $\dfrac{1}{\sigma_0^2}\sum\limits_{i=1}^{n}(x_i - \overline{x})^2 > \chi_{1-\frac{\alpha}{2}}^2(n-1)$
$\sigma^2 = \sigma_0^2$ (或 $\sigma^2 \leqslant \sigma_0^2$)	$\sigma^2 > \sigma_0^2$	$\dfrac{1}{\sigma_0^2}\sum\limits_{i=1}^{n}(x_i - \mu)^2 > \chi_{1-\alpha}^2(n)$	$\dfrac{1}{\sigma_0^2}\sum\limits_{i=1}^{n}(x_i - \overline{x})^2 > \chi_{1-\alpha}^2(n-1)$
$\sigma^2 = \sigma_0^2$ (或 $\sigma^2 \geqslant \sigma_0^2$)	$\sigma^2 < \sigma_0^2$	$\dfrac{1}{\sigma_0^2}\sum\limits_{i=1}^{n}(x_i - \mu)^2 < \chi_{\alpha}^2(n)$	$\dfrac{1}{\sigma_0^2}\sum\limits_{i=1}^{n}(x_i - \overline{x})^2 < \chi_{\alpha}^2(n-1)$

例 9.2 随机地从一批铁钉中抽取 16 枚,测得它们的长度(单位:cm)如下:

$$2.14 \quad 2.10 \quad 2.13 \quad 2.15 \quad 2.13 \quad 2.12 \quad 2.13 \quad 2.10$$
$$2.15 \quad 2.12 \quad 2.14 \quad 2.10 \quad 2.13 \quad 2.11 \quad 2.14 \quad 2.11$$

已知铁钉长度服从正态分布 $N(\mu, \sigma^2)$,其中 μ, σ^2 均未知. 在显著性水平 $\alpha = 1\%$ 下,试问

(1) 能否认为这批铁钉的平均长度为 2.12cm?

(2) 能否认为这批铁钉长度的标准差为 0.02cm?

解 (1) 在显著性水平 $\alpha = 0.01$ 下用 t 检验法检验

$$H_0 : \mu = 2.12 \quad (H_1 : \mu \neq 2.12).$$

由所给数据算得 $\bar{x} = 2.125$,$\sum\limits_{i=1}^{16}(x_i - \bar{x})^2 = 0.004\,4$. 于是,从

$$s = \sqrt{\frac{1}{15}\sum_{i=1}^{16}(x_i - \bar{x})^2} = \sqrt{\frac{1}{15} \times 0.004\,4} = 0.017$$

得到检验统计量 T 的观测值:

$$t = \sqrt{n}\,\frac{\bar{x} - 2.12}{s} = \sqrt{16} \times \frac{2.125 - 2.12}{0.017} = 1.18.$$

由 $\alpha = 0.01$ 得 $t_{0.995}(15) = 2.947$. 由于 $|t| = 1.18 < 2.947$,因此,不能拒绝 H_0,即可以认为这批铁钉的平均长度为 2.12cm.

(2) 在显著性水平 $\alpha = 0.01$ 下用 χ^2 检验法检验

$$H_0 : \sigma^2 = 0.02^2 \quad (H_1 : \sigma^2 \neq 0.02^2).$$

检验统计量 χ^2 的观测值

$$\chi^2 = \frac{1}{0.02^2}\sum_{i=1}^{n}(x_i - \bar{x})^2 = \frac{0.004\,4}{0.000\,4} = 11.$$

由 $\alpha = 0.01$ 得临界值 $\chi^2_{0.005}(15) = 4.601$,$\chi^2_{0.995}(15) = 32.801$. 由于 $4.601 < 11 < 32.801$,因此,不能拒绝 H_0,即可以认为这批铁钉长度的标准差为 0.02cm.

例 9.3 从历史上积累的资料看,某厂生产的显像管的使用寿命(单位:100h)比较稳定,它服从 $N(100, \sigma^2)$. 现在采纳了一项合理化建议,该厂的技术部门对原来的生产工艺进行了改进. 出于工艺上的原因,可以认为由新工艺生产出来的显像管的使用寿命 X 仍服从正态分布,且标准差不变;另外,平均使用寿命 μ 不会低于原来的 100. 从按新工艺生产出来的显像管中随机地抽取了 25 只样品进行测试,测得它们的平均寿命为 $\bar{x} = 110$,$s_n = 2$. 试问,在显著性水平 $\alpha = 0.05$ 下,能否认为由于工艺的改进使得该厂生产的显像管的使用寿命有了显著的提高?

解 总体 $X \sim N(\mu, \sigma^2)$,其中 μ, σ^2 均未知. 在显著性水平 $\alpha = 0.05$ 下用 t 检验

法检验

$$H_0 : \mu = 100 \qquad (H_1 : \mu > 100).$$

由于 $s = s_n \sqrt{\dfrac{n}{n-1}} = 2.041$，因此，检验统计量 T 的观测值（见表 9.1）

$$t = \sqrt{n}\,\frac{\overline{x}-100}{s} = \sqrt{25} \times \frac{110-100}{2.041} = 24.5.$$

由 $\alpha = 0.05$ 得临界值 $t_{0.95}(24) = 1.7109$. 由于 $24.5 > 1.7109$，因此，拒绝 H_0，即可以认为改进后的工艺使得该厂生产显像管的使用寿命有了显著提高.

二、两个正态总体的情形

设总体 $X \sim N(\mu_1, \sigma_1^2)$, $Y \sim N(\mu_2, \sigma_2^2)$, $-\infty < \mu_1, \mu_2 < \infty$, $\sigma_1^2, \sigma_2^2 > 0$；$(X_1, \cdots, X_m)$ 是取自正态总体 X 的一个样本，$(Y_1, \cdots, Y_n)$ 是取自正态总体 Y 的一个样本. 如同以前那样假定来自不同总体的样本是相互独立的. 在两个正态总体的情形下，常常要比较它们的均值与方差，这相当于要对均值差 $\mu_1 - \mu_2$ 与方差比 σ_1^2/σ_2^2 这两个未知参数作假设检验. 由于求解这类问题的方法还是 §9.1 中给出的一般步骤，因此，下面只是代表性地举一些常见的情形作为例子，而把各种情形下的假设检验的拒绝域列成表 9.3 与表 9.4 供读者查阅，其中显著性水平为 α.

表 9.3   两个正态总体下均值差检验的拒绝域

假	设	拒绝域 W_1 应满足的条件	
		σ_1^2, σ_2^2 已知	$\sigma_1^2 = \sigma_2^2$ 但未知
H_0	H_1	$U = \dfrac{\overline{X}-\overline{Y}}{\sqrt{\dfrac{\sigma_1^2}{m}+\dfrac{\sigma_2^2}{n}}} \sim N(0,1) \quad (\mu_1 = \mu_2)$	$T = \dfrac{\overline{X}-\overline{Y}}{S_w\sqrt{\dfrac{1}{m}+\dfrac{1}{n}}} \sim t(m+n-2)$ $(\mu_1 = \mu_2)$
$\mu_1 = \mu_2$	$\mu_1 \neq \mu_2$	$\dfrac{\lvert \overline{x}-\overline{y} \rvert}{\sqrt{\dfrac{\sigma_1^2}{m}+\dfrac{\sigma_2^2}{n}}} > u_{1-\frac{\alpha}{2}}$	$\dfrac{\lvert \overline{x}-\overline{y} \rvert}{s_w\sqrt{\dfrac{1}{m}+\dfrac{1}{n}}} > t_{1-\frac{\alpha}{2}}(m+n-2)$
$\mu_1 = \mu_2$ （或 $\mu_1 \leqslant \mu_2$）	$\mu_1 > \mu_2$	$\dfrac{\overline{x}-\overline{y}}{\sqrt{\dfrac{\sigma_1^2}{m}+\dfrac{\sigma_2^2}{n}}} > u_{1-\alpha}$	$\dfrac{\overline{x}-\overline{y}}{s_w\sqrt{\dfrac{1}{m}+\dfrac{1}{n}}} > t_{1-\alpha}(m+n-2)$
$\mu_1 = \mu_2$ （或 $\mu_1 \geqslant \mu_2$）	$\mu_1 < \mu_2$	$\dfrac{\overline{x}-\overline{y}}{\sqrt{\dfrac{\sigma_1^2}{m}+\dfrac{\sigma_2^2}{n}}} < -u_{1-\alpha}$	$\dfrac{\overline{x}-\overline{y}}{s_w\sqrt{\dfrac{1}{m}+\dfrac{1}{n}}} < -t_{1-\alpha}(m+n-2)$

表 9.4　　　　　　　　　　　两个正态总体下方差比检验的拒绝域

假　　　设		拒绝域 W_1 应满足的条件	
		μ_1,μ_2 已知	μ_1,μ_2 均未知
H_0	H_1	$F=\dfrac{n\sum\limits_{i=1}^{m}(X_i-\mu_1)^2}{m\sum\limits_{i=1}^{n}(Y_i-\mu_2)^2}\sim F(m,n)\ (\sigma_1^2=\sigma_2^2)$	$F=\dfrac{S_1^2}{S_2^2}\sim F(m-1,n-1)\ (\sigma_1^2=\sigma_2^2)$
$\sigma_1^2=\sigma_2^2$	$\sigma_1^2\neq\sigma_2^2$	$\dfrac{n\sum\limits_{i=1}^{m}(x_i-\mu_1)^2}{m\sum\limits_{i=1}^{n}(y_i-\mu_2)^2}<F_{\frac{\alpha}{2}}(m,n)$ 或 $\dfrac{n\sum\limits_{i=1}^{m}(x_i-\mu_1)^2}{m\sum\limits_{i=1}^{n}(y_i-\mu_2)^2}>F_{1-\frac{\alpha}{2}}(m,n)$	$\dfrac{s_1^2}{s_2^2}<F_{\frac{\alpha}{2}}(m-1,n-1)$ 或　$\dfrac{s_1^2}{s_2^2}>F_{1-\frac{\alpha}{2}}(m-1,n-1)$
$\sigma_1^2=\sigma_2^2$ (或 $\sigma_1^2\leqslant\sigma_2^2$)	$\sigma_1^2>\sigma_2^2$	$\dfrac{n\sum\limits_{i=1}^{m}(x_i-\mu_1)^2}{m\sum\limits_{i=1}^{n}(y_i-\mu_2)^2}>F_{1-\alpha}(m,n)$	$\dfrac{s_1^2}{s_2^2}>F_{1-\alpha}(m-1,n-1)$
$\sigma_1^2=\sigma_2^2$ (或 $\sigma_1^2\geqslant\sigma_2^2$)	$\sigma_1^2<\sigma_2^2$	$\dfrac{n\sum\limits_{i=1}^{m}(x_i-\mu_1)^2}{m\sum\limits_{i=1}^{n}(y_i-\mu_2)^2}<F_{\alpha}(m,n)$	$\dfrac{s_1^2}{s_2^2}<F_{\alpha}(m-1,n-1)$

例 9.4　甲、乙两个农业试验区种植玉米,除了甲区施磷肥外,其他试验条件都相同.把这两个试验区分别均分成 10 个小区统计产量(单位:kg),得数据如表9.5.

表 9.5

甲　区	62	57	65	60	63	58	57	60	60	58
乙　区	50	59	56	57	58	57	56	55	57	55

假定甲、乙两区中每小块的玉米产量分别服从 $N(\mu_1,\sigma^2)$,$N(\mu_2,\sigma^2)$,其中 μ_1,μ_2,σ^2 均未知.试问,在显著水平 $\alpha=0.1$ 下,磷肥对玉米的产量有无显著性影响?

解　现在检验

$$H_0:\mu_1=\mu_2\quad(H_1:\mu_1\neq\mu_2),$$

或者等价地检验

$$H_0:\mu_1-\mu_2=0\quad(H_1:\mu_1-\mu_2\neq0).$$

μ_1 与 μ_2 的极大似然估计分别是 $\overline{X}$ 和 $\overline{Y}$,在 $\theta\triangleq\mu_1-\mu_2$ 的极大似然估计 $\hat{\theta}=\overline{X}-\overline{Y}$ 的基础上可以构造检验统计量

$$T = \frac{\overline{X} - \overline{Y}}{S_w \sqrt{\frac{1}{m} + \frac{1}{n}}}.$$

现在,$m = n = 10$. 当 $\mu_1 - \mu_2 = 0$ 时,$T \sim t(m+n-2)$. 于是,拒绝域可以表达成:当

$$\frac{|\overline{x} - \overline{y}|}{s_w \sqrt{\frac{1}{m} + \frac{1}{n}}} > t_{1-\frac{\alpha}{2}}(m+n-2)$$

时,拒绝 H_0,通常也称这个检验为 t 检验.

由所给的数据算出,$\overline{x} = 60$,$\sum\limits_{i=1}^{10}(x_i - \overline{x})^2 = 64$,$\overline{y} = 56$,$\sum\limits_{i=1}^{10}(y_i - \overline{y})^2 = 54$,且

$$s_w^2 = \frac{1}{m+n-2}\left[\sum_{i=1}^{10}(x_i - \overline{x})^2 + \sum_{i=1}^{10}(y_i - \overline{y})^2\right] = \frac{1}{10+10-2} \times (64+54) = 6.5556.$$

于是,检验统计量 T 的观测值

$$t = \frac{\overline{x} - \overline{y}}{s_w \sqrt{\frac{1}{m} + \frac{1}{n}}} = \frac{60 - 56}{\sqrt{6.5556} \times \sqrt{\frac{1}{10} + \frac{1}{10}}} = 3.49.$$

由 $\alpha = 0.1$ 得 $t_{0.95}(18) = 1.734$. 由于 $|t| = 3.49 > 1.734$,因此拒绝 H_0,即可以认为磷肥对玉米的产量有显著性影响.

例 9.5 在例 9.4 中,假定了两个正态总体的方差相等,即 $\sigma_1^2 = \sigma_2^2 = \sigma^2$. 现在根据样本来检验这个**方差齐性**的假设,即检验

$$H_0 : \sigma_1^2 = \sigma_2^2 \qquad (H_1 : \sigma_1^2 \neq \sigma_2^2)$$

或者等价地检验

$$H_0 : \sigma_1^2/\sigma_2^2 = 1 \qquad (H_1 : \sigma_1^2/\sigma_2^2 \neq 1).$$

解 σ_1^2 与 σ_2^2 的极大似然估计分别是 $\hat{\sigma}_1^2 = \frac{1}{m}\sum\limits_{i=1}^{m}(X_i - \overline{X})^2$,$\hat{\sigma}_2^2 = \frac{1}{n}\sum\limits_{i=1}^{n}(Y_i - \overline{Y})^2$. 在 $\theta \triangleq \sigma_1^2/\sigma_2^2$ 的极大似然估计 $\hat{\theta} = \hat{\sigma}_1^2/\hat{\sigma}_2^2$ 的基础上,可以构造检验统计量

$$F = \frac{S_1^2}{S_2^2} = \frac{m(n-1)\hat{\sigma}_1^2}{n(m-1)\hat{\sigma}_2^2}.$$

当 $\sigma_1^2 = \sigma_2^2$ 时,$F \sim F(m-1, n-1)$. 于是,拒绝域可以表达成:当

$$\frac{s_1^2}{s_2^2} < F_{\frac{\alpha}{2}}(m-1, n-1) \quad \text{或} \quad \frac{s_1^2}{s_2^2} > F_{1-\frac{\alpha}{2}}(m-1, n-1)$$

时拒绝 H_0,通常称这个方差齐性的检验为 **F 检验**.

由所给的数据算得检验统计量 F 的观测值:

$$f = \frac{s_1^2}{s_2^2} = \frac{\dfrac{1}{9}\displaystyle\sum_{i=1}^{10}(x_i - \bar{x})^2}{\dfrac{1}{9}\displaystyle\sum_{i=1}^{10}(y_i - \bar{y})^2} = \frac{64}{54} = 1.19.$$

如果取显著性水平 $\alpha = 0.2$,那么,$F_{0.90}(9,9) = 2.44$,

$$F_{0.1}(9,9) = \frac{1}{F_{0.90}(9,9)} = \frac{1}{2.44} = 0.41.$$

由于 $0.41 < 1.19 < 2.44$,因此,不能拒绝 H_0,即可以认为例 9.4 中所作的方差齐性的假定是合理的.

对于两个正态总体的单侧假设检验问题,处理方法与一个正态总体类似,这里不再一一列举.

§9.3 0—1分布中未知概率的假设检验

在产品的验收时,经常会遇到需要对 0—1 分布 $B(1,p)$ 中的未知概率 p 作假设检验.

设 $(X_1, \cdots, X_n)$ 是取自总体 X 的一个样本,$X \sim B(1,p)$,其中 p 未知,$0 < p < 1$. 常见的假设有下列 3 类:

(1) $H_0 : p = p_0 (H_1 : p \neq p_0)$;

(2) $H_0 : p = p_0 (H_1 : p > p_0)$,或 $H_0 : p \leqslant p_0 (H_1 : p > p_0)$;

(3) $H_0 : p = p_0 (H_1 : p < p_0)$,或 $H_0 : p \geqslant p_0 (H_1 : p < p_0)$.

§9.1 中给出的求拒绝域的一般步骤依然有效,其中 p_0 是一个事先给定的已知值. 下面假定样本大小 n 较大. 取显著性水平为 α. p 的极大似然估计是 $\bar{X}$. 取检验统计量

$$U = \sqrt{n} \cdot \frac{\bar{X} - p_0}{\sqrt{p_0(1 - p_0)}},$$

当 $p = p_0$ 时,近似地有 $U \sim N(0,1)$. 于是,上述 3 种类型的检验的拒绝域分别为

$$W_1^{(1)} = \left\{ (x_1, \cdots, x_n) : \sqrt{n} \, \frac{|\bar{x} - p_0|}{\sqrt{p_0(1 - p_0)}} > u_{1-\frac{\alpha}{2}} \right\};$$

$$W_1^{(2)} = \left\{ (x_1, \cdots, x_n) : \sqrt{n} \, \frac{\bar{x} - p_0}{\sqrt{p_0(1 - p_0)}} > u_{1-\alpha} \right\};$$

$$W_1^{(3)} = \left\{ (x_1, \cdots, x_n) : \sqrt{n} \, \frac{\bar{x} - p_0}{\sqrt{p_0(1 - p_0)}} < -u_{1-\alpha} \right\}.$$

例 9.6 某厂产品的不合格率通常是 5%. 厂方希望知道原料产地的改变是否对产品的质量发生显著的影响. 现在随机地从原料产地改变后的产品中抽取了 80 个样品进行检验, 发现有 5 个是不合格品. 试问, 在显著性水平 10% 下, 厂方由此可以得出什么结论?

解 总体 $X \sim B(1, p)$, 其中 p 未知, $0 < p < 1$. 在显著性水平 $\alpha = 0.10$ 下, 检验

$$H_0 : p = 0.05 \qquad (H_1 : p \neq 0.05).$$

由于 $\bar{x} = \dfrac{5}{80} = 0.0625$, 因此, 检验统计量 U 的观测值

$$u = \sqrt{n} \cdot \frac{\bar{x} - p_0}{\sqrt{p_0(1 - p_0)}} = \sqrt{80} \times \frac{0.0625 - 0.05}{\sqrt{0.05 \times 0.95}} = 0.513.$$

由 $\alpha = 0.10$ 得临界值 $u_{0.95} = 1.645$. 由于 $|u| = 0.513 < 1.645$, 因此不能拒绝 H_0, 即可以认为原料产地的改变对该厂产品的质量没有发生显著的影响.

同置信区间的情形相类似, 当样本大小 n 足够大时, 利用定理 7.9, 可以把本节介绍的近似方法推广到一般的非正态总体上. 当然, 显著性水平近似于 $1 - \alpha$.

§9.4 两类错误

在 §9.1 中引进了两类错误的概念. 当最终结论为拒绝 H_0 时, 可能犯第 I 类错误; 当最终结论为接受 H_0 时, 可能犯第 II 类错误. 为了加深读者对两类错误定义的了解, 把使用一个检验方法可能带来的各种后果列于表 9.6 中.

表 9.6　　　　　　　　　　**两类错误**

检验带来的后果		根据样本观测值所得的结论(已知)	
		当 $(x_1, \cdots, x_n) \notin W_1$ 接受 H_0	当 $(x_1, \cdots, x_n) \in W_1$ 拒绝 H_0
总体分布的实际情况(未知)	H_0 成立	判断正确	犯第 I 类错误
	H_0 不成立	犯第 II 类错误	判断正确

显著性检验只保证犯第 I 类错误的概率不超过 α, 而没有对犯第 II 类错误的概率大小作出数量表示. 因此, 使用显著性检验时, 最终结论为拒绝 H_0 时, 结论比较可靠; 最终判断接受 H_0 则不太可信. 然而, 一般地计算犯第 II 类错误的概率需要较深的概率统计知识. 下面仅就简单情形举一个例子.

例 9.7 设 $(X_1, \cdots, X_n)$ 是取自正态总体 $N(\mu, 1)$ 的一个样本, 其中 μ 未知. 要检

验

$$H_0 : \mu = 0 \qquad (H_1 : \mu > 0).$$

在显著性水平 α 下,表 9.1 给出了相应 u 检验的拒绝域

$$W_1 = \{(x_1, \cdots, x_n) : \sqrt{n}\ \bar{x} > u_{1-\alpha}\}.$$

由于 $\bar{X} \sim N\left(\mu, \dfrac{1}{n}\right)$,因此 $\sqrt{n}\ \bar{X} \sim N(\sqrt{n}\mu, 1)$. 于是,

$$\beta(\mu) \triangleq P((X_1, \cdots, X_n) \in W_1) = P(\sqrt{n}\ \bar{X} > u_{1-\alpha})$$

$$= 1 - \Phi(u_{1-\alpha} - \sqrt{n}\mu), \quad \mu \geqslant 0.$$

当 $\mu = 0$ 时,$\beta(\mu) = \beta(0) = 1 - \Phi(u_{1-\alpha}) = 1 - (1-\alpha) = \alpha$ 恰是犯第 Ⅰ 类错误的概率. 使用这个检验犯第 Ⅱ 类错误的概率为:当 $\mu > 0$ 时,

$$P(接受\ H_0) = P((X_1, \cdots, X_n) \notin W_1)$$

$$= 1 - P((X_1, \cdots, X_n) \in W_1) = 1 - \beta(\mu) = \Phi(u_{1-\alpha} - \sqrt{n}\mu).$$

由于 $\Phi(u_{1-\alpha} - \sqrt{n}\mu)$ 是 μ 的单调减少函数,且 $\lim\limits_{\mu \to 0^+} \Phi(u_{1-\alpha} - \sqrt{n}\mu) = \Phi(u_{1-\alpha}) = 1-\alpha$,因此,犯第 Ⅱ 类错误的概率是一个不容忽视的量. 例如,当 $\alpha = 0.05$,$n = 4$ 时,如果实际上总体 $X \sim N(0.1, 1)$(即 H_0 不成立),那么,采用 u 检验法将会导致犯第 Ⅱ 类错误的概率高达

$$\Phi(u_{0.95} - \sqrt{4 \times 0.1}) = \Phi(1.445) = 0.925\,8.$$

这正是显著性检验自身不可克服的弊病.

原假设 H_0 与备择假设 H_1 的地位不是对等的. 在实际问题中使用显著性检验时,要合理地选择原假设 H_0.

例 9.8 从历史上看,某厂的产品质量较好,不合格品率不超过 5%. 最近,该厂的原料产地有了变动. 从原料产地改变后的产品中随机地抽取了 100 个样品进行检查,发现有 6 个不合格品. 试问,在下列两种情形下能否认为产品的质量没有因原料产地的改变而发生显著性变化?

(1)为了维护生产方的利益,要求犯第 Ⅰ 类错误的概率不超过 10%;

(2)为了维护使用方的利益,要求犯第 Ⅰ 类错误的概率不超过 10%.

解 现在,$p_0 = 0.05$,总体 $X \sim B(1, p)$. 由于 $\bar{x} = \dfrac{1}{100} \sum\limits_{i=1}^{100} x_i = 0.06$,检验统计量 u 的观测值:

$$u = \sqrt{n} \cdot \frac{\bar{x} - p_0}{\sqrt{p_0(1-p_0)}} = \sqrt{100} \times \frac{0.06 - 0.05}{\sqrt{0.05 \times 0.95}} = 0.459.$$

（1）检验

$$H_0: p \leqslant 0.05 \qquad (H_1: p > 0.05).$$

作这样的单侧假设是为了使实际上产品的不合格品率不超过 5% 而被误认为超过 5%（即犯第 I 类错误）的概率不超过 10%，从而维护了生产方的利益. 由 $\alpha = 0.1$ 得 $u_{0.90} = 1.28$. 由于 $u = 0.459 < 1.28$，因此不能拒绝 H_0，即可以认为该厂产品的质量没有发生显著性变化.

（2）检验

$$H_0: p \geqslant 0.5 \qquad (H_1: p < 0.05).$$

作这样的单侧假设是为了使实际上产品的不合格品率超过 5% 而被误认为不超过 5%（即犯第 I 类错误）的概率不超过 10%，从而维护了使用方的利益. 由于 $u = 0.459 > -u_{0.90} = -1.28$，因此不能拒绝 H_0，即可以认为该厂产品的质量发生了显著性变化.

例 9.8 告诉我们，在使用显著性检验时，由于没有考虑犯第 II 类错误的概率，而只是控制了犯第 I 类错误的概率不超过显著性水平 α，因此，在作单侧假设时，要注意让必须重视的错误成为第 I 类错误. 在实际应用问题中，尤其要注意这一点.

§9.5 χ^2 拟合优度检验

前面讨论参数估计与假设检验问题时，常常假定总体 X 服从正态分布. 在实际工作中，虽然有时可以凭经验与直觉认为这个假定是合理的，但总是不能令人信服. §7.1 中介绍的直方图提供了一个考察这个假定是否合理的直观方法. 从例 7.1 的直方图看出，可以认为火箭引擎的推动力服从正态分布. 但这种定性方法是不能令人满意的. 一般地，考虑如何根据样本 $(X_1, \cdots, X_n)$ 来检验

$$H_0: X \text{ 服从某种分布}.$$

解决这个问题的实际意义是显而易见的. 如果不知道 X 服从何种分布，前面介绍的参数估计与假设检验中绝大多数方法将无法使用，统计学家对这个问题作了深入的研究，提出了不少方法，限于本书的性质，下面介绍应用面较广的 χ^2 **拟合优度检验**.

设 $(X_1, \cdots, X_n)$ 是取自总体 X 的一个样本，记 X 的分布函数为 $F(x)$. 假定需要检验的总体分布中含有 k 个总体参数 $\theta_1, \cdots, \theta_k$. 我们在显著性水平 α 下检验，

$$H_0: F(x) = F_0(x; \theta_1, \cdots, \theta_k),$$

其中 $F_0(x; \theta_1, \cdots, \theta_k)$ 表示需要检验的那类分布的分布函数. 例如，当检验

$$H_0: X \sim N(\mu, \sigma^2)$$

时，$k = 2$，

$$F_0(x;\mu,\sigma^2) = \int_{-\infty}^{x} \frac{1}{\sqrt{2\pi}\sigma} \exp\left\{-\frac{1}{2\sigma^2}(t-\mu)^2\right\} \mathrm{d}t.$$

当检验

$$H_0 : X \sim E(\lambda)$$

时，$k=1$，

$$F_0(x;\lambda) = \begin{cases} 1 - \mathrm{e}^{-\lambda x}, & x \geqslant 0; \\ 0, & x < 0. \end{cases}$$

在认为总体 X 的分布函数为 $F_0(x;\theta_1,\cdots,\theta_k)$ 的前提下，首先求出 $\theta_1,\cdots,\theta_k$ 的极大似然估计值 $\hat{\theta}_1,\cdots,\hat{\theta}_k$. 然后把实数轴 $(-\infty,\infty)$ 分成 r 组 $(a_{j-1},a_j]$，$j=1,\cdots,r$，其中，a_0 可以取 $-\infty$，a_r 可以取 ∞. 当 H_0 成立时，记

$$\begin{aligned} p_j &\triangleq P(a_{j-1} < X \leqslant a_j) = F_0(a_j;\theta_1,\cdots,\theta_k) - F_0(a_{j-1};\theta_1,\cdots,\theta_k) \\ &\approx F_0(a_j;\hat{\theta}_1,\cdots,\hat{\theta}_k) - F_0(a_{j-1};\hat{\theta}_1,\cdots,\hat{\theta}_k). \end{aligned}$$

如果 H_0 成立，那么，p_j 应该与数据在第 j 组 $(a_{j-1},a_j]$ 内的频率 $f_j = \dfrac{n_j}{n}$ 非常接近，其中 n_j 表示相应的频数. 因此，当 $\sum\limits_{j=1}^{r} \left| \dfrac{n_j}{n} - p_j \right|$ 的值较大时，可以认为 H_0 不成立. 为此，取检验统计量

$$\chi^2 = \sum_{j=1}^{r} \frac{(n_j - np_j)^2}{np_j} = \sum_{j=1}^{r} \frac{n}{p_j}\left(\frac{n_j}{n} - p_j\right)^2.$$

可以证明，当 H_0 成立时，如果 n 较大，那么近似地有 $\chi^2 \sim \chi^2(r-k-1)$. 于是，拒绝域可表示为：当

$$\chi^2 = \sum_{j=1}^{r} \frac{(n_j - np_j)^2}{np_j} > \chi_{1-\alpha}^2(r-k-1)$$

时，拒绝 H_0.

使用 χ^2 拟合优度检验，一般要求 $n \geqslant 50$；另外，还要求 $np_j \geqslant 5$，$j=1,\cdots,r$. 当 n 较大时，最好取 $np_j \geqslant 10$. 如果不满足这个条件，可以把某些组作适当合并.

例 9.9 表 9.7 给出了 250 个煤的样品中含灰量（单位：%）的分析结果. 试在显著性水平 $\alpha = 0.05$ 下检验含灰量服从正态分布 $N(\mu,\sigma^2)$.

表 9.7

含灰量	9.25	9.75	10.25	10.75	11.25	11.75	12.25	12.75	13.25	13.75	14.25
频　数	1	0	2	1	1	2	5	4	7	6	13
含灰量	14.75	15.25	15.75	16.25	16.75	17.25	17.75	18.25	18.75	19.25	19.75
频　数	14	15	13	24	15	19	23	22	12	12	7
含灰量	20.25	20.75	21.25	21.75	22.25	22.75	23.25	23.75	24.25	24.75	25.25
频　数	6	8	6	4	2	2	0	3	0	0	1

解 首先求出 μ 与 σ^2 极大似然估计值 $\hat{\mu} = \bar{x} = 17.0, \hat{\sigma}^2 = \dfrac{1}{250}\sum\limits_{i=1}^{250}(x_i - \bar{x})^2$ $= 7.127, \hat{\sigma} = \sqrt{7.127} = 2.67$. 把这 250 个数据分成 $r = 6$ 个组, 分组时, 尽量以 $\hat{\mu}$ $= 17.0$ 作为对称点, 计算过程如表 9.8 所示.

表 9.8

j	$(a_{j-1}, a_j]$	n_j	p_j	np_j	$(n_j - np_j)^2$	$\dfrac{(n_j - np_j)^2}{np_j}$
1	$(-\infty, 12]$	7	0.031	7.75	0.5625	0.073
2	$(12, 14]$	22	0.100	25.00	9.0000	0.360
3	$(14, 17]$	94	0.369	92.25	3.0625	0.033
4	$(17, 20]$	95	0.369	92.25	7.5625	0.082
5	$(20, 22]$	24	0.100	25.00	1.0000	0.040
6	$(22, \infty]$	8	0.031	7.75	0.0625	0.008

对 p_j 的计算作些说明, 它是按 $N(17.0, 2.67^2)$ 来计算的. 例如,

$$p_1 = \Phi\left(\frac{12 - 17}{2.67}\right) = \Phi(-1.87) = 0.031 = p_6,$$

$$p_2 = \Phi\left(\frac{14 - 17}{2.67}\right) - p_1 = \Phi(-1.12) - p_1 = 0.100 = p_5,$$

$$p_3 = \Phi\left(\frac{17 - 17}{2.67}\right) - (p_1 + p_2) = 0.5 - (p_1 + p_2) = 0.369 = p_4.$$

把计算表格中最后一列相加便得检验统计量 χ^2 的观测值为 $\chi^2 = 0.596$. 由 $r = 6$, $k = 2, \alpha = 0.05$ 得临界值 $\chi_{0.95}^2(3) = 7.815$. 由于 $0.596 < 7.815$, 因此, 不能拒绝 H_0, 即可以认为煤的含灰量服从正态分布.

χ^2 拟合优度检验不仅可以用来检验总体服从某个连续型分布, 也可以用来检验总体服从某个离散型分布. 由于离散型随机变量只取有限个或可列无限个值, 因此, 不必重新分组, 只需把某些取值按 $np_j \geqslant 5$ 的原则作些合并便可以了. 下面用一个例子来说明.

例 9.10 在例 7.2 中, 专业人员凭经验认为碰撞该装置的宇宙粒子个数大致上服从泊松分布 $P(\lambda)$. 现在要求在显著性水平 $\alpha = 0.1$ 下检验这个看法是否与实际相符合[①].

---

① 对于 χ^2 拟合优度检验, 本例中数据个数 $n = 40$ 太少, 这里仅是给出这个方法的说明性例子.

解   首先求出 λ 的极大似然估计值 $\hat{\lambda} = \bar{x} = 1.2$,把频率分布中 5 个取值调整成 $r = 4$ 组,计算过程如表 9.9 所示.

表 9.9

j	宇宙粒子的个数	n_j	p_j	np_j	$(n_j - np_j)^2$	$\dfrac{(n_j - np_j)^2}{np_j}$
1	0	13	0.301 2	12.048	0.906 3	0.075
2	1	13	0.361 4	14.456	2.119 9	0.147
3	2	8	0.216 9	8.676	0.457 0	0.053
4	≥3	6	0.120 5	4.820	1.392 4	0.289

对 p_j 的计算作些说明,它是按泊松分布 $P(1.2)$ 来计算的:

$$p_1 = e^{-1.2} = 0.301\,2,$$

$$p_2 = 1.2e^{-1.2} = 0.361\,4,$$

$$p_3 = \frac{1.2^2}{2!}e^{-1.2} = 0.72 \times e^{-1.2} = 0.216\,9,$$

$$p_4 = 1 - (p_1 + p_2 + p_3) = 0.120\,5.$$

把计算表格中最后一列相加便得检验统计量 χ^2 的观测值为 $\chi^2 = 0.564$. 由 $r = 4, k = 1, \alpha = 0.1$ 得临界值 $\chi^2_{0.90}(2) = 4.605$. 由于 $0.564 < 4.605$,因此,不能拒绝 H_0,即可以认为专业人员的经验与实际相符合,碰撞该装置的宇宙粒子个数服从泊松分布.

最后还要指出,当 $k = 0$ 时,仍可用 χ^2 拟合优度检验. $k = 0$ 表示要检验总体 X 服从某个确定的(不带有总体参数的)分布.这种分布通常是个离散型分布.虽然这时连续型分布也可以用 χ^2 拟合优度来处理,但一般改用其他方法检验,因为使用 χ^2 拟合优度检验需要较多的数据(见参考文献[7],149—151 页).

§9.6   数据中异常值的检验

样本是对未知的总体分布进行统计推断的依据.在前面讨论参数估计与假设检验时都假定样本 $(X_1, \cdots, X_n)$ 是来自某个总体的 X 的,即 $X_1, \cdots, X_n$ 是独立同分布的随机变量,且它们的分布都与总体 X 的分布相同.因此,样本观测值 $x_1, \cdots, x_n$ 的取值反映了总体 X 取值的统计规律性.然而,在实际应用中,数据并不总是处于这种理想状态,由于种种原因,例如试验条件的突然变化、测试人员的过失误差、测试仪器的性能不稳定等,在数据中往往会混进一些取值过大或过小的数据.用数理统计的观点看,不能认为这些数据来自总体 X.通常称这些数据为**异常值**.当数据中混入异常值时,建立在数据基础上的参数估计方法与假设检验方法自然会受到不利的影响.因此,必须在进行统计推断之前把异常值从样本中检查出来.如何判断一个样本中的某个数据是否为异常值?这可以用显著性检验的方法来解决.

设总体 $X \sim N(\mu, \sigma^2)$.按 3σ 准则

$$P(|X - \mu| > 3\sigma) = 0.003.$$

如果 $(X_1, \cdots, X_n)$ 是取自总体 X 的一个样本,那么,对任意一个 $i = 1, \cdots, n$, X_i 落在区间 $[\mu - 3\sigma, \mu + 3\sigma]$ 之外的概率为 0.3%,这是一个小概率.按照实际推断原理,小概率事件在一次试验中通常是不应该发生的,因此可以把 x_i 视作异常值.在实际问题中,μ 与 σ^2 往往是未知的,用它们的极大似然估计值 $\bar{x}$ 与 $s_n^2 = \dfrac{1}{n} \sum_{i=1}^{n} (x_i - \bar{x})^2$ 来代替,即如果 n 较大$(n > 25)$,那么,当

$$\frac{|x_i - \bar{x}|}{s_n} > 3$$

时,把 x_i 看作为异常值.

如果 X 不服从正态分布,那么,由切比雪夫不等式知道,

$$P(|X - \mu| > 4\sigma) \leqslant \frac{1}{16} = 0.063,$$

其中,$\mu = E(X)$, $\sigma^2 = D(X)$.6.3% 仍可以看作是一个小概率.因此,在 $n > 25$ 时,当

$$\frac{|x_i - \bar{x}|}{s_n} > 4$$

时,把 x_i 看作为异常值.

在实际应用中必须注意,经检验被认为是异常值的数据不能简单地从样本中剔除,因为样本本身的随机性也会导致出现取值过大或过小的数据,特别当数据个数较多时更是如此.一般在作统计推断之前应注明丢弃了哪些数据,因为被怀疑为异常值的数据有时恰巧提供了关于未知的总体分布的重要信息.当然,如果能根据两种数据(剔除与未剔除异常值)分别进行统计推断并比较两种结论,那就比较理想了.

例 9.11 考察例 7.1 的 30 个数据中是否混进了异常值,现在,$x_{(1)} = 989.4$, $x_{(n)} = 1014.5$, $n = 30$.在 §7.4 中已经算得 $\bar{x} = 1000.6$, $s^2 = 36.0$.于是 $s_n = s\sqrt{\dfrac{n-1}{n}} = 5.90$.由于

$$\frac{\bar{x} - x_{(1)}}{s_n} = \frac{1000.6 - 989.4}{5.90} = 1.9 < 4$$

$$\frac{x_{(n)} - \bar{x}}{s_n} = \frac{1014.5 - 1000.6}{5.90} = 2.4 < 4,$$

因此 $x_{(1)}$ 与 $x_{(n)}$ 都不是异常值,从而其余数据更不可能是异常值.这个结论表明例 7.1 中 30 个数据还是比较可靠的.

例 9.11 蕴含两个要点:

(1) 应该首先怀疑 $x_{(1)}$ 与 $x_{(n)}$ 是否为异常值;

(2) 由于 $x_{(1)} \leqslant \bar{x} \leqslant x_{(n)}$,因此,当

$$\frac{\bar{x} - x_{(1)}}{s_n} > c \left(\text{或} \frac{x_{(n)} - \bar{x}}{s_n} > c \right)$$

时,认为 $x_{(1)}$(或 $x_{(n)}$)是异常值,其中临界值 $c = 4$ 或 3.

下面介绍当 $n \leqslant 25$ 时检验异常值的两种方法.设 $(X_1, \cdots, X_n)$ 是取自正态总体 $N(\mu, \sigma^2)$ 的一个样本,$\bar{x}$ 与 s^2 分别是未知参数 μ 与 σ^2 较优的估计值.取显著性水平为 α.

(1) 半极差型检验

这个检验方法的一般步骤如下:

步骤 1 计算 $\bar{x} - x_{(1)}$ 与 $x_{(n)} - \bar{x}$ 的值,并比较它们的大小.为了确定起见,以下假定 $x_{(n)} - \bar{x} > \bar{x} - x_{(1)}$.

步骤 2 当

$$\frac{x_{(n)} - \bar{x}}{s} > c$$

时,可以认为 $x_{(n)}$ 是异常值,其中临界值 c 由格鲁布斯(Grubbs)算得,见附表八.

步骤 3 如果认为 $x_{(n)}$ 是必须剔除的异常值,那么对剩下的 $n-1$ 个数据计算样本均值 $\bar{x}^{(1)}$ 与样本标准差 $s^{(1)}$.当

$$\frac{\bar{x}^{(1)} - x_{(1)}}{s^{(1)}} > c$$

时,可以认为 $x_{(1)}$ 是异常值,其中,临界值 c 仍可查附表八得到,但要注意现在数据个数为 $n-1$.

步骤 4 在上述步骤中,如果某次发现被怀疑为异常值的数据,经检验后,不能被认为是异常值,那么就终止检验;否则就对剩下的数据重复上述步骤.

半极差型检验也称为**格鲁布斯检验**.

例 9.12 为了考察某种导弹零件经过热处理后的洛氏硬度,做了 12 次试验,得数据如下:

$$81 \quad 79 \quad 82 \quad 79 \quad 83 \quad 80 \quad 93 \quad 82 \quad 80 \quad 78 \quad 74 \quad 81$$

假定热处理后零件的洛氏硬度服从正态分布.试在显著性水平 $\alpha = 0.01$ 下考察这批数据是否可靠.

解 首先列出下列计算表格(表 9.10):

表 9.10

x_i	81	79	82	79	83	80	93	82	80	78	74	81	$\sum$
$y_i = x_i - 80$	1	-1	2	-1	3	0	13	2	0	-2	-6	1	12
$y_i^2 = (x_i - 80)^2$	1	1	4	1	9	0	169	4	0	4	36	1	230

不妨对数据 $y_1, \cdots, y_{12}$ 来考察异常值(参阅习题 9.18). 现在, $y_{(1)} = -6$, $y_{(12)} = 13$,
$\bar{y} = 1$, $s_y^2 = \dfrac{1}{11} \sum_{i=1}^{12} (y_i - \bar{y})^2 = \dfrac{1}{11} \left(\sum_{i=1}^{12} y_i^2 - 12\bar{y}^2 \right) = 19.8182$, $s_y = 4.45$. 由于 $y_{(12)}$
$- \bar{y} > \bar{y} - y_{(1)}$, 因此先考察 $y_{(12)} = 13$ (即 $x_{(12)} = 93$) 是否为异常值. 算得

$$\frac{y_{(12)} - \bar{y}}{s_y} = \frac{13 - 1}{4.45} = 2.697,$$

且由 $\alpha = 0.01$ 及 $n = 12$ 查附表八得临界值 $c = 2.636$. 由于 $2.697 > 2.636$, 因此可
以认为 $y_{(12)}$ (即 $x_{(12)} = 93$) 是异常值.

剔除了 $x_{(12)} = 93$ 这个数据之后, $n = 11$. 利用上述计算表格得到(计算公式见习
题 9.19):

$$\bar{y}^{(1)} = \frac{12 - 13}{11} = -0.09,$$

$$s_y^{(1)2} = \frac{1}{10} \times \left[(230 - 13^2) - 11 \times (-0.09)^2 \right] = 6.091,$$

$$s_y^{(1)} = \sqrt{6.091} = 2.468,$$

现在考察 $y_{(1)} = -6$ (即 $x_{(1)} = 74$) 是否为异常值. 算得

$$\frac{\bar{y}^{(1)} - y_{(1)}}{s^{(1)}} = \frac{-0.09 - (-6)}{2.468} = 2.395,$$

且由 $\alpha = 0.01$ 及 $n = 11$ 查附表八得临界值 $c = 2.564$. 由于 $2.395 < 2.564$, 因此不
能认为 $y_{(1)}$ (即 $x_{(1)} = 74$) 是异常值.

根据上述检验结果, 今后可以在剩下 11 个数据的基础上作参数估计或假设检验.

(2) 邻差型检验

这个由狄克逊(Dixon)引进的方法的基本思想是, 被怀疑为异常值的数据与其
(取值)相邻的数据之差大小可以用来作为判断它是否为异常值的依据. 最大与最小
次序统计量的观测值之差 $x_{(n)} - x_{(1)}$ 与样本标准差 s 一样反映了数据的离散程度, 因
此可以用来反映总体的标准差 σ 的大小(见参考文献[7], 51—53 页).

先引进一些记号. 把数据 $x_1, \cdots, x_n$ 按从小到大排列, 记作 $x_{(1)}, x_{(2)}, \cdots, x_{(n-1)}$,
$x_{(n)}$. 例如, 当

$$x_1 = 5, \quad x_2 = -1, \quad x_3 = 2, \quad x_4 = 1, \quad x_5 = 2$$

时, 按从小到大排列的次序是 $-1, 1, 2, 2, 5$. 于是,

$$x_{(1)} = -1, \quad x_{(2)} = 1, \quad x_{(3)} = 2, \quad x_{(4)} = 2, \quad x_{(5)} = 5.$$

这实际上是最小与最大次序统计量的一般形式.

对不同的 n 值, 狄克逊引进了不同的检验统计量(表 9.11).

表 9.11　　　　　　　　　　　　　　**邻差型检验统计量表**

记　　号	n	检验 $x_{(1)}$ 时	检验 $x_{(n)}$ 时
r_{10}	$3 \sim 7$	$\dfrac{x_{(2)} - x_{(1)}}{x_{(n)} - x_{(1)}}$	$\dfrac{x_{(n)} - x_{(n-1)}}{x_{(n)} - x_{(1)}}$
r_{11}	$8 \sim 10$	$\dfrac{x_{(2)} - x_{(1)}}{x_{(n-1)} - x_{(1)}}$	$\dfrac{x_{(n)} - x_{(n-1)}}{x_{(n)} - x_{(2)}}$
r_{21}	$11 \sim 13$	$\dfrac{x_{(3)} - x_{(1)}}{x_{(n-1)} - x_{(1)}}$	$\dfrac{x_{(n)} - x_{(n-2)}}{x_{(n)} - x_{(2)}}$
r_{22}	$14 \sim 25$	$\dfrac{x_{(3)} - x_{(1)}}{x_{(n-2)} - x_{(1)}}$	$\dfrac{x_{(n)} - x_{(n-2)}}{x_{(n)} - x_{(3)}}$

当

$$r_{10}（或 r_{11}, r_{21}, r_{22}） > c$$

时,可以认为 $x_{(1)}$（或 $x_{(n)}$）是异常值,其中临界值 c 可以通过查附表九得到.

邻差型检验也称为**狄克逊检验**.

例 9.13　用邻差型检验来考察例 9.12 中的数据,显著性水平仍取 $\alpha = 0.01$.

解　把 12 个数据按从小到大的次序排列,得到

$$x_{(1)} = 74, \quad x_{(2)} = 78, \quad x_{(3)} = 79, \quad x_{(4)} = 79,$$

$$x_{(5)} = 80, \quad x_{(6)} = 80, \quad x_{(7)} = 81, \quad x_{(8)} = 81,$$

$$x_{(9)} = 82, \quad x_{(10)} = 82, \quad x_{(11)} = 83, \quad x_{(12)} = 93.$$

首先考察 $x_{(12)} = 93$ 是否为异常值. 由于 $n = 12$,因此,计算

$$r_{21} = \frac{x_{(12)} - x_{(10)}}{x_{(12)} - x_{(2)}} = \frac{93 - 82}{93 - 78} = 0.733.$$

由 $\alpha = 0.01$ 查附表九得临界值 $c = 0.642$. 由于 $0.733 > 0.642$,因此,可以认为 $x_{(12)} = 93$ 是异常值. 剔除了 $x_{(12)} = 93$ 这个数据之后,考察 $x_{(1)} = 74$ 是否为异常值. 由于 $n = 11$,因此,计算

$$r_{21} = \frac{x_{(3)} - x_{(1)}}{x_{(10)} - x_{(1)}} = \frac{79 - 74}{82 - 74} = 0.625,$$

由 $\alpha = 0.01$ 查附表九得临界值 $c = 0.679$. 由于 $0.625 < 0.679$,因此不能认为 $x_{(1)} = 74$ 是异常值. 这与例 9.12 中使用半极差型检验所得到的结论是一致的.

对于经检验后发现的异常值究竟应该如何处理是一个复杂的问题. 有些应用统

计工作者不是简单地把它从数据中剔除,而是用 $x_{(2)}$(或 $x_{(n-1)}$)的值来取代 $x_{(1)}$(或 $x_{(n)}$).实践证明,这不失为一个明智之举.

习 题

9.1 设 $(X_1,\cdots,X_n)$ 是取自正态总体 $N(\mu,100)$ 的一个样本,要检验

$$H_0:\mu=0 \qquad (H_1:\mu\neq 0).$$

在下列两种情况下,分别确定常数 d,使得以 W_1 为拒绝域的检验犯第 I 类错误的概率为 0.05.

(1) $n=1$, $W_1=\{x_1:|x_1|>d\}$;

(2) $n=25$, $W_1=\{(x_1,\cdots,x_{25}):|\bar{x}|>d\}$,其中 $\bar{x}=\dfrac{1}{25}\sum\limits_{i=1}^{25}x_i$.

9.2 设 $(X_1,\cdots,X_n)$ 是取自总体 X 的一个样本,$X\sim R(0,\theta)$.要检验

$$H_0:\theta=2 \qquad (H_1:\theta>2).$$

在下列两种情形下,分别确定常数 d,使得以 W_1 为拒绝域的检验犯第 I 类错误的概率为 0.1.

(1) $n=1$, $W_1=\{x_1:x_1>d\}$;

(2) $n=4$, $W_1=\{(x_1,\cdots,x_4):x_{(4)}>d\}$,其中 $x_{(4)}=\max\limits_{1\leqslant i\leqslant 4}x_i$.[提示:利用例 7.6 的结果.]

9.3 某糖厂用自动打包机装糖.已知每袋糖的重量(单位:千克)服从正态分布 $N(\mu,\sigma^2)$.今随机地抽查了 9 袋,并称出它们的重量 $x_1,\cdots,x_9$,由此算得 $\bar{x}=48.5,s=2.5$.取显著性水平 $\alpha=0.05$.在下列两种情形下,分别检验

$$H_0:\mu=50 \qquad (H_1:\mu\neq 50).$$

(1) 已知 $\sigma^2=4$;

(2) σ^2 未知.

9.4 在习题 9.3 中,试在显著性水平 $\alpha=0.10$ 下检验

$$H_0:\sigma^2=4 \qquad (H_1:\sigma^2>4).$$

9.5 监测站对某条河流每日的溶解氧(DO)质量浓度(单位:mg/L)记录了 30 个数据,并由此算得 $\bar{x}=2.52,s_n=2.05$.已知这条河流的每日 DO 质量浓度服从 $N(\mu,\sigma^2)$,试在显著性水平 $\alpha=0.05$ 下检验

$$H_0:\mu=2.7 \qquad (H_1:\mu\neq 2.7).$$

9.6 从某厂生产的电子元件中随机地抽取了 25 个作使用寿命测试,得数据(单位:h)$x_1,\cdots,x_{25}$,并由此算得 $\bar{x}=100,\sum\limits_{i=1}^{25}x_i^2=4.9\times 10^5$.已知这种电子元件的使用寿命服从 $N(\mu,\sigma^2)$,且国家标准为90h以上.试在显著性水平 $\alpha=0.05$ 下检验该厂生产的电子元件是否符合国家标准,即要检验

$$H_0:\mu=90 \qquad (H_1:\mu>90).$$

9.7 随机地从一批外径为 1cm 的钢珠中抽取 10 只测试屈服强度(单位:N/cm²),得数据 $x_1,\cdots,x_{10}$,并由此算得 $\bar{x}=2200,s=220$.已知钢珠的屈服强度服从 $N(\mu,\sigma^2)$.试在显著性水平 α

$= 0.05$ 下分别检验:

(1) $H_0 : \mu = 2\,000 \quad (H_1 : \mu \neq 2\,000)$;

(2) $H_0 : \sigma = 200 \quad (H_1 : \sigma > 200)$.

9.8 取样分析一种食品在某种化学处理前后的含水量(单位:%),得到如下数据(表9.12):

表 9.12

处理前	19	18	21	30	42	12	30	28	
处理后	15	13	9	7	24	19	4	8	20	12

假定处理前后食品的含水率都服从正态分布,且它们的方差相等,试问,处理前后的含水率有无显著性改变?取显著性水平 $\alpha = 0.05$.

9.9 在习题9.8中,试在显著性水平 $\alpha = 0.10$ 下作方差齐性检验.

9.10 随机地挑选20位失眠者,分别服用甲、乙两种安眠药,记录下他们睡眠的延长时间(单位:h),得数据如表9.13所示.

表 9.13

服用甲药	1.9	0.8	1.1	0.1	-0.1	4.4	5.6	1.6	4.6	3.4
服用乙药	0.7	-1.6	-0.2	-0.1	3.4	3.7	0.8	0	2.0	-1.2

试问,能否认为甲药的疗效显著地高于乙药?即要检验

$$H_0 : \mu_1 = \mu_2 \quad (H_1 : \mu_1 > \mu_2).$$

这里假定延长时间分别服从 $N(\mu_1, \sigma^2)$ 与 $N(\mu_2, \sigma^2)$,取显著性水平 $\alpha = 0.05$.

9.11 某厂声称产品的一级品率达 40%,今随机地从该厂生产的产品中抽取 100 件作测试,发现有 35 件是一级品.试在显著性水平 $\alpha = 0.10$ 下检验

$$H_0 : p = 0.4 \quad (H_1 : p < 0.4),$$

其中 p 表示该厂产品的一级品率.

9.12 对例 9.7 给出的假设检验问题,取拒绝域

$$W_1 = \{(x_1, \cdots, x_n) : \sqrt{n}\ \bar{x} < -u_{1-\alpha}\}.$$

(1) 试证犯第 I 类错误的概率为 α;

(2) 试求 $\beta(\mu) = P((X_1, \cdots, X_n) \in W_1), \mu > 0$;

(3) 当 $\alpha = 0.05, n = 4$ 时,试求 $1 - \beta(0.1)$,并把它与例 9.7 中的结果作比较.

9.13 对某厂生产的维尼纶的纤度作抽样检查,获得 100 个数据.经整理后,这些数据如表9.14所示.

表 9.14

纤　　度	1.28	1.31	1.34	1.37	1.40	1.43	1.46	1.49	1.52	1.55
频　　数	1	4	7	22	23	25	10	6	1	1

试在显著性水平 $\alpha = 0.01$ 下检验该厂生产的维尼纶的纤度服从正态分布.

9.14 为了检验某厂生产的灯泡的使用寿命是否服从指数分布,随机地抽查了150只灯泡,测得它们的平均使用寿命 $\bar{x} = 200$h,把这150个数据分组整理后如表9.15所示.

表 9.15

寿命范围	[0,100]	(100,200]	(200,300]	(300,∞)
频　数	47	40	35	28

试在显著性水平 $\alpha = 0.01$ 下作 χ^2 拟合优度检验.

9.15 为了检查一颗骰子是否均匀,把这颗骰子掷了 100 次,得结果如表 9.16 所示.

表 9.16

出现点数	1	2	3	4	5	6
频　数	14	15	13	20	18	20

试在显著性水平 $\alpha = 0.05$ 下作 χ^2 拟合优度检验.[提示:检验 H_0:总体 X 服从集合 $\{1,2,3,4,5,6\}$ 上的离散型均匀分布.]

9.16 调查了 300 户有两个孩子的家庭,得数据如表 9.17 所示.

表 9.17

孩子的性别	两　男	一男一女	两　女
家庭户数	73	148	79

在显著性水平 10% 下,对总体 X 是否服从二项分布 $B(2,0.5)$ 作 χ^2 拟合优度检验,其中,X 表示两个孩子的家庭中男孩个数,并对结论作直观解释.

9.17 设 $(X_1,\cdots,X_n)$ 是取自正态总体 $N(\mu,\sigma^2)$ 的一个样本.试证 $X_i - \overline{X} \sim N\left(0, \frac{n-1}{n}\sigma^2\right)$.

9.18 设 $(x_1,\cdots,x_n)$ 是一组样本观测值,对这 n 个数据作同一个线性变换:$y_i = kx_i + c$,$k \neq 0$,$i = 1,\cdots,n$.试证

(1) 当 $k > 0$ 时,$y_{(i)} = kx_{(i)} + c$;当 $k < 0$ 时,$y_{(i)} = kx_{(n+1-i)} + c$,$i = 1,\cdots,n$;

(2) $\overline{y} = k\overline{x} + c$;

(3) $\sum\limits_{i=1}^{n}(y_i - \overline{y})^2 = k^2 \sum\limits_{i=1}^{n}(x_i - \overline{x})^2$.

9.19 某人为了根据 n 个数据 $x_1,\cdots,x_n$ 计算样本均值与样本方差的观测值,先算得 $\sum\limits_{i=1}^{n}x_i = a$,$\sum\limits_{i=1}^{n}x_i^2 = b$.现要剔除一个数据 c.试证,剔除后样本均值与样本方差的观测值分别为

$$\overline{x} = \frac{1}{n-1}(a-c), \qquad s^2 = \frac{1}{n-2}\left[(b-c^2) - (n-1)\overline{x}^2\right].$$

9.20 设样本观测值为 $(-0.8, 1.2, -3, 4, 1)$.试求 $x_{(i)}$ 的值,$i = 1,\cdots,5$.

9.21 19 世纪一位天文学家在研究金星垂直半径时需要处理 15 个数据(单位:s):

$$-1.40 \quad -0.44 \quad -0.30 \quad -0.24 \quad -0.22 \quad -0.13 \quad -0.05 \quad 0.06$$
$$0.10 \quad 0.18 \quad 0.20 \quad 0.39 \quad 0.48 \quad 0.63 \quad 1.01$$

试分别用半极差型检验与邻差型检验考察这些数据中是否混有异常值?假定这些数据来自一个正态总体,取显著性水平 $\alpha = 0.05$.

第十章　回归分析与方差分析

回归分析与方差分析是应用价值很大的两类统计方法,它们本质上是利用参数估计与假设检验处理一类特定的数据,这类数据往往受到一个或若干个自变量的影响.本章主要讨论一个自变量的情形,而对两个以上自变量的情形仅作简单介绍.

§10.1　相关关系问题

在实际问题中,常常需要研究变量与变量之间的相互关系.函数是研究变量之间相互关系的一个有力工具.例如以速度 v 作匀速直线运动时,物体经历的时间 t 与所经过的路程 s 之间具有函数关系 $s=vt$.函数关系的基本特征是,当自变量 x 的值确定后,因变量 y 随之确定.因此,函数实质上是研究变量之间**确定性关系**的数学工具.然而,在客观世界中变量之间还存在另一种关系,即**不确定性关系**.例如,人的身高与体重这两个变量之间存在某种关系,这种关系不能用一个函数来表达,因为当人的身高确定后,人的体重并不随之确定,它们之间存在一种不确定性关系.又如,混凝土的水泥用量与其抗压强度之间存在某种关系,这种关系也不能用函数关系来表达,因为这是一种不确定性关系.变量之间的不确定性关系称为**相关关系**.本章讨论一类较简单但应用价值却很大的相关关系,即假定自变量是普通的变量,但因变量是一个随机变量.

假定要考察自变量 x 与因变量 Y 之间的相关关系.由于自变量 x 给定之后,因变量 Y 并不随之确定,它是一个与 x 有关的随机变量,它可能取其值域 Ω_Y 中的某个值,因此,直接研究 x 与 Y 之间的相关关系比较困难.注意到均值 $E(Y)$ 反映了随机变量 Y 的平均取值,因此可以考虑研究 x 与 $E(Y)$ 之间的关系.$E(Y)$ 往往是 x 的某个函数.随机变量 Y 所包含的不确定性通过期望 $E(Y)$ 被消除,这样,x 与 $E(Y) \triangleq \mu(x)$ 之间便是一种确定性关系,即函数关系.下面通过研究 $\mu(x)$ 这个函数来达到探讨 x 与 Y 之间相关关系的目的.

一般地,研究 $\mu(x)$ 这个函数还存在不少困难,通常是先考虑一种最简单的情形,即 $\mu(x)$ 是 x 的线性函数.另外,根据自变量 x 的变化范围的不同分别用不同的统计方法来处理.当 x 为一个定量描述(即 x 在某个区间内取值)的变量时,用**回归分析**来研究相关关系;当 x 为一个定性描述(相当于 x 仅取有限个值)的变量时,用**方差分析**来研究相关关系.

按照自变量个数的不同,回归分析与方差分析有一元与多元之分.§10.2 与 §10.3 讨论一元回归分析,§10.5 讨论一元方差分析.对于多元情形,仅在 §10.4 与 §10.6 中作简单介绍.

§10.2　一元回归分析

本节将通过对一个实例进行分析来建立**一元(线性)回归分析**的数学模型,并由此给出一般的回归分析方法.

一、线性模型

首先考察一个例子.

例 10.1　为了研究弹簧悬挂重量 x(单位:g)与长度 Y(单位:cm)的关系[①],通过试验得到如下一组(6 对)数据(表 10.1):

表 10.1

重量 x_i	5	10	15	20	25	30
长度 y_i	7.25	8.12	8.95	9.90	10.90	11.80

把这些数据点 (x_i, y_i) $(i = 1, \cdots, 6)$ 标在 xOy 坐标系中(图 10.1). 这个图形称为**散点图**.

图 10.1　例 10.1 的散点图

从散点图看出,自变量 x 与因变量 Y 之间存在相关关系;这 6 个点虽然不在同一条直线上,但大致在直线 L 的周围.记这条直线为 $y = \beta_0 + \beta_1 x$. 于是,可以把 x_i 与 y_i 之间的关系表示成

$$y_i = (\beta_0 + \beta_1 x_i) + \varepsilon_i, \quad i = 1, \cdots, 6.$$

这里,ε_i 表示试验误差,它反映了自变量 x 与因变量 Y 之间的不确定性关系.

一般地,假定考察自变量 x 与因变量 Y 之间的相关关系,且

---

① 物理定律告诉我们,弹簧的伸长与拉力之间在理论上存在线性关系.回归分析正是为这条物理定律提供了统计依据.

$$Y = \beta_0 + \beta_1 x + \varepsilon,$$

其中 $\varepsilon \sim N(0, \sigma^2)$. 对这一组变量 (x, Y) 作了 n 次观测, 得到样本观测值

$$(x_1, y_1), \cdots, (x_n, y_n).$$

站在抽样前的立场看, 这一组样本可以表示成

$$Y_i = \beta_0 + \beta_1 x_i + \varepsilon_i, \quad i = 1, \cdots, n,$$

其中 $\varepsilon_1, \cdots, \varepsilon_n$ 是独立同分布的随机变量, 且都服从 $N(0, \sigma^2)$. 这个数学模型称为 **(一元) 线性模型**.

在线性模型中, 自变量 x 看作一个普通的变量, 即它的取值 $x_1, \cdots, x_n$ 是可以控制或精确测量的; 而因变量 Y 是一个随机变量 (因为 ε 是一个随机变量), 即它的取值 $y_1, \cdots, y_n$ 在抽样前是不确定的, 即是不可控制的.

在线性模型中, 总体 $Y \sim N(\beta_0 + \beta_1 x, \sigma^2)$, 其中

$$E(Y) = \beta_0 + \beta_1 x$$

是 x 的线性函数, 这个函数称为**回归函数**, 称 β_1 为**回归系数**. 这里, $\beta_0, \beta_1, \sigma^2$ 都是未知参数, $-\infty < \beta_0, \beta_1 < \infty, \sigma^2 > 0$. 回归函数 $y = \beta_0 + \beta_1 x$ 反映了自变量 x 与因变量 Y 之间的相关关系. 回归分析就是要根据样本 $(x_1, y_1), \cdots, (x_n, y_n)$ 找到 β_0 与 β_1 适当的估计值 $\hat{\beta}_0, \hat{\beta}_1$, 从而用经验公式

$$y = \hat{\beta}_0 + \hat{\beta}_1 x$$

来近似刻画自变量 x 与因变量 Y 之间的相关关系. 这个经验公式称为**经验回归函数**, 它代表的直线称为**经验回归直线**. 图 10.1 大致上画出了经验回归直线 L 的位置.

二、最小二乘法

如何根据 $(x_1, y_1), \cdots, (x_n, y_n)$ 来推测经验回归直线 L? 从直观上看, 这条直线 L 应最接近已知的 n 个数据点. 通常用

$$Q(\beta_0, \beta_1) \triangleq \sum_{i=1}^{n} [y_i - (\beta_0 + \beta_1 x_i)]^2$$

作为任意一条直线 $y = \beta_0 + \beta_1 x$ 与这 n 个数据点偏离程度的定量指标. 当然, 希望选取适当的 β_0, β_1 使得 $Q(\beta_0, \beta_1)$ 的值尽量小. 用这个方法得到的 β_0, β_1 的估计称为**最小二乘估计**, 这个估计方法称为**最小二乘法**.

为了简明起见, 本节中将用记号 "$\sum$" 表示 "$\sum\limits_{i=1}^{n}$".

要求 $Q(\beta_0, \beta_1)$ 的最小值, 可以先解下列方程组:

$$
\begin{cases}
\dfrac{\partial}{\partial \beta_0} Q(\beta_0, \beta_1) = \sum (y_i - \beta_0 - \beta_1 x_i)(-2) = 0; \\[2mm]
\dfrac{\partial}{\partial \beta_1} Q(\beta_0, \beta_1) = \sum (y_i - \beta_0 - \beta_1 x_i)(-2x_i) = 0.
\end{cases}
$$

经整理后得到

$$
\begin{cases}
n\beta_0 + \left(\sum x_i\right)\beta_1 = \sum y_i; \\[2mm]
\left(\sum x_i\right)\beta_0 + \left(\sum x_i^2\right)\beta_1 = \sum x_i y_i.
\end{cases}
$$

称这个方程组为**正则**(或**正规**)**方程组**. 由正则方程组解得

$$
\begin{cases}
\beta_1 = \dfrac{\sum x_i y_i - \dfrac{1}{n}\left(\sum x_i\right)\left(\sum y_i\right)}{\sum x_i^2 - \dfrac{1}{n}\left(\sum x_i\right)^2} = \dfrac{\sum (x_i - \bar{x})(y_i - \bar{y})}{\sum (x_i - \bar{x})^2}; \\[6mm]
\beta_0 = \bar{y} - \beta_1 \bar{x}.
\end{cases}
$$

其中,$\bar{x} = \dfrac{1}{n}\sum x_i$,$\bar{y} = \dfrac{1}{n}\sum y$. 于是,$\beta_0$,$\beta_1$ 的最小二乘估计量为

$$
\begin{cases}
\hat{\beta}_0 = \bar{Y} - \hat{\beta}_1 \bar{x}; \\[4mm]
\hat{\beta}_1 = \dfrac{\sum (x_i - \bar{x})(Y_i - \bar{Y})}{\sum (x_i - \bar{x})^2}.
\end{cases}
$$

由 β_0,β_1 的最小二乘估计值,得经验回归函数为

$$
y = \hat{\beta}_0 + \hat{\beta}_1 x = \bar{y} + \hat{\beta}_1 (x - \bar{x}).
$$

经验回归直线是过 n 个数据点的几何重点 $(\bar{x}, \bar{y})$ 且斜率为 $\hat{\beta}_1$ 的一条直线.

回归分析的目的是研究自变量 x 的改变对因变量 Y 的影响,因此,不会把可控制的自变量 x 的取值 $x_1, \cdots, x_n$ 取作全相等. 从而,$\sum (x_i - \bar{x})^2 \neq 0$. 这保证正则方程组有唯一解.

例 10.2 在例 10.1 中,试求 β_0,β_1 的最小二乘估计值与经验回归函数.

解 列出计算表格($n = 6$)(表 10.2).

表 10.2

i	1	2	3	4	5	6	$\sum$
x_i	5	10	15	20	25	30	105
y_i	7.25	8.12	8.95	9.90	10.90	11.80	56.92
x_i^2	25	100	225	400	625	900	2275
y_i^2	56.563	65.934	80.103	98.010	118.810	139.240	554.66
$x_i y_i$	36.25	81.20	134.25	198.00	272.50	354.00	1076.20

于是, $\bar{x} = 17.5$, $\bar{y} = 9.487$. 利用 $\sum (x_i - \bar{x})(y_i - \bar{y}) = \sum x_i y_i - \dfrac{1}{n} \sum x_i \sum y_i$, 得到

$$\hat{\beta}_1 = \frac{1\,076.20 - \dfrac{1}{6} \times 105 \times 56.92}{2\,275 - \dfrac{1}{6} \times 105^2} = \frac{80.1}{437.5} = 0.183,$$

$$\hat{\beta}_0 = 9.487 - 0.183 \times 17.5 = 6.28.$$

经验回归函数为

$$y = 6.28 + 0.183x.$$

下面讨论最小二乘估计的性质.

定理 10.1 $\hat{\beta}_0, \hat{\beta}_1$ 分别是 β_0, β_1 的无偏估计,且

$$\hat{\beta}_0 \sim N\left(\beta_0, \frac{\sigma^2 \sum x_i^2}{n \sum (x_i - \bar{x})^2}\right), \qquad \hat{\beta}_1 \sim N\left(\beta_1, \frac{\sigma^2}{\sum (x_i - \bar{x})^2}\right).$$

证 由 $E(Y_i) = \beta_0 + \beta_1 x_i$ 得到

$$E(\hat{\beta}_1) = E\left\{\frac{\sum (x_i - \bar{x})(Y_i - \bar{Y})}{\sum (x_i - \bar{x})^2}\right\} = E\left\{\frac{\sum (x_i - \bar{x}) Y_i}{\sum (x_i - \bar{x})^2}\right\}$$

$$= \frac{\sum (x_i - \bar{x}) E(Y_i)}{\sum (x_i - \bar{x})^2} = \frac{\sum (x_i - \bar{x})(\beta_0 + \beta_1 x_i)}{\sum (x_i - \bar{x})^2}$$

$$= \beta_1 \frac{\sum (x_i - \bar{x}) x_i}{\sum (x_i - \bar{x})^2} = \beta_1,$$

其中,反复使用了恒等式 $\sum (x_i - \bar{x}) c = 0$. 这表明 $\hat{\beta}_1$ 具有无偏性. 由

$$E(\bar{Y}) = \frac{1}{n} \sum E(Y_i) = \frac{1}{n} \sum (\beta_0 + \beta_1 x_i) = \beta_0 + \beta_1 \bar{x}$$

得到

$$E(\hat{\beta}_0) = E(\bar{Y} - \hat{\beta}_1 \bar{x}) = E(\bar{Y}) - \bar{x} E(\hat{\beta}_1) = (\beta_0 + \beta_1 \bar{x}) - \bar{x} \beta_1 = \beta_0,$$

这表明 $\hat{\beta}_0$ 具有无偏性.

由于 $\hat{\beta}_0, \hat{\beta}_1$ 都是独立正态随机变量 $Y_1, \cdots, Y_n$ 的线性函数,因此,它们都服从正态分布.下面来计算它们的方差.由方差的性质及 $D(Y_i) = \sigma^2$ 得到

$$D(\hat{\beta}_1) = D\left\{\frac{\sum(x_i - \bar{x})Y_i}{\sum(x_i - \bar{x})^2}\right\} = \frac{\sum D\{(x_i - \bar{x})Y_i\}}{\left[\sum(x_i - \bar{x})^2\right]^2}$$

$$= \frac{\sum(x_i - \bar{x})^2\sigma^2}{\left[\sum(x_i - \bar{x})^2\right]^2} = \frac{\sigma^2}{\sum(x_i - \bar{x})^2}.$$

类似地,由于

$$\hat{\beta}_0 = \bar{Y} - \hat{\beta}_1\bar{x} = \frac{1}{n}\sum Y_i - \bar{x}\frac{\sum(x_i - \bar{x})Y_i}{\sum(x_i - \bar{x})^2} = \sum\left[\frac{1}{n} - \frac{\bar{x}(x_i - \bar{x})}{\sum(x_i - \bar{x})^2}\right]Y_i,$$

因此,

$$D(\hat{\beta}_0) = \sum\left[\frac{1}{n} - \frac{\bar{x}(x_i - \bar{x})}{\sum(x_i - \bar{x})^2}\right]^2\sigma^2$$

$$= \sigma^2\left[\frac{1}{n} + \frac{\bar{x}^2}{\sum(x_i - \bar{x})^2}\right] = \frac{\sigma^2\sum x_i^2}{n\sum(x_i - \bar{x})^2}. \qquad \text{证毕}$$

现在来讨论 σ^2 的点估计. $\sigma^2 = D(\varepsilon_i)$ 反映了试验误差. 在数据中,它通过 $y_i - \hat{y}_i$ 来表现,其中

$$\hat{y}_i \triangleq \hat{\beta}_0 + \hat{\beta}_1 x_i = \bar{y} + \hat{\beta}_1(x_i - \bar{x}), \quad i = 1, \cdots, n.$$

即 $\hat{y}_i$ 是按经验回归函数算得自变量 $x = x_i$ 时因变量 y 的值,称 $y_i - \hat{y}_i$ 为第 i 个**残差**, $i = 1, \cdots, n$,称

$$SS_E \triangleq \sum(y_i - \hat{y}_i)^2$$

为**残差平方和**. 残差平方和反映了 n 次试验的累积误差,它的值恰是 $Q(\beta_0, \beta_1)$ 的最小值 $Q(\hat{\beta}_0, \hat{\beta}_1)$,因为

$$SS_E = \sum(y_i - \hat{y}_i)^2 = \sum[y_i - (\hat{\beta}_0 + \hat{\beta}_1 x_i)]^2 = Q(\hat{\beta}_0, \hat{\beta}_1).$$

通常取 σ^2 的估计为

$$\hat{\sigma}_n^2 = \frac{1}{n}SS_E.$$

当 n 较小时,通常取 σ^2 的估计为

$$\hat{\sigma}^2 = \frac{1}{n-2}SS_E.$$

可以证明,$\hat{\sigma}^2$ 是 σ^2 的无偏估计(见参考文献[6],247—248 页);$\hat{\sigma}_n^2$ 不具有无偏性,但它是 σ^2 的渐近无偏估计.

下面推导残差平方和的计算公式. 由

$$y_i - \hat{y}_i = y_i - [\bar{y} + \hat{\beta}_1 (x_i - \bar{x})] = (y_i - \bar{y}) - \hat{\beta}_1 (x_1 - \bar{x})$$

得到

$$SS_E = \sum (y_i - \hat{y}_i)^2 = \sum [(y_i - \bar{y}) - \hat{\beta}_1 (x_i - \bar{x})]^2$$

$$= \sum (y_i - \bar{y})^2 + \hat{\beta}_1^2 \sum (x_i - \bar{x})^2 - 2\hat{\beta}_1 \sum (x_i - \bar{x})(y_i - \bar{y})$$

$$= \sum (y_i - \bar{y})^2 - \hat{\beta}_1^2 \sum (x_i - \bar{x})^2$$

$$= \sum (y_i - \bar{y})^2 - \frac{[\sum (x_i - \bar{x})(y_i - \bar{y})]^2}{\sum (x_i - \bar{x})^2}.$$

最后两个表达式都是计算残差平方和时有用的公式.

例 10.3　试求例 10.1 中 σ^2 的估计值 $\hat{\sigma}_n^2$ 与无偏估计值 $\hat{\sigma}^2$.

解　由例 10.2 中给出的计算结果得到

$$\sum (x_i - \bar{x})^2 = 437.5,$$

$$\sum (x_i - \bar{x})(y_i - \bar{y}) = 80.1,$$

$$\sum (y_i - \bar{y})^2 = 554.66 - \frac{1}{6} \times 56.92^2 = 14.679.$$

因此,

$$SS_E = 14.679 - \frac{80.1^2}{437.5} = 0.0138.$$

从而　　$\hat{\sigma}_n^2 = \frac{1}{6} \times 0.0138 = 0.0023, \quad \hat{\sigma}^2 = \frac{1}{4} \times 0.0138 = 0.00345.$

同时得到　　　　　　　　$\hat{\sigma} = \sqrt{0.00345} = 0.059.$

最小二乘法是传统的统计方法. 多年来,这个方法的弊病越来越受到应用统计工作者的重视.

三、回归系数的显著性检验

回归系数 β_1 是一个重要的未知参数,对此需要检验

$$H_0: \beta_1 = 0 \qquad (H_1: \beta_1 \neq 0).$$

$|\beta_1|$ 的大小反映了自变量 x 对因变量 Y 的影响程度. 如果经检验拒绝 H_0,那么,可以认为自变量 x 对因变量有显著性影响,称为**回归效果显著**;如果经检验不能拒绝 H_0,即**回归效果不显著**,那么原因是多方面的. 例如,可能原来假定 $E(Y)$ 是 x 的线性函数 $\beta_0 + \beta_1 x$ 有问题,也可能影响因变量 Y 的自变量不止 x 一个,甚至还可能 x 与 Y 之间不存在必须重视的相关关系.

为了给出回归系数的显著性检验的拒绝域,先作一些准备工作. 记

$$SS \triangleq \sum (Y_i - \bar{Y})^2,$$

并称 SS 为**总偏差平方和**. $SS = \sum (y_i - \bar{y})^2$ 反映了数据中因变量取值的离散程度. 记

$$SS_R \triangleq \sum (\hat{Y}_i - \bar{Y})^2,$$

并称 SS_R 为**回归平方和**. 由 $\hat{y}_i = \bar{y} + \hat{\beta}(x_i - \bar{x})$ 得到

$$SS_R = \sum [\hat{\beta}_1 (x_i - \bar{x})]^2 = \hat{\beta}_1^2 \sum (x_i - \bar{x})^2,$$

$$\frac{1}{n} \sum \hat{y}_i = \frac{1}{n} \sum [\bar{y} + \hat{\beta}_1 (x_i - \bar{x})] = \bar{y}.$$

因此,SS_R 反映了 n 个值 $\hat{y}_1, \cdots, \hat{y}_n$ 相对于其平均值 $\bar{y}$ 的离散程度,它是由于自变量 x 取不同的值 $x_1, \cdots, x_n$ 而引起的,因而它在一定程度上反映了回归系数 β_1 对数据中因变量取值产生的影响. 由残差平方和的计算公式得到**平方和分解公式**:

$$SS = SS_R + SS_E.$$

下面给出回归分析中的一条基本定理(证明略).

定理 10.2 $(\hat{\beta}_0, \hat{\beta}_1)$ 与 SS_E 相互独立,且 $\frac{1}{\sigma^2} SS_E \sim \chi^2 (n-2)$. 当 $\beta_1 = 0$ 时,$\frac{1}{\sigma^2} SS_R \sim \chi^2 (1)$.

对回归系数作显著性检验,有本质上相同的 3 种常用方法.

(1) t **检验法**

取检验统计量

$$T = \frac{\hat{\beta}_1}{\hat{\sigma}} \sqrt{\sum (x_i - \bar{x})^2}.$$

当 $\beta_1 = 0$ 时,由定理 10.1 得到 $\sqrt{\sum (x - \bar{x})^2} \cdot \frac{\hat{\beta}_1}{\sigma} \sim N(0,1)$;由定理 10.2 得到 $\frac{1}{\sigma^2} SS_E = \frac{(n-2)\hat{\sigma}^2}{\sigma^2} \sim \chi^2 (n-2)$,且 $\hat{\beta}_1$ 与 SS_E 相互独立,因此,$T \sim t(n-2)$. 于是,在显著性水平 α 下,当

$$|t| = \sqrt{\sum (x_i - \bar{x})^2} \frac{|\hat{\beta}_1|}{\hat{\sigma}} > t_{1-\frac{\alpha}{2}} (n-2)$$

时,拒绝 H_0.

（2）F 检验法

取检验统计量

$$F = \frac{SS_R}{\dfrac{SS_E}{(n-2)}}.$$

当 $\beta_1 = 0$ 时，按定理 10.2，并注意到 $\hat{\beta}_1$ 与 SS_E 相互独立保证 $SS_R = \hat{\beta}_1^2 \sum (x_i - \bar{x})^2$ 与 SS_E 相互独立，推得 $F \sim F(1, n-2)$. 于是，在显著性水平 α 下，当

$$f = \frac{SS_R}{\dfrac{SS_E}{(n-2)}} > F_{1-\alpha}(1, n-2)$$

时，拒绝 H_0. 由 $T^2 = F$ 便知 F 检验法本质上与 t 检验法是相同的.

（3）相关系数检验法

取检验统计量

$$R = \frac{\sum (x_i - \bar{x})(Y_i - \bar{Y})}{\sqrt{\sum (x_i - \bar{x})^2}\,\sqrt{\sum (Y_i - \bar{Y})^2}},$$

称 R 为**相关系数**. 类似于随机变量的相关系数 $\rho(X, Y)$，R 的取值 r 反映了自变量 x 与因变量 Y 之间的线性相关关系. 于是，在显著性水平 α 下，当

$$|r| > c$$

时，拒绝 H_0，其中临界值 c 在附表十中给出. 相关系数检验法是实际问题中被广泛应用的一种检验方法，因为它对 x 与 Y 之间线性相关关系给出一个数量表示. 可以证明相关系数检验法也与 t 检验法本质上是相同的，因为它们之间存在下列关系：

$$T = \sqrt{n-2}\,\frac{R}{\sqrt{1-R^2}}.$$

例 10.4 在显著性水平 $\alpha = 0.01$ 下对例 10.1 检验 $H_0 : \beta_1 = 0$.

解 由例 10.2 与例 10.3 给出的计算结果得到，3 种检验统计量的观测值分别是

$$t = \frac{|0.183|}{0.059} \times \sqrt{437.5} = 64.9,$$

$$f = \frac{SS_R}{\dfrac{SS_E}{(n-2)}} = \frac{SS - SS_E}{\hat{\sigma}^2} = \frac{14.679 - 0.0138}{0.00345} = 4251,$$

$$r = \frac{80.1}{\sqrt{437.5 \times 14.679}} = 0.9995.$$

3 种检验的临界值分别是

$$t_{0.995}(4) = 4.6041, \quad F_{0.99}(1, 4) = 21.2, \quad c = 0.917.$$

于是，检验结论都是拒绝 H_0，即回归效果显著.

使用回归分析时，应先对回归系数作显著性检验. 只有当回归效果显著时，经验

回归函数才有其统计合理性.

四、预测与控制

经过检验发现回归效果显著后,便可认为经验回归函数 $y = \hat{\beta}_0 + \hat{\beta}_1 x$ 是一个反映客观实际的公式. 如果要**预测** $x = x_0$ 时因变量 $Y_0 = \beta_0 + \beta_1 x_0 + \varepsilon_0$ 的取值,那么,自然会取 $\hat{y}_0 = \hat{\beta}_0 + \hat{\beta}_1 x_0$ 作为 Y_0 的**预测值**,这里,$\hat{y}_0$ 是经验回归函数在 $x = x_0$ 处的函数值. 现在来考察预测量 $\hat{Y}_0 = \hat{\beta}_0 + \hat{\beta}_1 x_0 = \bar{Y} + \hat{\beta}_1 (x_0 - \bar{x})$ 的预测误差 $\hat{Y}_0 - Y_0$. 这是一个随机变量.

定理 10.3 假定 $\varepsilon_0, \varepsilon_1, \cdots, \varepsilon_n$ 相互独立,那么,$\hat{Y}_0 - Y_0 \sim N(0, d^2 \sigma^2)$,其中

$$d \triangleq \sqrt{1 + \frac{1}{n} + \frac{(x_0 - \bar{x})^2}{\sum (x_i - \bar{x})^2}}.$$

证 $\hat{Y}_0 - Y_0$ 是独立正态随机变量 $Y_0, Y_1, \cdots, Y_n$ 的线性函数:

$$\hat{Y}_0 - Y_0 = \bar{Y} + (x_0 - \bar{x}) \left[\frac{\sum (x_i - \bar{x}) Y_i}{\sum (x_i - \bar{x})^2} \right] - Y_0$$

$$= \sum \frac{1}{n} Y_i + \frac{x_0 - \bar{x}}{\sum (x_i - \bar{x})^2} \sum (x_i - \bar{x}) Y_i - Y_0$$

$$= \sum \left[\frac{1}{n} + \frac{(x_0 - \bar{x})(x_i - \bar{x})}{\sum (x_i - \bar{x})^2} \right] Y_i - Y_0,$$

因此,$\hat{Y}_0 - Y_0$ 服从正态分布. 由 $E(Y_0) = \beta_0 + \beta_1 x_0$ 推得

$$E(\hat{Y}_0 - Y_0) = E(\hat{Y}_0) - E(Y_0) = E(\hat{\beta}_0 + \hat{\beta}_1 x_0) - (\beta_0 + \beta_1 x_0) = 0.$$

由方差的性质及 $D(Y_0) = \sigma^2$ 算得,

$$D(\hat{Y}_0 - Y_0) = D(\hat{Y}_0) + D(Y_0) = D\left\{ \sum \left[\frac{1}{n} + \frac{(x_0 - \bar{x})(x_i - \bar{x})}{\sum (x_i - \bar{x})^2} \right] Y_i \right\} + \sigma^2$$

$$= \sigma^2 + \sum \left[\frac{1}{n} + \frac{(x_0 - \bar{x})(x_i - \bar{x})}{\sum (x_i - \bar{x})^2} \right]^2 \sigma^2$$

$$= \sigma^2 \left[1 + \frac{1}{n} + \frac{(x_0 - \bar{x})^2}{\sum (x_i - \bar{x})^2} \right].$$

证毕

由定理 10.2 与定理 10.3 推得,随机变量

$$J = \frac{\hat{Y}_0 - Y_0}{\hat{\sigma} d} = \frac{\dfrac{(\hat{Y}_0 - Y_0)}{\sigma d}}{\sqrt{\dfrac{1}{\sigma^2} \cdot \dfrac{SS_E}{(n-2)}}} \sim t(n-2).$$

于是,

$$P\left(\frac{|\hat{Y}_0 - Y_0|}{\hat{\sigma}d} \leqslant t_{1-\frac{\alpha}{2}}(n-2)\right) = 1 - \alpha.$$

这就给出了 Y_0 的一个**双侧** $1-\alpha$ **预测区间**的上、下限为

$$\hat{Y}_0 \pm t_{1-\frac{\alpha}{2}}(n-2)\hat{\sigma}d = (\hat{\beta}_0 + \hat{\beta}_1 x_0) \pm t_{1-\frac{\alpha}{2}}(n-2)\hat{\sigma}\sqrt{1 + \frac{1}{n} + \frac{(x_0 - \bar{x})^2}{\sum(x_i - \bar{x})^2}}.$$

例 10.5   在例 10.1 中,试求 $x_0 = 16$ 时 Y_0 的预测值及双侧 95% 预测区间.

解   在例 10.2 中,已经求得经验回归函数 $y = 6.28 + 0.183x$. 于是,当 $x_0 = 16$ 时,Y_0 的预测值

$$\hat{y}_0 = 6.28 + 0.183 \times 16 = 9.21.$$

由 $t_{0.975}(4) = 2.7764$,$\hat{\sigma} = 0.059$ 及

$$d = \sqrt{1 + \frac{1}{6} + \frac{(16 - 17.5)^2}{437.5}} = 1.0825$$

得到 Y_0 的双侧 95% 预测区间的上、下限分别为

$$\hat{y}_0 \pm t_{0.975}(4)\hat{\sigma}d = 9.21 \pm 2.7764 \times 0.059 \times 1.0825 = 9.21 \pm 0.18,$$

即所求预测区间为 $[9.03, 9.39]$.

双侧 $1-\alpha$ 预测区间的长度为

$$2t_{1-\frac{\alpha}{2}}(n-2)\hat{\sigma}\sqrt{1 + \frac{1}{n} + \frac{(x_0 - \bar{x})^2}{\sum(x_i - \bar{x})^2}}.$$

当 $x_0 = \bar{x}$ 时,长度最短,这时,预测效果最佳. 反之,当 x_0 的取值超出原始的试验点 $x_1, \cdots, x_n$ 的范围之外时,预测效果是不佳的,因为这时预测区间的长度过宽.

当 n 较大时,通常取 $d = 1$,且用 $\hat{\sigma}_n$ 代替 $\hat{\sigma}$,用 $u_{1-\frac{\alpha}{2}}$ 代替 $t_{1-\frac{\alpha}{2}}(n-2)$. 这时,预测区间的上、下限简化成 $\hat{y}_0 \pm u_{1-\frac{\alpha}{2}}\hat{\sigma}_n$.

在实际应用问题中,除了预测之外,还会遇到另一类**控制**问题. 在例 10.1 中,希望弹簧长度在 y_L 与 y_U 之间,那么,悬挂重量应该控制在什么范围内呢?自变量 x 的控制区间 $[x_L, x_U]$ 的两个端点的**图解法**由图 10.2 给出. 这里假定 n 较大. 另外,假定区间 $[y_L, y_U]$ 的长度 $y_U - y_L > 2u_{1-\frac{\alpha}{2}}\hat{\sigma}_n$,否则,控制区间不存在.

图 10.2   控制区间 $[x_L, x_U]$ 的图解法

同置信区间相类似,预测区间与控制区间也可以推广到单侧的情形.

§10.3　线性化方法

在实际问题中,常会遇到这样的情形,散点图上的 n 个数据点明显地不在一条直线附近,而在某条曲线周围.这表明自变量 x 与因变量之间不存在线性相关关系.如果还是用线性回归分析方法来处理,往往会发现回归效果不显著.下面从应用的角度出发,通过一个例子来说明对这类问题可以用**线性化方法**处理.所谓线性化方法,就是把数据作适当的变换,使变换后的数据点在散点图上表现为一条直线,从而可以对它们作线性回归分析.

例 10.6　在彩色显像中,要考察析出银的光学密度 x 与染料光学密度 Y 之间的相关关系.为此作了 11 次试验,得数据如表 10.3 所示.

表 10.3

x_i	0.05	0.06	0.07	0.10	0.14	0.20	0.25	0.31	0.38	0.43	0.47
y_i	0.10	0.14	0.23	0.37	0.59	0.79	1.00	1.12	1.19	1.25	1.29

根据有关的专业知识,并结合考察散点图,可以认为这些数据点在一条曲线周围.这条曲线是 $y = a\mathrm{e}^{-\frac{b}{x}}(a、b > 0)$,其中 a,b 未知.令

$$y' = \ln y, \quad x' = \frac{1}{x},$$

并记 $\beta_0 = \ln a$, $\beta_1 = -b$.于是,

$$y' = \beta_0 + \beta_1 x'.$$

11 对数据 (x_i, y_i) 相应地变换成 (x_i', y')(表 10.4).

表 10.4

$x' = \frac{1}{x}$	20.00	16.67	14.29	10.00	7.14	5.00	4.00	3.23	2.63	2.33	2.13
$y' = \ln y$	-2.30	-1.97	-1.47	-0.99	-0.53	-0.24	0.00	0.11	0.17	0.22	0.25

由变换后的数据点 (x_i', y_i') 画出散点图,发现它们在一条直线 L 的周围(图 10.3).因此,对它们用线性回归分析是合理的.

根据 $(x_i', y_i')(i = 1, \cdots, 11)$ 算出 β_0, β_1 的最小二乘估计值 $\hat{\beta}_0 = 0.58$, $\hat{\beta}_1 = -0.15$.由此得到经验回归函数

$$y' = 0.58 - 0.15x'.$$

图 10.3   例 10.6 数据变换后的散点图

由于 $\hat{a} = \mathrm{e}^{\hat{\beta}_0} = \mathrm{e}^{0.58} = 1.79$，$\hat{b} = -\hat{\beta}_1 = 0.15$，因此

$$y = 1.79\mathrm{e}^{-\frac{0.15}{x}}$$

是反映自变量 x 与因变量 Y 之间相关关系的一个经验公式.

使用线性化方法的关键是对数据作适当的变换，使得变换后的数据点大致上在一条直线周围. 当没有足够的专业知识可使用时，往往要多试几种变换以得到与实际较吻合的经验公式.

§10.4   多元回归分析简介

假定要考察 p 个自变量 $x_1, \cdots, x_p$ 与因变量 Y 之间的相关关系. 设

$$Y = \beta_0 + \beta_1 x_1 + \cdots + \beta_p x_p + \varepsilon,$$

其中 $\varepsilon \sim N(0, \sigma^2)$. 对这一组变量 $(x_1, \cdots, x_p; Y)$ 作了 n 次观测，得到样本观测值

$$(x_{i1}, \cdots, x_{ip}; y_i), \quad i = 1, \cdots, n.$$

站在抽样前的立场看，这一组样本可以表示成

$$Y_i = \beta_0 + \beta_1 x_{i1} + \cdots + \beta_p x_{ip} + \varepsilon_i, \quad i = 1, \cdots, n,$$

其中 $\varepsilon_1, \cdots, \varepsilon_n$ 是独立同分布的随机变量，且都服从 $N(0, \sigma^2)$. 这个数学模型称为 **p 元线性模型**.

为了求 $\beta_0, \beta_1, \cdots, \beta_p$ 的最小二乘估计，即使得

$$Q(\beta_0, \beta_1, \cdots, \beta_p) \triangleq \sum_{i=1}^{n} \left[y_i - (\beta_0 + \beta_1 x_{i1} + \cdots + \beta_p x_{ip}) \right]^2$$

达到最小. 由 $\dfrac{\partial Q}{\partial \beta_j} = 0 (j = 0, 1, \cdots, p)$ 得正则方程组

$$\begin{cases} n\beta_0 + (\sum_{i=1}^{n} x_{i1})\beta_1 + \cdots + (\sum_{i=1}^{n} x_{ip})\beta_p = \sum_{i=1}^{n} y_i, \\ (\sum_{i=1}^{n} x_{ij})\beta_0 + (\sum_{i=1}^{n} x_{ij}x_{i1})\beta_1 + \cdots + (\sum_{i=1}^{n} x_{ij}x_{ip})\beta_p = \sum_{i=1}^{n} x_{ij}y_i, \quad j = 1, \cdots, p. \end{cases}$$

这是一个 $p+1$ 元线性方程组,它可以表示成

$$(\boldsymbol{X}^{\mathrm{T}}\boldsymbol{X})\boldsymbol{\beta} = \boldsymbol{X}^{\mathrm{T}}\boldsymbol{y},$$

其中,$\boldsymbol{X}^{\mathrm{T}}$ 表示矩阵 $\boldsymbol{X}$ 的转置,

$$\boldsymbol{X} = \begin{pmatrix} 1 & x_{11} & \cdots & x_{1p} \\ 1 & x_{21} & \cdots & x_{2p} \\ \vdots & \vdots & \vdots & \vdots \\ 1 & x_{n1} & \cdots & x_{np} \end{pmatrix}, \quad \boldsymbol{\beta} = \begin{pmatrix} \beta_0 \\ \beta_1 \\ \vdots \\ \beta_p \end{pmatrix}, \quad \boldsymbol{y} = \begin{pmatrix} y_1 \\ y_2 \\ \vdots \\ y_n \end{pmatrix}.$$

由正则方程组解得 $\beta_0, \beta_1, \cdots, \beta_p$ 的最小二乘估计值为

$$(\hat{\beta}_0, \hat{\beta}_1, \cdots, \hat{\beta}_p)^{\mathrm{T}} = (\boldsymbol{X}^{\mathrm{T}}\boldsymbol{X})^{-1}\boldsymbol{X}^{\mathrm{T}}\boldsymbol{y}.$$

从而得到经验回归函数为

$$y = \hat{\beta}_0 + \hat{\beta}_1 x_1 + \cdots + \hat{\beta}_p x_p.$$

通常取 σ^2 的估计值为

$$\hat{\sigma}_n^2 = \frac{1}{n} \sum_{i=1}^{n} [y_i - (\hat{\beta}_0 + \hat{\beta}_1 x_{i1} + \cdots + \hat{\beta}_p x_{ip})]^2.$$

当 n 较小时,通常取 σ^2 的无偏估计为

$$\hat{\sigma}^2 = \frac{1}{n-p-1} \sum_{i=1}^{n} [y_i - (\hat{\beta}_0 + \hat{\beta}_1 x_{i1} + \cdots + \hat{\beta}_p x_{ip})]^2.$$

对变量之间的相关关系作多元线性回归分析是相当复杂的问题,这里仅仅是最简单地介绍了未知参数的点估计. 但是,实际应用中大量地出现这一类问题. 对此感兴趣的读者可以查阅有关的专门书籍.

§10.5 单因子方差分析

在实际工作中常常需要考察一种因素(称为**因子**)在不同试验条件(称为**水平**)下对某项指标值的影响. 方差分析是对此类数据作统计推断的有效工具. 这里,因子相当于回归分析中的自变量,不同水平相当于自变量的不同取值,指标值相当于因变量. 本节只讨论一个因子(称为**单因子**).

一、方差分析问题

首先来考察一个例子.

例 10.7　某消防队要考察 4 种不同型号冒烟报警器的反应时间（单位:s）.今将每种型号的 5 个报警器安装在同一条烟道中,当烟量均匀时观测报警器的反应时间,得数据如表 10.5 所示.

表 10.5

报警器型号	反应时间 x_{ij}					$\sum$	$\bar{x}_{i.}$
A_1（甲型）	5.2	6.3	4.9	3.2	6.8	26.4	5.28
A_2（乙型）	7.4	8.1	5.9	6.5	4.9	32.8	6.56
A_3（丙型）	3.9	6.4	7.9	9.2	4.1	31.5	6.30
A_4（丁型）	12.3	9.4	7.8	10.8	8.5	48.8	9.76

试问

(1) 各种型号报警器的反应时间有无显著性差异?

(2) 如果各种型号报警器的反应时间有显著性差异,那么,何种型号报警器最优?

分析　在这个例子中,因子是报警器的型号,记作 A;因子 A 的不同水平是各种具体的型号,甲型、乙型、丙型、丁型,分别记作 A_1,A_2,A_3,A_4;我们关心的指标值是反应时间.现在需要考察报警器的型号与反应时间的相关关系.在回归分析中,最终希望得到经验回归函数,并把它作为相关关系的数量表示.在方差分析中,主要希望解决以下两个问题:

(1) 因子究竟对指标值有无显著性影响?

(2) 如果因子确实对指标值有显著性影响,那么,因子取何种水平时指标值最优?

解　在数据表 10.5 中,记 x_{ij} 表示 A_i 水平下第 j 个数据,$j=1,\cdots,5$,$i=1,\cdots,4$;记 $\bar{x}_{i.}=\dfrac{1}{5}\sum\limits_{j=1}^{5}x_{ij}$,$i=1,\cdots,4$.令 $\bar{x}=\dfrac{1}{20}\sum\limits_{i=1}^{4}\sum\limits_{j=1}^{5}x_{ij}$,$\bar{x}=6.975$.在同一水平 A_i 下,数据 x_{ij} 取不同的值是因为存在随机的试验误差,误差大小通过 $\sum\limits_{j=1}^{5}(x_{ij}-\bar{x}_{i.})^2$ 的值反映,$i=1,\cdots,4$.因此,累积误差可以通过 $SS_e=\sum\limits_{i=1}^{4}\sum\limits_{j=1}^{5}(x_{ij}-\bar{x}_{i.})^2$ 的值反映[①];$\bar{x}_1.$,$\bar{x}_2.$,$\bar{x}_3.$,$\bar{x}_4.$ 取值不同是因为报警器型号的区别而造成的,这种区别的大小可以通过

---

① 为了不使记号过于复杂,在本节与下一节中对有些统计量与统计量的观测值用同一记号表示,读者不难从上下文明确它的具体含义.

$\bar{x}_i.$ 与 $\bar{x}$ 的偏差来反映,即用 $SS_A = \sum_{i=1}^{4} 5(\bar{x}_i. - \bar{x})^2$ 的值反映,SS_A 中的系数 5 表示在水平 A_i 下观测了 5 次,$i = 1, \cdots, 4$. 方差分析的基本思想就是与利用 SS_A 与 SS_e 的比值来回答第一个问题:"各种型号报警器的反应时间有无显著性差异?"对于第二个问题,虽然通过比较 $\bar{x}_1., \bar{x}_2., \bar{x}_3., \bar{x}_4.$ 的大小直观上可以知道甲型报警器最优,因为它的反应时间最短,但是数据本身带有随机性,直观认识还须用统计推断方法来说明. 方差分析方法提供了解决这两个问题的一般途径.

二、方差分析方法

假定考虑因子 A,它取 a 种不同的水平 $A_1, \cdots, A_a$,在水平 A_i 下作了 n_i 次试验,得数据 $x_{i1}, \cdots, x_{in_i}$,$i = 1, \cdots, a$. 记数据的总个数为 $n, n = \sum_{i=1}^{a} n_i$.

站在抽样前的立场看,设第 i 个样本 $(X_{i1}, \cdots X_{in_i})$ 是取自正态总体 $N(\mu_i, \sigma^2)$ 的一个大小为 n_i 的样本,$i = 1, \cdots, a$. 水平 A_i 下得到的一组数据 $(x_{i1}, \cdots, x_{in_i})$ 是样本 $(X_{i1}, \cdots, X_{in_i})$ 的观测值. 于是,这 a 个样本可以表示成

$$X_{ij} = \mu_i + \varepsilon_{ij}, \quad j = 1, \cdots, n_i, \quad i = 1, \cdots, a,$$

其中 $\varepsilon_{11}, \cdots, \varepsilon_{an_a}$ 是 n 个独立同分布的随机变量,且都服从 $N(0, \sigma^2)$. 这就是**单因子方差分析**的数学模型. 这里,$\mu_1, \cdots, \mu_a, \sigma^2$ 是 $a + 1$ 个未知参数,$-\infty < \mu_1, \cdots, \mu_a < \infty$,$\sigma^2 > 0$. $\mu_1, \cdots, \mu_a$ 的不同反映了因子 A 在不同水平下对指标值产生的影响;σ^2 反映了试验误差.

由于因子 A 在不同水平下对我们关心的指标值的影响通过 a 个均值 $\mu_1, \cdots, \mu_a$ 来表现,因此,为了考察这种影响是否显著,需要检验

$$H_0 : \mu_1 = \cdots = \mu_a.$$

在方差分析中,为了便于推广到较多因子的情形,习惯上把上述数学模型改用下列形式来表示:

$$X_{ij} = \mu + \alpha_i + \varepsilon_{ij}, \quad j = 1, \cdots, n_i, \quad i = 1, \cdots, a.$$

其中,$\mu \triangleq \frac{1}{n} \sum_{i=1}^{a} n_i \mu_i$,称 μ 为**总平均**;$\alpha_i \triangleq \mu_i - \mu$,称 α_i 为因子 A 在第 i 个水平 A_i 下的**效应**,这 a 个效应 $\alpha_1, \cdots, \alpha_a$ 总是满足

$$\sum_{i=1}^{a} n_i \alpha_i = \sum_{i=1}^{a} n_i (\mu_i - \mu) = 0.$$

要比较 a 个均值 $\mu_1, \cdots, \mu_a$ 是否相等,等价于检验

$$H_0 : \alpha_1 = \cdots = \alpha_a = 0.$$

为了给出上述检验的拒绝域,先作一些准备工作. 记第 i 个样本均值为

$$\overline{X}_{i.} \triangleq \frac{1}{n_i} \sum_{j=1}^{n_i} X_{ij}, \quad i = 1, \cdots, a;$$

记全体样本的总均值为

$$\overline{X} \triangleq \frac{1}{n} \sum_{i=1}^{a} \sum_{j=1}^{n_i} X_{ij} = \frac{1}{n} \sum_{i=1}^{a} n_i \overline{X}_{i.}.$$

引进统计量

$$SS \triangleq \sum_{i=1}^{a} \sum_{j=1}^{n_i} (X_{ij} - \overline{X})^2,$$

$$SS_A \triangleq \sum_{i=1}^{a} n_i (\overline{X}_{i.} - \overline{X})^2,$$

$$SS_e \triangleq \sum_{i=1}^{a} \sum_{j=1}^{n_i} (X_{ij} - \overline{X}_{i.})^2,$$

并称 SS 为**总偏差平方和**,称 SS_A 为**因子 A 的偏差平方和**(或**组间平方和**),称 SS_e 为**误差平方和**(或**组内平方和**). 从直观上看,SS 反映了全体数据的离散程度;SS_A 反映了 $\overline{x}_{1.}, \cdots, \overline{x}_{a.}$ 的离散程度,它是由于因子 A 取不同水平而引起的,其中常数因子 n_i 表示在水平 A_i 下重复观测了 n_i 次;SS_e 反映了随机误差的作用.

由于

$$SS = \sum_{i=1}^{a} \sum_{j=1}^{n_i} (x_{ij} - \overline{x})^2 = \sum_{i=1}^{a} \sum_{j=1}^{n_i} [(x_{ij} - \overline{x}_{i.}) + (\overline{x}_{i.} - \overline{x})]^2$$

$$= \sum_{i=1}^{a} \sum_{j=1}^{n_i} (x_{ij} - x_{i.})^2 + \sum_{i=1}^{a} \sum_{j=1}^{n_i} (\overline{x}_{i.} - \overline{x})^2 + 2 \sum_{i=1}^{a} \sum_{j=1}^{n_i} (x_{ij} - \overline{x}_{i.})(\overline{x}_{i.} - \overline{x})$$

$$= SS_e + \sum_{i=1}^{a} n_i (\overline{x}_{i.} - \overline{x})^2 + 2 \sum_{i=1}^{a} (x_{i.} - \overline{x}) \sum_{j=1}^{n_i} (x_{ij} - \overline{x}_{i.}),$$

因此,由 $\sum_{j=1}^{n_i} (x_{ij} - \overline{x}_{i.}) = 0$ 推得下列**平方和分解公式**:

$$SS = SS_A + SS_e.$$

下面给出单因子方差分析中的一条基本定理(证明略).

定理 10.4 $\overline{X}_{1.}, \cdots, \overline{X}_{a.}, SS_e$ 相互独立,且 $\frac{1}{\sigma^2} SS_e \sim \chi^2(n-a)$;当 $\mu_1 = \cdots = \mu_a$(或 $\alpha_1 = \cdots = \alpha_a = 0$)时,$\frac{1}{\sigma^2} SS_A \sim \chi^2(a-1)$.

为了检验

$$H_0: \mu_1 = \cdots = \mu_a \quad (\text{或 } H_0: \alpha_1 = \cdots = \alpha_a = 0),$$

取检验统计量

$$F = \frac{\dfrac{SS_A}{(a-1)}}{\dfrac{SS_e}{(n-a)}}.$$

由于 SS_A 是 $(\overline{X}_1., \cdots, \overline{X}_a.)$ 的函数 $\left(\text{其中}, \overline{X} = \dfrac{1}{n}\sum_{i=1}^{a} n_i \overline{X}_i.\right)$,因此,由定理 10.4 推得 SS_A 与 SS_e 相互独立. 当 $\mu_1 = \cdots = \mu_a$(或 $\alpha_1 = \cdots \alpha_a = 0$)时,由定理 10.4 知道, $F \sim F(a-1, n-a)$. 当 H_0 成立时,F 的值应较小,即不同水平下的 $\mu_1, \cdots, \mu_a$ 之间的差异相对于试验误差而言可以忽略不计;反之,如果发现 F 的值偏大,自然可以认为 H_0 不成立. 于是,在显著性水平 α 下,当

$$F > F_{1-\alpha}(a-1, n-a)$$

时,拒绝 H_0. 拒绝 H_0 表示因子在各个水平下的效应有显著性差异.

在具体计算时,可先算出**方差分析表**(表 10.6).

表 10.6   单因子方差分析表

方差来源	平 方 和	自由度	均方值	F 值
因子 A	$SS_A = \sum_{i=1}^{a} n_i (\overline{x}_i. - \overline{x})^2$	$a-1$	$MS_A = \dfrac{SS_A}{a-1}$	$F = \dfrac{MS_A}{MS_e}$
误 差	$SS_e = \sum_{i=1}^{a}\sum_{j=1}^{n_i}(x_{ij} - \overline{x}_i.)^2$	$n-a$	$MS_e = \dfrac{SS_e}{n-a}$	
总 和	$SS = \sum_{i=1}^{a}\sum_{j=1}^{n_i}(x_{ij} - \overline{x})^2$	$n-1$		

为了减少计算误差,可以利用下列公式计算平方和:

$$SS = \sum_{i=1}^{a}\sum_{j=1}^{n_i} x_{ij}^2 - \frac{1}{n}\left(\sum_{i=1}^{a}\sum_{j=1}^{n_i} x_{ij}\right)^2,$$

$$SS_A = \sum_{i=1}^{a} \frac{1}{n_i}\left(\sum_{j=1}^{n_i} x_{ij}\right)^2 - \frac{1}{n}\left(\sum_{i=1}^{a}\sum_{j=1}^{n_i} x_{ij}\right)^2,$$

$$SS_e = SS - SS_A.$$

例 10.8   在例 10.7 中,$a = 4, n_1 = n_2 = n_3 = n_4 = 5, n = 20$. 由所给数据算得:

$$\sum_{i=1}^{4}\sum_{j=1}^{5} x_{ij} = 139.5, \quad \sum_{i=1}^{4}\sum_{j=1}^{5} x_{ij}^2 = 1078.07. \quad \text{于是,}$$

$$SS = 1\,078.07 - \frac{1}{20} \times 139.5^2 = 105.06,$$

$$SS_A = \frac{1}{5}(26.4^2 + 32.8^2 + 31.5^2 + 48.8^2) - \frac{1}{20} \times 139.5^2 = 56.29,$$

$$SS_e = SS - SS_A = 105.06 - 56.29 = 48.77.$$

列出方差分析表,如表 10.7 所示.

表 10.7

方差来源	平方和	自由度	均方值	F 值	显著性
因子 A	56.29	3	18.76	6.15	＊＊
误　差	48.77	16	3.05		
总　和	105.06	19			

查表得临界值:$F_{0.95}(3,16) = 3.24$,$F_{0.99}(3,16) = 5.29$.在方差分析中,习惯上用符号"＊","＊＊"分别表示在显著性水平 $\alpha = 0.05, 0.01$ 下检验结果是拒绝 H_0,并把它放在方差分析表的最后一列上.一般在 $\alpha = 0.10$ 下仍不能拒绝 H_0 时接受原假设 H_0,即认为因子 A 对指标值无显著性影响.方差分析表说明,4 种型号报警器的反应时间有显著性差异.

现在来回答例 10.7 中提出的第二个问题.比较 $\bar{x}_{1.}, \bar{x}_{2.}, \bar{x}_{3.}, \bar{x}_{4.}$ 的大小发现,反应时间较短的是甲、丙两种型号报警器.在显著性水平 $\alpha = 0.05$ 下检验

$$H_0 : \mu_1 = \mu_3 \qquad (H_1 : \mu_1 < \mu_3).$$

μ_1 的极大似然估计是 $\bar{X}_{1.}$,μ_3 的极大似然估计是 $\bar{X}_{3.}$.在 $\mu_1 - \mu_3$ 的极大似然估计 $\bar{X}_{1.} - \bar{X}_{3.}$ 的基础上构造检验统计量

$$T = \frac{\bar{X}_{1.} - \bar{X}_{3.}}{\sqrt{\dfrac{SS_e}{n-a}}\sqrt{\dfrac{1}{n_1} + \dfrac{1}{n_3}}}.$$

当 $\mu_1 = \mu_3$ 时,$\bar{X}_{1.} - \bar{X}_{3.} \sim N\left(0, \sigma^2\left(\dfrac{1}{n_1} + \dfrac{1}{n_3}\right)\right)$,因此,由定理 10.4 知道,$T \sim t(n - a)$.于是,在显著性水平 α 下,当

$$t = \frac{\bar{x}_{1.} - \bar{x}_{3.}}{\sqrt{\dfrac{SS_e}{n-a}}\sqrt{\dfrac{1}{n_1} + \dfrac{1}{n_3}}} < -t_{1-\alpha}(n - \alpha)$$

时,拒绝 H_0.由 $\bar{x}_{1.} = 5.28$,$\bar{x}_{3.} = 6.30$ 算得,检验统计量 T 的值为

$$t = \frac{5.28 - 6.30}{\sqrt{\dfrac{48.77}{16}} \times \sqrt{\dfrac{1}{5} + \dfrac{1}{5}}} = -0.92.$$

由 $\alpha = 0.05$ 查得临界值 $-t_{0.95}(16) = -1.746$. 由于 $-0.92 > -1.746$, 因此, 不能拒绝 H_0, 即不能认为甲型报警器显著地优于丙型报警器, 表明甲型与丙型报警器都是可供选用的较优报警器.

§10.6 双因子方差分析简介

假定要考察两个因子 A, B 对某项指标值的影响. 因子 A 取 a 种不同的水平 A_1, $\cdots, A_a$; 因子 B 取 b 种不同的水平 $B_1, \cdots, B_b$. 在每一对水平组合 (A_i, B_j) 下作了 m 次试验, 得数据 $x_{ij1}, \cdots, x_{ijm}$, $i = 1, \cdots, a$, $j = 1, \cdots, b$. 记数据的总个数为 n, $n = abm$.

站在抽样前的立场看, 设第 (i, j) 个样本 $(X_{ij1}, \cdots, X_{ijm})$ 是取自正态总体 $N(\mu_{ij}, \sigma^2)$ 的一个大小为 m 的样本, 即

$$X_{ijk} = \mu_{ij} + \varepsilon_{ijk}, \quad k = 1, \cdots, m, \quad i = 1, \cdots, a, \quad j = 1, \cdots, b.$$

其中 $\varepsilon_{111}, \cdots, \varepsilon_{abm}$ 是 n 个独立同分布的随机变量, 且都服从 $N(0, \sigma^2)$. 这就是**双因子方差分析**的数学模型.

假定在水平组合 (A_i, B_j) 下的效应可以用水平 A_i 下的效应 α_i 与水平 B_j 下的效应 β_j 之和来表示, 即

$$\mu_{ij} = \mu + \alpha_i + \beta_j,$$

其中, $\mu \triangleq \dfrac{1}{n} \sum_{i=1}^{a} \sum_{j=1}^{b} \sum_{k=1}^{m} \mu_{ij} = \dfrac{1}{ab} \sum_{i=1}^{a} \sum_{j=1}^{b} \mu_{ij}$, $\sum_{i=1}^{a} \alpha_i = \sum_{j=1}^{b} \beta_j = 0$. 于是,

$$X_{ijk} = \mu + \alpha_i + \beta_j + \varepsilon_{ijk},$$

$$k = 1, \cdots, m; \quad i = 1, \cdots, a; \quad j = 1, \cdots, b.$$

为了考察因子 A 对指标值的影响是否显著, 需要检验

$$H_{0A}: \alpha_1 = \cdots = \alpha_a = 0;$$

为了考察因子 B 对指标值的影响是否显著, 需要检验

$$H_{0B}: \beta_1 = \cdots = \beta_b = 0.$$

记第 (i, j) 个样本均值为

$$\overline{X}_{ij\cdot} \triangleq \frac{1}{m} \sum_{k=1}^{m} X_{ijk}, \quad i = 1, \cdots, a, \quad j = 1, \cdots, b;$$

记水平 A_i 下 bm 个样本的均值为

$$\overline{X}_{i\cdot\cdot} \triangleq \frac{1}{bm} \sum_{j=1}^{b} \sum_{k=1}^{m} X_{ijk}, \quad i = 1, \cdots, a;$$

记水平 B_j 下 am 个样本的均值为

$$\overline{X}_{\cdot j \cdot} \triangleq \frac{1}{am} \sum_{i=1}^{a} \sum_{k=1}^{m} X_{ijk}, \quad j = 1, \cdots, b;$$

记全体样本的总均值为

$$\overline{X} \triangleq \frac{1}{n} \sum_{i=1}^{a} \sum_{j=1}^{b} \sum_{k=1}^{m} X_{ijk}.$$

引进统计量

$$SS \triangleq \sum_{i=1}^{a} \sum_{j=1}^{b} \sum_{k=1}^{m} (X_{ijk} - \overline{X})^2,$$

$$SS_A \triangleq bm \sum_{i=1}^{a} (\overline{X}_{i \cdot \cdot} - \overline{X})^2,$$

$$SS_B \triangleq am \sum_{j=1}^{b} (\overline{X}_{\cdot j \cdot} - \overline{X})^2,$$

$$SS_e \triangleq \sum_{i=1}^{a} \sum_{j=1}^{b} \sum_{k=1}^{m} (X_{ijk} - \overline{X}_{i \cdot \cdot} - \overline{X}_{\cdot j \cdot} + \overline{X})^2.$$

可以证明下列平方和分解公式成立:

$$SS = SS_A + SS_B + SS_e.$$

下面给出双因子方差分析中的一条基本定理(证明略).

定理 10.5 SS_A, SS_B, SS_e 相互独立,且 $\frac{1}{\sigma^2} SS_e \sim \chi^2(n-a-b+1)$;当 $\alpha_1 = \cdots = \alpha_a = 0$ 时,$\frac{1}{\sigma^2} SS_A \sim \chi^2(a-1)$;当 $\beta_1 = \cdots = \beta_b = 0$ 时,$\frac{1}{\sigma^2} SS_B \sim \chi^2(b-1)$.

由定理 10.5 推得,在显著性水平 α 下,当

$$F_A = \frac{\dfrac{SS_A}{(a-1)}}{\dfrac{SS_e}{(n-a-b+1)}} > F_{1-\alpha}(a-1, n-a-b+1)$$

时,拒绝 H_{0A};当

$$F_B = \frac{\dfrac{SS_B}{(b-1)}}{\dfrac{SS_e}{(n-a-b+1)}} > F_{1-\alpha}(b-1, n-a-b+1)$$

时,拒绝 H_{0B}. 在具体计算时,可先算出方差分析表(表 10.8).

表 10.8 双因子方差分析表

方差来源	平 方 和	自由度	均方值	F 值
因子 A	$SS_A = bm \sum\limits_{i=1}^{a} (\bar{x}_{i\cdot\cdot} - \bar{x})^2$	$a-1$	$MS_A = \dfrac{SS_A}{a-1}$	$F_A = \dfrac{MS_A}{MS_e}$
因子 B	$SS_B = am \sum\limits_{j=1}^{b} (\bar{x}_{\cdot j\cdot} - \bar{x})^2$	$b-1$	$MS_B = \dfrac{SS_B}{b-1}$	$F_B = \dfrac{MS_B}{MS_e}$
误 差	$SS_e = SS - SS_A - SS_B$	$n-a-b+1$	$MS_e = \dfrac{SS_e}{n-a-b+1}$	
总 和	$SS = \sum\limits_{i=1}^{a} \sum\limits_{j=1}^{b} \sum\limits_{k=1}^{m} (x_{ijk} - \bar{x})^2$	$n-1$		

例 10.9 某消防队要考察 4 种不同型号(记作 A_1, A_2, A_3, A_4)的冒烟报警器装在 5 种不同烟道(记作 B_1, B_2, B_3, B_4, B_5)中的反应时间(单位:s),共作了 40 次试验,得数据如表 10.9 所示.

表 10.9 报警器反应时间

烟道 B ＼ 报警器 A	B_1		B_2		B_3		B_4		B_5		$\bar{x}_{i\cdot}$
A_1	5.1	5.3	6.4	6.2	5.0	4.8	3.1	3.3	6.7	6.9	5.28
A_2	7.5	7.3	8.0	8.2	5.7	6.0	6.4	6.6	5.0	4.8	6.55
A_3	4.0	3.8	6.5	6.3	7.8	8.0	9.1	9.3	4.2	4.0	6.30
A_4	12.2	12.4	9.5	9.3	7.7	7.9	10.7	10.9	8.6	8.4	9.76
$\bar{x}_{\cdot j}$	7.20		7.55		6.61		7.43		6.08		$\bar{x} = 6.97$

试问,不同型号的报警器对反应时间是否有显著性影响?不同种类的烟道对反应时间是否有显著性影响?

解 按题意,$a=4, b=5, m=2, n=40$. 列出方差分析表(表 10.10).

表 10.10 方差分析表

方差来源	平方和	自由度	均方值	F 值	显著性
因子 A	112.6	3	37.5	13.9	＊＊
因子 B	12.1	4	3.0	1.1	不显著
误 差	85.8	32	2.7		
总 和	210.5	39			

其中显著性由临界值(用插入法)$F_{0.99}(3,32) = 4.47$ 与 $F_{0.90}(4,32) = 2.13$ 决定. 由此得到结论:不同型号的报警器对反应时间有显著性影响,而不同种类的烟道对反应时间无显著性影响.

在实际应用问题中作双因子方差分析是比较复杂的,因为往往还要考虑两个因子 A 与 B 在不同水平组合下的**交互作用**. 本节仅仅讨论了**无交互作用**的双因子方差分析,为此,前面曾经假定 $\mu_{ij} = \mu + \alpha_i + \beta_j$. 对有交互作用的双因子方差分析感兴趣的读者可以查阅有关的专门书籍.

习　题

10.1　设随机变量 $X \sim N(\mu, \sigma^2)$,试证 X 可以表示成 $X = \mu + \varepsilon$,其中 $\varepsilon \sim N(0, \sigma^2)$.

10.2　在一元线性模型中:

(1) 试证 β_0, β_1 的最小二乘估计恰是极大似然估计;

(2) 试求 σ^2 的极大似然估计.

10.3　在一元线性模型中,已知 $\beta_0 = 0$,试求 β_1 的最小二乘估计.[提示:使 $Q(\beta_1) \triangleq \sum (y_i - \beta_1 x_i)^2$ 达到最小.]

10.4　利用定理 10.2 证明 $\hat{\sigma}^2$ 是 σ^2 的无偏估计,并求出它的方差.

10.5　为了研究钢线含碳量 x(单位:%)对于电阻 Y(单位:$\mu\Omega$)在 20℃ 下的效应,作了 7 次试验,得数据如表 10.11 所示.

表 10.11

x_i	0.10	0.30	0.40	0.55	0.70	0.80	0.95
y_i	15	18	19	21	22.6	23.8	26

(1) 画出散点图,试问是否可以认为含碳量与电阻之间存在线性相关关系?

(2) 求出经验回归函数;

(3) 试求相关系数 R 的值,并在显著性水平 $\alpha = 0.01$ 下检验 $H_0 : \beta_1 = 0$.

10.6　某种产品在生产时产生的有害物质的重量 Y(单位:gf)与它的燃料消耗量 x(单位:kg)之间存在某种相关关系. 由以往的生产记录得到如下数据(表 10.12).

表 10.12

x_i	289	298	316	327	329	329	331	350
y_i	43.5	42.9	42.1	39.1	38.5	38.0	38.0	37.0

(1) 试求经验回归函数;

(2) 试求检验统计量 F 的值,并在显著性水平 $\alpha = 0.01$ 下检验 $H_0 : \beta_1 = 0$;

(3) 试求 $x_0 = 340$ 时 Y_0 的双侧 95% 预测区间.

10.7　对产品表面作腐蚀刻线试验,得到腐蚀时间 x(单位:s)与腐蚀深度 Y(单位:μm)的如下一组数据(表 10.13).

表 10.13

x_i	5	5	10	20	30	40	50	60	65	90	120
y_i	4	6	8	13	16	17	19	25	25	29	46

(1) 试求经验回归函数;

(2) 试求检验统计量 T 的值,并在显著性水平 $\alpha = 0.01$ 下检验 $H_0 : \beta_1 = 0$;

(3) 试求 $x_0 = 80$ 时 Y_0 的双侧 95% 预测区间.

10.8 气体的体积 v(单位:m^3)与压力 p(单位:标准大气压)之间的一般关系为 $pv^k = c$. 今对某种气体测试得到数据如表 10.14 所示. 试用最小二乘法对气体的体积与压力之间的关系建立经验公式.

表 10.14

v_i	1.62	1	0.75	0.62	0.52	0.46
p_i	0.5	1	1.5	2	2.5	3

10.9 为了考察某种产品生产时的压力 x_1(单位:标准大气压)与温度 x_2(单位:℃)对其产量 Y(单位:kg)的影响,作了 15 次试验,得数据如表 10.15 所示.

表 10.15

x_{i1}	9.5	10.3	10.5	8.5	7.7	7.3	6.9	7.7	8.5	8.3	10.3	9.1	9.7	9.3	8.7
x_{i2}	684	692	670	674	690	686	696	702	670	694	656	700	700	678	707
y_i	50	42	37	39	34	23	39	44	52	29	54	34	27	44	27

试求经验回归函数 $y = \hat{\beta_0} + \hat{\beta_1} x_1 + \hat{\beta_2} x_2$.

10.10 在 p 元线性模型中,试证 $\beta_0, \beta_1, \cdots, \beta_p$ 的最小二乘估计恰是极大似然估计;σ^2 的估计 $\hat{\sigma}_n^2$ 恰是极大似然估计.

10.11 为了考察水温(单位:℃)对某种布料的收缩率(单位:%)的影响,在 4 种不同水温下各作了 4 次试验,得数据如表 10.16 所示. 试问,水温对该种布料的收缩率有无显著性影响?〔提示:查表时可用插入法.〕

表 10.16

水温	收 缩 率			
20	9.5	8.8	11.4	7.8
40	6.5	8.3	8.6	8.2
60	10.0	4.8	5.4	9.6
80	9.3	8.9	7.2	10.1

10.12 表 10.17 给出了小白鼠在接种 3 种不同菌型的伤寒杆菌后存活的天数.

表 10.17

菌型	存 活 天 数								
甲	2	4	3	2	4		7	2	5	4
乙	5	6	8	5	10	7	12	6	6	
丙	7	11	6	6	7		5	10	3	10

试问,小白鼠在接种了不同菌型的伤寒杆菌后存活的天数是否有显著性差异?取显著性水平 $\alpha = 0.05$.

10.13 3台同样型号的机器生产厚度为 0.25cm 的钢板. 为了考察这 3 台机器生产的钢板厚度是否相同,抽取了 15 个样品作测试,测得它们的厚度(单位:cm)如表 10.18 所示.

表 10.18

机 器	钢 板 厚 度				
甲	0.236	0.238	0.248	0.245	0.243
乙	0.257	0.253	0.255	0.254	0.261
丙	0.258	0.264	0.259	0.267	0.268

试问:

(1) 上述测量结果之间的差异是由于随机误差产生的还是机器之间的差异产生的?取显著性水平 $\alpha = 0.01$;

(2) 甲、乙两台机器生产的钢板厚度有无显著性差异?取显著性水平 $\alpha = 0.05$.

10.14 对某厂生产的高速钢铣刀进行等温淬火工艺试验,以考察等温槽温度(单位:℃)、淬火温度(单位:℃)这两个因素对洛氏硬度的影响. 表 10.19 给出了 9 次试验得到的数据.

表 10.19

等温槽温度 ＼ 淬火温度	1 210	1 235	1 250
280	64	66	68
300	66	68	67
320	65	67	68

试列出方差分析表,并写出检验结果.

附　表

附表一　常用分布、记号及数字特征一览表

(1) 离散型分布

名　称	记　号	概　率　函　数	均　值	方　差
0—1分布	$B(1,p)$	$P(X=k)=p^k(1-p)^{1-k}$, $k=0,1$	p	$p(1-p)$
二项分布	$B(n,p)$	$P(X=k)=\binom{n}{k}p^k(1-p)^{n-k}$, $k=0,1,\cdots,n$	np	$np(1-p)$
几何分布	/	$P(X=k)=p(1-p)^{k-1}$, $k=1,2,\cdots$	$\dfrac{1}{p}$	$\dfrac{1-p}{p^2}$
泊松分布	$P(\lambda)$	$P(X=k)=\mathrm{e}^{-\lambda}\cdot\dfrac{\lambda^k}{k!}$, $k=0,1,2,\cdots$	λ	λ
超几何分布	/	$P(X=k)=\dfrac{\binom{M}{k}\binom{N-M}{n-k}}{\binom{N}{n}}$, $k=0,1,\cdots,n$	$n\dfrac{M}{N}$	$n\dfrac{M}{N}\left(1-\dfrac{M}{N}\right)\dfrac{N-n}{N-1}$

(2) 连续型分布

名　称	记　号	密　度　函　数	均　值	方　差
均匀分布	$R(a,b)$	$f(x)=\begin{cases}\dfrac{1}{b-a}, & a<x<b;\\ 0, & 其余\end{cases}$	$\dfrac{a+b}{2}$	$\dfrac{(b-a)^2}{12}$
指数分布	$E(\lambda)$	$f(x)=\begin{cases}\lambda\mathrm{e}^{-\lambda x}, & x>0;\\ 0, & 其余\end{cases}$	$\dfrac{1}{\lambda}$	$\dfrac{1}{\lambda^2}$
正态分布	$N(\mu,\sigma^2)$	$f(x)=\dfrac{1}{\sqrt{2\pi}\sigma}\exp\left\{-\dfrac{(x-\mu)^2}{2\sigma^2}\right\}$, $-\infty<x<\infty$	μ	σ^2

附表二　　二项分布的概率函数值表

本表列出了二项分布的概率函数值

$$P(X = k) = \binom{n}{k} p^k (1-p)^{n-k}.$$

n	k	p 0.05	0.10	0.20	0.25	0.30	0.40	0.50
2	0	0.902 5	0.810 0	0.640 0	0.562 5	0.490 0	0.360 0	0.250 0
	1	0.095 0	0.180 0	0.320 0	0.375 0	0.420 0	0.480 0	0.500 0
	2	0.002 5	0.010 0	0.040 0	0.062 5	0.090 0	0.160 0	0.250 0
3	0	0.857 4	0.729 0	0.512 0	0.421 9	0.343 0	0.216 0	0.125 0
	1	0.135 4	0.243 0	0.384 0	0.421 9	0.441 0	0.432 0	0.375 0
	2	0.007 1	0.027 0	0.096 0	0.140 6	0.189 0	0.288 0	0.375 0
	3	0.000 1	0.001 0	0.008 0	0.015 6	0.027 0	0.640 0	0.125 0
4	0	0.814 5	0.656 1	0.409 6	0.316 4	0.240 1	0.129 6	0.062 5
	1	0.171 5	0.291 6	0.409 6	0.421 9	0.411 6	0.345 6	0.250 0
	2	0.013 5	0.048 6	0.153 6	0.210 9	0.264 6	0.345 6	0.375 0
	3	0.000 5	0.003 6	0.025 6	0.046 9	0.075 6	0.153 6	0.250 0
	4	0.000 0	0.000 1	0.001 6	0.003 9	0.008 1	0.025 6	0.062 5
5	0	0.773 8	0.590 5	0.327 7	0.237 3	0.168 1	0.077 8	0.031 2
	1	0.203 6	0.328 0	0.409 6	0.395 5	0.360 2	0.259 2	0.156 2
	2	0.021 4	0.072 9	0.204 8	0.263 7	0.308 7	0.345 6	0.312 5
	3	0.001 1	0.008 1	0.051 2	0.087 9	0.132 3	0.230 4	0.312 5
	4	0.000 0	0.004	0.006 4	0.014 6	0.028 4	0.076 8	0.156 2
	5	0.000 0	0.000 0	0.000 3	0.001 0	0.002 4	0.010 2	0.031 2
6	0	0.735 1	0.531 4	0.262 1	0.178 0	0.117 6	0.046 7	0.015 6
	1	0.232 1	0.354 3	0.393 2	0.356 0	0.302 5	0.186 6	0.093 8
	2	0.030 5	0.098 4	0.245 8	0.296 6	0.324 1	0.311 0	0.234 4
	3	0.002 1	0.014 6	0.081 9	0.131 8	0.185 2	0.276 5	0.312 5
	4	0.000 1	0.001 2	0.015 4	0.033 0	0.059 5	0.138 2	0.234 4

n	k	p 0.05	0.10	0.20	0.25	0.30	0.40	0.50
	5	0.000 0	0.000 1	0.001 5	0.004 4	0.010 2	0.036 9	0.093 8
	6	0.000 0	0.000 0	0.001	0.000 2	0.000 7	0.004 1	0.015 6
7	0	0.698 3	0.478 3	0.209 7	0.133 5	0.082 4	0.028 0	0.007 8
	1	0.257 3	0.372 0	0.367 0	0.311 5	0.247 1	0.130 6	0.054 7
	2	0.040 6	0.124 0	0.275 3	0.311 5	0.317 7	0.261 3	0.164 1
	3	0.003 6	0.023 0	0.114 7	0.173 0	0.226 9	0.290 3	0.273 4
	4	0.000 2	0.002 6	0.028 7	0.057 7	0.097 2	0.193 5	0.273 4
	5	0.000 0	0.000 2	0.004 3	0.011 5	0.025 0	0.077 4	0.164 1
	6	0.000 0	0.000 0	0.000 4	0.001 3	0.003 6	0.017 2	0.054 7
	7	0.000 0	0.000 0	0.000 0	0.000 1	0.000 2	0.001 6	0.007 8
8	0	0.663 4	0.430 5	0.167 8	0.100 1	0.057 6	0.016 8	0.003 9
	1	0.279 3	0.382 6	0.335 5	0.267 0	0.197 7	0.089 6	0.031 2
	2	0.051 5	0.148 8	0.293 6	0.311 5	0.296 5	0.209 0	0.109 4
	3	0.005 4	0.033 1	0.146 8	0.207 6	0.254 1	0.278 7	0.218 8
	4	0.000 4	0.004 6	0.045 9	0.086 5	0.136 1	0.232 2	0.273 4
	5	0.000 0	0.000 4	0.009 2	0.023 1	0.046 7	0.123 9	0.218 8
	6	0.000 0	0.000 0	0.001 1	0.003 8	0.010 0	0.041 3	0.109 4
	7	0.000 0	0.000 0	0.000 1	0.000 4	0.001 2	0.007 9	0.031 2
	8	0.000 0	0.000 0	0.000 0	0.000 0	0.000 1	0.000 7	0.003 9
9	0	0.630 2	0.387 4	0.134 2	0.075 1	0.040 4	0.010 1	0.002 0
	1	0.298 5	0.387 4	0.302 0	0.225 3	0.155 6	0.060 5	0.017 6
	2	0.052 9	0.172 2	0.302 0	0.300 3	0.266 8	0.161 2	0.070 3
	3	0.007 7	0.044 6	0.176 2	0.233 6	0.266 8	0.250 8	0.164 1
	4	0.000 6	0.007 4	0.066 1	0.116 8	0.171 5	0.250 8	0.246 1
	5	0.000 0	0.000 8	0.016 5	0.038 9	0.073 5	0.167 2	0.246 1
	6	0.000 0	0.000 1	0.002 8	0.008 7	0.021 0	0.074 3	0.164 1
	7	0.000 0	0.000 0	0.000 3	0.001 2	0.003 9	0.021 2	0.070 3
	8	0.000 0	0.000 0	0.000 0	0.000 1	0.000 4	0.003 5	0.017 6

续表

n	k	0.05	0.10	0.20	0.25	0.30	0.40	0.50
	9	0.0000	0.0000	0.0000	0.0000	0.0000	0.0003	0.0020
10	0	0.5987	0.3487	0.1074	0.0563	0.0282	0.0060	0.0010
	1	0.3151	0.3874	0.2684	0.1877	0.1211	0.0403	0.0098
	2	0.0746	0.1937	0.3020	0.2816	0.2335	0.1209	0.0439
	3	0.0105	0.0574	0.2013	0.2503	0.2668	0.2150	0.1172
	4	0.0010	0.0112	0.0881	0.1460	0.2001	0.2508	0.2051
	5	0.0001	0.0015	0.0264	0.0584	0.1029	0.2007	0.2461
	6	0.0000	0.0001	0.0055	0.0162	0.0368	0.1115	0.2051
	7	0.0000	0.0000	0.0008	0.0031	0.0090	0.0045	0.1172
	8	0.0000	0.0000	0.0001	0.0004	0.0014	0.0106	0.0439
	9	0.0000	0.0000	0.0000	0.0000	0.0001	0.0016	0.0098
	10	0.0000	0.0000	0.0000	0.0000	0.0000	0.0001	0.0010

附表三　泊松分布的概率函数值表

本表列出了泊松分布的概率函数值

$$P(X=k) = \mathrm{e}^{-\lambda}\frac{\lambda^k}{k!}.$$

k	0.1	0.2	0.3	0.4	0.5	0.6
0	0.904837	0.818731	0.740818	0.670320	0.606531	0.548812
1	0.090484	0.163746	0.222245	0.268128	0.303265	0.329287
2	0.004524	0.016375	0.033337	0.053626	0.075816	0.098786
3	0.000151	0.001092	0.003334	0.007150	0.012636	0.019757
4	0.000004	0.000055	0.000250	0.000715	0.001580	0.002964
5		0.000002	0.000015	0.000057	0.000158	0.000356
6			0.000001	0.000004	0.000013	0.000036
7					0.000001	0.000003

λ\k	1.0	2.0	3.0	4.0	5.0	6.0
0	0.367 879	0.135 335	0.049 787	0.018 316	0.006 738	0.002 479
1	0.367 879	0.270 671	0.149 361	0.073 263	0.033 690	0.014 873
2	0.183 940	0.270 671	0.224 042	0.146 525	0.084 224	0.044 618
3	0.061 313	0.180 447	0.224 042	0.195 367	0.140 374	0.089 235
4	0.015 328	0.090 224	0.168 031	0.195 367	0.175 467	0.133 853
5	0.003 066	0.036 089	0.100 819	0.156 293	0.175 467	0.160 623
6	0.000 511	0.012 030	0.050 409	0.104 196	0.146 223	0.160 623
7	0.000 073	0.003 437	0.021 604	0.059 540	0.104 445	0.137 677
8	0.000 009	0.000 859	0.008 102	0.029 770	0.065 278	0.103 258
9	0.000 001	0.000 191	0.002 701	0.013 231	0.036 266	0.068 838
10		0.000 038	0.000 810	0.005 292	0.018 133	0.041 303
11		0.000 007	0.000 221	0.001 925	0.008 242	0.022 529
12		0.000 001	0.000 055	0.000 642	0.003 434	0.011 264
13			0.000 013	0.000 197	0.001 321	0.005 199
14			0.000 003	0.000 056	0.000 472	0.002 228
15			0.000 001	0.000 015	0.000 157	0.000 891
16				0.000 004	0.000 049	0.000 334
17				0.000 001	0.000 014	0.000 118
18					0.000 004	0.000 039
19					0.000 001	0.000 012
20						0.000 004
21						0.000 001

附表四 标准正态分布函数值及分位数表

本表列出了标准正态分布函数值

$$\Phi(x) = \int_{-\infty}^{x} \frac{1}{\sqrt{2\pi}} e^{-\frac{t^2}{2}} \, dt.$$

x	0.00	0.01	0.02	0.03	0.04	0.05	0.06	0.07	0.08	0.09
0.0	0.5000	0.5040	0.5080	0.5120	0.5160	0.5199	0.5239	0.5279	0.5319	0.5359
0.1	0.5398	0.5438	0.5478	0.5517	0.5557	0.5596	0.5636	0.5675	0.5714	0.5753
0.2	0.5793	0.5832	0.5871	0.5910	0.5948	0.5987	0.6026	0.6064	0.6103	0.6141
0.3	0.6179	0.6217	0.6255	0.6293	0.6331	0.6368	0.6406	0.6443	0.6480	0.6517
0.4	0.6554	0.6591	0.6628	0.6664	0.6700	0.6736	0.6772	0.6808	0.6844	0.6879
0.5	0.6915	0.6950	0.6985	0.7019	0.7054	0.7088	0.7123	0.7157	0.7190	0.7224
0.6	0.7257	0.7291	0.7324	0.7357	0.7389	0.7422	0.7454	0.7486	0.7517	0.7549
0.7	0.7580	0.7611	0.7642	0.7673	0.7704	0.7734	0.7764	0.7794	0.7823	0.7852
0.8	0.7881	0.7910	0.7939	0.7967	0.7995	0.8023	0.8051	0.8078	0.8106	0.8133
0.9	0.8159	0.8186	0.8212	0.8238	0.8264	0.8289	0.8315	0.8340	0.8365	0.8389
1.0	0.8413	0.8438	0.8461	0.8485	0.8508	0.8531	0.8554	0.8577	0.8599	0.8621
1.1	0.8643	0.8665	0.8686	0.8708	0.8729	0.8749	0.8770	0.8790	0.8810	0.8830
1.2	0.8849	0.8869	0.8888	0.8907	0.8925	0.8944	0.8962	0.8980	0.8997	0.9015
1.3	0.9032	0.9049	0.9066	0.9082	0.9099	0.9115	0.9131	0.9147	0.9162	0.9177
1.4	0.9192	0.9207	0.9222	0.9236	0.9251	0.9265	0.9279	0.9292	0.9306	0.9319
1.5	0.9332	0.9345	0.9357	0.9370	0.9382	0.9394	0.9406	0.9418	0.9429	0.9441
1.6	0.9452	0.9463	0.9474	0.9484	0.9495	0.9505	0.9515	0.9525	0.9535	0.9545
1.7	0.9554	0.9564	0.9573	0.9582	0.9591	0.9599	0.9608	0.9616	0.9625	0.9633
1.8	0.9641	0.9649	0.9656	0.9664	0.9671	0.9678	0.9686	0.9693	0.9699	0.9706
1.9	0.9713	0.9719	0.9726	0.9732	0.9738	0.9744	0.9750	0.9756	0.9761	0.9767
2.0	0.9772	0.9778	0.9783	0.9788	0.9793	0.9798	0.9803	0.9808	0.9812	0.9817
2.1	0.9821	0.9826	0.9830	0.9834	0.9838	0.9842	0.9846	0.9850	0.9854	0.9857
2.2	0.9861	0.9864	0.9868	0.9871	0.9875	0.9878	0.9881	0.9884	0.9887	0.9890
2.3	0.9893	0.9896	0.9898	0.9901	0.9904	0.9906	0.9909	0.9911	0.9913	0.9916
2.4	0.9918	0.9920	0.9922	0.9925	0.9927	0.9929	0.9931	0.9932	0.9934	0.9936
2.5	0.9938	0.9940	0.9941	0.9943	0.8945	0.9946	0.9948	0.9949	0.9951	0.9952
2.6	0.9953	0.9955	0.9956	0.9957	0.9959	0.9960	0.9961	0.9962	0.9963	0.9964
2.7	0.9965	0.9966	0.9967	0.9968	0.9969	0.9970	0.9971	0.9972	0.9973	0.9974
2.8	0.9974	0.9975	0.9976	0.9977	0.9977	0.9978	0.9979	0.9979	0.9980	0.9931
2.9	0.9981	0.9982	0.9982	0.9983	0.9984	0.9984	0.9985	0.9985	0.9986	0.9986

x	0.00	0.01	0.02	0.03	0.04	0.05	0.06	0.07	0.08	0.09
3.0	0.9987	0.9987	0.9987	0.9988	0.9988	0.9989	0.9989	0.9989	0.9990	0.9996
3.1	0.9990	0.9991	0.9991	0.9991	0.9992	0.9992	0.9992	0.9992	0.9993	0.9996
3.2	0.9993	0.9993	0.9994	0.9994	0.9994	0.9994	0.9994	0.9995	0.9995	0.9995
3.3	0.9995	0.9995	0.9995	0.9996	0.9996	9.9996	0.9996	0.9996	0.9996	9.9997
3.4	0.9997	0.9997	0.9997	0.9997	0.9997	0.9997	0.9997	0.9997	0.9997	0.9993

下表列出几个常用的 p 分位数 u_p，它满足

$$\Phi(u_p) = p.$$

p	0.90	0.95	0.975	0.99	0.995	0.999
u_p	1.282	1.645	1.960	2.326	2.576	3.090

附表五　χ^2 分布的分位数表

本表列出了 $\chi^2(n)$ 分布的 p 分位数 $\chi_p^2(n)$，它满足

$$P(\chi^2(n) \leqslant \chi_p^2(n)) = p.$$

n \ p	0.005	0.01	0.025	0.05	0.10	0.90	0.95	0.975	0.99	0.995
1	—	—	0.001	0.004	0.016	2.706	3.841	5.024	6.535	7.879
2	0.010	0.020	0.051	0.103	0.211	4.605	5.991	7.378	9.210	10.597
3	0.072	0.115	0.216	0.352	0.584	6.251	7.815	9.348	11.345	12.830
4	0.207	0.297	0.484	0.711	1.064	7.779	9.488	11.143	13.277	14.860
5	0.412	0.554	0.831	1.145	1.610	9.236	11.071	12.832	15.086	16.750
6	0.676	0.872	1.237	1.635	2.204	10.645	12.592	14.449	16.812	18.548
7	0.989	1.239	1.690	2.167	2.833	12.017	14.067	16.013	18.475	20.278
8	1.344	1.646	2.180	2.733	3.499	13.362	15.507	17.535	20.090	21.955
9	1.735	2.088	2.700	3.325	4.168	14.684	16.919	19.023	21.666	23.589
10	2.156	2.558	3.247	3.940	4.865	15.987	18.307	20.483	23.209	25.188
11	2.603	3.053	3.816	4.575	5.578	17.275	19.675	21.920	24.725	26.757
12	3.074	3.571	4.404	5.226	6.304	18.549	21.026	23.337	26.217	28.299
13	3.565	4.107	5.009	5.892	7.042	19.812	22.362	24.736	27.688	29.819
14	4.075	4.660	5.629	6.571	7.790	21.064	23.685	26.119	29.141	31.319
15	4.601	5.229	6.262	7.261	8.547	22.307	24.996	27.488	30.578	32.801
16	5.142	5.812	6.908	7.962	9.312	23.542	26.296	28.845	32.000	34.267
17	5.697	6.408	7.564	8.672	10.085	24.769	27.587	30.191	33.409	35.718

n\p	0.005	0.01	0.025	0.05	0.10	0.90	0.95	0.975	0.99	0.995
18	6.265	6.015	8.342	9.390	10.065	25.989	28.869	31.526	34.805	37.156
19	6.844	7.633	8.907	10.117	11.651	27.204	30.144	32.852	36.191	38.582
20	7.434	8.260	9.591	10.851	12.443	28.412	31.410	34.170	37.566	39.997
21	8.034	8.897	10.283	11.591	13.240	29.615	32.671	36.479	38.932	41.691
22	8.643	9.542	10.982	12.336	14.042	30.813	33.924	36.781	40.293	42.796
23	9.260	10.196	11.689	13.091	14.848	32.007	35.172	38.076	41.639	44.181
24	9.886	10.856	12.481	13.848	15.659	33.196	36.415	39.364	42.900	45.559
25	10.520	11.524	13.128	14.611	16.473	34.382	37.652	40.646	44.314	46.920
26	11.160	12.198	13.844	15.379	17.292	36.563	38.885	41.923	45.642	48.290
27	11.808	12.879	14.573	16.151	18.114	36.741	40.113	43.194	46.963	49.645
28	12.461	13.565	15.308	16.928	18.939	37.916	41.337	44.461	48.278	50.993
29	13.121	14.257	16.047	17.708	19.768	39.087	42.557	45.722	49.588	52.336
30	13.787	14.954	16.791	18.493	20.599	40.256	43.773	46.773	50.892	53.672
31	14.458	15.655	17.539	19.281	21.434	41.422	44.985	48.232	52.191	55.003
32	15.134	16.362	18.291	20.072	22.271	42.585	46.194	49.480	53.486	56.328
33	15.815	17.074	19.047	20.867	23.110	43.745	47.400	50.725	54.776	57.648
34	16.501	17.789	19.806	21.664	23.952	44.903	48.602	51.966	56.061	58.946
35	17.192	18.509	20.569	22.465	24.797	49.802	49.802	52.203	57.342	40.275
36	17.887	19.233	21.336	23.269	25.643	47.212	50.998	54.437	58.619	61.581
37	18.586	19.960	22.106	24.075	26.492	48.363	52.192	55.668	59.892	62.883
38	19.289	20.691	22.878	24.884	27.343	49.513	53.384	56.896	61.162	64.181
39	19.996	21.426	23.654	25.605	28.196	50.600	54.572	58.120	62.428	65.476
40	20.707	22.164	24.433	26.509	29.051	51.805	55.758	59.342	63.691	66.766
41	21.421	20.906	25.215	27.326	29.907	52.949	56.942	60.561	64.950	68.053
42	22.138	23.650	25.999	28.144	30.765	54.090	58.124	61.777	66.296	69.336
43	22.859	24.398	26.785	28.965	31.625	55.230	59.304	62.990	67.459	70.616
44	23.584	25.148	27.575	29.787	32.487	56.369	60.481	64.201	68.710	71.893
45	24.311	25.901	29.366	30.612	33.350	57.505	61.656	65.410	69.957	73.166

附表六 t 分布的分位数表

本表列出了 $t(n)$ 分布的 p 分位数 $t_p(n)$，它满足
$$P(t(n) \leqslant t_p(n)) = p.$$

n \ p	0.90	0.95	0.975	0.99	0.995
1	3.0777	6.3138	12.7062	31.8207	63.6574
2	1.8556	2.9200	4.3027	6.9646	9.9248
3	1.6377	2.3534	3.1824	4.5407	5.8409
4	1.5332	2.1318	2.7764	3.7469	4.6041
5	1.4759	2.0150	2.5706	3.3649	4.0322
6	1.4398	1.9432	2.4669	3.1427	3.7074
7	1.4149	1.8946	2.3646	2.9980	3.4995
8	1.3968	1.8595	2.3060	2.8965	3.3554
9	1.3830	1.8331	2.2622	2.8214	3.2498
10	1.3722	1.8125	2.2281	2.7638	3.1693
11	1.3634	1.7959	2.2010	2.7181	3.1058
12	1.3562	1.7823	2.1788	2.6810	3.0545
13	1.3502	1.7709	2.1604	2.6503	3.0123
14	1.3450	1.7613	2.1448	2.6245	2.9768
15	1.3406	1.7531	2.1315	2.6025	2.9467
16	1.3368	1.7459	2.1199	2.5835	2.9208
17	1.3334	1.7396	2.1098	2.5669	2.8982
18	1.3304	1.7341	2.1009	2.5524	2.8784
19	1.3277	1.7291	2.0930	2.5395	2.8609
20	1.3253	1.7247	2.0860	2.5280	2.8453
21	1.3232	1.7207	2.0796	2.5177	2.8314
22	1.3212	1.7171	2.0739	2.5083	2.8188
23	1.3195	1.7139	2.0687	2.4999	2.8073
24	1.3178	1.7109	2.0639	2.4922	2.7969
25	1.3163	1.7081	2.0595	2.4851	2.7874
26	1.3150	1.7056	2.0555	2.4786	2.7787
27	1.3137	1.7033	2.0518	2.4727	2.7707
28	1.3125	1.7011	2.0484	2.4671	2.7633
29	1.3114	1.6991	2.0452	2.4620	2.7564
30	1.3104	1.6973	2.0423	2.4573	2.7500

续表

p \ n	0.90	0.95	0.975	0.99	0.995
31	1.309 5	1.695 5	2.039 5	2.452 8	2.744 0
32	1.308 6	1.693 9	2.036 9	2.448 7	2.738 5
33	1.307 7	1.692 4	2.034 5	2.444 8	2.733 3
34	1.307 0	1.690 9	2.032 2	2.441 1	2.728 4
35	1.306 2	1.689 6	2.030 1	2.437 7	2.723 8
36	1.305 5	1.688 3	2.028 1	2.434 5	2.719 5
37	1.304 9	1.687 1	2.026 2	2.431 4	2.715 4
38	1.304 2	1.686 0	2.024 4	2.428 6	2.711 6
39	1.303 6	1.684 9	2.022 7	2.425 8	2.707 9
40	1.303 1	1.683 9	2.021 1	2.423 3	2.704 5
41	1.302 5	1.682 9	2.019 5	2.420 8	2.701 2
42	1.302 0	1.682 0	2.018 1	2.418 5	2.698 1
43	1.301 6	1.681 1	2.016 7	2.416 3	2.695 1
44	1.301 1	1.680 2	2.015 4	2.414 1	2.692 3
45	1.300 6	1.679 4	2.014 1	2.412 1	2.689 6

附表七　F 分布的分位数表

本表列出了 $F(m,n)$ 分布的分位数 $F_p(m,n)$，它满足

$$P(F(m,n) \leqslant F_p(m,n)) = p.$$

（1）$p = 0.75$.

m \ n	1	2	3	4	5	6	7	8	9	10	12	15	20	24	30	40	60
1	5.83	7.50	8.20	8.58	8.82	8.98	9.10	9.19	9.26	9.32	9.41	9.49	9.58	9.63	9.67	9.71	9.76
2	2.57	3.00	3.15	2.23	3.28	3.31	3.34	3.35	3.37	3.38	3.39	3.41	3.43	3.43	3.44	3.45	3.46
3	2.02	2.28	3.36	2.39	2.41	2.42	2.43	2.44	2.44	2.44	2.45	2.46	2.46	2.46	2.47	2.47	2.47
4	1.81	2.00	2.05	2.06	2.07	2.08	2.08	2.08	2.08	2.08	2.08	2.08	2.08	2.08	2.08	2.08	2.08
5	1.69	1.85	1.88	1.89	1.89	1.89	1.89	1.89	1.89	1.89	1.89	1.89	1.88	1.88	1.88	1.88	1.87
6	1.62	1.76	1.78	1.79	1.79	1.78	1.78	1.78	1.77	1.77	1.77	1.76	1.76	1.75	1.75	1.75	1.74
7	1.57	1.70	1.72	1.72	1.71	1.71	1.70	1.70	1.69	1.69	1.68	1.68	1.67	1.67	1.66	1.66	1.65
8	1.54	1.66	1.67	1.66	1.66	1.64	1.64	1.64	1.63	1.63	1.62	1.62	1.61	1.60	1.60	1.59	1.59
9	1.51	1.62	1.63	1.63	1.62	1.61	1.60	1.60	1.59	1.59	1.58	1.57	1.56	1.56	1.55	1.54	1.54
10	1.49	1.60	1.60	1.59	1.59	1.58	1.57	1.56	1.56	1.55	1.54	1.53	1.52	1.52	1.51	1.51	1.50
12	1.46	1.56	1.56	1.55	1.54	1.53	1.52	1.51	1.51	1.50	1.49	1.48	1.47	1.46	1.45	1.45	1.44
15	1.43	1.52	1.52	1.51	1.49	1.48	1.47	1.46	1.46	1.45	1.44	1.43	1.41	1.41	1.40	1.39	1.38
20	1.40	1.49	1.48	1.47	1.45	1.44	1.43	1.42	1.41	1.40	1.39	1.37	1.36	1.35	1.34	1.33	1.32
24	1.39	1.47	1.46	1.44	1.43	1.41	1.40	1.39	1.38	2.38	1.36	1.35	1.33	1.32	1.31	1.30	1.29
30	1.38	1.45	1.44	1.42	1.41	1.39	1.38	1.37	1.36	1.35	1.34	1.32	1.30	1.29	1.28	1.27	1.26
40	1.36	1.44	1.42	1.40	1.39	1.37	1.36	1.35	1.34	1.33	1.31	1.30	1.28	1.26	1.25	1.24	1.22
60	1.35	1.42	1.41	1.38	1.37	1.35	1.33	1.32	1.31	1.30	1.29	1.27	1.25	1.24	1.22	1.21	1.19

(2) $p = 0.90$.

m\n	1	2	3	4	5	6	7	8	9	10	15	20	30	50
1	39.9	49.5	53.6	55.8	57.2	58.2	58.9	59.4	59.9	60.2	61.2	61.7	62.3	62.7
2	8.53	9.00	9.16	9.24	9.29	9.33	9.35	9.37	9.38	9.39	9.42	9.44	9.46	9.47
3	5.54	5.46	5.39	5.34	5.31	5.28	5.27	5.25	5.24	5.23	5.20	5.18	5.17	5.15
4	4.54	4.32	4.19	4.11	4.05	4.01	3.98	3.95	3.94	3.92	3.87	3.84	3.82	3.80
5	4.06	3.78	3.62	3.52	3.45	3.40	3.37	3.34	3.32	3.30	3.24	3.21	3.17	3.15
6	3.78	3.46	3.29	3.18	3.11	3.05	3.01	2.98	2.96	2.94	2.87	2.84	2.80	2.77
7	3.59	3.26	3.07	2.96	2.38	2.83	2.78	2.75	2.72	2.70	2.63	2.59	2.56	2.52
8	3.46	3.11	2.92	2.81	2.73	2.67	2.62	2.59	2.56	2.54	2.46	2.42	2.38	2.35
9	3.36	3.01	2.81	2.69	2.61	2.55	2.51	2.47	2.44	2.42	2.34	2.30	2.25	2.22
10	3.28	2.92	2.73	2.61	2.52	2.46	2.41	2.38	2.35	2.32	2.24	2.20	2.16	2.12
15	3.07	2.70	2.49	2.36	2.27	2.21	2.16	2.12	2.09	2.06	1.97	1.92	1.87	1.83
20	2.97	2.59	2.38	2.25	2.16	2.09	2.04	2.00	1.96	1.94	1.84	1.79	1.74	1.69
30	2.88	2.49	2.28	2.14	2.05	1.98	1.93	1.88	1.85	1.82	1.72	1.67	1.61	1.55
40	2.84	2.44	2.23	2.09	2.00	1.93	1.87	1.83	1.79	1.76	1.66	1.61	1.54	1.48
50	2.81	2.41	2.20	2.06	1.97	1.90	1.84	1.80	1.76	1.73	1.63	1.57	1.50	1.44

(3) $p = 0.95$.

m\n	1	2	3	4	5	6	7	8	9	10	12	14	16	18	20	30	40	50
1	161	200	216	225	230	234	237	239	241	242	244	245	246	247	248	250	251	252
2	18.5	19.0	19.2	19.2	19.3	19.3	19.4	19.4	19.4	19.4	19.4	19.4	19.4	19.4	19.4	19.5	19.5	19.5
3	10.1	9.55	9.28	9.12	9.01	8.94	8.89	8.85	8.81	8.79	8.74	8.71	8.69	8.67	8.66	8.62	8.59	8.58
4	7.71	6.94	6.59	6.39	6.26	6.16	6.09	6.04	6.00	5.96	5.91	5.87	5.84	5.82	5.80	5.75	5.72	5.70
5	6.61	5.79	5.41	5.19	5.05	4.95	4.88	4.82	4.77	4.74	4.68	4.64	4.60	4.58	4.56	4.50	4.46	4.44
6	5.99	5.14	4.76	4.53	4.39	4.28	4.21	4.15	4.10	4.06	4.00	3.96	3.02	3.30	3.87	3.81	3.77	3.75
7	5.59	4.74	4.35	4.12	3.97	3.87	3.79	3.73	3.68	3.64	3.57	3.53	3.49	3.47	3.44	3.38	3.34	3.32
8	5.32	4.46	4.07	3.84	3.69	3.58	3.50	3.44	3.39	3.35	3.28	3.24	3.20	3.17	3.15	3.08	3.04	3.02
9	5.12	4.6	3.86	3.63	3.48	3.37	3.29	3.23	3.18	3.14	3.07	3.03	2.99	2.96	2.94	2.86	2.83	2.80
10	4.96	4.10	3.71	3.48	3.33	3.22	3.10	3.07	3.02	2.98	2.91	2.86	2.83	2.80	2.77	2.70	2.66	2.64
12	4.75	3.89	3.49	3.26	3.11	3.00	2.91	2.85	2.80	2.75	2.69	2.64	2.60	2.57	2.54	2.47	2.43	2.40
14	4.60	3.74	3.34	3.11	2.96	2.85	2.76	2.70	2.65	2.60	2.53	2.48	2.44	2.41	2.39	2.31	2.27	2.24
16	4.49	3.63	3.24	3.01	2.85	2.74	2.66	2.59	2.54	2.49	2.42	2.37	2.33	2.30	2.28	2.19	2.15	2.12
18	4.41	3.55	3.16	2.93	2.77	2.66	2.58	2.51	2.46	2.41	2.34	2.29	2.25	2.22	2.19	2.11	2.06	2.04
20	4.35	3.49	3.10	2.87	2.71	2.60	2.51	2.45	2.39	2.35	2.28	2.22	2.18	2.15	2.12	2.04	1.09	1.97
30	4.17	3.32	2.92	2.69	2.53	2.42	2.33	2.27	2.21	2.16	2.09	2.04	1.99	1.96	1.93	1.84	1.79	1.76
40	4.08	3.23	2.84	2.61	2.45	2.34	2.25	2.18	2.12	2.08	2.00	1.95	1.90	1.87	1.84	1.74	1.69	1.66
50	4.03	3.18	2.79	2.56	2.40	2.29	2.20	2.13	2.07	2.03	1.95	1.89	1.85	1.81	1.78	1.69	1.63	1.60

(4) $p = 0.99$.

m \ n	1	2	3	4	5	6	7	8	9	10	12	14	16	18	20	30	40	50
1	405	500	540	563	576	586	593	598	602	606	611	614	617	619	621	626	629	630
2	98.5	99.0	99.2	99.2	99.3	99.3	99.4	99.4	99.4	99.4	99.4	99.4	99.4	99.4	99.4	99.5	99.5	99.5
3	34.1	30.8	29.5	28.7	28.2	27.9	27.7	27.5	27.3	27.2	27.1	26.9	26.8	26.8	26.7	26.5	26.4	26.4
4	21.2	18.0	16.7	16.0	15.5	15.2	15.0	14.8	14.7	14.5	14.4	14.2	14.2	14.1	14.0	13.8	13.7	13.7
5	16.3	13.3	12.1	11.4	11.0	10.7	10.5	10.3	10.2	10.1	9.89	9.77	9.68	9.61	9.55	9.38	9.29	9.24
6	13.7	10.9	9.78	9.15	8.75	8.47	8.26	8.10	7.98	7.87	7.72	7.60	7.52	7.45	7.40	7.23	7.14	7.09
7	12.2	9.55	8.45	7.85	7.46	7.19	6.99	6.84	6.72	6.62	6.47	6.36	6.27	6.21	6.16	5.99	5.91	5.86
8	11.3	8.65	7.59	7.01	6.63	6.37	6.18	6.03	5.91	5.81	5.67	5.56	5.48	5.41	5.36	5.20	5.12	5.07
9	10.6	8.02	6.99	6.42	6.06	5.80	5.61	5.47	5.35	5.26	5.11	5.00	4.92	4.86	4.81	4.65	4.57	4.52
10	10.0	7.56	6.55	5.99	5.64	5.39	5.20	5.06	4.94	4.85	4.71	4.60	4.52	4.46	4.41	4.25	4.17	4.12
12	9.33	6.93	5.95	5.41	5.06	4.87	4.64	4.50	4.39	4.30	4.16	4.05	3.97	3.91	3.86	3.70	3.62	3.57
14	8.86	6.51	5.56	5.04	4.70	4.46	4.28	4.14	4.03	3.94	3.80	3.70	3.62	3.56	3.51	3.35	3.27	3.22
16	8.53	6.23	5.29	4.77	4.44	4.20	4.03	3.89	3.78	3.69	3.55	3.45	3.37	3.31	3.26	3.10	3.02	2.97
18	8.29	6.01	5.09	4.58	4.25	4.01	3.84	3.71	3.60	3.51	3.37	3.27	3.19	3.13	3.08	2.92	2.84	2.78
20	8.10	5.85	4.94	4.43	4.10	3.87	3.70	3.56	3.46	3.37	3.23	3.13	3.05	2.99	2.94	2.78	2.69	2.64
30	7.56	5.39	4.51	4.02	3.70	3.47	3.30	3.17	3.07	2.98	2.84	2.74	2.66	2.60	2.55	2.39	2.30	2.25
40	7.31	5.18	4.31	3.83	3.51	3.29	3.12	2.99	2.89	2.80	2.66	2.56	2.48	2.42	2.37	2.20	2.11	2.06
50	7.17	5.06	4.20	3.72	3.41	3.19	3.02	2.89	2.79	2.70	2.56	2.46	2.38	2.32	2.27	2.10	2.01	1.95

附表八　半极差型检验的临界值表

本表列出了半极差型检验的临界值,其中,显著性水平为 α,样本大小为 n.

α \ n	0.01	0.02	0.05	0.10	0.20
3	1.155	1.155	1.155	1.153	1.148
4	1.496	1.492	1.481	1.463	1.425
5	1.764	1.749	1.715	1.672	1.602
6	1.973	1.944	1.887	1.822	1.729
7	2.139	2.097	2.020	1.938	1.828
8	2.274	2.198	2.104	2.011	1.890
9	2.387	2.323	2.215	2.109	1.977
10	2.482	2.410	2.290	2.176	2.036
11	2.564	2.485	2.355	2.234	2.088
12	2.636	2.550	2.412	2.285	2.134
13	2.699	2.608	2.461	2.331	2.175
14	2.755	2.659	2.507	2.371	2.213
15	2.806	2.705	2.549	2.408	2.247
16	2.852	2.747	2.585	2.443	2.279

n \ α	0.01	0.02	0.05	0.10	0.20
17	2.894	2.785	2.620	2.475	2.309
18	2.932	2.821	2.651	2.504	2.336
19	2.968	2.849	2.676	2.527	2.358
20	3.001	2.884	2.708	2.557	2.385
21	3.031	2.912	2.733	2.580	2.408
22	3.060	2.939	2.758	2.603	2.429
23	3.087	2.963	2.781	2.624	2.449
24	3.112	2.987	2.802	2.644	2.467
25	3.135	2.997	2.792	2.682	2.459

附表九　邻差型检验的临界值表

本表列出了邻差型检验的临界值，其中，显著性水平为 α，样本大小为 n.

检验统计量	n \ α	0.01	0.02	0.05	0.10
r_{10}	3	0.988	0.976	0.941	0.886
	4	0.889	0.846	0.765	0.679
	5	0.680	0.629	0.642	0.557
	6	0.698	0.644	0.560	0.482
	7	0.637	0.586	0.567	0.434
r_{11}	8	0.683	0.631	0.554	0.479
	9	0.635	0.507	0.512	0.441
	10	0.597	0.551	0.477	0.409
r_{21}	11	0.679	0.638	0.576	0.517
	12	0.642	0.605	0.546	0.490
	13	0.615	0.578	0.521	0.467
r_{22}	14	0.641	0.602	0.546	0.492
	15	0.615	0.579	0.525	0.472
	16	0.595	0.559	0.507	0.454
	17	0.577	0.542	0.490	0.438
	18	0.561	0.527	0.475	0.424
	19	0.547	0.514	0.462	0.412
	20	0.535	0.502	0.450	0.401
	21	0.524	0.491	0.440	0.391
	22	0.514	0.481	0.430	0.382
	23	0.505	0.472	0.421	0.374
	24	0.497	0.464	0.413	0.367
	25	0.489	0.457	0.406	0.360

附表十 相关系数检验的临界值表

本表列出了相关系数检验的临界值,其中,显著性水平为 α,样本大小为 n.

n	α		n	α	
	0.05	0.01		0.05	0.01
3	0.997	1.000	18	0.468	0.590
4	0.950	0.990	19	0.456	0.575
5	0.878	0.959	20	0.444	0.561
6	0.811	0.917	21	0.433	0.549
7	0.754	0.874	22	0.423	0.537
8	0.707	0.834	23	0.413	0.526
9	0.666	0.798	24	0.404	0.515
10	0.632	0.765	25	0.396	0.505
11	0.602	0.735	26	0.388	0.496
12	0.576	0.708	27	0.381	0.487
13	0.553	0.684	28	0.374	0.478
14	0.532	0.661	29	0.364	0.470
15	0.514	0.641	30	0.361	0.463
16	0.497	0.623	31	0.355	0.456
17	0.482	0.606	32	0.349	0.449

习题答案

第一章 随机事件与概率

1.1 (1) $\Omega = \{1,2,3,4,5,6\}$，$A = \{1,3,5\}$；

(2) $\Omega = \{1,2,\cdots\}$，$A = \{1,2,3\}$；

(3) $\Omega = \{(x,y,z):0 < x,y,z < 1,\ x+y+z = 1\}$，$A = \{(x,y,z):0 < x,y,z < 1,$
$x+y+z = 1, x+y > z, y+z > x, z+x > y\}$.

1.2 (1) A；(2) Ω；(3) $\varnothing$.

1.3 $A = A_1 \bigcup A_3$.

1.4 $\{T_{(3)} \geqslant t_0\}$.

1.5 $\dfrac{1}{6}$.

1.6 (1) $\dfrac{\dbinom{M}{k}\dbinom{N-M}{n-k}}{\dbinom{N}{n}}$； (2) $1 - \dfrac{\dbinom{N-M}{n}}{\dbinom{N}{n}}$.

1.7 (1) $\dfrac{1}{12}$； (2) $\dfrac{1}{20}$.

1.8 (1) $\dfrac{1}{1\,296}$； (2) $\dfrac{5}{18}$； (3) $\dfrac{13}{18}$.

1.9 0.75.

1.10 $\dfrac{1}{2}\left(1 - \dfrac{t_1}{T}\right)^2 + \dfrac{1}{2}\left(1 - \dfrac{t_2}{T}\right)^2 = \dfrac{(T-t_1)^2 + (T-t_2)^2}{2T^2}$.

1.11 0.1,0.3.

1.12 0.7,0.3.

1.13 (1) 0,0.25； (2) 0.5,1.

1.14 (1) $\dfrac{7}{15}$； (2) $\dfrac{7}{15}$； (3) $\dfrac{14}{15}$.

1.15 0.000 02.

1.16 0.5.

1.18 4 名.

1.20 (1) $p^n(2 - p^n)$； (2) $p^n(2 - p)^n$.

1.21 3 个.

1.22 (1) 0.41； (2) 0.74； (3) 0.67.

1.23 0.14.

1.24 (1) 0.94； (2) $\dbinom{n}{2}0.94^{n-2}0.06^2$； (3) 0.94^n.

1.25   (1) $\dfrac{7}{24}$;   (2) $\dfrac{2}{7}$.

1.26   (1) 0.094 4;   (2) 0.407.

1.27   (1) $\dfrac{a+c}{a+b+c+d}$;   (2) $\dfrac{1}{2}\left(\dfrac{a}{a+b}+\dfrac{c}{c+d}\right)$;   (3) $\dfrac{ac+bc+a}{(a+b)(c+d+1)}$.

1.28   0.75，0.25.

1.29 $\dfrac{b}{2^{-n}a+b}$.

1.30   (1) $\dfrac{4}{25}$;   (2) $\dfrac{2}{3}$.

第二章　离散型随机变量及其分布

2.1   (1) 与(2) 都不是概率函数(理由略).

2.2   (1) $\dfrac{2}{n(n+1)}$;   (2) $\dfrac{1}{\mathrm{e}^{\lambda}-1}$.

2.3

X	0	1	2	3
P_r	0.512	0.384	0.096	0.008

2.4   0.4.

2.5 $P(X=k)=0.4\times0.6^{k-1}, k=1,2,\cdots.$ X 取奇数的概率为 $\dfrac{5}{8}$.

2.6 $p=\dfrac{1}{2}$，$P(X=2)=\dfrac{n(n-1)}{2^{n+1}}$.

2.7   (1) $\dfrac{1}{2}$;   (2) $\dfrac{1}{3}$.

2.8 $\dfrac{1}{2}\left[1-(1-2p)^{n}\right]$

2.9   12 台.

2.10   0.999 7.

2.11   (1) $(1-p)^{10}$;   (2) $(1-p)^{10}$. $P(X>10)$ 表示流水线连续生产 10 个产品后无不合格品出现的概率；$P(X>15\mid X>5)$ 表示已知连续生产 5 个合格品后再连续生产 10 个产品依然无不合格品出现的概率，二者相等.

2.13

X	0	1	2	3
P_r	$\dfrac{24}{60}$	$\dfrac{26}{60}$	$\dfrac{9}{60}$	$\dfrac{1}{60}$

2.14 (1)

X \ Y	1	2	3	4	5	6
1	$\frac{1}{36}$	$\frac{1}{36}$	$\frac{1}{36}$	$\frac{1}{36}$	$\frac{1}{36}$	$\frac{1}{36}$
2	0	$\frac{2}{36}$	$\frac{1}{36}$	$\frac{1}{36}$	$\frac{1}{36}$	$\frac{1}{36}$
3	0	0	$\frac{3}{36}$	$\frac{1}{36}$	$\frac{1}{36}$	$\frac{1}{36}$
4	0	0	0	$\frac{4}{36}$	$\frac{1}{36}$	$\frac{1}{36}$
5	0	0	0	0	$\frac{5}{36}$	$\frac{1}{36}$
6	0	0	0	0	0	$\frac{6}{36}$

(2) $\frac{21}{36}$, $\frac{4}{36}$;

(3)

X	1	2	3	4	5	6
P_r	$\frac{1}{6}$	$\frac{1}{6}$	$\frac{1}{6}$	$\frac{1}{6}$	$\frac{1}{6}$	$\frac{1}{6}$

Y	1	2	3	4	5	6
P_r	$\frac{1}{36}$	$\frac{3}{36}$	$\frac{5}{36}$	$\frac{7}{36}$	$\frac{9}{36}$	$\frac{11}{36}$

(4)

$X \mid Y = 4$	1	2	3	4
P_r	$\frac{1}{7}$	$\frac{1}{7}$	$\frac{1}{7}$	$\frac{4}{7}$

(5)

$Y \mid X = 4$	4	5	6
P_r	$\frac{4}{6}$	$\frac{1}{6}$	$\frac{1}{6}$

2.15 (1)

X \ Y	1	3
0	0	$\frac{1}{8}$
1	$\frac{3}{8}$	0
2	$\frac{3}{8}$	0
3	0	$\frac{1}{8}$

(2)

X	0	1	2	3
P_r	$\frac{1}{8}$	$\frac{3}{8}$	$\frac{3}{8}$	$\frac{1}{8}$

Y	1	3
P_r	$\frac{3}{4}$	$\frac{1}{4}$

2.16

X_1 \ X_2	0	1
0	0.1	0.2
1	0.7	0

2.17

X \ Y	0	1
0	0.49	0.21
1	0.21	0.09

2.18 $\alpha = \dfrac{2}{9}$, $\beta = \dfrac{1}{9}$.

2.19 (1)

X \ Y	0	1
-1	0.25	0
0	0	0.5
1	0.25	0

(2) 不独立,因为 $P(X = 1, Y = 1) \neq P(X = 1)P(Y = 1)$.

2.22 (1) $\dbinom{n}{k} p^k (1-p)^{n-k}$;

(2) $\dbinom{n}{k} p^k (1-p)^{n-k} \cdot \mathrm{e}^{-\lambda} \dfrac{\lambda^n}{n!}$.

2.23

X \ Y	0	1	2
1	$\dfrac{1}{3}$	$\dfrac{1}{6}$	0
2	$\dfrac{2}{9}$	$\dfrac{2}{9}$	$\dfrac{1}{18}$

2.24

Y	0	1	4
P_r	0.2	0.4	0.4

Z	0	1	2
P_r	0.2	0.4	0.4

2.25 $P(Y = k) = \dbinom{n}{k}(1-p)^k p^{n-k}$, $k = 0, 1, \cdots, n$.

2.26 (1)

U	0	1	4
P_r	0.3	0.5	0.2

V	-2	-1	0	1
P_r	0.2	0.2	0.4	0.2

(2)

U \\ V	-2	-1	0	1
0	0.2	0	0.1	0
1	0	0.2	0.3	0
4	0	0	0	0.2

2.27 (1)

Z	0	1
P_r	$2p(1-p)$	$p^2+(1-p)^2$

(2)

X \\ Z	0	1
0	$p(1-p)$	$(1-p)^2$
1	$p(1-p)$	p^2

(3) $p = 0.5$.

2.28

Z	-1	0	1
P_r	0.134 4	0.731 2	0.134 4

2.29 $P(\overline{X} = t) = \binom{n}{nt} p^{nt}(1-p)^{n(1-t)}$, $t = 0, \dfrac{1}{n}, \dfrac{2}{n}, \cdots, \dfrac{n-1}{n}, 1$.

第三章　连续型随机变量及其分布

3.1 $F(x) = \begin{cases} 0, & x < 0; \\ 0.36, & 0 \leqslant x < 1; \\ 0.84, & 1 \leqslant x < 2; \\ 1, & x \geqslant 2. \end{cases}$

3.3 (1) $a = \dfrac{1}{2}$, $b = \dfrac{1}{\pi}$; (2) $\dfrac{1}{3}$; (3) $f(x) = \begin{cases} \dfrac{1}{\pi\sqrt{1-x^2}}, & -1 < x < 1; \\ 0, & \text{其余}. \end{cases}$

3.4 $c = 4$, $P\left(-1 < X < \dfrac{1}{2}\right) = \dfrac{1}{16}$, $F(x) = \begin{cases} 0, & x < 0; \\ x^4, & 0 \leqslant x < 1; \\ 1, & x \geqslant 1. \end{cases}$

3.5 0.288.

3.6 (1) $\dfrac{1}{3}$; (2) $\dfrac{65}{81}$.

3.7   0.159 8, 0.467 2.

3.8   (1) $u_{0.9} = 1.282$;   (2) $u_{0.1} = -1.282$;   (3) $u_{0.95} = 1.645$;   (4) $u_{0.55} = 0.126$.

3.9   (1) 0.158 7;   (2) 0.162 4.

3.13 $c = \dfrac{1}{8}$, $P(X+Y<4) = \dfrac{2}{3}$, $P(X<1 \mid X+Y<4) = \dfrac{25}{32}$.

3.14   (1) $f(x,y) = \begin{cases} \dfrac{1}{4}, & (x,y) \in G; \\ 0, & \text{其余}; \end{cases}$

(2) $f_X(x) = \begin{cases} \dfrac{x}{2}, & 0<x<2; \\ 0, & \text{其余}, \end{cases}$ $f_Y(y) = \begin{cases} \dfrac{1}{4}(2-|y|), & -2<y<2; \\ 0, & \text{其余}; \end{cases}$

(3) 不独立;

(4) $f_{X|Y}(x \mid 1) = \begin{cases} 1, & 1<x<2; \\ 0, & \text{其余}, \end{cases}$ $f_{X|Y}(x \mid y) = \begin{cases} \dfrac{1}{2-|y|}, & |y|<x<2; \\ 0, & \text{其余}; \end{cases}$

(5) $\sqrt{2}-1$.

3.15   (1) 相互独立;   (2) $e^{-4} - e^{-5}$;

(3) $f_{X|Y}(x \mid 1) = f_{X|Y}(x \mid y) = \begin{cases} e^{-x}, & x>0; \\ 0, & \text{其余}, \end{cases}$

(4) $F(x,y) = \begin{cases} 0, & x<0 \text{ 或 } y<0; \\ (1-e^{-x})(1-e^{-2y}), & x \geqslant 0 \text{ 且 } y \geqslant 0. \end{cases}$

3.16 $f(x,y) = \begin{cases} (xe^x)^{-1}, & 0<y<x<\infty; \\ 0, & \text{其余}. \end{cases}$

3.17 $\dfrac{3}{4}$, $\dfrac{1}{2}$.

3.19 $f_Y(y) = \begin{cases} \dfrac{1}{\sqrt{2\pi}\sigma y} \exp\left\{ -\dfrac{(\ln y - \mu)^2}{2\sigma^2} \right\}, & y>0; \\ 0, & \text{其余}. \end{cases}$

3.20 $f_Y(y) = \begin{cases} \sqrt{\dfrac{2}{\pi}} e^{-\frac{y^2}{2}}, & y>0; \\ 0, & \text{其余}. \end{cases}$

3.21 $f_Y(y) = \begin{cases} 1, & 0<y<1; \\ 0, & \text{其余}; \end{cases}$ $f_Z(z) = \begin{cases} 1, & 0<z<1; \\ 0, & \text{其余}. \end{cases}$

3.22 $F_Y(y) = \begin{cases} 0, & y<0; \\ \dfrac{2}{\pi}\arcsin y, & 0 \leqslant y <1; \\ 1, & y \geqslant 1, \end{cases}$ $f_Y(y) = \begin{cases} \dfrac{2}{\pi\sqrt{1-y^2}}, & 0<y<1; \\ 0, & \text{其余}. \end{cases}$

3.23 $F_Z(z) = \begin{cases} 0, & z<0; \\ \dfrac{1}{2}z^2, & 0 \leqslant z<1; \\ 1-\dfrac{1}{2}(2-z)^2, & 1 \leqslant z<2; \\ 1 & z \geqslant 2; \end{cases}$ $f_Z(z) = \begin{cases} z, & 0<z<1; \\ 2-z, & 1<z<2; \\ 0, & \text{其余}. \end{cases}$

3.24 $f_Z(z) = \dfrac{1}{\sqrt{12\pi}} \exp\left\{ -\dfrac{1}{12}(z-6)^2 \right\}$, $-\infty < z < \infty$.

3.25 $F_Z(z) = \begin{cases} 0, & z < 0; \\ 1 - e^{-\frac{z^2}{2}}, & z \geqslant 0; \end{cases}$ $\qquad f_Z(z) = \begin{cases} z e^{-\frac{z^2}{2}}, & z > 0; \\ 0, & \text{其余}. \end{cases}$

3.26 $f_Z(z) = \begin{cases} \dfrac{1}{2}(\ln 2 - \ln z), & 0 < z < 2; \\ 0, & \text{其余}. \end{cases}$

3.27 (1) $f_U(u) = \begin{cases} n\lambda e^{-\lambda u}(1 - e^{-\lambda u})^{n-1}, & u > 0; \\ 0, & \text{其余}; \end{cases}$ $\qquad$ (2) $f_V(v) = \begin{cases} n\lambda e^{-n\lambda v}, & v > 0; \\ 0, & \text{其余}. \end{cases}$

3.28 (1) $f_Y(y) = \dfrac{1}{\sqrt{750\pi}} \exp\left\{ -\dfrac{1}{750}(y - 3\,000)^2 \right\}$; $\quad$ (2) 39 袋.

3.29 $f_Y(y) = \begin{cases} \dfrac{1}{6} y^3 e^{-y}, & y > 0; \\ 0, & \text{其余}. \end{cases}$

3.30

U \ V	0	1
0	0.25	0.25
1	0.25	0.25

第四章　　随机变量的数字特征

4.1 -0.1, 1.7, 10.1, 1.69.

4.2 λ^2.

4.3 $\dfrac{3}{2}$, $\dfrac{12}{5}$, $\dfrac{3}{20}$, $\dfrac{3}{4}$.

4.6 $\dfrac{1}{p}$, $\dfrac{1-p}{p^2}$.

4.8 $\sqrt{\dfrac{2}{\pi}}\sigma$, $\left(1 - \dfrac{2}{\pi}\right)\sigma^2$.

4.9 $2 + e^{-2}$, $1 - e^{-2}$.

4.10 1, $\dfrac{1}{2}$.

4.11 (1) $42, 35$; $\quad$ (2) $\dfrac{47}{60}$, $\dfrac{2\,051}{3\,600}$; $\quad$ (3) $6 \times \left[1 - \left(\dfrac{5}{6}\right)^{12}\right] \approx 5.33$.

4.12 $11 - \dfrac{1}{2}\ln\dfrac{25}{21} \approx 10.9$.

4.13 21 个单位.

4.14 (2) 当 $t = \mu$ 时, $h(t)$ 取最小值 σ^2.

4.15　(1) $\dfrac{1}{4}$，$-\dfrac{1}{6}$，$\dfrac{11}{16}$，$\dfrac{41}{36}$；　(2) $\dfrac{5}{12}$，$\dfrac{5}{12}$；　(3) $\dfrac{11}{24}$，$\dfrac{491}{144}$；　(4) $\sqrt{\dfrac{11}{41}}$.

4.16　$-\dfrac{1}{11}$，$\dfrac{1}{144}\begin{pmatrix} 11 & -1 \\ -1 & 11 \end{pmatrix}$.

4.17　(2) $\alpha=\dfrac{1}{4}$，$\beta=\dfrac{1}{8}$ 或 $\alpha=\dfrac{1}{8}$，$\beta=\dfrac{1}{4}$；

　　　(3) $\alpha=\dfrac{1}{4}$，$\beta=\dfrac{1}{8}$ 时不相互独立,当 $\alpha=\dfrac{1}{8}$，$\beta=\dfrac{1}{4}$ 时相互独立.

4.21　-1, 10, 11.

4.22　11.

4.23　$\dfrac{3}{\sqrt{10}}\approx 0.95$.

4.24　$\lambda^{-k}k!$

4.25　k 为奇数时等于 0,k 为偶数时等于 $\dfrac{1}{k+1}$.

4.26　当 λ 是整数时,众数为 $\lambda-1$ 或 λ;当 λ 不是整数时,众数为不超过 λ 的最大整数.

4.27　0.1587.

4.28　(1) 0.4；　(2) 0.926.

4.30　$E(U)=\dfrac{3}{4}$，$D(U)=\dfrac{3}{80}$；$E(V)=\dfrac{1}{4}$，$D(V)=\dfrac{3}{80}$.

第五章　　随机变量序列的极限

5.1　(1) λ，$\dfrac{\lambda}{n}$；　(2) $\dfrac{a+b}{2}$，$\dfrac{(b-a)^2}{12n}$；　(3) $\dfrac{1}{\lambda}$，$\dfrac{1}{n\lambda^2}$.

5.2　(1) λ；　(2) $\dfrac{\theta}{2}$.

5.5　0.2266.

5.6　11 个部件.

5.7　0.999.

5.8　0.8882.

5.9　1700kW.

5.10　98 箱.

第七章　　数理统计的基本概念

7.1～7.2　(略)

7.3　(1) $f^*(x_1,\cdots,x_n)=p^{\sum\limits_{i=1}^{n}x_i}(1-p)^{n-\sum\limits_{i=1}^{n}x_i}$，$x_1,\cdots,x_n=0,1$；

　　　(2) $f^*(x_1,\cdots,x_n)=\begin{cases} \lambda^n e^{-\lambda\sum\limits_{i=1}^{n}x_i}, & x_1,\cdots,x_n>0; \\ 0, & \text{其余}; \end{cases}$

　　　(3) $f^*(x_1,\cdots,x_n)=\begin{cases} \theta^{-n}, & 0<x_1,\cdots,x_n<\theta; \\ 0, & \text{其余}. \end{cases}$

7.4 $\widetilde{F}_{100}(x) = \begin{cases} 0, & x < 161; \\ 0.06, & 161 \leqslant x < 164; \\ 0.21, & 164 \leqslant x < 167; \\ 0.61, & 167 \leqslant x < 170; \\ 0.91, & 170 \leqslant x < 173; \\ 1, & x \geqslant 173. \end{cases}$

7.5 (1) $\bar{x} = 4.6$, $s^2 = 5.3$； (2) $\bar{x} = 104.6$, $s^2 = 5.3$.

当每个样本观测值加上常数 c 时，$\bar{x}$ 相应地加上 c，但 s^2 的值不变.

7.6 (1),(3),(4),(5) 都是统计量；(2) 不是统计量.

7.7 (1) p, $\dfrac{p(1-p)}{n}$, $p(1-p)$； (2) $\dfrac{1}{\lambda}$, $\dfrac{1}{n\lambda^2}$, $\dfrac{1}{\lambda^2}$； (3) $\dfrac{\theta}{2}$, $\dfrac{\theta^2}{12n}$, $\dfrac{\theta^2}{12}$.

7.9 (1) 26.217, 3.571； (2) $c = \chi^2_{0.95}(10) = 18.307$.

7.10 (1) 2.6810, -2.6810； (2) $c = t_{0.05}(10) = -1.8125$.

7.11 (1) 4.30, $\dfrac{1}{4.71} = 0.212$； (2) $c = F_{0.95}(10,10) = 2.98$.

7.16 $N\left(\mu\sum\limits_{t=1}^{n}c_i, \sigma^2\sum\limits_{i=1}^{n}c_i^2\right)$.

7.17 $N\left(a\mu_1 + b\mu_2, \dfrac{a^2\sigma_1^2}{m} + \dfrac{b^2\sigma_2^2}{n}\right)$.

7.22 $\dfrac{1}{n\lambda}$, $\dfrac{1}{n^2\lambda^2}$.

7.23 $\dfrac{n\theta}{n+1}$, $\dfrac{n\theta^2}{(n+1)^2(n+2)}$.

7.24 $f_n^*(y) = \begin{cases} \dfrac{2ny^{2n-1}}{\theta^{2n}}, & 0 < y < \theta; \\ 0, & \text{其余} \end{cases}$.

7.25 $\sigma^2 + \mu^2$.

7.26 mp^2.

7.27 0.09.

7.28 0.2.

第八章 参数估计

8.1 (1) 都是 $\bar{X}$； (2) 都是 $1/\bar{X}$.

8.2 533h.

8.3 $\dfrac{3}{2}\bar{X}$.

8.4 $\mathrm{e}^{-\bar{x}}$, $1 - \mathrm{e}^{-\bar{x}}$.

8.5 $\dfrac{1}{\bar{X}}$.

8.6 $\hat{\mu} = \dfrac{1}{n}\sum\limits_{i=1}^{n}\ln X_i$, $\hat{\sigma}^2 = \dfrac{1}{n}\sum\limits_{i=1}^{n}(\ln X_i - \hat{\mu})^2$.

8.7 矩估计是 $\dfrac{\overline{X}}{\overline{X}-1}$，极大似然估计是 $\dfrac{n}{\sum\limits_{i=1}^{n}\ln X_i}$.

8.10 矩估计值是 $\dfrac{1}{4}$；极大似然估计值是 $\dfrac{7-\sqrt{13}}{12}$.

8.12 (1) $\dfrac{3}{2}-\overline{X}$；　(2) $\dfrac{N}{n}$.

8.14 $\dfrac{1}{2(n-1)}$.

8.15 (1) $X_{(n)}=\max\limits_{1\leqslant i\leqslant n}X_i$；　(2) $\dfrac{2}{n}$；　(3) $\dfrac{\theta^2}{8n}$；　(4) $\dfrac{2}{3\overline{X}}$.

8.16 (1) $2\overline{X}$；　(2) $\dfrac{\theta^2}{5n}$.

8.17 (2) $\dfrac{1}{n^2}$.

8.18 $c=0.2$，$c^*=0.8$.

8.20 $[6\,563，6\,877]$，$6\,592$.

8.21 $[4.82，7.18]$，$[0.62，2.92]$.

8.22 满足 $n\geqslant\dfrac{4\sigma^2}{l^2}u_{1-\frac{\alpha}{2}}^2$ 的最小整数.

8.23 (1) 86 次；　(2) $0.999\,4$.

8.24 $\left[k\overline{X}+c-u_{1-\frac{\alpha}{2}}\dfrac{k}{\sqrt{n}}，k\overline{X}+c+u_{1-\frac{\alpha}{2}}\dfrac{k}{\sqrt{n}}\right]$.

8.25 (1) $[-0.98,0.98]$；　(2) $e^{\mu+0.5}$；　(3) $[e^{-0.48}，e^{1.48}]$.

8.26 $[-3.87，-0.11]$.

8.27 $[0.258，2.133]$.

8.28 2.37%.

8.29 上、下限分别为 $(\overline{X}-\overline{Y})\pm u_{1-\frac{\alpha}{2}}\sqrt{\dfrac{1}{m}\overline{X}(1-\overline{X})+\dfrac{1}{n}\overline{Y}(1-\overline{Y})}$.

8.30 $[-0.06，0.04]$. 不能得出这个结论，因为原点落在这个区间中.

第九章　假设检验

9.1 (1) 19.6；　(2) 3.92.

9.2 (1) 1.8；　(2) 1.95.

9.3 (1) 拒绝 H_0；　(2) 不能拒绝 H_0.

9.4 不能拒绝 H_0.

9.5 不能拒绝 H_0.

9.6 不能拒绝 H_0，即认为该厂生产的电子元件不符合国家标准.

9.7 (1) 拒绝 H_0；　(2) 不能拒绝 H_0.

9.8 处理前后的含水率有显著性改变.

9.9 可以认为方差相等.

9.10 可以认为甲药的疗效显著地高于乙药.

9.11 不能拒绝 H_0.

9.12 (2) $\Phi(-u_{1-\alpha}-\sqrt{n}\mu)$，$\mu > 0$；(3) 0.9675 > 0.9258.

9.13 可以认为维尼纶的纤度服从正态分布.

9.14 不能认为灯泡寿命服从指数分布.

9.15 可以认为这颗骰子是均匀的.

9.16 接受 H_0，可以认为男孩与女孩出生的概率相等.

9.20 $x_{(1)} = -3$，$x_{(2)} = -0.8$，$x_{(3)} = 1$，$x_{(4)} = 1.2$，$x_{(5)} = 4$.

9.21 两种方法得到的结论相同：-1.40 是异常值,其余都不是异常值.

第十章　　回归分析与方差分析

10.2 (2) $\dfrac{1}{n}\sum[Y_i - (\hat{\beta}_0 + \hat{\beta}_i x_i)]^2 = \hat{\sigma}_n^2$.

10.3 $\dfrac{\sum x_i Y_i}{\sum x_i^2}$.

10.4 $\dfrac{2\sigma^4}{n-2}$.

10.5 (1) 可以；(2) $y = 13.96 + 12.55x$；(3) 0.999，拒绝 H_0.

10.6 (1) $y = 79.37 - 0.123x$；(2) 62.4,拒绝 H_0；(3) [35.41, 39.69].

10.7 (1) $y = 4.37 + 0.323x$；(2) 16.9,拒绝 H_0；(3) [24.73, 35.69].

10.8 $pv^{1.42} = 0.9695$.

10.9 $y = 291.02 + 0.776x_1 - 0.378x_2$.

10.11 无显著性影响,因为在显著性水平 $\alpha = 0.10$ 下仍不能拒绝 H_0.

10.12 有显著性差异.

10.13 (1) 由于机器之间的差异而产生；(2) 有显著性差异.

10.14

方差来源	平方和	自由度	均方值	F 值	显著性
等温槽温度	1.55	2	0.775	0.98	不显著
淬火温度	11.51	2	5.755	7.28	*
误　差	3.16	4	0.79		
总　和	16.22	8			

参考文献

[1] 魏宗舒. 概率论与数理统计教程[M]. 北京:高等教育出版社,1983.

[2] 盛骤. 概率论与数理统计[M]. 3 版. 北京:高等教育出版社,2001.

[3] 王福保. 概率论及数理统计[M]. 上海:同济大学出版社,1984.

[4] 王梓坤. 概率论基础及其应用[M]. 北京:科学出版社,1976.

[5] 复旦大学数学系. 概率论:第一册[M]. 北京:高等教育出版社,1979.

[6] 何迎晖,闵华玲. 数理统计[M]. 北京:高等教育出版社,1989.

[7] 潘承毅,何迎晖. 数理统计的原理与方法[M]. 上海:同济大学出版社,1993.

[8] Lehn J, Wegmann H. **Einführung in die Statistik**[M]. [s. l.]:B. G. Teubner Stuttgart,1985.

[9] Ang Alfredo Hua-Sing, Tang Wilson H. **Probability Concepts in Engineering Planning and Design**[M]. New York:John Wiley & Sons,1984.

[10] Strait, Peggy Tang. **A First Course in Porbability and Statistics with Applications**[M]. [s. l.]:Harcourt Brace Jovanovich, INC,1983.

[11] Chatfield, Christopher. **Statistics for techonology**[M]. 3rd Edition. [s. l.]:Chapman and Hall,1983.

[12] Meyer P L. **Introductory Probability and Statistical Applications**[M]. 2nd. [s. l.]:Edition, Oxford & IBH Publishing Co. ,1970.

[13] Devore J L. **Probability and Statistics for Engineering and the Science**[M]. [s. l.]:Brokks/Cole,1982.